贝叶斯统计
——基于 R 和 BUGS 的应用

（第 2 版）

韩　明　编著

·上海·

内 容 提 要

本书介绍了贝叶斯统计的基础以及基于 R 和 BUGS 的应用. 全书共 13 章,内容分为三个部分:第一部分,介绍贝叶斯统计的基础,包括第 1—4 章;第二部分,介绍贝叶斯统计在各领域中的应用,包括第 5—12 章;第三部分,介绍贝叶斯计算方法及有关软件,即第 13 章. 本书突出 R 和 BUGS 在贝叶斯统计中的应用,书中的一些例题、应用案例,采用 R、WinBUGS 和 OpenBUGS,并给出了相应的代码. 本书注重可读性,力求图文并茂,有一定的实用性,并具有时代气息.

本书可供高等院校有关专业的高年级本科生、研究生作为教材(或参考书)使用,还可供相关专业的教师和科技人员、广大自学者参考.

图书在版编目（CIP）数据

贝叶斯统计：基于 R 和 BUGS 的应用 / 韩明编著.
2 版. -- 上海：同济大学出版社，2024.8. -- ISBN 978-7-5765-1204-5

Ⅰ. O212.8

中国国家版本馆 CIP 数据核字第 2024JC2304 号

贝叶斯统计——基于 R 和 BUGS 的应用（第 2 版）

韩　明　编著

| 责任编辑　陈佳蔚　责任校对　徐逢乔　封面设计　潘向蓁 |

出版发行	同济大学出版社　　www.tongjipress.com.cn
	（地址：上海市四平路1239号　邮编：200092　电话：021-65985622）
经　销	全国各地新华书店
排　版	南京月叶图文制作有限公司
印　刷	常熟市大宏印刷有限公司
开　本	787 mm×1092 mm　1/16
印　张	19
字　数	451 000
版　次	2024 年 8 月第 2 版
印　次	2024 年 8 月第 1 次印刷
书　号	ISBN 978-7-5765-1204-5
定　价	59.80 元

本书若有印装质量问题,请向本社发行部调换　　版权所有　侵权必究

前　言

美国 Technology Review(《技术评论》)杂志(创刊于1899年)根据2003年的调查刊发的调查报告显示,"全球九大开拓性新兴科技领域"中的第4项为"贝叶斯统计技术"(其他为合成生物学、通用翻译、纳米导线、T射线、核糖核酸干扰分子疗法、大电网的控制、微射流光纤和个人基因组学).把统计学的一个分支——贝叶斯统计作为"全球九大开拓性新兴科技领域"之一,这充分说明了贝叶斯统计对于未来科技发展的重要作用.

在20世纪下半叶,也许统计学界发生的最值得人们关注的事件,莫过于贝叶斯学派的重新崛起.目前,贝叶斯学派已发展成国际统计学界充满活力的学派,并对科学界产生了广泛的影响.贝叶斯统计是科学地从数据和经验中学习的一种方法,这一观点对我们如何看待贝叶斯统计有很大的启示,与大数据、人工智能的需求也很契合.在这样的背景下,正在学习和将要学习"贝叶斯统计"的人越来越多.

本书第1版出版以后,深受广大读者的关心和厚爱,在此表示衷心的感谢.自本书第1版出版以来,本人持续关注国内外"贝叶斯统计"的有关动态,并将相关成果融入了教材之中.本人经过七年的教学实践,又积累了一些材料,并收集了广大师生的意见和建议,进行了本次改版.本次改版保留了第1版的内容体系和大部分内容;修改了第1版中的不当和错误,努力提高教材的质量;对部分内容进行了调整,补充了一些例题和应用案例;补充了5个损失函数(包括加权平方损失函数、预防损失函数、对数损失函数、熵损失函数和LINEX损失函数)下贝叶斯估计及其后验风险;等等.

MCMC(Markov Chain Monte Carlo)方法的研究和应用对推广贝叶斯统计开辟了广阔的前景,使贝叶斯统计的研究与应用得到了再度复兴.在贝叶斯统计中,一些后验量的计算需要MCMC方法.本书中的一些例题、应用案例,采用R、WinBUGS和OpenBUGS软件,并给出了相应的代码.

在此感谢吴喜之教授(本人的博士导师)多年来的指导和鼓励.希望本书继续得到专家和读者的关心和厚爱,让我们共同努力,把这部教材建设好.

虽然本人努力将本书编写成为一本既有特色又便于教学的教材,但由于水平所限,书中如有一些疏漏甚至是错误,恳请专家和读者批评指正.

韩　明

2024年5月

第 1 版前言

学过"概率论与数理统计"的读者都知道贝叶斯定理(或称贝叶斯公式),此定理包含在英国学者托马斯·贝叶斯(Thomas Bayes)发表的论文 An Essay Towards Solving a Problem in the Doctrine of Chances(《机遇理论中一个问题的解》)中. 从形式上看,它只是条件概率的一个简单推论,但它包含了归纳推理的一种思想,以后被一些学者发展为一种系统的统计推断的理论和方法,称为贝叶斯方法(Bayesian method). 采用贝叶斯方法进行统计推断所得的全部结果,构成贝叶斯统计(Bayesian statistics)的内容. MCMC(Markov Chain Monte Carlo)方法的研究和应用,为推广贝叶斯统计的应用开辟了广阔的前景,使贝叶斯统计的研究与应用得到了再度复兴.

在大数据时代,数据科学、数据工程、数据挖掘和机器学习等越来越受到人们的重视,数据科学家、数据工程师受到各行业的普遍欢迎. 在这样的背景下,正在学习和将要学习"贝叶斯统计"的人越来越多. 人们不再只满足于学习一些"贝叶斯统计"的基础理论,而更感兴趣的是把这些理论用于数据分析并解决实际问题. 美国芝加哥大学的泽尔纳(Zellner)教授(贝叶斯学派的代表性人物)认为,贝叶斯统计是科学地从数据和经验中学习的一种方法. 这一观点对我们如何看待贝叶斯统计有很大的启示,与信息时代、大数据时代的需求非常契合.

螺旋式上升的科学研究"舞台"充满戏剧性,19 世纪上半叶备受争议和冷落的贝叶斯学派在 21 世纪大数据时代重新登场,并且光芒四射. 进入 21 世纪后,我们的大部分信息主要来源于网络,非常有趣的是这些网络信息搜索背后的理论计算基础就是贝叶斯定理."18 世纪的贝叶斯定理成为谷歌计算的新力量".

本书是作者在阅读了国内外大量相关文献的基础上,并结合自己长期从事教学和科研的实际经验,介绍了贝叶斯统计的基础以及在一些领域中的应用. 全书共 13 章,内容分为三个部分.

第一部分,介绍贝叶斯统计的基础,包括第 1—4 章:绪论,先验分布和后验分布,贝叶斯统计推断基础,先验分布的确定. 第二部分,介绍贝叶斯统计在各领域中的应用,包括第 5—12 章:基于 OpenBUGS 的模型参数估计,基于 OpenBUGS 的模型检验与模型选择,贝叶斯回归分析,贝叶斯统计在证券投资预测中的应用,贝叶斯统计在计量经济学和金融中的应用,贝叶斯统计在保险、精算中的应用,贝叶斯时间序列及其应用,贝叶斯可靠性分析.第三部分,介绍贝叶斯计算方法及有关软件,即第13章.

另外,本书中还有3个附录,分别是贝叶斯学派开山鼻祖——托马斯·贝叶斯小传,WinBUGS软件及其基本使用介绍,OpenBUGS软件及其基本使用介绍.

本书以"贝叶斯统计——基于R和BUGS的应用"命名,主要是强调贝叶斯统计的理论与应用相结合,并把重点放在应用上,有一定的实用性,并具有时代气息.

本书略去了一些严格的数学推导过程而只列出结论(降低了对数学基础的要求),使读者学习时重点理解这些结论的统计意义和背景.对一些被略去的推理论证部分,有兴趣者可参考相关文献.

本人从事教学实践多年,深感一本内容简练但又具有一定实用性的"贝叶斯统计"教材的重要性.在大数据时代,与数据打交道的人越来越多,随着我国高等教育进一步"大众化",特别是相关软件的普及,学习"贝叶斯统计"的人越来越多.本书突出R和BUGS在贝叶斯统计中的应用,书中的一些例题、应用案例,采用R、WinBUGS和OpenBUGS,并给出了相应的代码.

本书采用的R、WinBUGS和OpenBUGS都是免费、公开的软件.因为商业软件不但价格昂贵,而且代码保密,又没有体现最新的成果,因此不能满足实际工作的要求.

在此感谢吴喜之教授(本人的博士导师)多年来的指导和鼓励.

虽然本人试图努力将本书编写成一本既有特色又便于教学(或自学)的教材,但由于水平所限,书中难免还存在一些疏漏甚至是错误,恳请专家和读者批评和指正.欢迎专家和读者提出宝贵的意见,以使在本书再版时加以改进.

韩　明
2017年6月

目 录

前 言
第 1 版前言

第 1 章 绪论 ... 1
1.1 从一个例子来看经典统计与贝叶斯统计 ... 3
1.1.1 基于 R 语言的一个例子 ... 3
1.1.2 频率学派方法 ... 4
1.1.3 贝叶斯学派方法 ... 5
1.1.4 基于 OpenBUGS 的计算和可视化 ... 6
1.2 经典统计与贝叶斯统计的比较 ... 8
1.2.1 经典统计的缺陷 ... 10
1.2.2 对经典学派的批评 ... 10
1.2.3 对贝叶斯方法的批评 ... 11
1.2.4 贝叶斯统计存在的问题 ... 12
1.3 贝叶斯统计的兴起与发展 ... 13
1.4 贝叶斯统计的广泛应用 ... 14
1.4.1 促进了统计科学自身的发展 ... 15
1.4.2 在经济、金融和保险中的应用 ... 15
1.4.3 在生物、医学和生态学中的应用 ... 16
1.4.4 在可靠性中的应用 ... 17
1.4.5 在机器学习中的应用 ... 18
1.4.6 贝叶斯定理成为谷歌计算的新力量 ... 18
1.4.7 认知科学的贝叶斯革命 ... 19
1.5 贝叶斯统计学的今天和明天 ... 21
1.5.1 客观贝叶斯分析 ... 21
1.5.2 主观贝叶斯分析 ... 22
1.5.3 稳健贝叶斯分析 ... 22
1.5.4 频率贝叶斯分析 ... 22
1.5.5 拟贝叶斯分析 ... 23

  1.6 应用贝叶斯方法搜寻失联航班 ·· 23
  1.7 本书的内容安排 ·· 24
 思考与练习题 1 ·· 26

第 2 章 先验分布和后验分布 ·· 27
  2.1 统计推断的基础 ·· 27
  2.2 贝叶斯定理 ·· 28
    2.2.1 事件形式的贝叶斯定理 ·· 28
    2.2.2 随机变量形式的贝叶斯定理 ·· 31
  2.3 共轭先验分布 ·· 36
    2.3.1 共轭先验分布的定义 ·· 36
    2.3.2 后验分布的计算 ·· 37
    2.3.3 常用的共轭先验分布 ·· 46
  2.4 Beta 分布、Gamma 分布和 Pareto 分布 ·· 47
    2.4.1 Beta 分布 ·· 47
    2.4.2 Gamma 分布 ·· 48
    2.4.3 Pareto 分布 ·· 49
  2.5 常用分布列表 ·· 51
 思考与练习题 2 ·· 52

第 3 章 贝叶斯统计推断基础 ·· 54
  3.1 点估计 ·· 54
    3.1.1 损失函数与风险函数 ·· 54
    3.1.2 贝叶斯估计的定义 ·· 56
    3.1.3 贝叶斯估计的误差 ·· 62
  3.2 区间估计 ·· 64
    3.2.1 可信区间的定义 ·· 64
    3.2.2 单侧可信限 ·· 69
  3.3 假设检验 ·· 77
    3.3.1 贝叶斯假设检验 ·· 77
    3.3.2 贝叶斯因子 ·· 78
    3.3.3 多重假设检验 ·· 82
    3.3.4 用贝叶斯因子进行模型选择 ·· 82
  3.4 从 p 值到贝叶斯因子 ·· 84
    3.4.1 经典学派假设检验的回顾 ·· 84
    3.4.2 贝叶斯学派的假设检验 ·· 85

3.4.3　两个学派检验方法的关系 ··· 86
3.5　美国统计协会：使用 p 值的 6 条准则 ··· 87
3.6　多参数模型的贝叶斯推断 ··· 89
　　3.6.1　概述 ··· 89
　　3.6.2　正态分布中参数的贝叶斯推断 ··· 89
　　3.6.3　随机模拟方法 ··· 90
　　3.6.4　应用案例 ··· 91
3.7　5 个损失函数下贝叶斯估计及其后验风险 ··· 93
　　3.7.1　加权平方损失函数下贝叶斯估计及其后验风险 ··· 94
　　3.7.2　预防损失函数下贝叶斯估计及其后验风险 ··· 95
　　3.7.3　对数损失函数下贝叶斯估计及其后验风险 ··· 96
　　3.7.4　熵损失函数下贝叶斯估计及其后验风险 ··· 97
　　3.7.5　LINEX 损失函数下贝叶斯估计及其后验风险 ··· 98
思考与练习题 3 ··· 99

第 4 章　先验分布的确定 ··· 100
4.1　先验信息与主观概率 ··· 100
4.2　无信息先验分布 ··· 101
　　4.2.1　贝叶斯假设 ··· 101
　　4.2.2　共轭先验分布及超参数的确定 ··· 104
　　4.2.3　用 Jeffreys 准则确定无信息先验分布 ··· 107
　　4.2.4　用 Lindley 原则确定无信息先验分布 ··· 113
4.3　贝叶斯层次模型及其应用 ··· 114
　　4.3.1　多层先验分布 ··· 114
　　4.3.2　应用案例 ··· 114
　　4.3.3　美国大学 SAT 考试问题 ··· 120
思考与练习题 4 ··· 125

第 5 章　基于 OpenBUGS 的模型参数估计 ··· 126
5.1　二项分布 ··· 126
　　5.1.1　二项分布概述 ··· 126
　　5.1.2　应用案例 ··· 126
5.2　泊松分布 ··· 132
　　5.2.1　泊松分布概述 ··· 132
　　5.2.2　应用案例 ··· 132
5.3　指数分布 ··· 134

5.3.1 指数分布概述 ………………………………………………………… 134
  5.3.2 应用案例 …………………………………………………………… 135
 5.4 威布尔分布 ……………………………………………………………… 139
  5.4.1 威布尔分布概述 ……………………………………………………… 139
  5.4.2 应用案例 …………………………………………………………… 139
 5.5 对数正态分布 …………………………………………………………… 140
  5.5.1 对数正态分布概述 …………………………………………………… 140
  5.5.2 应用案例 …………………………………………………………… 140
 5.6 Gamma 分布 …………………………………………………………… 141
  5.6.1 Gamma 分布概述 …………………………………………………… 141
  5.6.2 应用案例 …………………………………………………………… 141
 思考与练习题 5 ………………………………………………………………… 142

第6章 基于 OpenBUGS 的模型检验与模型选择 ……………………………… 144
 6.1 模型的检验 ……………………………………………………………… 144
  6.1.1 指数分布情形 ………………………………………………………… 144
  6.1.2 威布尔分布情形 ……………………………………………………… 145
  6.1.3 对数正态分布情形 …………………………………………………… 146
  6.1.4 Gamma 分布情形 …………………………………………………… 146
  6.1.5 四个模型的检验 ……………………………………………………… 147
 6.2 模型的选择 ……………………………………………………………… 147
  6.2.1 指数分布情形 ………………………………………………………… 148
  6.2.2 威布尔分布情形 ……………………………………………………… 148
  6.2.3 对数正态分布情形 …………………………………………………… 149
  6.2.4 Gamma 分布情形 …………………………………………………… 150
  6.2.5 四个模型的选择 ……………………………………………………… 150
 思考与练习题 6 ………………………………………………………………… 150

第7章 贝叶斯回归分析 ……………………………………………………… 152
 7.1 经典方法中多元线性回归的回顾 ………………………………………… 152
  7.1.1 多元线性回归模型 …………………………………………………… 152
  7.1.2 回归参数的估计 ……………………………………………………… 153
 7.2 模型中参数的贝叶斯估计 ……………………………………………… 153
  7.2.1 回归系数的贝叶斯估计 ……………………………………………… 154
  7.2.2 方差 σ^2 的贝叶斯估计 ………………………………………… 154
  7.2.3 应用案例 …………………………………………………………… 155

7.3 基于 OpenBUGS 航天飞机 O 形环损坏模型 ... 157
7.3.1 只考虑温度的模型 ... 158
7.3.2 考虑温度和压力的模型 ... 160
7.3.3 考虑温度二次方的模型 ... 161
7.3.4 模型检验和模型选择 ... 161
7.4 随机模拟方法与应用案例 ... 166
7.4.1 随机模拟方法 ... 166
7.4.2 应用案例 ... 166
思考与练习题 7 ... 169

第 8 章 贝叶斯统计在证券投资预测中的应用 ... 172
8.1 证券投资预测中的 E-Bayes 方法及其应用 ... 172
8.1.1 预测对象的状态划分 ... 173
8.1.2 状态概率的 E-Bayes 估计的定义 ... 173
8.1.3 状态概率的 E-Bayes 估计 ... 174
8.1.4 预测实例 ... 174
8.2 证券投资预测的马氏链法和 E-Bayes 方法 ... 176
8.2.1 证券投资预测的马氏链法 ... 176
8.2.2 证券投资预测的 E-Bayes 法 ... 176
8.2.3 预测实例 ... 177
8.3 证券投资风险预测的 E-Bayes 法与灰色预测法 ... 179
8.3.1 GM(1,1)预测模型 ... 179
8.3.2 E-Bayes 预测法 ... 180
8.3.3 实例分析 ... 180
思考与练习题 8 ... 182

第 9 章 贝叶斯统计在计量经济学和金融中的应用 ... 183
9.1 贝叶斯计量经济学概述 ... 183
9.2 贝叶斯统计与计量经济学 ... 184
9.3 贝叶斯计量经济学的基本思想、方法和内容 ... 186
9.3.1 贝叶斯模型比较和选择 ... 186
9.3.2 贝叶斯预测 ... 187
9.3.3 贝叶斯计量经济学中的计算 ... 187
9.4 公司信用风险研究的贝叶斯方法 ... 188
9.5 基于贝叶斯 MCMC 方法的 VaR 估计 ... 189
9.5.1 基于 POT 模型的 VaR ... 189

9.5.2 模型的贝叶斯 MCMC 估计 ······ 191
9.5.3 应用案例 ······ 192
9.6 基于 MCMC 的金融市场风险 VaR 的估计 ······ 194
9.6.1 金融市场风险与 VaR ······ 194
9.6.2 实证分析及评价 ······ 195
9.7 本章结束语 ······ 199
9.8 本章附录：从诺贝尔经济学奖看计量经济学的发展 ······ 200
9.8.1 引言 ······ 200
9.8.2 与计量经济学有关的诺贝尔经济学奖得主的工作介绍 ······ 201
9.8.3 其他几位获奖者的工作简介 ······ 203
9.8.4 结束语 ······ 203
思考与练习题 9 ······ 203

第 10 章 贝叶斯统计在保险、精算中的应用 ······ 204

10.1 经验费率的估计 ······ 204
10.2 损失储备金与复合损失模型 ······ 205
10.3 健康保险和生命表 ······ 206
10.4 保险公司未决赔款准备金的稳健贝叶斯估计 ······ 206
10.5 动态死亡率建模与年金产品长寿风险的度量 ······ 207
10.6 贝叶斯方法估计极端损失再保险纯保费 ······ 208
10.7 准备金发展年相关的贝叶斯估计 ······ 209
10.8 贝叶斯方法在调整保险费率中的应用 ······ 209
10.9 非寿险精算中的贝叶斯信用模型分析 ······ 211
10.10 医疗保险参保人数的贝叶斯预测分析 ······ 212
　　10.10.1 贝叶斯常均值折扣模型 ······ 212
　　10.10.2 利用贝叶斯模型的预测 ······ 213
10.11 WinBUGS 在非寿险费率分析中的应用 ······ 215
　　10.11.1 引言 ······ 215
　　10.11.2 贝叶斯视角下的广义线性模型 ······ 216
　　10.11.3 损失频率模型 ······ 216
　　10.11.4 损失强度模型 ······ 218
　　10.11.5 通过 R 调用 WinBUGS ······ 218
　　10.11.6 应用案例 ······ 219
　　10.11.7 附录：模型代码（R，WinBUGS） ······ 221
10.12 贝叶斯方法在保险、精算中的应用展望 ······ 222
思考与练习题 10 ······ 223

第 11 章　贝叶斯时间序列及其应用 ································· 224
11.1　贝叶斯时间序列方法研究与应用评述 ························· 224
11.1.1　贝叶斯时间序列方法与应用 ····························· 225
11.1.2　一元 ARMA 模型的贝叶斯方法 ························· 225
11.1.3　多元 AR 模型的贝叶斯方法 ··························· 226
11.1.4　模型识别 ··· 226
11.2　基于 MCMC 方法的贝叶斯 AR(p) 模型分析 ···················· 227
11.2.1　贝叶斯 AR(p) 模型 ································· 227
11.2.2　MCMC 法与 Gibbs 抽样 ····························· 228
11.2.3　应用实例 ··· 228
思考与练习题 11 ·· 231

第 12 章　贝叶斯可靠性统计分析 ······························ 232
12.1　可靠性统计分析概述 ···································· 232
12.2　成败型试验——二项分布 ·································· 233
12.3　连续型试验——指数分布 ·································· 235
12.3.1　定数截尾寿命试验 ··································· 235
12.3.2　定时截尾寿命试验 ··································· 238
12.4　基于 OpenBUGS 的完全样本的贝叶斯分析 ···················· 240
12.4.1　指数分布情形的参数估计 ······························ 241
12.4.2　威布尔分布情形的参数估计 ···························· 241
12.4.3　两种模型贝叶斯 p 值的计算 ···························· 242
12.4.4　两种模型 BIC 的计算 ································ 243
12.4.5　两种模型检验和模型选择 ······························ 244
12.5　基于 OpenBUGS 的截尾样本的贝叶斯分析 ···················· 245
12.5.1　定时截尾数据情形——指数分布 ························· 245
12.5.2　定数截尾数据情形——指数分布和威布尔分布 ··············· 246
思考与练习题 12 ·· 248

第 13 章　贝叶斯计算方法及有关软件 ··························· 249
13.1　MCMC 方法概述 ······································· 249
13.2　MCMC 方法简介 ······································· 250
13.3　MCMC 中的有关算法 ··································· 252
13.3.1　Gibbs 抽样 ·· 252
13.3.2　Metropolis-Hastings 算法 ···························· 253
13.3.3　收敛性的监控 ······································ 254

13.4 在R中MCMC的实现 ·· 254
　13.4.1 R中MCMC的实现 ·· 254
　13.4.2 使用R包解决MCMC计算问题 ································ 257
13.5 有关软件 ·· 260
　13.5.1 WinBUGS和OpenBUGS ······································ 260
　13.5.2 通过R调用JAGS ··· 261
13.6 R中MCMC相关程序包 ·· 262
13.7 本章附录：贝叶斯统计计算中的R包 ······························ 263
　13.7.1 一般模型贝叶斯包(Bayesian packages for general model fitting) ········ 263
　13.7.2 特殊模型或方法贝叶斯包(Bayesian packages for specific models or methods) ······································· 263
　13.7.3 后验估计工具(Post-estimation tools) ························ 265
　13.7.4 学习贝叶斯统计包(Packages for learning Bayesian statistics) ········ 265
　13.7.5 链接R的其他抽样引擎(Packages that link R to other sampling engines) ·· 265
思考与练习题13 ·· 265

附录 ·· 267
　附录A 贝叶斯学派开山鼻祖——托马斯·贝叶斯小传 ············· 267
　附录B WinBUGS软件及其基本使用介绍 ····························· 270
　附录C OpenBUGS软件及其基本使用介绍 ·························· 279

参考文献 ·· 284

第1章 绪 论

美国 Technology Review(《技术评论》)杂志于 2003 年的调查刊发的调查报告指出:应用贝叶斯统计学不仅能解决诸如基因如何起作用等问题,还可揭示长期存在于计算学上的难题,以及按照对真实世界不完整了解来作出预测. ……统计学,特别是贝叶斯统计对于当今科技发展的重要作用由此可见一斑. 我国也有相关报道,见《科技日报》,2004 年 2 月 12 日;央视国际——科技频道,2004 年 2 月 13 日.

以下是美国 Technology Review 杂志对"贝叶斯统计技术"的部分评价:

(1) 科学家们认为,贝叶斯机器学习将是下一波软件开发工具.

(2) 它可能在外语翻译、微型芯片制造和药物发现等领域里发生巨大进步.

(3) 英特尔、微软、IBM、谷歌等大公司都已跻身这一新领域的研发. 英特尔公司基于贝叶斯统计技术已开发出一种程序,可解释半导体晶片质量测试数据. 谷歌公司已用贝叶斯统计技术,寻找互联网上大量相互关联的数据的关系. 实际上,采用贝叶斯统计技术的软件已进入市场,2003 年版微软 Outlook 就包括贝叶斯办公室助手软件.

把统计学的一个分支——贝叶斯统计作为"全球九大开拓性新兴科技领域"之一,这充分说明了统计学(特别是贝叶斯统计)对于未来科技发展的重要作用. 这也应该引起我国有关部门、相关人士的高度重视. 我国的一些学者已在关注这一动向,如韦博成(2011),刘乐平等(2013),韩明(2014)等.

学过"概率论与数理统计"的读者都知道贝叶斯定理(或称贝叶斯公式),此定理出现在英国学者托马斯·贝叶斯(Thomas Bayes,1702—1761)于 1763 年(在他去世后两年)发表的论文 An Essay Towards Solving a Problem in the Doctrine of Chances(《机遇理论中一个问题的解》)中. 从形式上看,它不过是条件概率的一个简单推论,但它包含了归纳推理的一种思想. 以后被一些学者发展为一种系统的统计推断的理论和方法,称为**贝叶斯方法**(Bayesian method). 采用贝叶斯方法进行统计推断所得的全部结果,构成**贝叶斯统计学**(Bayesian statistics)的内容. 认为贝叶斯方法是唯一合理的统计推断方法的统计学者组成**贝叶斯学派**. 20 世纪下半叶,也许统计学界发生的最值得人们关注的事件,莫过于贝叶斯学派的重新崛起. 目前,贝叶斯学派已发展成国际统计学界充满活力的学派,并对科学界产生了广泛的影响.

在国际统计学界中有两大学派——**贝叶斯学派**和**经典学派**(或**频率学派**). 这两个学派之间长期存在争论,至今没有定论. 在 20 世纪,林德利(Lindley)教授预言 21 世纪将是贝叶斯统计的天下,埃夫隆(Efron)教授则认为出现这种局面的主观概率为 0.15. 事实上,这两个学派的争论构成了现代统计学发展的一个特色. 这两个学派的学者们都承认,这场争论对现代统计学的发展起到了积极的促进作用.

在19世纪,由于贝叶斯方法在理论和实际应用中存在不完善之处,并未得到普遍认可.但在20世纪,随着统计学广泛应用于自然科学、经济研究、心理学、市场研究等领域,人们愈发认识到了贝叶斯方法的合理部分,贝叶斯统计的研究与应用逐渐受到国际统计学界的关注.

事实上,贝叶斯的思想经过其支持者的发展并因其在应用上的良好表现,如今已成长为数理统计学中的两个主要学派之一——贝叶斯学派,占据了数理统计学这块领地的半壁江山(陈希孺,2002).

为了纪念统计学史上的伟人——贝叶斯,著名的国际统计学术期刊 *Statistical Science* 在2004年出版了纪念贝叶斯诞辰300周年的专刊(第19卷第1期).整本期刊围绕贝叶斯统计的历史与现状共发表了14篇论文,世界著名的贝叶斯统计学者们从各种不同的角度讨论了贝叶斯统计的思想和贡献.

1763年12月23日,由理查德·普莱斯(Richard Price)在伦敦皇家学会会议上宣读了贝叶斯的遗世之作——《机遇理论中一个问题的解》(此文发表于1763年伦敦皇家学会的刊物 *Philosophical Transactions*),提出了一种归纳推理的理论,从此贝叶斯定理诞生于世,后来的许多研究者在此基础上不断完善,最终发展为一种系统的统计推断方法——贝叶斯方法.

为纪念贝叶斯定理发表250周年这个对统计学具有重要意义的日子,以国际贝叶斯分析学会(International Society for Bayesian Analysis,ISBA)为代表的国际组织举行了贯穿2013年全年的全球性系列纪念活动,详见其网站(https://bayesian.org/).该网站的首页(当时)就有醒目的标题:2013 International Year of Statistics Celebrating 250 Years of Bayes Theorem!

2013年1月14日,ISBA组织的"纪念贝叶斯定理发现250周年"活动在中国拉开序幕——贝叶斯模型选择国际研讨会(International Workshop on Bayes Model Selection)在上海举行.美国科学院院士、杜克大学伯格(Berger)教授介绍了其所领衔的美国近二三十个在自然科学和社会科学领域中应用贝叶斯模型的项目后表示,2013年是贝叶斯定理发表250周年,由于通过计算机程序加快了运算速度,运用贝叶斯模型综合分析能力,可以将错综复杂的问题处理得更为简易.同时,贝叶斯理论容易学习和掌握,为此,贝叶斯模型已成为各国自然科学和社会科学领域内处理复杂问题的重要方式,相信在中国也将被广泛应用.

相关的系列活动还包括:贝叶斯青年统计学家会议于2013年6月5日在意大利米兰举行;第九届贝叶斯非参数研讨会于2013年6月10日在阿姆斯特丹举行;由杜克大学、美国国家统计科学研究院(NISS)和统计与应用数学研究所(SAMSI)共同主办的2013年目标贝叶斯(O-Bayes)会议于2013年12月15日在美国举行;由美国国家统计科学研究院和统计与应用数学研究所共同主办的贝叶斯方法在经济、金融和商业领域的应用及相关教学研讨会于2013年12月15日在美国召开;基于贝叶斯理论的MCMC方法和应用会议于2014年1月6日至8日在法国夏蒙尼勃朗峰(Chamonix Mont-Blanc)举行.此外,ISBA还在印度瓦拉纳西(Varanasi)、南非罗得岛大学和加拿大蒙特利尔举行了3场地区纪念性学术会议.

为纪念贝叶斯定理发表250周年,著名统计学家、美国斯坦福大学的埃夫隆教授(曾担任美国统计学会主席)于2013年6月在 *Science* 上还发表了论文 *Bayes' Theorem in the 21st Century*.

为了纪念贝叶斯定理发表250周年,"首届中国贝叶斯统计学术论坛"于2013年12月21日在天津财经大学成功召开(http://cos.name/2013/12/to-commemorate-the-250th-anniversary-of-bayes-theorem/).

2013年12月23日,是理查德·普莱斯在伦敦皇家学会会议上宣读贝叶斯著名论文的250周年纪念日,世界范围的纪念活动也在2013年12月达到高潮.

现代贝叶斯学者们定期组织学术会议. 瓦伦西亚往事——著名的国际贝叶斯统计会议的历史回顾[王宏炜(2008a)]. 现代贝叶斯学者们不仅精力充沛、乐观向上,而且多才多艺. 几乎在每次学术会议的结束宴会后,他们都要登台表演自己的节目,其中包括杂耍、魔术、幽默搞笑剧,并演唱他们自己作词、套用名曲的有关贝叶斯的歌曲. 关于 The Bayesian Singalong Book,详见网站(http://www.biostat.umn.edu/~brad/cabaret.html).

国际贝叶斯分析学会(ISBA)成立于1992年,并于2004年在美国创办了杂志 *Bayesian Analysis*. 关于三个重要国际贝叶斯组织——SBIES, ASA-SBSS, ISBA 简介,见王宏炜(2008b)的文章. 关于贝叶斯学派开山鼻祖——托马斯·贝叶斯小传,见本书的附录A. 关于贝叶斯身世之谜,见刘乐平等(2013)的文章.

贝叶斯思想是如此的令人着迷,以至于一旦深入其中就难以自拔. 陈希孺院士在《数理统计学简史》(陈希孺,2002)中讲述了这样一段故事:美国统计学家伯格写了一本《统计决策理论》的书. 在序言中他说,在开始写作时,他原是打算对各派取不抱偏见的态度,但随着写作的进展,他成了一个"狂热的贝叶斯派". 理由是他逐渐认识到,只有从贝叶斯观点去看问题,才能最终显示其意义.

1.1 从一个例子来看经典统计与贝叶斯统计

作为统计学的两大学派,贝叶斯学派和频率学派理念有别,方法也各异. 撇开哲学层面的争论,以下我们从解决具体问题的角度入手,从一个例子来看经典统计与贝叶斯统计.

1.1.1 基于 R 语言的一个例子

在关于药物 D 的临床试验中,将背景相似、病情相似的 500 名患者分为治疗组(针对病情控制饮食,服用药物 D)和控制组(相同饮食,服用安慰剂). 设控制饮食可以使 10% 的患者恢复正常. 而由于某种未知的隐藏因素 F(比如基因),会影响药物 D 正常发挥作用. 设 90% 的患者为 FA,药物 D 是不起作用的;而 10% 的患者为 FB,其中 95% 可以通过药物 D 的治疗恢复正常(http://site.douban.com/182577/\widget/notes/10567181/note/278503359/).

以下给出这个试验的 R 代码:

```
n<-500
diet<-0.1
effect<-c(0, 0.95)
names(effect)<-c('FA', 'FB')
f.chance<-runif(n)
f<-ifelse(f.chance<0.9,'FA', 'FB')
group<-runif(n)
group<-ifelse(group<0.5, 'control', 'drug')
diet.chance<-runif(n)
drug.chance<-runif(n)
outcome<-((diet.chance<diet)|(drug.chance<effect[f]*(group=='drug')))
trail<-data.frame(group=group, F=f, treatment=outcome)
summary(trail)
```

运行结果为

group	F	treatment
control : 253	FA : 458	Mode : logical
drug : 247	FB : 42	FALSE : 435
		TRUE : 65
		NA's : 0

以上结果说明:控制组 253 人,治疗组 247 人,因素 FA 458 人,因素 FB 42 人,共治愈 65 人.

下面分别来看控制组和治疗组的情况.

控制组:

```
>with(trail[group=='control',], table(F, treatment))
    treatment
F     FALSE    TRUE
FA    216      16
FB     17       4
```

治疗组:

```
>with(trail[group=='drug',], table(F, treatment))
    treatment
F     FALSE    TRUE
FA    202      24
FB      0      21
```

分组的治疗效果:治疗组的治愈率为 18.22%,控制组的治愈率为 7.91%.

1.1.2 频率学派方法

频率学派方法——治疗组和控制组的疗效的差异是否显著.对列联表的独立性进行检验,需检验的是:药物 D 的疗效和单纯的调节饮食有无显著的差异.进行 χ^2 检验,其 R 代码

如下:
```
> treat.group<-with(trail,table(group,treatment))
> chisq.test(treat.group)
        Pearson's Chi-squared test with Yates' continuity correction
data: treat.group
X-squared = 10.8601, df = 1, p-value = 0.0009826
```

以上结果说明:药物 D 的疗效和单纯的控制饮食有明显的差异.

1.1.3 贝叶斯学派方法

如果医生面对的是一名患者个体,那么这名患者服用药物 D 被治愈的概率适于使用贝叶斯学派的观点,而非使用由总体抽样得出的结果(频率学派).

按贝叶斯学派的观点,治愈率 p 是一个随机变量.

贝叶斯定理:后验密度函数"正比于"先验密度函数与似然函数的乘积(注:关于贝叶斯定理及其意义,将在第 2 章中详细讨论). 即 $Posterior(p\mid x)=C\cdot Prior(p)f(x\mid p)$.

可以把某患者治愈的概率看作掷(非均匀的)硬币时出现正面的概率,即将似然函数 $f(x\mid p)$ 看作二项分布 $B(n,p)$,此时 p 的共轭先验分布为 Beta 分布 $Be(\alpha,\beta)$ [即后验分布为 Beta 分布 $Be(\alpha+r,\beta+n-r)$, $r=0,1,\cdots,n$](注:关于共轭先验分布,将在第 2 章中详细讨论).

在贝叶斯方法中,经常采用后验分布的均值或者众数(简称后验均值或后验众数)作为 p 的点估计(注:关于这一点,将在第 2 章中详细讨论).

现在假设已知控制饮食得到的治愈率为 10%,那么我们设先验分布的均值为 0.1(比如取 $\alpha=0.1, \beta=0.9$). 以下是绘制"先验分布 $Be(0.1,0.9)$ 的密度函数"的 R 代码:

```
library(ggplot2)
p<-ggplot(data.frame(x=c(0,1)),aes(x=x))
p+stat_function(fun=dbeta,args=list(0.1,0.9),colour='red')
```

运行结果如图 1-1 所示.

下面是绘制"后验密度函数"的 R 代码:

```
betad.mean<-function(alpha,beta)
  {alpha/(alpha+beta)}
betad.mode<-function(alpha,beta)
  {(alpha+1)/(alpha+beta-2)}
alpha<-0.1
beta<-0.9
false.control<-treat.group[1,1]
true.control<-treat.group[1,2]
false.drug<-treat.group[2,1]
true.drug<-treat.group[2,2]
alpha.control<-alpha+true.control
beta.control<-beta+false.control
```

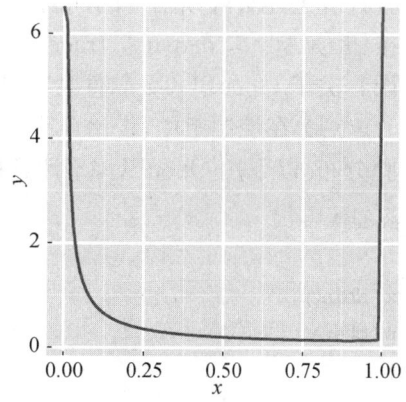

图 1-1 先验分布 $Be(0.1,0.9)$ 的密度函数

```
alpha.drug<- alpha + true.drug
beta.drug<- beta + false.drug
p<- ggplot(data.frame(x = c(0,.3)),aes(x = x))
p + stat_function(fun = dbeta,args = list(alpha.drug,beta.drug),colour = 'red') +
stat_function(fun = dbeta,args = list(alpha.control,beta.control),colour = 'blue') +
  annotate("text",x = .03,y = 20,label = "control") +
  annotate("text",x = .23,y = 15,label = "drug")
```

运行结果如图 1-2 所示.

计算控制组的后验均值和众数（p 的后验估计）：

```
> betad.mean(alpha.control,beta.control)
[1] 0.07913386
> betad.mode(alpha.control,beta.control)
[1] 0.08373016
```

以上结果说明：控制组的后验均值和众数分别为 0.079 133 86 和 0.083 730 16.

计算治疗组的后验均值和众数（p 的后验估计）：

```
> betad.mean(alpha.drug,beta.drug)
[1] 0.1818548
> betad.mode(alpha.drug,beta.drug)
[1] 0.1873984
```

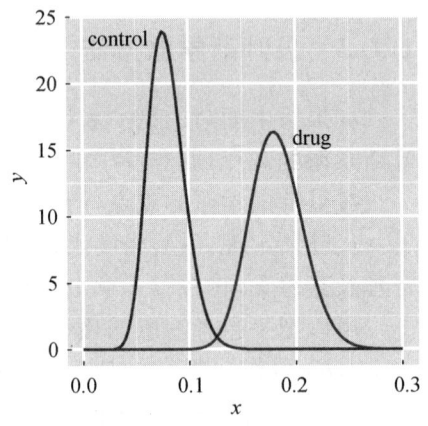

图 1-2 控制组和治疗组的后验密度函数

以上结果说明：治疗组的后验均值和众数分别为 0.181 854 8 和 0.187 398 4.

这些后验估计值就是在知道样本分布之后，对于先验信息治愈率 10% 的修正.

1.1.4 基于 OpenBUGS 的计算和可视化

以下用 OpenBUGS 分别计算控制组和治疗组治愈率的贝叶斯估计（后验均值、标准差、中位数、0.95 的可信区间），作为可视化还给出一些图. OpenBUGS 有很强的图形功能，而且计算上述贝叶斯估计的同时可以产生很多幅图（在页面 Sample Monitor Tool 上有一些按钮，如 stats, density, trace, history, bgr diag, auto cor 等，点击这些按钮可以产生各种图）. 关于 OpenBUGS 软件及其基本使用介绍，见本书的附录 C.

（1）在控制组中，设治愈率为 p，与前面相同，仍然选取 Beta 分布 $Be(0.1, 0.9)$ 作为先验分布. 以下用 OpenBUGS 计算控制组治愈率的贝叶斯估计，作为可视化还给出一些图.

```
model
{
x~dbin(p,n)
p~dbeta(0.1,0.9)
}
data
list(x = 20, n = 253)
inits
```

list(p = 0.1)
list(p = 0.05)

说明:上面的代码包括三部分:model(模型),data(数据),inits(初值):$p=0.1$ 和 $p=0.05$ 为 p 的初值(两个初值产生两条链).

运行结果如下:

① stats:参数估计结果,见表 1-1.

表 1-1 计算结果

参数	mean	sd	MC-error	val2.5pc	median	val97.5pc	start	sample
p	0.079 25	0.016 98	1.202E-4	0.049 28	0.078 07	0.115 9	1 001	18 000

从表 1-1 可以看出,p 的后验均值为 0.079 25,标准差为 0.016 98,MC 误差为 1.202E-4,中位数为 0.078 07,可信水平为 0.95 的可信区间为(0.049 28, 0.115 9).

② density:样本密度,如图 1-3 所示.

③ trace:样本轨迹,如图 1-4 所示.

图 1-3 样本密度

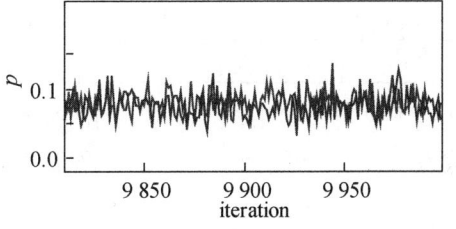

图 1-4 样本轨迹

④ history:历史样本轨迹,如图 1-5 所示.

⑤ bgr diag:两条链的收敛情况,如图 1-6 所示.

图 1-5 历史样本轨迹

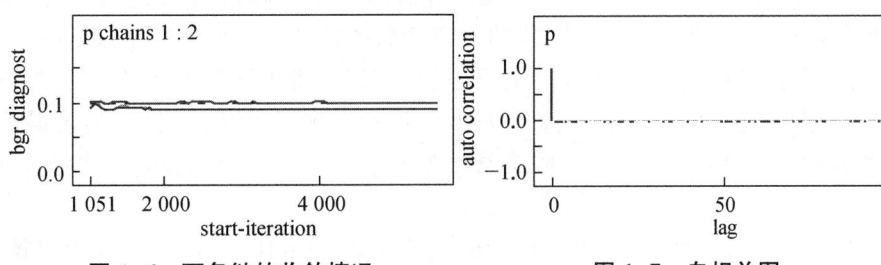

图 1-6 两条链的收敛情况

图 1-7 自相关图

⑥ auto cor:自相关图,如图 1-7 所示.

(2) 在治疗组中,设治愈率为 p,与前面相同,仍然选取 Beta 分布 $Be(0.1, 0.9)$ 作为先验分布. 以下用 OpenBUGS 计算治疗组治愈率的贝叶斯估计(图从略).

```
model
{
x~dbin(p,n)
p~dbeta(0.1, 0.9)
}
data
list(x = 45, n = 247)
inits
list(p = 0.1)
list(p = 0.05)
```

运行结果见表 1-2.

表 1-2　计算结果

参数	mean	sd	MC-error	val2.5pc	median	val97.5pc	start	sample
p	0.181 9	0.024 52	1.799E-4	0.135 7	0.181 2	0.232 6	1 001	18 000

从表 1-2 可以看出,p 的后验均值为 0.181 9,标准差为 0.024 52,MC 误差为 1.799E-4,中位数为 0.181 2,可信水平为 0.95 的可信区间为 (0.135 7, 0.232 6).

1.2　经典统计与贝叶斯统计的比较

经典统计是指 20 世纪初,由皮尔逊(Pearson)等人开始,经费希尔(Fisher)的发展,到内曼(Neyman)完成理论的一系列成果. 在目前国内外已出版的统计教材中,经典统计的理论和方法占有绝大部分. 实践证明,经典统计的理论和方法是很有意义的,它指导人们在许多领域中作出了重要贡献. 然而这并不意味着它对任何问题都是适用的,更不能理解为它是独一无二的统计理论和方法.

詹姆斯·伯努利(James Bernoulli)意识到可用于机会游戏的演绎逻辑和每日生活中的归纳逻辑之间的区别,他提出一个著名的问题:前者的机理如何能帮助处理后面的推断. 托马斯·贝叶斯对这个问题产生浓厚的兴趣,并且对这个问题进行认真的研究,他写了一篇文章来回答这个问题,提出了后来以他的名字命名的定理——贝叶斯定理.

1812 年,拉普拉斯(Laplace)在他的概率论教科书第 1 版中首次将贝叶斯思想以贝叶斯定理的现代形式展示给世人. 拉普拉斯本人不仅重新发现了贝叶斯定理,阐述得远比贝叶斯更为清晰,而且还用它来解决天体力学、医学统计,甚至法学问题(Kotz,吴喜之,2000).

目前被承认的现代贝叶斯统计,应归功于杰弗里斯(Jeffreys,1939),沃尔德(Wald,1950),萨维奇(Savage,1954),雷发和施莱弗(Raiffa & Schlaifer,1961),德菲内蒂(De Finetti,1974,1975)等.

值得一提的是,詹姆斯·普莱斯(James Press, 1989)的 *Bayes Statistics*: *Principles, Models, and Applications*(中译本《贝叶斯统计:原理、模型和应用》,中国统计出版社,1992)中除了对贝叶斯学派观点和在当时的应用实例作了充分介绍外,另一个显著特点是全文刊录了贝叶斯的论文原作,并对贝叶斯的生平作了详细的介绍.了解一下贝叶斯的生平,读一读他的原著,有助于我们亲身去体会贝叶斯的思想和方法.

尽管贝叶斯统计可以导出一些有意义的结果,但它在理论上和实际应用中也出现了各种问题,因而它在 19 世纪并未被普遍接受. 20 世纪初,德菲内蒂,以及稍后一些杰弗里斯都对贝叶斯统计理论作出了重要贡献.第二次世界大战后,沃尔德提出了统计决策理论,在该理论中贝叶斯解占有重要地位.信息论的发展也对贝叶斯统计作出了贡献,更重要的是在一些实际应用的领域中,尤其是在自然科学、社会科学以及商业活动中,贝叶斯统计取得了成功. 1958 年,英国历史最悠久的统计杂志 *Biometrika* 重新全文刊登了贝叶斯的论文. 1955 年,罗宾斯(Robbins)提出了经验贝叶斯方法,把贝叶斯方法和经典方法相结合,引起了统计界的注意,内曼曾赞许它为统计界中的一个突破.

什么是贝叶斯统计?茆诗松,王静龙,濮晓龙(1998)的解释非常简单明了:"贝叶斯推断的基本方法是将关于未知参数的先验信息与样本信息综合,再根据贝叶斯定理,得出后验信息,然后根据后验信息去推断未知参数."

王梓坤院士在林叔荣(1991)的《实用统计决策与 Bayes 分析》一书的序中指出,经典学派认为,母体分布中的参数 θ 是常数,不是变数,尽管人们暂时还不知道它的值,但可以利用样本来对它进行估计.而贝叶斯学派则把 θ 看成随机变量,至于对 θ 的分布,则可视 θ 的情况而假定它有某一先验分布;然后利用先验分布和样本来对母体进行统计推断.

贝叶斯学派与经典学派之间的差异是明显的.首先,两个学派的核心差别是对于概率的不同定义.经典学派认为概率可以用频率来进行解释,估计和假设检验可以通过重复抽样来加以实现.而贝叶斯学派认为概率是一种信念.结合这种信念加以假设检验(先验机会比),当数据出现以后就产生后验机会比.这种方法结合了先验和样本信息辅助假设检验.其次,二者使用的信息不同.经典学派使用了总体信息和样本信息,总体信息即总体分布或总体所属分布族的信息,样本信息即抽取样本(数据)提供给我们的信息.贝叶斯学派除利用上述两种信息外,还利用了一种先验信息,即总体分布中未知参数的分布信息.二者在使用样本信息上也有差异,经典统计对某个参数的估计说是无偏的,其实是利用了所有可能的样本信息,经典学派只关心出现的样本信息.而贝叶斯学派将未知参数看作是一个随机变量,用分布来刻画,即抽样之前就有有关参数问题的一些信息,先验信息主要来自经验和历史资料.而经典统计把样本看成是来自具有一定概率分布的总体,所研究的对象是总体,而不局限于数据本身,将未知参数看作常量.

由于频率学派与贝叶斯学派在基本观点上存在根本性的差异,因此,它们之间的争论和对彼此的批判是不可避免的.从理论的高度来看,我们必须注意这样一个基本点:统计推断是在不掌握完全信息条件下的推断,也就是说,所掌握的信息还不足以决定问题的唯一解,这就提供了建立多种理论体系和方法的可能.事实上,两个学派都有其成功和不足的地方,都有广阔的发展前景,在实际应用上是相辅相成的.

Kotz,吴喜之(2000)从概率的定义、推断根据、推断过程、研究的主要问题、估计的方法以及估计方法评估准则等方面,用清晰的表格,将贝叶斯统计方法与经典统计方法进行了比较.

著名的贝叶斯统计学家林德利教授为《现代贝叶斯统计学》(Kotz,吴喜之,2000)专门写了第一章——贝叶斯立场.

1.2.1 经典统计的缺陷

成平(1990)指出:经典统计的最大缺陷是,在作统计推断和结论时着眼于当前数据,忽视历史经验,忽视人们已有的认识和知识,以及人们主观的能动性.我们看经典统计推断的模式:首先假定研究对象(特征)的观察值的分布属于某种类型的分布族(总体分布),然后选择一个被认为是好的统计方法作估计,假设检验、预报,作统计推断的依据只有观察数据和模型假定,人的主观能动作用只是局限于对模型和统计方法的选择,人们的历史经验及认识是不大起作用的.提高统计推断的精度,主要靠数据多少决定,这对于特小样本,往往很困难甚至无能为力.例如,在导弹等尖端武器的可靠性评定中,相同条件下全弹试验数据难以超过 10 个,有时甚至只有两三个,就必须作出决策.

1.2.2 对经典学派的批评

对经典学派的批评主要有两点:一点是对一些问题的提法不妥,另一点是统计方法好坏的标准不妥. 首先以正态分布的参数估计为例. 设 $X_1, X_2, \cdots, X_n$ 是来自正态分布 $N(\mu, \sigma^2)$ 的样本,如果方差 σ^2 为已知,则可求出参数 μ 的置信区间.它的推理过程是这样的:

对于来自 $N(\mu, \sigma^2)$ 的样本 $X_1, X_2, \cdots, X_n$, 取样本均值 $\bar{X} = \frac{1}{n}\sum_{i=1}^{n} X_i$, 于是 $\bar{X} \sim N\left(\mu, \frac{\sigma^2}{n}\right)$,则 $\frac{\bar{X} - \mu}{\frac{\sigma}{\sqrt{n}}} \sim N(0,1)$, 设 $z_{\frac{\alpha}{2}}$ 为标准正态分布的上侧 $\frac{\alpha}{2}$ 分位数,则有

$$P\left\{\left|\frac{\bar{X}-\mu}{\frac{\sigma}{\sqrt{n}}}\right| < z_{\frac{\alpha}{2}}\right\} = 1-\alpha,$$

$$P\left\{\bar{X} - \frac{\sigma}{\sqrt{n}}z_{\frac{\alpha}{2}} < \mu < \bar{X} + \frac{\sigma}{\sqrt{n}}z_{\frac{\alpha}{2}}\right\} = 1-\alpha.$$

于是得到了 μ 的置信水平为 $1-\alpha$ 的置信区间为

$$\left(\bar{X} - \frac{\sigma}{\sqrt{n}}z_{\frac{\alpha}{2}},\ \bar{X} + \frac{\sigma}{\sqrt{n}}z_{\frac{\alpha}{2}}\right). \tag{1.2.1}$$

问题在于如何理解式(1.2.1),μ 是一个客观存在的量,经典统计的观点是参数 μ 不能看作随机变量,因而式(1.2.1)不能理解为 $\mu \in \left(\bar{X} - \frac{\sigma}{\sqrt{n}}z_{\frac{\alpha}{2}},\ \bar{X} + \frac{\sigma}{\sqrt{n}}z_{\frac{\alpha}{2}}\right)$ 的概率是 $1-\alpha$.

式(1.2.1)按照经典学派的解释:重复使用很多次,区间 $\left(\bar{X} - \frac{\sigma}{\sqrt{n}}z_{\frac{\alpha}{2}},\ \bar{X} + \frac{\sigma}{\sqrt{n}}z_{\frac{\alpha}{2}}\right)$ 能盖住真

实参数 μ 的频率是 $1-\alpha$.

我们从标准正态总体 $N(0,1)$ 生成容量为 200 的随机样本，由此得到均值（$\mu=0$）的置信水平为 0.95 的置信区间，并且重复 100 次，得到 100 个区间，如图 1-8 所示.

从图 1-8 可以看出，在 100 个区间中包含均值（$\mu=0$）的有 94 个，不包含均值（$\mu=0$）的有 6 个.

然而人们关心的恰好是参数 μ 在什么范围内的概率有多大？或者说，我们能有多大的把握判断参数 μ 在某一个区间内？因此经典统计中区间估计问题的提法与解释是不能令人满意的.

而贝叶斯统计恰好不发生上述困难，因为它把参数看成随机变量，它本身就有分布. 事实

图 1-8 均值（$\mu=0$）的置信水平为 0.95 的置信区间（100 个）

上，我们从贝叶斯假设直接可以导出与式（1.2.1）完全相同的结果（见后面的例 3.2.1）.但此时 μ 是随机变量，因此按照贝叶斯统计的观点式（1.2.1）就是 $\mu \in \left(\bar{X}-\dfrac{\sigma}{\sqrt{n}}z_{\frac{\alpha}{2}},\bar{X}+\dfrac{\sigma}{\sqrt{n}}z_{\frac{\alpha}{2}}\right)$ 的概率是 $1-\alpha$.

在经典统计中，无论是点估计，还是区间估计，或者是假设检验中犯两类错误的概率，都是重复使用很多次，或长期使用情况下评判好坏标准. 以无偏估计为例，设 $\hat{\theta}$ 是 θ 的无偏估计，这一性质保证了：当 $\hat{\theta}$ 重复使用相当多次之后，它的平均值与理论上的真值没有系统偏差［即 $E(\hat{\theta})=\theta$］，它体现了长期使用时"平均"地考察结果的优良性. 这说明好坏的标准不妥.

1.2.3 对贝叶斯方法的批评

贝叶斯方法受到了经典学派中一些人的批评，批评的理由主要集中在以下三点.

（1）贝叶斯方法具有很强的主观性而研究的问题需要更客观的工具. 经典统计学是"客观的"，因此符合科学的要求. 而贝叶斯统计学是"主观的"，因而（至多）只对个人决策有用.

（2）应用的局限性，特别是贝叶斯方法有许多封闭型的分析解法，不能广泛地使用.

（3）先验分布的误用.

对以上这些批评，贝叶斯学派的回答如下：几乎没有什么统计分析哪怕只是近似于"客观的". 因为只有在具有研究问题的全部覆盖数据时，才会得到明显的"客观性"，此时，贝叶斯分析也可得出同样的结论. 但大多数统计研究都不会如此幸运，以模型作为特性的选择对结论会产生严重的影响. 实际上，在许多研究问题中，模型的选择对答案所产生的影响比参数的先验选择所产生的影响要大得多.

博克斯（Box，1980）说：不把纯属假设的东西看作先验，我相信，在逻辑上不可能把模型

的假设与参数的先验分布区别开来. 古德(Good, 1973)说得更直截了当:主观主义者直述他的判断,而客观主义者以假设来掩盖其判断,并以此享受着客观性的荣耀.

防止误用先验分布的最好方法就是给人们在先验信息方面以适当的教育. 另外,在贝叶斯分析的最后报告中,应将先验(和数据、损失)分开来报告,以便使其他人对主观的输入做合理性的评价. 两个"接近的"先验可能会产生很不相同的结果. 没有办法使这个问题完全消失,但通过"稳健贝叶斯"方法和选择"稳健先验"可以减轻.

Kotz,吴喜之(2000)的观点认为,杰出的当代贝叶斯统计学家哈根(A. O'Hagan, 1977)的观点是最合适的,劝说某人不加思考地利用贝叶斯方法并不符合贝叶斯统计的初衷,进行贝叶斯分析要花更多的努力. 如果存在只有贝叶斯计算方法才能处理的很强的先验信息或者更复杂的数据结构,这时收获很容易超过付出,由此能热情地推荐贝叶斯方法. 另一方面,如果有大量的数据和相对较弱的先验信息,而且一目了然的数据结构能导致已知合适的经典方法(即近似于弱先验信息时的贝叶斯分析),则没有理由去过分地敲贝叶斯的鼓(过分强调贝叶斯方法).

如何在特定的问题中定出"适合的"先验分布? 如果先验分布是一个纯主观随意性的东西,那么还有什么科学意义? 确实,到现在为止贝叶斯统计未能提出一种放之四海而皆准的确定先验分布的方法,且看来今后也难以做到这一点,因而这确实是贝叶斯统计的一个重大弱点. 但在承认这一点的同时也应当看到,贝叶斯学派提出的主观概率,并不等于说主张可以用主观随意的方式选取先验分布. 事实上,对怎样确定先验分布这个问题,贝叶斯学派做了不少探索,提出了一些有意义的见解.

1.2.4 贝叶斯统计存在的问题

贝叶斯统计存在的主要问题,一个是**先验分布的确定**,这是关于贝叶斯统计争论最多的问题;另一个是**后验分布的计算**,这里包括许多从表面上的公式所看不到的理论上的和计算上的问题. 除了一些比较容易的外,这些问题一直以各种方式影响着当代贝叶斯统计的研究发展方向(Kotz,吴喜之,2000).

过去人们经常听到的一句话是:"贝叶斯分析在理论上确实很完美,但遗憾的是在实际应用过程中不能计算出结果."令人高兴的是,现在情况已大有改进. 这种改进已经吸引了许多新人加入贝叶斯统计研究和应用的行列,而且还减少了关于贝叶斯方法可行性的"哲学"上的争论.

近些年来,一些学者提出了数值和解析近似的方法来解决参数的后验分布密度和后验分布各阶矩的计算问题. 然而这些方法的实现,需要依靠复杂的数值技术及相应的软件支撑. MCMC 方法的研究对推广贝叶斯统计推断理论和应用开辟了广阔的前景,使贝叶斯方法的研究与应用得到了再度复兴. 目前,MCMC 已经成为一种处理复杂统计问题特别流行的工具.

关于 MCMC 方法最重要的软件包是 BUGS,WinBUGS 和 OpenBUGS. BUGS 是 Bayesian Inference Using Gibbs Sampling 的缩写,它是一种通过贝叶斯分析利用 MCMC 方法解决复杂统计模型的软件. WinBUGS 和 OpenBUGS 是在 BUGS 基础上开发面向对象交互式的软件,可以在 Windows 95/98/NT/XP 等操作系统中使用(它们都是免费的,下载和安装都很方便). 关于 WinBUGS 和 OpenBUGS 的基本使用介绍, 见本书的附录 B 和附录 C.

1.3 贝叶斯统计的兴起与发展

贝叶斯统计的起源, 一般要追溯到贝叶斯的论文, 该论文包含了初等概率统计教材中人所共知的贝叶斯公式(或贝叶斯定理), 时隔几百年后的现代贝叶斯学派, 其基本思想和施行方法, 仍然是这个公式. 如果把 1900 年作为近代数理统计学开始的一年, 则到现在为止的 110 多年中, 前半期——约到第二次世界大战结束时克拉默(Cramer)的书(1946)问世为止, 可以说基本上是经典学派一统天下. 但随着统计应用的扩大, 贝叶斯统计受到欢迎, 特别是决策性问题在统计应用中越来越多且重要, 而对这种问题来说, 先验知识的使用很重要以至不可缺少, 而且与纯科学问题相比, 在这种问题中主观概率的提法往往更为自然且反映决策者掌握信息的情况, 因而易于接受.

从这种意义上说, 贝叶斯统计与主观概率是不可分的, 因此为了说明贝叶斯统计的发展过程, 先简要地介绍一下主观概率的发展过程. 20 世纪 50 年代, 林德利, 萨维奇, 杰弗里斯等统计学家大力提倡主观概率, 几乎同时, 在第四次 Berkley 会议上也在论述主观概率的观点. Jeffreys(1957)强调在统计决策时, 不仅看数据, 而且要根据人的主观认识. 以上贝叶斯学派的主要代表人物, 对主观概率及贝叶斯学派观点的描述, 大致上反映了贝叶斯学派的主要观点. 他们强调了主观的认识, 主观的能动性, 这正是贝叶斯学派的核心所在, 有它合理的成分.

成平(1990)指出, 作统计决策时要考虑两个方面, 一是当前数据所提供的信息, 二是历史上决策者对此类事物的认识和经验. 按照贝叶斯学派的观点, 后者反映在先验分布的选择上. 这只是使用先验信息的一种方式, 通常在人们对一个问题作出决定时, 自觉不自觉地利用经验, 定性分析后拍板, 这个过程就是使用了先验信息. 但如何使用先验信息, 各有各的处理方式, 经验多的人, 用得好一点, 经验少的人, 用得差一点, 但尽量用先验信息, 应当是一个原则. 人们日常生活中也常使用先验信息, 如打电话时, 如果是你的熟人, 一拿起话筒, 对方一说话就能判断出对方是谁, 若是一个陌生人给你打电话, 不报名字就很难判断对方是谁了. 因为没有用先验信息, 也就是说, 有同样的当前信息, 有无先验信息效果显然不同.

随着统计学广泛应用于自然科学、经济学、医学、社会科学等领域, 人们逐渐发现了贝叶斯方法的合理部分, 终于到 20 世纪 60 年代, 这一古老理论得到了复苏. 史密斯教授在 1984 年就曾预言"到本世纪末, 贝叶斯理论加上计算机的图示, 将成为现代统计实践中最受欢迎的形式". 不论这一预言是否偏颇, 但近些年来贝叶斯统计的发展确实很快.

现在不但在国内外杂志上经常看到贝叶斯统计方面的论文, 并且在这方面已经出版了一些专著、教材等. Berger(2000), 对贝叶斯统计学目前的状况和未来的发展进行了综述. 韩明(1995, 2014a), 综述了贝叶斯统计的兴起、发展和应用情况. 王佐仁, 杨琳(2012), 综述了贝叶斯统计推断及其主要进展. 朱喜安, 陈巧玉(2012), 对我国贝叶斯统计研究进展情况进行了综述.

1.4 贝叶斯统计的广泛应用

随着贝叶斯统计研究的兴起与发展,贝叶斯统计得到了广泛的应用.目前,贝叶斯统计理论在英美等西方国家已经成为当前两大统计学派之一,并在实践中获得了广泛应用.从国内外的文献资料来看,贝叶斯统计推断理论几乎可以作为每一个学科的研究工具之一,它既可以用于质量控制、软件质量评估、核电站可靠性评价和缓慢周转物品的存储问题,又可以应用于水文事件频率的估计、犯罪学不完全记数的估计以及保险精算.尤其是,近年来贝叶斯统计理论在宏观经济预测中取得了巨大的成功,从模型的稳定性和预测精度两个方面来看,贝叶斯预测模型优于非贝叶斯模型,因此贝叶斯方法获得越来越多专家学者的认同(朱慧明,2003).

近年来,贝叶斯统计在理论研究上取得了一些进展,在实际问题中又获得了广泛的应用.美国杜克大学伯格教授的书 *Statistical Decision Theory*(1980), *Statistical Decision Theory and Bayesian Analysis*(Second Edition,1985)在美国相继问世(第二版的中译本,中国统计出版社,1998),对贝叶斯统计作了较完整的叙述.著名的经典统计学家、美国科学院院士、加州大学 Berkley 分校的莱曼(Lehmann)教授,在 *Theory of Point Estimation*(第一版,1983;第二版,1998)的第二版中增加了贝叶斯统计推断方面的篇幅[该书的第二位作者是乔治·卡塞拉(George Casella),他是佛罗里达大学的终生教授,还是统计系的系主任.中译本《点估计理论》,中国统计出版社,2005].1991 年和 1995 年,他在美国连续出版了两本 *Case Studies in Bayesian Statistics*(Singpurwalla,1991,1995),使贝叶斯统计在理论上和实际应用上以及在它们的结合上都取得了长足的发展.

在 20 世纪 90 年代,由于高维计算上的困难,贝叶斯方法的应用受到了很大的限制.但随着计算机技术的发展和贝叶斯方法的改进,特别是 MCMC 方法的发展和 WinBUGS 软件的应用,原来复杂异常的数值计算问题如今变得非常简单,参数后验分布的模拟也趋于方便,所以现代贝叶斯理论和应用得到了迅速的发展(刘乐平,袁卫,2004). Lee(2007),在 *Structural Equation Modeling: A Bayesian Approach*(中译本《结构方程建模:一种贝叶斯方法》,高等教育出版社,2011),全面地介绍了结构方程的各种推广,详细地阐述了分析模型的贝叶斯方法,包括如何实现 Gibbs 抽样、Metropolis-Hasting 算法、如何推导所需的条件分布等,应用案例采用 WinBUGS 软件实现. Clark(2007) 的 *Models for Ecological Data: An Introduction, Statistical Computation for Environmental Sciences in R: Lab Manual for Models for Ecological Data*(中译本《环境科学的统计计算:生态数据模型实验室手册》,科学出版社,2013),涵盖方法引论与实验分析应用两部分,针对多个时空尺度,介绍了适合于生态学数据的统计推断方法和层次模型,涉及经典统计和贝叶斯统计的模型、算法和具体编程.在应用操作部分,配合方法部分的各章内容介绍基于 R 的算法与编程实践.还包括如何实现 Gibbs 抽样、Metropolis-Hasting 算法等. Kruschke(2011)的 *Doing Bayesian Data Analysis: A Tutorial with R and BUGS*(英文影印版:《贝叶斯统计方法:R 和 BUGS 软件数据分析示例》,北京:机械工业出版社,2015),从统计和编程两方面入手,由浅入深地指导读者如何对实际数据进行贝叶斯分析.全书分成三个部分,第一部分为基础篇:关于参数、概率、贝叶斯法则及 R 软件,第二部分为二元比例推断的基本理论,第三部分为广义线性模型.内容包括贝叶斯统计的基本理论、实验设计的有关知识、以层次模型和 MCMC 为代表的复杂方法等.针对不同的学习目标(如 R,BUGS 等)列出了相应的重点章节,整理出贝叶斯统计中某些与传统统计学可作类比的内容,方便读者快速学习.

Kotz,吴喜之(2000)给出了许多贝叶斯统计在实际中的应用,主要包括领域有生物统计,临床试验,可靠性,质量控制,精算学,排队论,核电站,法庭,图像分析等.

由于贝叶斯统计的应用十分广泛,实在难以罗列,以下给出具有代表性的七个方面应用.

1.4.1 促进了统计科学自身的发展

目前,针对其他学派批评最多的"先验分布如何确定"这个贝叶斯统计的难题,已初步研究出一些方法,概括起来如下:

(1) 无信息先验分布;

(2) 共轭先验分布;

(3) 用经验贝叶斯方法确定先验分布;

(4) 用最大熵方法确定先验分布;

(5) 用专家经验确定先验分布;

(6) 用自助法(Bootsrap)和随机加权法确定先验分布;

(7) 参照先验分布(reference prior);

(8) 概率匹配先验分布(probability matching prior).

由于贝叶斯学派和其他学派相比较而存在,相争论而发展,促进了统计科学自身的发展.

1.4.2 在经济、金融和保险中的应用

美国经济学联合会将 2002 年度"杰出资深会员奖"(Distinguished Fellow Award)授予了芝加哥大学阿诺德·泽尔纳(Arnold Zellner)教授,以表彰他在"贝叶斯方法"方面对计量经济学所作出的杰出贡献.国外已经出版了贝叶斯统计在经济学的某一领域中应用的书,其中泽尔纳教授是贝叶斯学派在计量经济学方面应用的主要领导者.Zellner(1971)的书 *An Introduction to Bayesian Inference in Econometrics* 的出版,在贝叶斯计量经济学的发展史上具有里程碑的意义.东京大学的铃木雪夫教授、国友直人教授是日本贝叶斯统计及其应用的领导者.

1985 年,泽尔纳教授在 *Econometrica* 上发表题为"Bayesian Econometrics"的论文,近年来,Koop(2003)的 *Bayesian Econometrics*,Lancaster(2004)的 *An Introduction to Modern Bayesian Econometrics* 和 Geweke(2005)的 *Contemporary Bayesian Econometrics and Statistics* 等,加上大量出现在各种计量经济学重要期刊上的文献,无疑已逐渐形成了现代计量经济学研究的一个重要方向——贝叶斯计量经济学(Bayesian Econometrics).

1986 年,美国学者利特曼提出明尼苏达先验分布,解决了贝叶斯时间序列向量自回归(简称 BVAR)模型应用中的关键问题,自此以后 BVAR 模型在西方国家的经济预测中发挥

了很大的作用.其中,影响比较大的模型主要有:用于预测英国经济的 BVAR 模型,用于电力消费与价格预测的综合 BVAR 模型,用于估计美国 50 个州及哥伦比亚地区 4 类家庭平均收入的 BVAR 模型,用于预测爱尔兰通货膨胀的 BVAR 模型,用于预测日本经济 BVAR 预测模型,包括居民消费价格指数等 8 个经济指标.

当代许多杰出的计量经济学家都应用贝叶斯计量经济学解决经济问题,Qin(1996)对贝叶斯计量经济学理论发展进行了回顾.Poirier(2006)对 1970—2000 年间几种重要的期刊在经济和计量经济学文章中使用的贝叶斯方法数量发展速度进行了回顾.关于贝叶斯统计在卫生经济学中的应用,见 Baio(2012).

在国内,平新乔,蒋国荣(1994)结合我国的实际研究"三角债"的博弈理论分析时,把贝叶斯方法、博弈论、经济学的"均衡理论"结合起来,提出了"贝叶斯博弈均衡理论".刘乐平,袁卫(2002a)综述了贝叶斯方法在精算学中的应用.刘乐平,袁卫,张琅(2006)讨论了保险公司未决赔款准备金的稳健贝叶斯估计.孙瑞博(2007)综述了计量经济学的贝叶斯统计方法.李小胜,夏玉华(2007)综述了贝叶斯计量经济学分析的框架.朱慧明,林静(2009)研究了贝叶斯计量经济学的几个重要专题,并深入地进行了讨论.丁东洋,周丽莉,刘乐平(2013)对贝叶斯方法在信用风险度量中的应用研究进行了综述.郝立亚,朱慧明(2015)对贝叶斯金融随机波动模型进行了系统的研究与应用.

1.4.3 在生物、医学和生态学中的应用

过去贝叶斯统计一直都被生物统计所忽略,康菲尔德(Cornfield)在 1965 年发表的关于贝叶斯统计及其应用展望的文章使得生物统计学家开始认真对待贝叶斯统计思想.由于林德利在 1965 年关于贝叶斯统计的哲学意义的介绍和史密斯(Smith)等人在 1985 年和 1987 年的关于统计计算工具的重要贡献,使得实际工作者能够处理复杂统计问题.随着统计计算的不断发展,特别是 MCMC 等方法的应用,使得贝叶斯统计越来越受到人们的欢迎.

贝叶斯定理的一个简单应用是在有疾病(D)和没有疾病(D^c)的条件下的暴露(E)和没有暴露(E^c)之间的优比(odds ratio)的概念(Kotz,吴喜之,2000):

$$\frac{P(E\mid D^c)P(E^c\mid D^c)}{P(E^c\mid D)P(E\mid D^c)}=\frac{P(D\mid E)P(D^c\mid E^c)}{P(D^c\mid E)P(D\mid E^c)}.$$

由此可以估计稀有疾病的相对风险.现在的案例控制数据大都是从这个概念发展起来的,不仅在流行病学上,在统计遗传学上,贝叶斯定理也扮演了重要的角色.

在临床试验、基因疾病的关系、职业病的防治、病毒学方面、环境性流行病研究以及牙医学方面,需要在可能相关的条件下估计代表不同处理的未知参数.经验贝叶斯理论在这方面发展得很快.在临床试验、流行病学等领域,贝叶斯统计发挥了重要的作用.

在生物统计中,纵向数据的研究是很重要的,Laird & Ware 在 1982 年关于随机效应混合模型做了很多工作,强调了 REML 估计和贝叶斯估计之间的关系,以提供一个通过 EM 算法对估计和计算的统一处理.

在地理区域和癌症发病情况的估计和标识问题,经验贝叶斯方法也是很有效的[Clayton & Kaldor(1987),Tsutakawa(1988)].在诸如从动物试验结果推广到人类的外推研究中、生物等价性的研究、序贯临床试验研究、模型的不确定的估计等领域,都有贝叶斯

方法的重要应用.

Clark(2007), 介绍了适合于生态学数据的统计推断方法和层次模型, 涉及经典频率论和贝叶斯统计的模型、算法和具体编程. 首先阐述了生态学数据的层次结构和时空变异性, 以及频率论和贝叶斯统计. 然后介绍贝叶斯推断的基础概念、分析框架和算法原理, 并进一步针对生态学层次模型、时间序列及时空复合格局数据依次展开分析模拟.

贝叶斯统计在生物学中的其他应用, 见 Moye(2007), Dey et al. (2010), Rosner & Laud (2015) 的有关文献; 贝叶斯统计在医学中的其他应用, 见 Broemeling(2007, 2011), Lawson (2008) 的有关文献; 贝叶斯统计在生态学中的其他应用, 见 King et al. (2009) 的文章.

1.4.4 在可靠性中的应用

美国在 1982 年出版了 Martz & Waller 的书 *Bayesian Reliability Analysis*, 系统地介绍了贝叶斯方法在可靠性中的应用. 贝叶斯方法在可靠性中应用的一个成功案例是, 美国在研制 MX 导弹时, 应用贝叶斯方法把发射试验从原来的 36 次减少到 25 次, 可靠性却从 0.72 提高到 0.93, 节省费用 2.5 亿美元. 美国在 2008 年出版了 Michael 等人的书 *Bayesian Reliability*, 该书是一本全面介绍叶斯可靠性相关理论和工程应用的学术著作. 该书作者均为贝叶斯可靠性领域内世界知名专家学者, 其中大部分参编人员来自美国 Los Alamos 国家实验室. 该实验室是美国核技术研究的中心, 也是世界范围内贝叶斯可靠性理论研究与应用的顶级研究机构之一. 该书系统地介绍了现代贝叶斯方法在可靠性中的应用, 很多应用案例借助 MCMC 算法, 并用 BUGS 软件实现. 英国在 2011 年出版了 Kelly & Smith 的书 *Bayesian Inference for Probabilistic Risk Assessment*, 两位作者是美国爱德华国家实验室的可靠性与风险评估领域专家. 该书是可靠性系统工程、风险评估领域的前沿著作, 它不仅介绍了贝叶斯统计推断的理论和方法, 还结合具体应用案例展示了 OpenBUGS 软件的使用. 该书不仅阐述了贝叶斯统计推断的原理, 还凝聚了作者多年从事可靠性系统工程、风险评估工作的宝贵经验.

从国际上可靠性领域知名的杂志 *IEEE Transactions on Reliability*, *Quality and Reliability Engineering International*, *Reliability Engineering & System Safety* 等, 以及每年在世界各地举行的各类可靠性国际会议, 都能感受到贝叶斯方法在可靠性领域的应用.

在我国, 1990 年《数理统计与应用概率》杂志(第 5 卷第 4 期)刊有"贝叶斯专辑", 其中多数论文是贝叶斯方法在可靠性中的应用. 在《应用概率统计》《数理统计与管理》《统计与决策》等杂志上也经常可以看到贝叶斯方法在可靠性中的应用方面的论文. 周源泉, 翁朝曦 (1990) 用经典、贝叶斯、Fiducial(信赖) 三个学派的观点, 来处理在可靠性评定、设计、验收等实践中提出的各种问题, 并加以比较. 蔡洪, 张士峰, 张金槐 (2004) 用贝叶斯估计法对武器装备试验分析与评估进行研究, 并出版了《Bayes 试验分析与评估》. 茆诗松, 汤银才, 王玲玲 (2008) 的书中专门有一章介绍 "可靠性中的贝叶斯统计分析". 林静 (2008) 在其博士论文中, 研究了基于 MCMC 方法的贝叶斯生存分析理论及其在可靠性评估中的应用, 将贝叶斯生存分析理论较系统地引入可靠性寿命数据的建模分析中, 对可靠性评估理论进行了进一步的完善. 本书作者提出了可靠性参数的修正贝叶斯估计法, 主要包括: E-Bayes 估计法、

M-Bayes可信限法等,并出版了《可靠性参数的修正 Bayes 估计法及其应用》(韩明,2010). 明志茂,陶俊勇,陈盾,张忠华(2011)针对装备研制阶段可靠性试验与评估的工程需要,将变动统计学理论与贝叶斯方法引入装备研制阶段可靠性试验中,并出版了《动态分布参数的贝叶斯可靠性分析》.张志华(2012)的书中专门有一章介绍"可靠性试验数据的 Bayes 推断".

1.4.5 在机器学习中的应用

机器学习(Machine Learning)是一门多领域交叉学科.它专门研究计算机怎样模拟或实现人类的学习行为,以获取新的知识或技能,重新组织已有的知识结构,使之不断改善自身的性能.它是人工智能的核心,是使计算机具有智能的根本途径,其应用遍及各个领域,它主要使用归纳、综合,而不是演绎.汤姆·米切尔(Tom Mitchell)的书 *Machine Learning* 在第 6 章专门详细介绍了贝叶斯学习理论.

在机器学习中,贝叶斯学习是一个重要内容,近几年来发展很快,受到人们的关注.贝叶斯学习是利用参数的先验分布和由样本信息求来的后验分布,直接求出总体分布.贝叶斯学习理论使用概率去表示所有形式的不确定性,通过概率规则来实现学习和推理过程.贝叶斯学习的结果表示为随机变量的概率分布,它可以理解为我们对不同可能性的信任程度.这种技术在分析故障信号模式时,应用了被称为"贝叶斯学习"的自动学习机制,积累的故障事例越多,检测故障的准确率就越高.根据邮件信息判断垃圾邮件的垃圾邮件过滤器也采用了这种机制.

贝叶斯分类器的分类原理是通过某对象的先验概率,利用贝叶斯公式计算出其后验概率,即该对象属于某一类的概率,选择具有最大后验概率的类作为该对象所属的类.也就是说,贝叶斯分类器是最小错误率意义上的优化.贝叶斯分类器是基于贝叶斯学习方法的分类器,其原理虽然较简单,但是其在实际应用中很成功.

尽管实际上独立性假设常常是不够准确的,但朴素贝叶斯分类器(Naive Bayes Classify)的若干特性让其在实践中能够取得令人惊奇的效果.特别地,各类条件特征之间的解耦意味着每个特征的分布都可以独立地被当作一维分布来估计.这样减轻了由于维度灾难带来的阻碍,当样本的特征个数增加时就不需要使样本规模呈指数增长.然而朴素贝叶斯在大多数情况下不能对类概率做出非常准确的估计,但在许多应用中这一点并不要求.例如,朴素贝叶斯分类器中,依据最大后验概率决策规则只要正确类的后验概率比其他类要高就可以得到正确的分类.所以不管概率估计轻度的,甚至是严重的不精确,都不影响正确的分类结果.在这种方式下,分类器可以有足够的鲁棒性去忽略朴素贝叶斯概率模型上存在的缺陷.

1.4.6 贝叶斯定理成为谷歌计算的新力量

搜索巨人谷歌和一家出售信息恢复工具的 Autonomy 公司,都使用了贝叶斯定理为数据搜索提供近似的结果.研究人员还使用贝叶斯模型来判断症状和疾病之间的相互关系,创建个人机器人,开发能够根据数据和经验来决定行动的人工智能设备.

这听起来好像很深奥,其实它的原理却很简单:某件事情发生的概率大致可以由它过去发生的频率近似地估计出来. 研究人员把这个原理应用在每件事上, 从基因研究到过滤电子邮件. 贝叶斯理论的一个出名的倡导者就是微软. 该公司把概率用于它的公共平台上. 该技术将会被内置到微软未来的软件中, 而且让计算机和蜂窝电话能够自动地过滤信息, 不需要用户帮助, 自动计划会议并且和其他人联系. 如果成功的话, 该技术将会出现一种叫"上下文的服务器"的电子管家, 它能够解释人的日常生活习惯并在不断变换的环境中组织他们的生活. 微软研究部门的高级研究员埃里克·侯卫茨说, 他们正在进行贝叶斯的研究, 它将被用于决定怎样最好地分配计算和带宽, 他个人相信"在这个不确定的世界里, 你不能够知道每件事, 而概率论是任何智能的基础".

英特尔也将发布它自己的基于贝叶斯理论的工具包. 一个关于照相机的实验警告医生说患者可能很快遭受痛苦. 该公司的开发者将在论坛上讨论这种发展. 虽然贝叶斯理论在今天很流行, 但其并不是一直被广泛接受的: 就在十几年前, 贝叶斯研究人员还在他们的专业上踌躇不前. 但是其后, 改进的数学模型, 更快的计算机和实验的有效结果增加了这种学派新的可信程度.

贝叶斯的理论可以被粗略地简述成一条原则: 为了预见未来, 必须要看看过去. 贝叶斯的理论表示未来某件事情发生的概率可以通过计算它过去发生的频率来估计. 一个弹起的硬币正面朝上的概率是多少?实验数据表明这个值是 50%. 斯坦福大学管理科学和工程系的教授霍华德认为, 贝叶斯表示从本质上说, 每件事都有不确定性, 有不同的概率类型. 例如, 假设不是硬币, 一名研究人员把塑料图钉往上抛, 想要看看它落地时钉头朝上的概率有多大, 或者有多少可能性是侧面着地, 而钉子是指向什么方向的. 图钉的形状、成型过程中的误差、质量分布和其他因素都会影响该结果.

贝叶斯技术的吸引力在于它的简单性. 预测完全取决于收集到的数据——获得的数据越多, 结果就越好. 贝叶斯模型的另一个优点是它能够自我纠正, 也就是说, 数据变化了, 结果也就跟着变化.

贝叶斯定理的思想改变了人们和计算机互动的方式. 谷歌的安全质量总监彼得说"这种想法是计算机能够更像一个帮助者而不仅仅是一个终端设备, 你在寻找的是一些指导, 而不是一个标准答案". 他们从这种转变中, 研究获益匪浅. 现在的搜索引擎采用了复杂的运算法则来搜索数据库, 并找出可能的匹配. 如同上文图钉的例子显示的那样, 复杂性和对于更多数据的需要可能很快增加. 由于功能强大的计算机的出现, 对于把好的猜测转变成近似的输出所必需的结果进行控制成为可能.

螺旋式上升的科学研究"舞台"充满戏剧性, 19 世纪上半叶备受争议和冷落的贝叶斯学派会在 21 世纪大数据时代重新登场, 光芒四射. 进入 21 世纪后, 我们现在的大部分信息主要来自网络搜索, 非常有趣的是, 这些网络信息搜索背后的理论计算基础就是贝叶斯定理. "18 世纪的贝叶斯定理成为谷歌计算的新力量".

1.4.7　认知科学的贝叶斯革命

"我们每个人大脑里都有一个小 Thomas Bayes!"法兰西学院实验心理学教授斯坦尼斯拉斯·德黑尼(Stanislas Dehaene)总把这句话挂在嘴边. 德黑尼于 2012 年在法兰西学院开设了一门名为"认知科学的贝叶斯革命"(The Statistician Brain: the Bayesian Revolution in

Cognitive Science)的课程. 德黑尼解释道:"称其为一种'革命',是因为出现了一种能够突然渗透到一切科学领域中的理论体系,着实让人惊讶. 过去,我们很多人认为大脑是自然进化的产物,并处于不断演变之中,不可能存在关于认知的一般性理论. 然而,当贝叶斯统计学展示出它超常的适用性后,这一观点开始动摇了."这也是他这门课程的开课引言.

贝叶斯方法不仅在自然科学领域掀起了革命,它的应用范围还不断延伸到人类行为,以及人类大脑活动的各种研究领域中. 事实上,无论是心理学家还是神经学家都认识到,贝叶斯方法是他们期待已久的用来描述研究对象的有效工具! 科学家们甚至开始期望它能够建立起关于大脑各个层次上的结构模型,直到最基本的单位:神经元. 最终,这样一个小小的公式就可以将数以百计的描述大脑活动的模型整合,生成一个关于"整个思想+"的理论的革命.

这个神奇的公式表面看起来和心理学并无相关,但就像德黑尼告诉学生们的,"贝叶斯公式虽然是数学,但它诠释的是关于思考的数学."在它抽象的外表之下,展现的是一个典型的类似于人类大脑的机制:在缺少数据和信息的情况下,不遗余力地追寻表面现象背后的本质原因. 它不间断地对我们的已有知识(或预设)去伪存真,是一个实实在在的思考机器. 这正是认知科学专家正在做的,我们可以用这一公式来描述人类的思想.

法兰西学院感知与运动心理学实验室统计学家皮埃尔·贝西埃(Pierre Bessiere)介绍道:"起初,心理学家用贝叶斯公式检验他们的实验结果. 很快,他们就发现它对于描述他们所观测的现象十分有效:如果把大脑当作一个贝叶斯网络,不就可以了解它的所有运转机制了么."于是,贝叶斯公式也就从计算工具演变为人类行为研究模型. 而研究成果接踵而至,涉及许多人类的认知机制:形态识别、运动控制、语言识别、学习等. 众多实验已经表明,思想就是贝叶斯公式支配下的统计运算. 图卢兹大学心理学家克洛伊·法勒(Chloe Farrer)和她的团队正在证明贝叶斯公式可以为各种认知形态建立模型.

许多科学家正在努力通过感官刺激与磁共振成像,寻找大脑深处贝叶斯式思考的痕迹,而他们已经观察到了某些信号. 2011 年,美国卡内基梅隆大学的一个研究团队观察到神经元能在感知到现象之前释放电信号,仅仅因为大脑正对将要发生的事件进行预测. 他们在大脑内部观察到,神经所传送的并不是来自感官的信息,而是概率计算. 他们看到的是神经元正在依据贝叶斯统计法进行预测活动. 美国罗切斯特大学神经学的亚历山大·波格(Alexandre Pouger)的研究团队、麻省理工学院约书亚·坦霍姆(Joshua Tenenhaum)的团队,以及伦敦大学卡尔·弗里斯顿(Karl Friston)的团队都发现,大脑皮层似乎完全就是为了实现概率计算而构建的. 他们的计算表明,大脑外周皮层的神经元网络会根据储存信息和获得的外部信息进行概率计算,而后将计算结果传递给大脑的更高层级. 这些科学家甚至认为已经找到大脑中贝叶斯计算的基本单元,他们称之为"规范回路"(canonical circuit),这是在整个大脑皮层中反复出现的一些神经元微结构. 从一层到另一层,整个大脑就是一个贝叶斯网络金字塔,而塔尖就是我们的思想! 一切我们接触到的、听到的、感觉到的,都及时地通过大脑皮层转化为贝叶斯概率. 整个世界就是大脑根据感知到的信息,不断计算出的概率的集合,一个被这个 18 世纪发现的伟大公式所支配的巨大的数据库.

"贝叶斯公式是可以支配一切知识、一切信息的法则!"这并不是一个神经学家的心声,而是加拿大普里美特理论物理研究所克里斯托弗·富克斯(Christoph Fuchs)的评价,他的身份是量子物理学家! 事实上,和他们认知科学领域的同行一样,一些物理学家也惊呼这是一场革命.他们认为贝叶斯统计也将成为解决该学科一切难题的钥匙.

富克斯通过对公式的逐一比较,在量子物理和贝叶斯统计之间发现了许多不寻常的相似之处,从而证明在这两种理论中存在着部分关联.也就是说,物质的基本定律很自然地来自贝叶斯公式.这个18世纪的简单公式在量子物理中支配的不是物质,而是信息,即存在于具象和抽象、物体与理念之间的媒介形式.所有我们认为的现实都仅仅是贝叶斯公式支配下的二进制数列.这种突破传统物理学"现实"和"客观"底线的理论令人震惊.它向我们揭示,我们对于身边物质世界的理解最终是建立在主观和虚拟之上.贝叶斯公式又一次冲击了我们的认知(本部分内容来自 http://blog.sciencenet.cn/blog-242272-665367.html,有删改).

1.5 贝叶斯统计学的今天和明天

伯格教授可以称得上是当代国际贝叶斯统计学领域研究的顶尖人物,他是 ISBA 的发起者,他在贝叶斯理论和应用方面做了许多重要的研究工作.他于 2000 年在 *Journal of the American Statistical Association* 上发表文章 "*Bayesian Analysis: A Look at Today and Thoughts of Tomorrow*",对贝叶斯统计学今天的状况和明天的发展进行了综述.

我们仅以国际上关于贝叶斯统计分析的专著数量的增长为例,来看贝叶斯统计分析的发展情况. Berger (2000) 指出:从 1769 年到 1969 年,200 年间大概有 15 部著作出版,从 1970 年到 1989 年的 20 年间,贝叶斯统计学的书籍仅有 30 部,然而从 1990 年到 1999 年的 10 年中,贝叶斯分析的专著就有 60 部出版,这还不包括数十部关于贝叶斯会议的文集等.

1.5.1 客观贝叶斯分析

将贝叶斯分析当作主观的理论是一种普遍的观点.但这无论在历史上,还是在实际中都不是非常准确的.当贝叶斯和拉普拉斯进行贝叶斯分析时,对未知参数使用常数先验分布.事实上,在统计学的发展中,这种被称为"逆概率"(inverse probability)方法在 19 世纪非常具有代表性,而且对 19 世纪初的统计学产生了巨大的影响.对使用常数先验分布的批评,使得杰弗里斯、对贝叶斯理论进行了具有非常重大意义的改进.伯格认为,大多数贝叶斯应用研究学者都受过拉普拉斯、杰弗里斯贝叶斯分析客观学派的影响,当然在具体应用上也可能会对其进行现代意义下的改进.

许多贝叶斯学者的目的是想给自己贴上"客观贝叶斯"(Objective Bayesian)的标签,这种将经典统计分析方法当作真正客观的观点是不正确的.对此,伯格认为,虽然在哲学层面上他同意上述这个观点,但他觉得这里还包含很多实践和社会学中的原因,使得人们不得已地使用这个标签.他强调,统计学家们应该克服用一些吸引人的名字来对自己所做的工作大加赞赏的不良习惯.

客观贝叶斯学派的主要内容是使用无信息先验分布(noninformative or default prior distribution).其中大多数又是使用杰弗里斯先验分布.最大熵先验分布(maximum entropy priors)是另一种常用的无信息先验分布(虽然它们也常常使用一些待分析总体的已知信

息,如均值或方差等). 在最近的统计文献中经常强调的是参照先验分布(reference priors),这种先验分布无论从贝叶斯的观点,还是从非贝叶斯的观点进行评判,都取得了显著的成功.

客观贝叶斯学派研究的另一个完全不同的领域是研究对"默认"模型(default model)的选择和假设检验. 这个领域有着许多成功的进展. 而且,当对一些问题优先选择默认模型时,还有许多值得进一步探讨的问题.

经常使用非正常先验分布(improper prior distribution)也是客观贝叶斯学派面临的主要问题. 这不能满足贝叶斯分析所要求的一致性(coherency). 同样,一个选择不适当的非正常先验分布可能会导致一个非正常的后验分布. 这就要求贝叶斯分析过程中特别要对此类问题加以重视,以避免上述问题的产生. 同样,客观贝叶斯学派也经常从非贝叶斯的角度进行分析,而且得出的结果也非常有效.

1.5.2 主观贝叶斯分析

虽然在传统贝叶斯学者的眼里看起来比较"新潮",但是,主观贝叶斯分析(Subjective Bayesian Analysis)已被当今许多贝叶斯分析研究人员普遍地接受,他们认为这是贝叶斯统计学的"灵魂"(soul). 不可否认,这在哲学意义上非常具有说服力. 一些统计学家可能会提出异议并加以反对,他们认为当需要主观信息(模型和主观先验分布)加入时,就必须对这些主观信息完全并且精确地加以确定. 这种"完全精确的确定"的不足之处是这种方法在应用上的局限性.

很多问题使用主观贝叶斯先验分布信息是非常必要的,而且也容易被其他人所接受. 对这些问题使用主观贝叶斯分析可以获得令人惊奇的结论. 即使当研究某些问题时,如使用完全的主观分析不可行,那么同时使用部分的主观先验信息和部分的客观先验信息对问题进行分析,这种明智的选择经常可以取得很好的结果.

1.5.3 稳健贝叶斯分析

稳健贝叶斯分析(Robust Bayesian Analysis)研究者认为,不可能对模型和先验分布进行完全的主观设定,即使在最简单的情况下,完全主观设定也必须包含一个无穷数. 稳健贝叶斯的思想是构建模型与先验分布的集合,所有分析在这个集合框架内进行,当对未知参数进行多次推导(elicitation)之后,这个集合仍然可以反映此未知参数的基本性质.

关于稳健贝叶斯分析基础的争论是引人注目的,关于稳健贝叶斯分析的文献可参见Berger(1985). 通常的稳健贝叶斯分析的实际运用需要相应的软件.

1.5.4 频率贝叶斯分析

统计学存在许多不断争议的学科基础——这种情况还会持续多久,现在很难想象. 假设必须建立一个统一的统计学科基础,它应该是什么呢? 今天,越来越多的统计学家不得不面对将贝叶斯思想和频率思想相互混合成为一个统一体的统计学科基础的事实,并在此基础上形成了频率贝叶斯分析(Frequentist Bayesian Analysis).

伯格从三个方面谈了他个人的观点. 第一,统计学的语言(Language of Statistics)应该是贝叶斯的语言. 统计学是对不确定性进行测度的科学. 50 多年的实践表明(当然不是令人信服的严格论证):在讨论不确定性时统一的语言就是贝叶斯语言. 另外,贝叶斯语言在很多种情况下不会产生歧义,比经典统计语言要更容易理解. 贝叶斯语言既可对主观的统计学,又可以对客观的统计学进行分析. 第二,从方法论角度来看,对参数问题的求解,贝叶斯分析具有明显的方法论上的优势. 当然,频率的概念也是非常有用的,特别是在确定一个好的客观贝叶斯过程方面. 第三,从频率学派的观点看来,基础统一也应该是必然的. 我们早就已经认识到贝叶斯方法是"最优"的非条件频率方法(Berger, 1985),现在从条件频率方法的角度,也产生了许多表明以上结论是正确的依据.

1.5.5 拟贝叶斯分析

有一种目前不断在文献中出现的贝叶斯分析类型,它既不属于"纯"贝叶斯分析,也不同于非贝叶斯分析. 在这种类型中,各种各样的先验分布的选取具有许多特别的形式,包括选择不完全确定的先验分布(vague proper priors);选择先验分布对似然函数的范围进行"扩展"(span);对参数不断进行调整,从而选择合适的先验分布使得结论"看起来非常完美". 伯格称之为拟贝叶斯分析(Quasi-Bayesian Analysis),因为虽然它包含了贝叶斯的思想,但它并没有完全遵守主观贝叶斯或客观贝叶斯在论证过程中的规范要求.

拟贝叶斯方法,伴随着 MCMC 方法的发展,已经被证明是一种非常有效的方法,这种方法可以在使用过程中不断产生新的数据和知识. 虽然拟贝叶斯方法还存在许多不足,但拟贝叶斯方法非常容易创造出一些全新的分析过程,这种分析过程可以非常灵活地对数据进行分析,这种分析过程应该加以鼓励. 对这种分析方法的评判,没有必要按照贝叶斯内在的标准去衡量,而应使用其他外在的标准去判别(例如,敏感性,模拟精度等).

1.6 应用贝叶斯方法搜寻失联航班

北京时间 2014 年 3 月 8 日凌晨 1 时 20 分,由马来西亚吉隆坡飞往北京的马来西亚航空公司 MH370 航班与地面失去联系. "MH370"作为航班代码,是震惊世界的马来西亚航空公司客机失去联络事件(后简称"马航事件")留给公众最深刻的数字印象.

在"统计之都"上有关于"失联搜救中的统计数据分析"[http://cos.name/2014/04/search-rescue-plane-statistical-data-analysis/,作者:统计之都创作小组(code99)]. 大数据时代如何活用数据可视化、大数据与众包、群体智慧、贝叶斯方法等为失联搜救出谋献策? 以下是该文部分内容的节选(有删改).

当我们在搜救过程中逐渐收集到更多更准确的数据,科学地结合现有数据、科学知识以及主观经验无疑可为找寻失联客机带来一线曙光. 在统计学领域,贝叶斯方法(Bayesian Method)提供了一个可以将观测数据、科学知识以及各种经验结合在一起的应用框架.

下面谈谈如何利用贝叶斯方法帮助寻找失联马航 MH370 客机. 对于失联飞机,我们不仅需要找到它的三维坐标,同样需要找到它的失事原因. 新线索的出现,帮助我们积累了经验,从而改变飞机是由于自然事故还是遭遇劫机等人为事故造成的概率. 当然,我们还可以利用一些其他的线索帮助我们改变判断,比如飞机的原计划航线,风速,洋流,以及扫描过的海域的情况.法航事件的飞机残骸搜寻工作给我们提供了一个参考案例.

我们来回顾贝叶斯方法在法航事件搜救过程中的应用.2009年6月1日早晨,法航447航班在暴风雨中失去了联系.2010年7月,法国航空事故调查处委任密特隆(Metron)负责重新检查分析已有的搜救信息,以便绘制一幅飞机残骸可能地点的"概率分布图",在该图上概率由大到小的顺序为:红、橙、黄、绿、蓝.2011年1月20日,法国航空事故调查处在其网站刊登了分析结果.直到2011年4月8日,法国航空事故调查处发言人表示2011年1月20日刊出分析结果暗示,在一个圆形范围内有很大可能性会发现飞机残骸;并且,在对该区域进行持续一周的搜寻之后,残骸被发现.随后,飞行数据记录器和驾驶舱语音记录器被找到.最终确认残骸的位置离前述的"概率分布图"的概率中心位置并不远,可见贝叶斯方法非常有效.

基于贝叶斯方法对整体概率进行计算所利用的信息来自四个阶段的搜寻工作.阶段一:利用被动声学技术搜寻水下定位信号器.法航447号班机装备的飞行数据记录器和驾驶舱语音记录器可以帮助分析事故发生时的状况.同时,在飞机沉入水中时,飞机装配的水下定位信号器发出信号协助通信.水下定位信号器的电池可以工作至少30天,平均可以工作40天.搜寻持续了31天并于2009年7月10日停止.两台搜救船——费尔蒙特冰川号和探险号,均装备了美国海军提供的声波定位装置.阶段二:旁侧声呐搜寻.在声波搜寻结束后,BEA决定使用Pourquoi Pas提供的IFREMER旁侧声呐技术继续搜寻.在本阶段,一些由于时间关系未能在第一阶段搜寻的海域也被搜寻.阶段三:旁侧扫描声呐搜寻.阶段四:即我们在上一段提及的利用贝叶斯方法进行搜救,并最终找到了飞机残骸.

由法航事件,我们可以看到贝叶斯方法确实可以为搜救飞机残骸提供理论依据.由于既得数据有时并不能为计算后验概率提供太多信息,我们需要收集所有有用的信息,并使所有信息都可以转化为贝叶斯方法中的先验信息.诚如香港城市大学诺泽·辛普瓦拉(Nozer Singpurwalla)教授所言,即使在数据量极为丰富的情况下,应用贝叶斯方法的时候都应考虑专家的主观判断、证据以及想象力.在搜寻飞机的过程中,搜寻队可以估算出已经搜寻过的海域中存在残骸,但由于失误,存在没有找到的概率、坏掉一个信号器与坏掉两个信号器是否是独立等事件.

1.7 本书的内容安排

本书是作者在阅读了国内外大量相关文献的基础上,并结合自己长期从事教学和科研的实践经验编写而成,介绍了贝叶斯统计的基础以及在一些领域中的应用.全书共13章,内容分为三个部分:

第一部分,介绍贝叶斯统计的基础,包括第1—4章:绪论,先验分布和后验分布,贝叶斯统计推断基础,先验分布的确定.

第二部分,介绍贝叶斯统计在各领域中的应用,包括第5—12章:基于OpenBUGS的模型参数估计,基于OpenBUGS的模型检验与模型选择,贝叶斯回归分析,贝叶斯统计在证券投资预测中的应用,贝叶斯统计在计量经济学和金融中的应用,贝叶斯统计在保险、精算中的应用,贝叶斯时间序列及其应用,贝叶斯可靠性分析.

第三部分,介绍贝叶斯计算方法及有关软件,即第 13 章.

另外,在本书还有 3 个附录,附录 A:贝叶斯学派开山鼻祖——托马斯·贝叶斯小传,附录 B:WinBUGS 软件及其基本使用介绍,附录 C:OpenBUGS 软件及其基本使用介绍.

R 软件是完全免费的、由志愿者管理的软件. 在网站 http://cran.r-project.org/bin/windows/base 上可下载到 R 软件的 Windows 版,按照提示安装即可. 其编程语言与 S-plus 所基于的 S 语言一样,很方便. 另外,还有不断加入的从事各个方向研究者编写的软件包和程序. 在这个意义上可以说,其函数的数量和更新远远超过其他软件. 它的所有计算过程和代码都是公开的,它的函数还可以被用户按需要改写,它的语言结构和 C++,Fortran, Matlab, Pascal, Basic 等很相似,容易举一反三. 对于一般非统计工作者来说,主要缺点是它没有"傻瓜化".

介绍 R 语言/软件的书近几年来越来越多,特别是 R 语言/软件与数据分析相结合研究发展很快,代表性的成果见汤银才(2008),Albert(2009),Tsay(2012),吴喜之(2013)等.

OpenBUGS 和 WinBUGS 都是在 BUGS 的基础上开发的面向对象交互式软件,二者在很多方面非常接近. 关于 WinBUGS 软件及其基本使用介绍,见本书的附录 B;关于 OpenBUGS 软件及其基本使用介绍,见本书的附录 C. 另外,还可以通过 R 调用 WinBUGS 和 OpenBUGS.

考虑到作为一款免费软件,R 软件具有丰富的资源(涵盖了多种行业数据分析中几乎所有的方法),良好的扩展性(方便的编写函数和程序包,几乎可以胜任复杂数据的分析、绘制精美的图形),完备的帮助系统(每个函数都有统一格式的帮助). 本书的第 13 章中,将介绍 R 中 MCMC 的实现、R 中 MCMC 相关程序包、贝叶斯统计计算中的 R 包等. 另外,考虑到作为一款免费软件,OpenBUGS 和 WinBUGS 是现代贝叶斯统计中在国内外最流行的软件,也是应用 MCMC 中的有关算法的专用软件,本书中的一些例题、应用案例采用 R 软件、OpenBUGS 和 WinBUGS,并给出了相应的代码.

由于贝叶斯统计相关的内容不断出现,为了(能在一定程度上)反映贝叶斯统计学发展的最新动态,以下列出有关代表性的部分及其链接(其他详见本书的相关内容):

International Society for Bayesian Analysis(https://bayesian.org/)

Statistical Modeling, Causal Inference, and Social Science(http://andrewgelman.com/)

The Bayesian Singalong Book(http://www.biostat.umn.edu/~brad/cabaret.html)

The BUGS Project(http://www.mrc-bsu.cam.ac.uk/bugs/winbugs/contents.shtml)

CRAN Task View: Bayesian Inference(http://cran.r-project.org/web/views/Bayesian.html)

MCMCpack(http://mcmcpack.berkeley.edu/)

统计之都(http://cos.name/)

贝叶斯之道(https://bayes-stat.github.com)

Thomas Bayes(https://en.wikipedia.org/wiki/Thomas_Bayes)

Markov chain Monte Carlo(https://en.wikipedia.org/wiki/Markov_chain_Monte_Carlo)

Bayesian Reliability(http://www.bayesianreliability.com/)

需要说明的是,本书的部分内容就有取自以上网站的相关部分.

思考与练习题 1

1.1　请对经典统计和贝叶斯统计进行简要的比较.

1.2　请简要叙述经典统计和贝叶斯统计各自存在的问题.

1.3　在1.2.2节"对经典学派的批评"中,从标准正态总体 $N(0,1)$ 生成容量为200的随机样本,由此得到均值($\mu=0$)的置信水平为0.95的置信区间,并且重复100次,得到100个区间,如图1-8所示.请从某个正态总体 $N(\mu_0,\sigma_0^2)$(其中 μ_0 和 σ_0^2 已知,但 $\mu_0\neq 0,\sigma_0^2\neq 1$)生成容量为300的随机样本,由此得到均值($\mu_0$)的置信水平为0.95的置信区间,并且重复100次,得到100个区间.

(1) 请把得到的100个区间用你熟悉的软件绘制在一个图中;

(2) 仿照本章中的相关内容你能得到什么结论?

1.4　请针对你感兴趣的某领域中的问题收集资料,并在此基础上说明贝叶斯统计在该领域中的应用情况.

1.5　如果你现在对R,WinBUGS或OpenBUGS还不熟悉,请按照本章、本书附录B和附录C介绍的网址,把它们下载并安装到你的计算机上,为本课程的需要熟悉它们(或其中的某一个)的基本操作.

第 2 章　先验分布和后验分布

先验分布和后验分布是贝叶斯统计的重要基础. 在本章中我们将介绍：统计推断的基础，贝叶斯定理，共轭先验分布等. 为便于以后的应用，本章还将介绍：Beta 分布、Gamma 分布和 Pareto 分布，最后给出常用分布列表.

2.1　统计推断的基础

学过"概率论与数理统计"的读者都知道，统计推断是根据样本信息对总体分布或总体的数字特征进行推断. 事实上，这是经典学派对统计推断的规定. 这里的统计推断使用到两种信息：**总体信息**和**样本信息**；而贝叶斯学派则认为，除了上述两种信息以外，统计推断还应使用第三种信息：**先验信息**. 以下先简要说明这三种信息.

1. 总体信息

总体信息就是总体分布或总体所属分布族提供的信息. 例如，若已知总体是正态分布，则我们就知道一些如下信息：总体的各阶矩都存在，总体的密度函数关于均值对称，总体所有性质由其一、二阶矩决定，有许多比较成熟的统计推断方法可供我们选用等.

2. 样本信息

样本信息就是抽取样本所得观察值提供的信息. 例如，有了样本观察值以后，我们可以根据它大概知道总体的一些数字特征，如总体均值、总体方差等在一个什么范围内. 这是最"新鲜"的信息，并且越多越好，希望通过样本对总体分布或总体的某些数字特征作出比较精确的统计推断. 没有样本信息也就没有统计推断可言.

3. 先验信息

什么是先验信息？为了对未知参数作统计推断（或统计决策），我们需要从总体抽取样本，并且愈多愈好. 因为样本含有未知参数的信息，并且是最"新鲜"的信息. 这是经典统计推断的主要依据. 可是我们周围还存在一些非样本信息. 这些非样本信息主要来源于经验和历史资料. 由于这些经验和历史资料大多存在于（获得样本的）试验之前，故又称为先验信息. 先验信息同样也可以用于统计推断和统计决策，因为当需要对未来的不确定性作出统计推断时，当前的状态固然重要，但历史的经验也同样是举足轻重的.

如果我们把抽取样本看作是做一次试验，则样本信息就是试验中获得的信息. 实际上，人们在进行试验前对要解决的问题在经验上和资料上总是有所了解的，这些信息对统计推断是有益的. 先验信息就是在抽样（试验）之前有关统计问题的一些信息. 一般来说，先验信息来源于经验和历史资料.先验信息在日常生活中是很重要的.

基于上述三种信息进行统计推断的统计学称为**贝叶斯统计学**.它与经典统计学的差别就在于是否利用先验信息.贝叶斯统计在重视使用总体信息和样本信息的同时,还注重先验信息的收集、挖掘和加工,使它数量化,形成先验分布,参与到统计推断中来,以提高统计推断的质量.忽视先验信息的利用是一种浪费,有时甚至还会导致出现不合理的结论.

贝叶斯学派的基本观点:任何一个未知量 θ 都可以看作随机变量,可用一个概率分布去描述,这个分布称为**先验分布**(prior distribution).在获得样本之后,总体分布、样本与先验分布通过贝叶斯公式(或贝叶斯定理)结合起来,得到一个关于未知量 θ 的新分布——**后验分布**(posterior distribution),任何关于 θ 的统计推断都应该基于 θ 的后验分布进行.

关于未知量是否可以看作随机变量,在经典学派和贝叶斯学派之间争论了很长时间.因为任何未知量都有不确定性,而在表述不确定性的程度时,概率与概率分布是最好的语言,因此把它看作随机变量是合理的.如今经典学派已不反对这一观点:著名的美国经典统计学家莱曼教授在他的 *Theory of Point Estimation* 一书中写道:"把统计问题中的参数看作随机变量的实现要比看作未知参数更合理一些."如今两个学派的争论焦点是如何利用各种先验信息合理地确定先验分布.这在有些情况下是容易解决的,但在很多情况下是相当困难的.

2.2 贝叶斯定理

贝叶斯学派奠基性的工作是贝叶斯定理(或贝叶斯公式).贝叶斯定理可以分为事件形式和随机变量形式.事件形式的贝叶斯定理在通常的《概率论与数理统计》教材中都有叙述,这里我们再用事件的形式和随机变量的形式来分别叙述.

2.2.1 事件形式的贝叶斯定理

设试验 E 的样本空间为 Ω,A 为 E 的事件,$B_1,B_2,\cdots,B_n$ 为样本空间 Ω 的一个划分,且 $P(A)>0,P(B_i)>0(i=1,2,\cdots,n)$,则

$$P(B_i \mid A) = \frac{P(A \mid B_i)P(B_i)}{\sum_{j=1}^{n} P(A \mid B_j)P(B_j)}, \quad i=1,2,\cdots,n. \tag{2.2.1}$$

式(2.2.1)称为事件形式的贝叶斯定理.

事件形式的贝叶斯定理最简单的情况是(两个事件情形):

$$P(A \mid B) = \frac{P(B \mid A)P(A)}{P(B \mid A)P(A) + P(B \mid \bar{A})P(\bar{A})},$$

其中,$\bar{A}$ 表示事件 A 的对立事件,且 $P(B)>0,P(A)>0,P(\bar{A})>0$.

为了说明贝叶斯定理的意义,以下给出两个例子.

例 2.2.1 设从某个城市的人口中随机选取一人进行结核病皮肤试验(简称"皮试"),

试验的结果是阳性,问给出皮试阳性结果(记为事件 B)的这个人正巧是结核病患者(记为事件 A)的概率是多少?

从医疗机构和专家那里,可以得到如下信息:

(1) 在一项研究皮试效果的报告中得知,一个结核病患者的皮试结果为阳性的概率为 0.98,即 $P(B|A)=0.98$.

(2) 在上述报告中还得知,一个没有结核病的人,而其皮试结果错误地呈阳性的概率为 0.05,即 $P(B|\bar{A})=0.05$.

(3) 根据该市卫生部门的统计资料得知,该城市人口中有 1% 患有结核病,即 $P(A)=0.01$.

根据贝叶斯定理(2.2.1),则从该城市随机选取一个人作皮试,结果呈阳性(事件 B),而此人正是结核病患者(事件 A)的概率为

$$P(A|B)=\frac{P(B|A)P(A)}{P(B|A)P(A)+P(B|\bar{A})P(\bar{A})}=\frac{0.98\times 0.01}{0.98\times 0.01+0.05\times 0.99}=0.165.$$

以上结果说明:在皮试之前人口中有 1% 患有结核病,然而在皮试之后,这个呈阳性的人确是结核病患者(事件 A)的概率上升到 16.5%.

皮试结果呈阴性(事件 $\bar{B}$),而此人却是结核病患者(事件 A)(被误诊并被遗漏)的概率为

$$P(A|\bar{B})=\frac{P(\bar{B}|A)P(A)}{P(\bar{B}|A)P(A)+P(\bar{B}|\bar{A})P(\bar{A})}=\frac{0.02\times 0.01}{0.02\times 0.01+0.95\times 0.99}=0.0002.$$

以上结果说明:在皮试之前人口中有 1% 患有结核病,然而在皮试之后,这个呈阴性的人却是结核病患者(事件 A)的概率下降到 0.02%.

在例 2.2.1 中,从医疗机构和专家那里得到的信息有三条. 第 1 条和第 2 条信息来自研究皮试效果的报告,它是从抽样试验结果得到的,因此叫做**抽样信息**(或**样本信息**). 而第 3 条信息是在没有进行皮试之前的信息,因此叫做**先验信息**.

根据贝叶斯定理得到的计算结果是综合了样本信息和先验信息之后的信息,因此叫做**后验信息**. "先验"与"后验"是相对于抽样而言的.

贝叶斯定理可以理解为:利用"样本信息"对"先验信息"进行修正而得到"后验信息".

例 2.2.2(质量控制问题) 某质量管理人员考虑将某产品由一条生产线生产,按照过去的经验,不合格品率(记为 p)有四种可能:$0.01, 0.05, 0.10, 0.25$. 假设该质量管理人员有关于参数 p 有如下先验信息(即取以上四个值的概率):

$$P(p=0.01)=0.6, \quad P(p=0.05)=0.3,$$
$$P(p=0.10)=0.08, \quad P(p=0.25)=0.02.$$

除以上先验信息外,该质量管理人员决定从生产过程中进行抽样,以便获得一些样本信息. 设在整个过程中不合格产品率保持不变,并且每次抽样是独立的.

有 5 个产品的样品来自这个生产过程,且 5 个样品中有 1 个不合格. 如何把这个样本信息与先验信息结合呢? 首先计算**似然函数**(也简称为**似然**),即在假设不合格产品率为某个

值的条件下的样本分布.假设不合格产品率 $p=0.01,0.05,0.10,0.25$ 的条件下,5 个样品中有 1 个不合格的似然,根据二项分布,有

$$P(r=1 \mid n=5, p=0.01)=C_5^1(0.01)^1(0.99)^4=0.048\,0,$$

$$P(r=1 \mid n=5, p=0.05)=C_5^1(0.05)^1(0.95)^4=0.203\,6,$$

$$P(r=1 \mid n=5, p=0.10)=C_5^1(0.10)^1(0.90)^4=0.328\,0,$$

$$P(r=1 \mid n=5, p=0.25)=C_5^1(0.25)^1(0.75)^4=0.395\,5.$$

根据贝叶斯定理(2.2.1),有

$$P(B_i \mid A)=\frac{P(A \mid B_i)P(B_i)}{\sum_{j=1}^{4}P(A \mid B_j)P(B_j)}, \quad i=1,2,3,4.$$

其中,事件 A 表示"5 个样品中有 1 个不合格", $B_i=p_i(i=1,2,3,4)$,$p_1=0.01$,$p_2=0.05$,$p_3=0.10$,$p_4=0.25$.

有关计算结果见表 2-1.

表 2-1 计算结果

不合格品率 p_i	先验概率 $P(B_i)$	似然 $P(A \mid B_i)$	先验×似然	后验概率 $P(B_i \mid A)$
0.01	0.6	0.048 0	0.028 80	0.232
0.05	0.3	0.236 0	0.061 08	0.492
0.10	0.08	0.328 0	0.026 24	0.212
0.25	0.02	0.395 5	0.007 91	0.064
$\sum$	1.00	—	0.124 03	1.00

从表 2-1 可以看出,先验概率之和为 1,后验概率之和也为 1(这是先验分布和后验分布本身的要求),然而似然之和不为 1(也没有必要是 1).

为了获得更多的有关生产过程的信息,该质量管理人员决定再从生产过程中进行一次抽样,这次又随机抽取 5 个样品,结果发现其中有 2 个不合格.对于这个样本而言,它的先验分布正是上一次抽样后的后验分布,再次假设在整个过程中不合格产品率保持不变,而且每次抽样是独立的.根据贝叶斯定理,有关计算结果见表 2-2.

表 2-2 计算结果

不合格品率 p_i	先验概率 $P(B_i)$	似然 $P(A \mid B_i)$	先验×似然	后验概率 $P(B_i \mid A)$
0.01	0.232	0.001 0	0.000 23	0.005
0.05	0.492	0.021 4	0.010 53	0.244
0.10	0.212	0.072 9	0.015 45	0.359
0.25	0.064	0.263 7	0.016 88	0.392
$\sum$	1.00	—	0.043 09	1.00

有趣的是,观察一下新的样本信息之后概率分布的变化,如图 2-1 所示. 原先质量管理人员在低的不合格品率处,即在 $p=0.01$ 处有高的概率;在第一次抽样后,5 个样品中有 1 个不合格,则最大概率位移到 $p=0.05$ 处;在第二次抽样后,5 个样品中有 2 个不合格,则最大概率位移到 $p=0.25$ 处了,而原先质量管理人员评定的最大先验概率 0.6 竟变成最小概率 0.005 了. 换言之,样本信息导致了概率分布的变化,这说明该生产线在什么地方出了问题.

图 2-1 先验概率和后验概率

说明:∗ 表示"先验概率",+ 表示第一次抽样的"后验概率",○ 表示第二次抽样的"后验概率".

你可别以为样本信息总是这么大地改变先验概率分布. 例如,若在一次抽样后,10 个样品中有 1 个不合格,那么后验分布将如何变化?请读者自己计算一下,并说明你的结论(见习题 2.6).

2.2.2 随机变量形式的贝叶斯定理

设 $X_1,X_2,\cdots,X_n$ 是来自总体 X 的样本,$x_1,x_2,\cdots,x_n$ 为其观察值,则 $X_1,X_2,\cdots,X_n$ 的联合密度函数为 $f(x,\theta)=f(x_1,x_2,\cdots,x_n,\theta)$,其中 $\theta\in\Theta$ 是总体 X 中的未知参数(Θ 是参数 θ 取值范围,称为**参数空间**),从总体中抽样得到样本信息包含在联合密度函数 $f(x,\theta)$ 之中.

经典统计认为未知参数 θ 是常数,而贝叶斯统计认为未知参数 θ 是随机变量. 这样,样本 $X_1,X_2,\cdots,X_n$ 的联合密度函数就是在给定 θ 下的条件密度函数——**似然函数**,即

$$L(x\mid\theta)=f(x_1,x_2,\cdots,x_n,\theta). \tag{2.2.2}$$

由于参数 θ 是随机变量,因此它具有分布,设 $\pi(\theta)$ 是它的密度函数. 一般 $\pi(\theta)$ 由参数 θ 的先验信息来确定,称 $\pi(\theta)$ 为参数 θ 的**先验密度函数**(对应的分布称为**先验分布**). 先验密度或先验分布有时简称为**先验**(prior). 关于先验分布的确定,详见第 4 章.

由此可见,在上述统计问题中有两类信息:参数 θ 的先验信息(包含在参数 θ 的分布中)和样本的抽样信息[包含在联合密度函数(2.2.2)中]. 为了综合上述两类信息,可以求参数

θ 和样本 $X_1, X_2, \cdots, X_n$ 的联合密度函数,即

$$h(x, \theta) = L(x \mid \theta)\pi(\theta). \tag{2.2.3}$$

为了对未知参数 θ 进行统计推断,人们通常采用如下策略:

(1) 当没有抽样信息时,人们可以根据先验分布对参数 θ 作出推断. 这实际上就是所谓的经验型统计推断.

(2) 如果有抽样信息,这时我们就可以根据参数 θ 和样本 $X_1, X_2, \cdots, X_n$ 的联合密度函数 $h(x, \theta)$ 对参数 θ 进行推断. 令

$$m(x) = \int_\Theta h(x, \theta) \mathrm{d}\theta = \int_\Theta L(x \mid \theta)\pi(\theta)\mathrm{d}\theta,$$

则上式为样本的边缘密度函数,于是 $h(x, \theta)$ 可以分解为

$$h(x, \theta) = \pi(\theta \mid x)m(x).$$

其中 $\pi(\theta \mid x)$ 是在给定样本观察值情况下参数 θ 的条件密度函数. 由于 $m(x)$ 与参数 θ 无关,即 $m(x)$ 中不含 θ 的任何信息,因此,在对参数 θ 进行统计推断时,人们仅需要关注 $\pi(\theta \mid x)$,即

$$\pi(\theta \mid x) = \frac{L(x \mid \theta)\pi(\theta)}{\int_\Theta L(x \mid \theta)\pi(\theta)\mathrm{d}\theta}. \tag{2.2.4}$$

称式(2.2.4)为连续型随机变量形式的贝叶斯定理(即密度函数形式的贝叶斯定理). 称 $\pi(\theta \mid x)$ 为**后验密度函数**(对应的分布称为**后验分布**),它综合了有关参数 θ 的先验信息和抽样信息. 因此,基于后验分布对参数 θ 进行统计推断更加有效,也更加合理.

也可以把式(2.2.4)写成

$$\pi(\theta \mid x) \propto L(x \mid \theta)\pi(\theta). \tag{2.2.5}$$

其中 $\propto$ 表示"正比于"(两边只差一个常数因子).

式(2.2.5)的右边虽然不是正常的密度函数,但它是后验密度函数 $\pi(\theta \mid x)$ 的核(它与后验密度函数 $\pi(\theta \mid x)$ 只差一个常数因子).

式(2.2.5)的意义:后验密度函数 $\pi(\theta \mid x)$ 的核"正比于"先验密度函数 $\pi(\theta)$ 与似然函数 $L(x \mid \theta)$ 的乘积.

关于密度函数的核,有时用起来是简单、方便的. 例如正态分布 $N(\mu, \sigma^2)$,其密度函数的核为 $\mathrm{e}^{-\frac{(x-\mu)^2}{2\sigma^2}}$.

一般来说,先验分布[或先验密度函数 $\pi(\theta)$]反映了人们在抽样前对参数 θ 的认识;后验分布[或后验密度函数 $\pi(\theta \mid x)$]反映了人们在抽样后对参数 θ 的认识,它实际上是通过抽样信息对参数 θ 的先验信息进行调整.

在 θ 是离散型随机变量时,先验分布可用先验分布律 $\pi(\theta_i)$ 来表示 $(i = 1, 2, \cdots)$. 此时后验分布也有离散形式——后验分布律:

$$\pi(\theta_i \mid x) = \frac{L(x \mid \theta_i)\pi(\theta_i)}{\sum_j L(x \mid \theta_j)\pi(\theta_j)}, \quad i = 1, 2, \cdots. \tag{2.2.6}$$

称式(2.2.4)和式(2.2.6)为**贝叶斯定理**(也称为贝叶斯公式),其中 $\int_\Theta L(x \mid \theta)\pi(\theta)\mathrm{d}\theta$ (连续场合)或 $\sum_j L(x \mid \theta_j)\pi(\theta_j)$ 称为**边缘分布**(或边际分布),它们与参数 θ 无关. 以后若不作特别说明,我们仅讨论参数是连续的场合.

在 x 被观测到之前,它是有分布可言的,并称

$$\int_\Theta L(x \mid \theta)\pi(\theta)\mathrm{d}\theta$$

为 x 的边际分布或先验预测分布. 而当 x 一经观测得到,我们就可对任一未知但可观测的量 $\tilde{x}$ 进行预测,其后验分布为

$$\begin{aligned}\pi(\tilde{x} \mid x) &= \int_\Theta \pi(\tilde{x}, \theta \mid x)\mathrm{d}\theta = \int_\Theta \pi(\tilde{x} \mid \theta, x)\pi(\theta \mid x)\mathrm{d}\theta \\ &= \int_\Theta \pi(\tilde{x} \mid \theta)\pi(\theta \mid x)\mathrm{d}\theta.\end{aligned} \tag{2.2.7}$$

式(2.2.7)称为 x 的后验预测分布.

例 2.2.3(市场分析问题) 某公司开发了一个新产品,它不同于同类其他产品,以至于经理对于该新产品在市场上是否有竞争力没有把握. 为此该经理把这个不确定性量化为一个参数 θ,它是 0 到 1 连续变化的数,当该产品在市场上极有吸引力时,θ 接近于 1,当该产品在市场上没有多少吸引力时,θ 接近于 0. 显然假设 θ 是连续型随机变量是合理的.

进一步该经理要对 θ 的先验分布作一个评定:认为 θ 低的可能性大于 θ 高的可能性,也就是认为这个新产品在市场上不是很有竞争力,于是该经理确定 θ 的先验分布用三角分布,其密度函数为

$$\pi(\theta) = \begin{cases} 2(1-\theta), & 0 \leqslant \theta \leqslant 1, \\ 0, & \text{其他.} \end{cases}$$

这个先验密度函数的图形如图 2-2 所示.

下一步评定似然函数. 为了获得有关 θ 的更多信息,该经理随机调查了 5 名顾客,结果是其中 1 名购买了这个新产品,而另 4 名没有购买这个新产品. 参数 θ 就是这个新产品在市场中有竞争力的度量(简称市场"竞争力").

设在整个过程市场"竞争力"保持不变,而且是否购买这个新产品是独立的.

根据二项分布,5 名顾客中有 1 名购买了这个新产品的似然函数为

$$L(x \mid \theta) = P(r=1 \mid n=5, \theta) = \mathrm{C}_5^1 \theta^1 (1-\theta)^4 = 5\theta(1-\theta)^4, \quad 0 \leqslant \theta \leqslant 1.$$

这个似然函数的图形如图 2-3 所示.

根据贝叶斯定理(2.2.4),后验密度函数为

$$\pi(\theta \mid x) = \frac{L(x \mid \theta)\pi(\theta)}{\int_\Theta L(x \mid \theta)\pi(\theta)\mathrm{d}\theta} = \frac{2(1-\theta)[5\theta(1-\theta)^4]}{\int_0^1 2(1-\theta)[5\theta(1-\theta)^4]\mathrm{d}\theta} = 42\theta(1-\theta)^5, \quad 0 \leqslant \theta \leqslant 1.$$

这个后验密度函数的图形如图 2-4 所示.

把先验密度函数、似然函数和后验密度函数的图形放在同一个图中,如图 2-5 所示.

图 2-2 先验密度函数

图 2-3 似然函数

图 2-4 后验密度函数

图 2-5 三个函数

说明:+ 表示"先验密度函数",。表示"似然函数",* 表示"后验密度函数".

从图 2-5 可以看到:应用样本信息(通过似然函数)修正先验密度函数得到后验密度函数的情况.

例 2.2.4 在伯努利(Bernoulli)试验中,设事件 A 的概率为 θ,即 $P(A)=\theta$,为了对参数 θ 进行推断而作 n 次独立观察,结果是事件 A 出现的次数为 X,则 X 服从二项分布 $B(n,\theta)$,即

$$P(X=x \mid \theta) = C_n^x \theta^x (1-\theta)^{n-x}, \quad x=0,1,\cdots,n.$$

这就是似然函数,即

$$L(x \mid \theta) = P(X=x \mid \theta) = C_n^x \theta^x (1-\theta)^{n-x}, \quad x=0,1,\cdots,n.$$

如果我们在试验前对事件 A 没有什么了解,从而对其发生的概率 θ 也说不出是大是

小. 在这种情况下,贝叶斯建议用区间(0,1)上的均匀分布 $U(0,1)$ 作为 θ 的先验分布. 贝叶斯的这个建议被后人称为**贝叶斯假设**. 此时 θ 的先验密度函数为

$$\pi(\theta) = \begin{cases} 1, & 0 < \theta < 1, \\ 0, & 其他. \end{cases}$$

根据贝叶斯定理(2.2.4),θ 的后验密度函数为

$$\pi(\theta \mid x) = \frac{L(x \mid \theta)\pi(\theta)}{\int_{\Theta} L(x \mid \theta)\pi(\theta)\mathrm{d}\theta} = \frac{C_n^x \theta^x (1-\theta)^{n-x}}{\int_0^1 C_n^x \theta^x (1-\theta)^{n-x}\mathrm{d}\theta}$$

$$= \frac{\theta^{(x+1)-1}(1-\theta)^{(n-x+1)-1}}{B(x+1, n-x+1)}, \quad 0 < \theta < 1.$$

它是参数为 $x+1$ 和 $n-x+1$ 的 Beta 分布,记为 $Be(x+1, n-x+1)$.

拉普拉斯在 1786 年研究了巴黎男婴诞生的比例,他希望检验男婴诞生的比例 θ 是否大于 0.5. 为此他收集了 1745 年到 1770 年在巴黎诞生的婴儿数据. 其中男婴 251 527 个,女婴 241 945 个. 他选用 $(0,1)$ 上的均匀分布 $U(0,1)$ 作为 θ 的先验分布,于是得到后验分布 $Be(x+1, n-x+1)$,其中 $n = 251\,527 + 241\,945 = 493\,472$, $x = 251\,527$. 利用这个后验分布,拉普拉斯计算了"$\theta \leqslant 0.5$"的后验概率

$$P(\theta \leqslant 0.5 \mid x) = \frac{1}{B(x+1, n-x+1)}\int_0^{0.5} \theta^x (1-\theta)^{n-x}\mathrm{d}\theta.$$

当年拉普拉斯为计算上述积分(实际上它是不完全 Beta 函数),把被积函数 $\theta^x(1-\theta)^{n-x}$ 在最大值 $\frac{x}{n}$ 处展开,然后计算,最后得到的结果为

$$P(\theta \leqslant 0.5 \mid x) = 1.15 \times 10^{-42}.$$

由于这个概率很小,因此拉普拉斯断言:男婴诞生的比例 θ 大于 0.5. 这个结果在当时是很有影响的.

进一步研究这个例子,考察抽样信息 x 是如何对先验进行调整的. 试验前,θ 在区间 $(0,1)$ 上为均匀分布 $U(0,1)$,其密度函数如图 2-6 所示. 当抽样结果 $X = x$ 时,θ 的后验分布虽仍然在区间 $(0,1)$ 上取值,但已不是均匀分布,而是一个密度函数呈单峰的分布,其单峰的位置是随着 x 的增加而向右移动,如图 2-7 所示.

不论是哪种情况,其峰值总在 $\frac{x}{n}$ 处达到. 例如,当 $x = 0$ 时,它表示在 n 次试验中事件 A 一次也没有发生,这表明事件 A 发生的概率很小,θ 在 0 附近取值的可能性大,θ 在 1 附近取值的可能性小,所得后验密度是严格减少函数. 类似地,当 $x = n$ 时,所得后验密度是严格增加函数,θ 在 1 附近取值的可能性大,θ 在 0 附近取值的可能性小. 如图 2-6 所示.

另外,当 $x < \frac{n}{2}$ 时,后验密度的峰值偏左;当 $x > \frac{n}{2}$ 时,后验密度的峰值偏右. 当 $x =$

$\frac{n}{2}$（n 为偶数）时,后验密度对称,其峰值在 $\frac{1}{2}$ 处,如图 2-7 所示.

图 2-6 先验密度函数和后验密度函数

说明：$n=20$，—表示 $U(0,1)$ 的密度函数，。表示当 $x=0$ 时的密度函数 $[\pi(\theta\mid x)=(n+1)(1-\theta)^n]$，* 表示当 $x=n$ 时的密度函数 $[\pi(\theta\mid x)=(n+1)\theta^n]$.

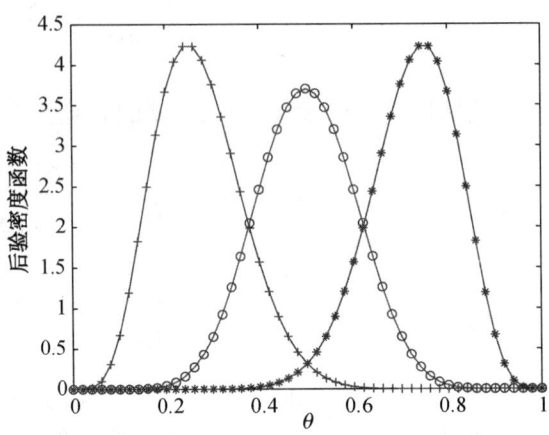

图 2-7 后验密度函数

说明：$n=20$，x 分别取 $5,10,15$，+ 表示当 $0<x<\frac{n}{2}$ 时的密度函数，。表示当 $x=\frac{n}{2}$ 时的密度函数，* 表示当 $\frac{n}{2}<x<n$ 时的密度函数.

从以上分析可见,从总体获得样本后,贝叶斯定理把人们对 θ 的认识从 $\pi(\theta)$ 调整到 $\pi(\theta\mid x)$.

2.3 共轭先验分布

式(2.2.4)从理论上提供了一个方法,利用样本信息修正先验密度函数(得到后验密度函数),然而在实际问题中会遇到一些困难.因为先验密度函数和似然函数如果不是比较简单的函数,则积分可能是困难的.解决这种困难的一个途径是限制先验分布为某个分布族,这样就发展了"共轭先验分布"的概念.它本质上是一个分布族,当用它们作先验分布时,计算后验分布是容易的,当然还要取决于似然函数.

2.3.1 共轭先验分布的定义

我们知道,区间 $(0,1)$ 上的均匀分布 $U(0,1)$ 就是 Beta 分布 $Be(1,1)$.在例 2.2.4 中我们看到,如果二项分布 $B(n,\theta)$ 中的参数 θ 的先验分布取 $Be(1,1)$,则其后验分布也是 Beta 分布 $Be(x+1,n-x+1)$.先验分布和后验分布同属于一个 Beta 分布族,只是其分布参数不同而已.这不是一个偶然现象.如果把 θ 的先验分布换成一般的 Beta 分布 $Be(a,b)$,其中 $a>0,b>0$,经过与例 2.2.4 类似的计算可以得到(见后面的例 2.3.1)：θ 的后验分布也仍然是 Beta 分布 $Be(a+x,b+n-x)$.此先验分布就是"共轭先验分布".在其他场合还会遇到另外一些共轭先验分布.

定义 2.3.1 设 θ 是总体分布 $f(x,\theta)$ 中的参数,$\pi(\theta)$ 是 θ 的先验分布,如果对于任意来自 $f(x,\theta)$ 的样本观察值 $x=(x_1,x_2,\cdots,x_n)$ 得到的后验分布 $\pi(\theta\mid x)$ 与 θ 的先验分布 $\pi(\theta)$ 属于同一分布族,则称该分布族是 θ 的**共轭先验分布(族)**.

根据定义 2.3.1,如果参数 θ 的先验分布 $\pi(\theta)$ 属于某分布族,根据贝叶斯定理将它与似然函数综合后,得到参数 θ 的后验分布也属于这个分布族.

共轭先验分布所说的"共轭"(conjugate)是先验分布与后验分布相对于给定的似然函数而言的.

2.3.2 后验分布的计算

例 2.3.1(续例 2.2.4) 在例 2.2.4 中我们看到,如果二项分布 $B(n,\theta)$ 中的参数 θ 的先验分布取 $Be(1,1)$,那么其后验分布也是 Beta 分布 $Be(x+1,n-x+1)$. 如果把 θ 的先验分布换成一般的 Beta 分布 $Be(a,b)$,其中 $a>0,b>0$,经过与例 2.2.4 类似的计算可以得到:θ 的后验分布也仍然是 Beta 分布 $Be(a+x,b+n-x)$.

事实上,在例 2.2.4 中,如果二项分布 $B(n,\theta)$ 中的参数 θ 的先验分布取 Beta 分布 $Be(a,b)$,其密度函数为

$$\pi(\theta)=\frac{\theta^{a-1}(1-\theta)^{b-1}}{B(a,b)},\quad 0<\theta<1.$$

根据例 2.2.4,似然函数为

$$L(x\mid\theta)=P(X=x\mid\theta)=C_n^x\theta^x(1-\theta)^{n-x},\quad x=0,1,\cdots,n.$$

根据贝叶斯定理,则 θ 的后验密度函数为

$$\pi(\theta\mid x)=\frac{L(x\mid\theta)\pi(\theta)}{\int_\Theta L(x\mid\theta)\pi(\theta)\mathrm{d}\theta}=\frac{\theta^{(a+x)-1}(1-\theta)^{(b+n-x)-1}}{B(a+x,b+n-x)},\quad 0<\theta<1.$$

它是 Beta 分布 $Be(a+x,b+n-x)$.

例 2.3.2(续例 2.3.1) 在例 2.3.1 中,如果二项分布 $B(n,\theta)$ 中的参数 θ 的先验分布取 Beta 分布 $Be(a,b)$,那么 θ 的后验分布是 Beta 分布 $Be(a+x,b+n-x)$. 根据这个结果,可以得到后验分布 $Be(a+x,b+n-x)$ 的均值和方差分别为

$$E(\theta\mid x)=\frac{a+x}{a+b+n}=\frac{n}{a+b+n}\cdot\frac{x}{n}+\frac{a+b}{a+b+n}\cdot\frac{a}{a+b}=\alpha\frac{x}{n}+(1-\alpha)\frac{a}{a+b},$$

$$\mathrm{Var}(\theta\mid x)=\frac{(a+x)(b+n-x)}{(a+b+n)^2(a+b+n+1)}=\frac{E(\theta\mid x)[1-E(\theta\mid x)]}{(a+b+n+1)}.$$

其中,$\alpha=\dfrac{n}{a+b+n}$,$\dfrac{x}{n}$ 是样本均值,$\dfrac{a}{a+b}$ 是先验均值.

从上述后验均值 $E(\theta\mid x)$ 可以看出:后验均值是样本均值 $\dfrac{x}{n}$ 和先验均值 $\dfrac{a}{a+b}$ 的加权平均,因此,后验均值介于样本均值和先验均值之间,它偏向哪一侧,由 $\alpha=\dfrac{n}{a+b+n}$ 的大

小决定. 另外, 当 n 和 x 都比较大, 且 $\dfrac{x}{n}$ 接近于某个常数时, 则有

$$E(\theta \mid x) \approx \dfrac{x}{n},$$

$$\mathrm{Var}(\theta \mid x) \approx \dfrac{1}{n}\dfrac{x}{n}\left(1-\dfrac{x}{n}\right).$$

这说明, 当样本容量 n 增大时, 后验均值决定于样本均值, 而后验方差越来越小. 此时后验密度的变化可从图 2-8—图 2-11 看到 ($a=b=1$), 随着 x 和 n 在成比例地增加时, 后验分布的密度函数越来越向 $\dfrac{x}{n}$ 集中, 这时先验信息对后验分布的影响越来越小.

图 2-8 当 $n=5$, $x=3$ 时后验密度函数

图 2-9 当 $n=20$, $x=12$ 时后验密度函数

图 2-10 当 $n=100$, $x=60$ 时后验密度函数

图 2-11 当 $n=1\,000$, $x=600$ 时后验密度函数

例 2.3.3(续例 2.3.2) 在例 2.3.2 中, 如果二项分布 $B(n,\theta)$ 中的参数 θ 的先验分布取 Beta 分布 $Be(a,b)$, 那么 θ 的后验分布是 Beta 分布 $Be(a+y, b+n-y)$. 由此可得: 如果二项分布 $B(n,\theta)$ 中的参数 θ 的先验分布取 Beta 分布 $Be(1,1)$, 则 θ 的后验分布是

Beta 分布 $Be(1+y, 1+n-y)$. 当 $n=5$ 时,图 2-12 给出了观测值 $y=0,1,2,3,4,5$ 时 6 种后验分布的密度函数.

从图 2-12 可以看出:在相同的样本容量下 ($n=5$),不同的观测值($y=0,1,2,3,4,5$)对后验分布的影响很明显.

例 2.3.4(续例 2.3.2) 在例 2.3.2 中,如果二项分布 $B(n,\theta)$ 中的参数 θ 的先验分布取 Beta 分布 $Be(a,b)$,那么 θ 的后验分布是 Beta 分布 $Be(a+y, b+n-y)$. 如果二项分布 $B(n,\theta)$ 中的参数 θ 的先验分布分别取 Beta 分布 $Be(1,1)$, $Be(2,5)$ 和 $Be(10,1)$,考察两种观测数据:$n=5, y=1$ 和 $n=50, y=10$,此时 θ 的经典估计(极大似然估计)为 $\hat{\theta}_C = 0.2$. 图 2-13 给出了三种先验对后验分布的影响与样本容量的关系.

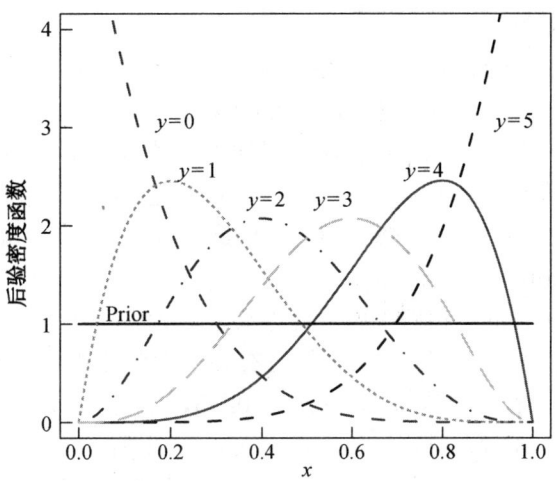

图 2-12 后验分布 $Be(1+y, 1+n-y)$ 的密度函数

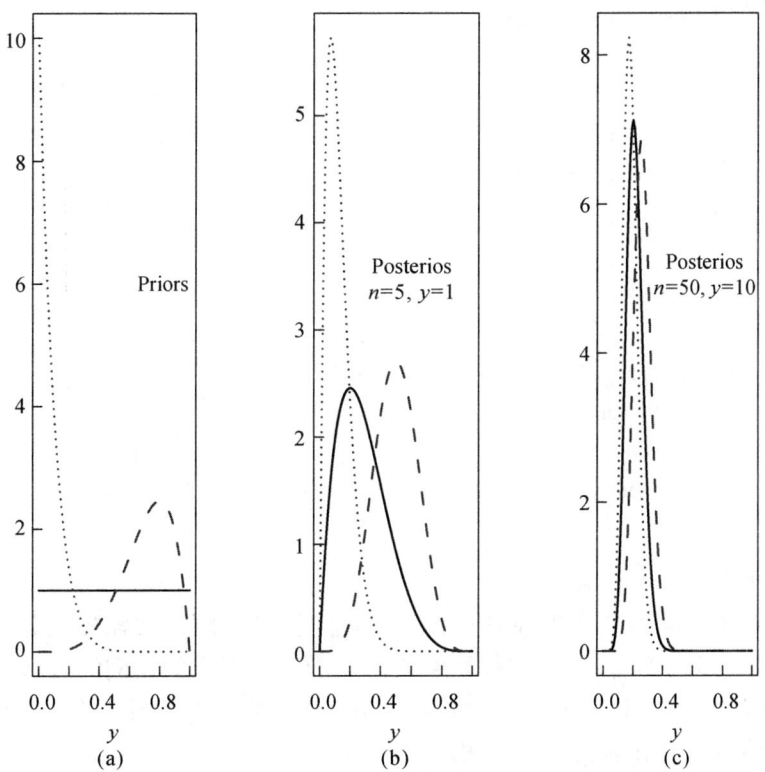

图 2-13 后验分布随样本容量和先验分布的变化情况

说明:(a):—,… 和 -- 分别表示 $Be(1,1)$, $Be(2,5)$ 和 $Be(10,1)$ 的密度函数;(b)(c):—,… 和 -- 分别表示与 $Be(1,1)$, $Be(2,5)$ 和 $Be(10,1)$ 对应的后验分布的密度函数.

从图 2-13 可以看出:随着样本容量的增加,先验分布对后验分布的影响逐渐减小.这说明在小样本情况下,先验分布的选取较为重要,但随样本数据信息的增加,先验分布在贝叶斯分析中的敏感性变弱,因此其选择可以考虑以方便计算为主,如取共轭先验分布等.

例 2.3.5(大学生的睡眠问题) 一位研究者想研究大学生的睡眠情况.他走访了 30 名学生,其中 12 名可以保证 8 小时的充分睡眠,而其他 18 名学生的睡眠时间则不足 8 小时.这位学者感兴趣的是大学生这个群体中充足睡眠者的比例 p.作为比例的 p 其似然函数是二项分布,可以把它写为 $L(p) \propto p^s(1-p)^{n-s}$,其中 n 是走访的学生总数,s 是充分睡眠的学生数(http://site.douban.com/182577/widget/notes/10567181/note/294041203/).

下面我们采用两种方法来取先验分布并计算后验分布.

(1) 一种方法是假设有关于大学生群体睡眠状况的比较充分的信息,p 可能取 0.05,0.15,0.25,0.35,0.45,0.55,0.65,0.75,0.85,0.95 这些值,相对应的权重可以取 1,5,8,7,4.5,2,1,0.7,0.5,0.2,那么通过对这些权重值的归一化可以得到 p 的离散形式的先验概率.对具有离散先验的比例参数,计算后验概率使用 R 语言中的函数 pdisc().然后我们可以用绘图包 ggplot2 把先验和后验分布绘制出来.

使用离散先验,其 R 代码如下:

```
library(LearnBayes)
library(ggplot2)
p <- seq(0.05, 0.95, by = 0.1)
prior <- c(1, 5, 8, 7, 4.5, 2, 1, 0.7, 0.5, 0.2)
prior <- prior/sum(prior)
data <- c(12, 18)
post <- pdisc(p, prior, data)
prob <- c(prior, post)
type <- factor(rep(c("prior", "posterior"), each = 10))
n <- as.numeric(rep(1:10, times = 2))
d.prior <- data.frame(prob, type, n)
ggplot(d.prior, aes(x = n, y = prob, fill = type)) + geom_bar(stat = "identity",
    position = "dodge")
```

运行结果如图 2-14 所示.

(2) 另一种方式是取共轭先验分布.因为似然是二项分布,共轭先验分布就是 Beta 分布.假设我们对先验分布有一定了解,如果其 50% 分位数对应的比例值为 0.3,90% 分位数对应的比例值为 0.5.利用 R 语言中的 beta.select() 函数可以得到完整的先验分布.然后利用 ggplot2 包绘制先验和后验分布的图形.

使用 Beta 分布作为共轭先验,其 R 代码如下:

```
quantile2 = list(p = 0.9, x = 0.5)
quantile1 = list(p = 0.5, x = 0.3)
beta.prior <- beta.select(quantile1, quantile2)
```

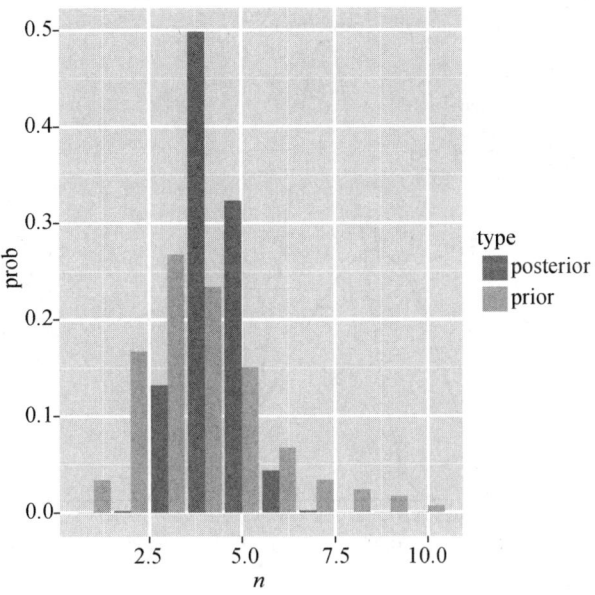

图 2-14 离散先验概率和后验概率的变化情况

```
a <- beta.prior[1]
b <- beta.prior[2]
print(c(a, b))
[1] 3.26    7.19
s = 12
f = 18
ggplot(data.frame(x = c(0, 1)), aes(x = x)) + stat_function(fun = dbeta, args = list(shape1 = a,
shape2 = b), geom = "area", fill = "blue", alpha = 0.3, colour = "blue", lwd = 1) + stat_function
(fun = dbeta, args = list(shape1 = s + a, shape2 = f + b), geom = "area", fill = "red", alpha = 0.3,
colour = "red", lwd = 1) + annotate("text", x = 0.25, y = 3, label = "prior") + annotate("text", x =
0.37, y = 5.3, label = "posterior")
```

运行结果如图 2-15 所示.

例 2.3.6 设 $X_1, X_2, \cdots, X_n$ 是来自参数为 λ 的泊松分布 $P(\lambda)$ 的样本，$x_1, x_2, \cdots, x_n$ 为其观察值. 若参数 λ 的先验分布为 Gamma 分布 $Ga(a, b)$，其密度函数为

$$\pi(\lambda) = \frac{b^a}{\Gamma(a)} \lambda^{a-1} \exp(-b\lambda), \quad \lambda > 0, a > 0, b > 0,$$

其中 $\Gamma(a) = \int_0^\infty t^{a-1} \exp(-t) \mathrm{d}t$ 为 Gamma 函数.

似然函数为

$$L(x \mid \lambda) = \prod_{i=1}^n \frac{\lambda^{x_i} \mathrm{e}^{-\lambda}}{x_i!} \propto \lambda^{\sum_{i=1}^n x_i} \mathrm{e}^{-n\lambda} \propto \lambda^{n\bar{x}} \mathrm{e}^{-n\lambda}.$$

图 2-15 共轭先验分布和后验分布的变化情况

根据贝叶斯定理,则 λ 的后验密度函数为

$$\pi(\lambda\mid x)\propto \pi(\lambda)L(x\mid \lambda)\propto \lambda^{a+n\bar{x}-1}\mathrm{e}^{-(b+n)\lambda}.$$

它是 Gamma 分布 $Ga(a+n\bar{x},b+n)$ 的密度函数.

例 2.3.6 说明,对参数为 λ 的泊松分布 $P(\lambda)$,λ 的共轭先验分布是 Gamma 分布.

例 2.3.7 2006—2015 年 10 年飞行表演的故障数目如下:6,7,5,4,5,14,10,10,7,8. 我们把这 10 个数目看成一个 Poisson(lambda)分布的 10 次实现. 如果 lambda 的先验分布为 $Ga(1,1)$,求 lambda 的后验分布,并在一个图中绘制 lambda 的先验分布和后验分布的密度函数图形.

若 lambda 的先验分布为 $Ga(a,b)$,根据例 2.3.6,lambda 的后验分布为 $Ga(a+n\bar{x},b+n)$. 根据题意,如果 lambda 的先验分布为 $Ga(1,1)$,则 lambda 的后验分布为 $Ga(77,11)$.

以下绘制 lambda 的先验分布 $Ga(1,1)$ 和后验分布 $Ga(77,11)$ 的密度函数,其 R 代码如下:

```
y = c(6, 7, 5, 4, 5, 14, 10, 10, 7, 8);
sumy = sum(y)
n = c(0,10); sy = c(0, sumy)
for (i in 1:2)
curve(dgamma(x, 1 + sy[i], 1 + n[i]), 0, 10, add = i! = 1, xlab = '', ylab = '', col = i, lty = i)
legend(4,1, legend = c('Prior: Gamma(1,1)', 'Posterior: Gamma(77,11)'), col = 1:2, lty = 1:2)
```

运行结果如图 2-16 所示.

图 2-16 lambda 的先验分布和后验分布的密度函数

例 2.3.8 在参数为 λ（均值的倒数）的指数分布中，λ 的共轭先验分布是 Gamma 分布.

设 $X_1, X_2, \cdots, X_n$ 是来自参数为 λ（均值的倒数）的指数分布 $Exp(\lambda)$ 的样本，$x_1, x_2, \cdots, x_n$ 为其观察值. 若参数 λ 的先验分布为 Gamma 分布 $Ga(a,b)$，其密度函数为

$$\pi(\lambda) = \frac{b^a}{\Gamma(a)} \lambda^{a-1} \exp(-b\lambda), \quad \lambda > 0, a > 0, b > 0,$$

其中 $\Gamma(a) = \int_0^\infty t^{a-1} \exp(-t) \mathrm{d}t$ 为 Gamma 函数.

似然函数为

$$L(x \mid \lambda) \propto \lambda^n \exp\left(-\lambda \sum_{i=1}^n x_i\right).$$

根据贝叶斯定理，则 λ 的后验密度函数为

$$\pi(\lambda \mid x) = \frac{L(x \mid \lambda) \pi(\lambda)}{\int_0^\infty L(x \mid \lambda) \pi(\lambda) \mathrm{d}\lambda} \propto \lambda^{a+n-1} \exp\left[-\lambda\left(b + \sum_{i=1}^n x_i\right)\right].$$

它是 Gamma 分布 $Ga(a+n, b+\sum_{i=1}^n x_i)$ 的密度函数.

记 $\bar{x} = \frac{1}{n} \sum_{i=1}^n x_i$，则 $\sum_{i=1}^n x_i = n\bar{x}$. 于是 λ 的后验分布为 $Ga(a+n, b+n\bar{x})$，因此后验均值为

$$E(\lambda \mid x) = \frac{a+n}{b+n\bar{x}} = \frac{n\bar{x}}{b+n\bar{x}} \cdot \frac{1}{\bar{x}} + \frac{b}{b+n\bar{x}} \cdot \frac{a}{b}.$$

从上述后验均值 $E(\lambda\mid x)$ 可以看出:后验均值是 $\dfrac{1}{\bar{x}}$(λ 的极大似然估计)和先验均值 $\dfrac{a}{b}$ 的加权平均,因此,后验均值介于 $\dfrac{1}{\bar{x}}$ 和先验均值之间,它偏向哪一侧由 $\dfrac{n\bar{x}}{b+n\bar{x}}$ 的大小决定.

例 2.3.9 设 $x_1,x_2,\cdots,x_n$ 是来自正态分布 $N(\mu,\sigma^2)$ 的样本观察值,其中 μ 为未知,$\sigma^2=\sigma_0^2$ 为已知,若 μ 的先验分布为 $N(\mu_a,\sigma_a^2)$,其中 μ_a,σ_a^2 为已知,则 μ 的后验分布为 $N(\mu_b,\sigma_b^2)$,其中

$$\mu_b=\dfrac{\bar{x}\sigma_a^2+\dfrac{\mu_a\sigma_0^2}{n}}{\sigma_a^2+\dfrac{\sigma_0^2}{n}}, \tag{2.3.1}$$

$$\sigma_b^2=\dfrac{\dfrac{\sigma_a^2\sigma_0^2}{n}}{\sigma_a^2+\dfrac{\sigma_0^2}{n}}, \tag{2.3.2}$$

$$\bar{x}=\dfrac{1}{n}\sum_{i=1}^{n}x_i.$$

事实上,设 $x_1,x_2,\cdots,x_n$ 是来自正态分布 $N(\mu,\sigma_0^2)$ 的样本观察值,则样本的似然函数为

$$\begin{aligned}L(x\mid\mu)&=(2\pi\sigma_0^2)^{-\frac{n}{2}}\exp\left[-\dfrac{1}{2\sigma_0^2}\sum_{i=1}^{n}(x_i-\mu)^2\right]\\&=(2\pi\sigma_0^2)^{-\frac{n}{2}}\exp\left\{-\dfrac{1}{2\sigma_0^2}[(n-1)s^2+n(\mu-\bar{x})^2]\right\},\end{aligned}$$

其中,$\bar{x}=\dfrac{1}{n}\sum_{i=1}^{n}x_i$,$s^2=\dfrac{1}{n-1}\sum_{i=1}^{n}(x_i-\bar{x})^2$.

若 μ 的先验分布为 $N(\mu_a,\sigma_a^2)$,其密度函数为

$$\pi(\mu)=\dfrac{1}{\sqrt{2\pi}\sigma_a}\exp\left[-\dfrac{1}{2\sigma_a^2}(\mu-\mu_a)^2\right].$$

根据贝叶斯定理,则 μ 的后验密度函数为

$$\pi(\mu\mid x)\propto\pi(\mu)L(x\mid\mu)\propto\exp\left\{-\dfrac{1}{2}\left[\dfrac{(\mu-\mu_a)^2}{\sigma_a^2}+\dfrac{n}{\sigma_0^2}(\mu-\bar{x})^2\right]\right\}$$

$$\propto\exp\left[-\left(\dfrac{\sigma_a^2+\dfrac{\sigma_0^2}{n}}{2\sigma_a^2\sigma_0^2/n}\right)\left(\mu-\dfrac{\bar{x}\sigma_a^2+\dfrac{\mu_a\sigma_0^2}{n}}{\sigma_a^2+\dfrac{\sigma_0^2}{n}}\right)^2\right].$$

因此 μ 的后验分布为 $N(\mu_b,\sigma_b^2)$,其中 μ_b 和 σ_b^2 分别由式(2.3.1)和式(2.3.2)给出.

式(2.3.1)和式(2.3.2)中的 μ_b 和 σ_b^2 还可以写成如下形式：

$$\mu_b = \frac{\bar{x}\sigma_a^2 + \frac{\mu_a \sigma_0^2}{n}}{\sigma_a^2 + \frac{\sigma_0^2}{n}} = \frac{\bar{x}\left(\frac{\sigma_0^2}{n}\right)^{-1} + \mu_a(\sigma_a^2)^{-1}}{\left(\frac{\sigma_0^2}{n}\right)^{-1} + (\sigma_a^2)^{-1}}, \tag{2.3.3}$$

$$\sigma_b^2 = \frac{\frac{\sigma_a^2 \sigma_0^2}{n}}{\sigma_a^2 + \frac{\sigma_0^2}{n}} = \frac{1}{\left(\frac{\sigma_0^2}{n}\right)^{-1} + (\sigma_a^2)^{-1}}. \tag{2.3.4}$$

记 $h_0 = \left(\frac{\sigma_0^2}{n}\right)^{-1}$，$h_1 = (\sigma_a^2)^{-1}$，则由式(2.3.3)得

$$\mu_b = \frac{\bar{x}h_0 + \mu_a h_1}{h_0 + h_1}, \tag{2.3.5}$$

其中 h_0 和 h_1 通常称为**样本的精度参数**和**先验的精度参数**.

式(2.3.1)，式(2.3.3)和式(2.3.5)都说明，后验均值 μ_b 是样本均值 $\bar{x}$ 和先验均值 μ_a 的加权平均.

由式(2.3.4)得

$$\sigma_b^2 = \frac{1}{h_0 + h_1}. \tag{2.3.6}$$

由式(2.3.6)得 $(\sigma_b^2)^{-1} = h_0 + h_1$，它正好是样本的精度参数和先验的精度参数之和.

例 2.3.10 作为一个数值例子，在例 2.3.9 中，取 $n=10$，样本观察值见表 2-3 (Zellner, 1971)：

表 2-3 样本观察值

i	x_i	i	x_i
1	0.699	6	−0.648
2	0.320	7	1.572
3	−0.799	8	−0.319
4	−0.927	9	2.049
5	0.373	10	−3.077

根据上表，得到样本均值 $\bar{x} = \frac{1}{10}\sum_{i=1}^{10} x_i = -0.0757$.

若上表中样本观察值来自正态分布 $N(\mu, 1)$，其中 μ 为未知参数，且 μ 的先验分布为 $N(-0.02, 2)$，把上表的数据以及 $\sigma_0^2 = 1$，$\mu_a = -0.02$，$\sigma_a^2 = 2$ 代入式(2.3.1)和式(2.3.2) 得到：后验均值 $\mu_b = -0.0730$，后验方差 $\sigma_b^2 = 0.0952$.

这样就得到了 μ 的后验分布为 $N(-0.0730, 0.0952)$.

μ 的先验分布 $N(-0.02, 2)$ 和后验分布 $N(-0.073\,0, 0.095\,2)$ 的密度函数如图 2-17 所示.

从图 2-17 可以看出,合并了 10 个独立样本的信息到先验信息后,结果对 μ 的不确定性有明显改善,即先验方差 $\sigma_a^2 = 2$,而后验方差 $\sigma_b^2 = 0.095\,2$. 此外,后验均值 $\mu_b = -0.073\,0$,与样本均值 $\bar{x} = -0.075\,7$ 相差不大,但与先验均值 $\mu_a = -0.02$ 绝对值相差较大. 然而,要注意的是,先验分布有明显大的方差 $\sigma_a^2 = 2$,因此原来就有较大的概率在 $-0.073\,0$ 附近,也就是说,这种情况表明先验信息与样本信息相比,是有些"含混不清"和"比较分散"的.

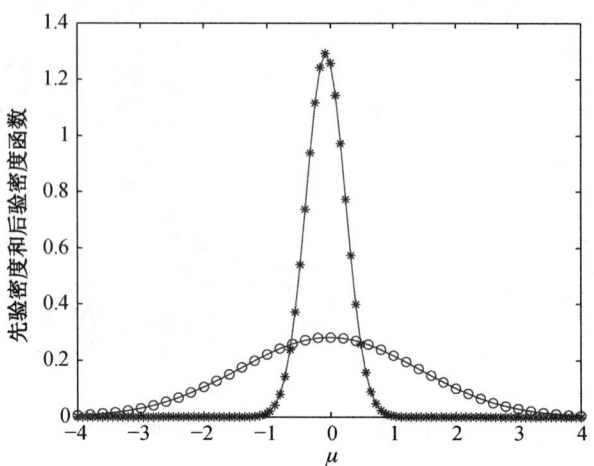

图 2-17 先验密度函数和后验密度函

说明:○表示先验分布 $N(-0.02, 2)$ 的密度函数,
＊表示后验分布 $N(-0.073\,0, 0.095\,2)$ 的密度函数.

例 2.3.11 设 $x_1, x_2, \cdots, x_n$ 是来自均匀分布 $U(0, \theta)$ 的样本观察值,又设 θ 的先验分布为 Pareto 分布 $Pa(\alpha, \theta_0)$,其密度函数为

$$\pi(\theta) = \begin{cases} \alpha \dfrac{\theta_0^{\alpha}}{\theta^{\alpha+1}}, & \theta \geqslant \theta_0, \\ 0, & \theta < \theta_0. \end{cases}$$

其中参数 $\theta_0 > 0, \alpha > 0$,可以证明:θ 的后验分布仍为 Pareto 分布,即 Pareto 分布是均匀分布 $U(0, \theta)$ 中参数 θ 的共轭先验分布.

事实上,设 $x_1, x_2, \cdots, x_n$ 是来自均匀分布 $U(0, \theta)$ 的样本观察值,则样本的似然函数为

$$L(x \mid \theta) = \frac{1}{\theta^n}, \quad 0 < x_i < \theta.$$

若 θ 的先验分布为 Pareto 分布 $Pa(\alpha, \theta_0)$,其密度函数为

$$\pi(\theta) = \alpha \frac{\theta_0^{\alpha}}{\theta^{\alpha+1}}, \quad \theta \geqslant \theta_0.$$

根据贝叶斯定理,则 θ 的后验密度函数为

$$\pi(\theta \mid \alpha) = \frac{L(x \mid \theta) \pi(\theta)}{\int_{\theta_0}^{\infty} L(x \mid \theta) \pi(\theta) \mathrm{d}\theta} = \frac{(n+\alpha) \theta_0^{n+\alpha}}{\theta^{n+\alpha+1}}, \quad \theta \geqslant \theta_0.$$

因此,θ 的后验分布为 Pareto 分布 $Pa(n+\alpha, \theta_0)$,即 Pareto 分布是均匀分布 $U(0, \theta)$ 中参数 θ 的共轭先验分布.

2.3.3 常用的共轭先验分布

在例 2.3.1,例 2.3.6,例 2.3.8 中,分别给出了二项分布中成功概率,泊松分布均值,指

数分布中均值的倒数的后验分布;在例 2.3.9 中,在方差已知时给出了正态分布均值的后验分布.常用的共轭先验分布见表 2-3.

表 2-4 常用的共轭先验分布

总体分布	参数	共轭先验分布
二项分布	成功概率	Beta 分布 $Be(a,b)$
泊松分布	均值	Gamma 分布 $Ga(a,b)$
指数分布	均值的倒数	Gamma 分布 $Ga(a,b)$
指数分布	均值	倒 Gamma 分布 $IGa(a,b)$
正态分布(方差已知)	均值	正态分布 $N(\mu,\sigma^2)$
正态分布(均值已知)	方差	倒 Gamma 分布 $IGa(a,b)$

关于"共轭先验分布"更详细的内容,见:http://en.wikipedia.org/wiki/Conjugate_prior.

2.4 Beta 分布、Gamma 分布和 Pareto 分布

为应用方便,这里介绍 Beta 分布、Gamma 分布和 Pareto 分布.

2.4.1 Beta 分布

1. 定义

如果随机变量 X 的密度函数为

$$f(x)=\frac{1}{B(a,b)}x^{a-1}(1-x)^{b-1}, \quad 0<x<1,$$

那么称 X 服从参数为 a,b 的 **Beta 分布**,记作 $Be(a,b)$,$a>0,b>0$.其中 $B(a,b)=\int_0^1 x^{a-1}(1-x)^{b-1}\mathrm{d}x$ 为 Beta 函数.

几个 Beta 分布的密度函数图形,如图 2-18 所示.

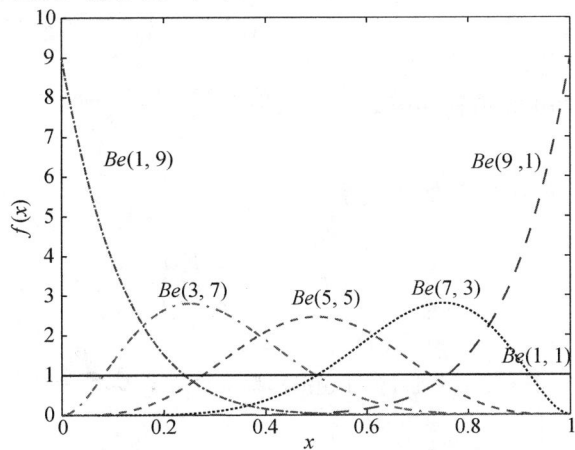

图 2-18 几个 Beta 分布的密度函数图形

2. 数学期望和方差

若 $X \sim Be(a,b)$，则 $E(X) = \dfrac{a}{a+b}$，$\mathrm{Var}(X) = \dfrac{ab}{(a+b)^2(a+b+1)}$.

2.4.2 Gamma 分布

1. 定义

如果随机变量 X 的密度函数为

$$f(x) = \frac{b^a}{\Gamma(a)} x^{a-1} \exp(-bx), \quad x > 0,$$

那么称 X 服从参数为 a,b 的 **Gamma 分布**，记作 $Ga(a,b)$，$a>0, b>0$. 其中 $\Gamma(a) = \int_0^\infty x^{a-1}\exp(-x)\mathrm{d}x$ 为 Gamma 函数.

若 $X \sim Ga(a,b)$，当 $a=1, b>0$ 时，Gamma 分布退化为指数分布；当 $a=\dfrac{n}{2}, b=\dfrac{1}{2}$ 时，Gamma 分布变成自由度为 n 的 χ^2 分布.

几个 Gamma 分布的密度函数图形，如图 2-19 所示.

2. 数学期望和方差

若 $X \sim Ga(a,b)$，则 $E(X) = \dfrac{a}{b}$，$\mathrm{Var}(X) = \dfrac{a}{b^2}$.

3. Gamma 分布的可加性

若 $X_1, X_2, \cdots, X_n$ 相互独立，且 $X_i \sim Ga(a_i, b)$，则

$$\sum_{i=1}^n X_i \sim Ga\left(\sum_{i=1}^n a_i, b\right).$$

图 2-19 几个 Gamma 分布的密度函数图形

4. Beta 函数和 Gamma 函数的关系、Gamma 函数的性质

Beta 函数和 Gamma 函数有如下关系：

$$B(a,b) = \frac{\Gamma(a)\Gamma(b)}{\Gamma(a+b)},$$

其中 $B(a,b) = \int_0^1 x^{a-1}(1-x)^{b-1}\mathrm{d}x$ 为 Beta 函数，$\Gamma(a) = \int_0^\infty x^{a-1}\exp(-x)\mathrm{d}x$ 为 Gamma 函数.

Gamma 函数的性质：

(1) $\Gamma(a+1) = a\Gamma(a)$. 当 n 为自然数时,有 $\Gamma(n+1) = n!$.

(2) $\Gamma(1) = 1$, $\Gamma\left(\dfrac{1}{2}\right) = \sqrt{\pi}$.

(3) $I(a, x) = \dfrac{1}{\Gamma(a)} \int_0^x t^{a-1} \exp(-t) \mathrm{d}t$ 称为不完全 Gamma 函数,其中 $0 < x < \infty$. 当 $x = \infty$ 时,有 $I(a, \infty) = \dfrac{1}{\Gamma(a)} \int_0^\infty t^{a-1} \exp(-t) \mathrm{d}t = 1$.

2.4.3 Pareto 分布

帕累托(Vilfredo Pareto),意大利工程师,社会学家,经济学家,其中以经济学家的身份最为著名. 帕累托在经济学中有几个非常重要的贡献:帕累托效率(Pareto efficiency),微观经济学分支福利经济学的基础性概念,并演化出帕累托改进等概念;帕累托法则(Pareto principle),俗称 80/20 法则,广泛应用于各社会科学研究,并最终概括为 Pareto 分布.

帕累托关于 Pareto 分布的发现发表于 1897 年. 通过对有关收入分配的社会统计研究,帕累托发现一国之内人们的收入在高于某个值时的分布与社会经济结构和"收入"的定义无关,具有普适性,大部分财富是集中在少数人手里的(20% 的人占有 80% 的财富). 此后,人们广泛地将其用来描述自然和社会现象.

1. 定义

如果随机变量 X 的密度函数为

$$f(x) = \dfrac{\alpha}{b} \left(\dfrac{b}{x}\right)^{\alpha+1}, \quad x \geqslant b,$$

那么称 X 服从参数为 α, b 的 **Pareto 分布**,记作 $Pa(\alpha, b)$,$b > 0$ 为门限参数,$\alpha > 0$ 为形状参数.

几个 Pareto 分布的密度函数图形($\alpha = 1, 2, 3$),如图 2-20 所示.

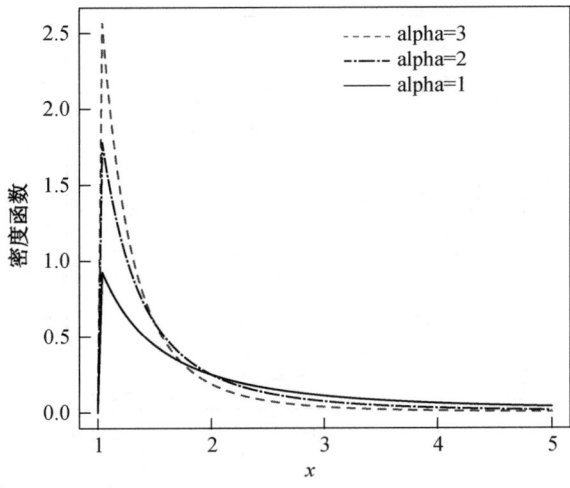

图 2-20 几个 Pareto 分布的密度函数图形

2. 数学期望和方差

若 $X \sim Pa(\alpha, b)$，则 $E(X) = \dfrac{\alpha b}{\alpha - 1}$，$\alpha > 1$，$\text{Var}(X) = \dfrac{\alpha b^2}{(\alpha - 1)^2 (\alpha - 2)}$，$\alpha > 2$.

3. 分布函数和尾部函数

根据 Pareto 分布的密度函数，可以得到其分布函数

$$F(x) = \begin{cases} 1 - \left(\dfrac{b}{x}\right)^\alpha, & x \geqslant b, \\ 0, & x < b. \end{cases}$$

很多情况下，我们更关心 Pareto 分布的"尾部"，可以定义尾部函数（或称残存函数）：

$$\overline{F}(x) = 1 - F(x) = \begin{cases} \left(\dfrac{b}{x}\right)^\alpha, & x \geqslant b, \\ 1, & x < b. \end{cases}$$

4. Pareto 分布与金融中的厚尾分布

厚尾分布是指和正态分布有相同的均值和标准差时，尾部概率比正态分布大的分布类型. 基于经验的观察，证券收益的分布往往为厚尾而非正态的，所以在金融数据建模中，厚尾分布有很重要的地位，特别是厚尾对应着可能较大的风险. 帕累托分布是厚尾分布的一种.

1963 年，曼德布罗特使用 Pareto 分布描述投机市场收益率的分布，1965 年法玛用 Pareto 分布研究过投资组合问题. 这之后的很长时间，Pareto 分布在主流金融领域默默无闻，直到 1990 年后，随着对风险管理的重视，Pareto 分布重新登上金融舞台.

如图 2-21 所示是 Pareto 分布和正态分布尾部函数的比较，其中 $b = 0.25$，$\alpha = 3$，对应均值为 $E(X) = \dfrac{\alpha b}{\alpha - 1} = 0.325$，标准差为 $\sqrt{\text{Var}(X)} = \sqrt{\dfrac{\alpha b^2}{(\alpha - 1)^2 (\alpha - 2)}} = 0.2165$.

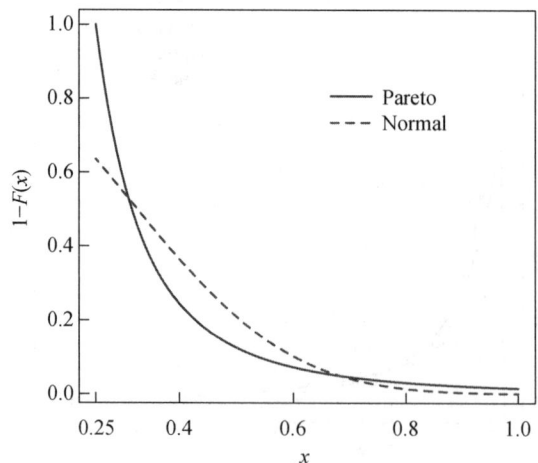

图 2-21　Pareto 分布和正态分布尾部函数的比较

2.5 常用分布列表

为应用方便,以下给出常用分布表,见表 2-5.

表 2-5 常用分布表

概率分布名称	密度函数(或分布列)	数字特征
正态分布 $N(\mu, \sigma^2)$	$f(x) = \dfrac{1}{\sqrt{2\pi}\sigma}\exp\left\{\dfrac{(x-\mu)^2}{2\sigma^2}\right\}, x \in \mathbf{R}$, μ 为位置参数,$\sigma > 0$ 为尺度参数	$E(X) = \mu$, $\mathrm{Var}(X) = \sigma^2$
均匀分布 $U(a, b)$	$f(x) = \dfrac{1}{b-a}$, $x \in [a, b]$	$E(X) = \dfrac{a+b}{2}$, $\mathrm{Var}(X) = \dfrac{(b-a)^2}{12}$
指数分布 $\exp(\lambda)$	$f(x) = \lambda\exp(-\lambda x)$, $x > 0, \lambda > 0$ 为尺度参数	$E(X) = \dfrac{1}{\lambda}$, $\mathrm{Var}(X) = \dfrac{1}{\lambda^2}$
Beta 分布 $Be(a, b)$	$f(x) = \dfrac{1}{B(a,b)}x^{a-1}(1-x)^{b-1}$, $0 < x < 1, a > 0, b > 0$	$E(X) = \dfrac{a}{a+b}$, $\mathrm{Var}(X) = \dfrac{ab}{(a+b)^2(a+b+1)}$
Gamma 分布 $Ga(a, b)$	$f(x) = \dfrac{b^a}{\Gamma(a)}x^{a-1}\exp(-bx), x > 0$, $a > 0$ 为形状参数,$b > 0$ 为尺度参数	$E(X) = \dfrac{a}{b}$, $\mathrm{Var}(X) = \dfrac{a}{b^2}$
倒 Gamma 分布 $IGa(a, b)$	$f(x) = \dfrac{b^a}{\Gamma(a)}x^{-(a+1)}\exp\left(-\dfrac{b}{x}\right), x > 0$, $a > 0$ 为形状参数,$b > 0$ 为尺度参数	$E(X) = \dfrac{b}{a-1}$, $\mathrm{Var}(X) = \dfrac{b^2}{(a-1)^2(a-2)}, a > 2$
对数正态分布 $LN(\mu, \sigma^2)$	$f(x) = \dfrac{1}{x\sqrt{2\pi}\sigma}\exp\left[-\dfrac{(\ln x - \mu)^2}{2\sigma^2}\right], x > 0$, μ 为位置参数,$\sigma > 0$ 为尺度参数	$E(X) = \exp\left\{\mu + \dfrac{\sigma^2}{2}\right\}$, $\mathrm{Var}(X) = \exp\{2\mu + \sigma^2\}(e^{\sigma^2} - 1)$
威布尔分布 $W(m, \eta)$	$f(x) = \dfrac{m}{\eta}\left(\dfrac{x}{\eta}\right)^{m-1}\exp\left[-\left(\dfrac{x}{\eta}\right)^m\right], x > 0$, $m > 0$ 为形状参数,$\eta > 0$ 为尺度参数	$E(X) = \eta\Gamma\left(1 + \dfrac{1}{m}\right)$, $\mathrm{Var}(X) = \eta^2\left[\Gamma\left(1 + \dfrac{2}{m}\right) - \Gamma^2\left(1 + \dfrac{1}{m}\right)\right]$
Pareto 分布 $Pa(a, b)$	$f(x) = \dfrac{a}{b}\left(\dfrac{b}{x}\right)^{a+1}, x \geq b$, $b > 0$ 为门限参数,$a > 0$ 为形状参数	$E(X) = \dfrac{ab}{a-1}, a > 1$, $\mathrm{Var}(X) = \dfrac{ab^2}{(a-1)^2(a-2)}, a > 2$

(续表)

概率分布名称	密度函数(或分布列)	数字特征
柯西分布 $Ca(a,b)$	$f(x) = \dfrac{1}{\pi} \dfrac{1}{b^2 + (x-a)^2}, x \in \mathbf{R}$, a 为位置参数,$b > 0$ 为尺度参数	中位数 $\mathrm{Mode}(X) = a$ (期望、方差都不存在)
χ^2 分布 $\chi^2(n)$	$f(x) = \dfrac{1}{2^{\frac{n}{2}} \Gamma\left(\dfrac{n}{2}\right)} x^{\frac{n}{2}-1} e^{-\frac{x}{2}}, x > 0$, n 为自由度	$E(X) = n$, $\mathrm{Var}(X) = 2n$
t 分布 $t(n)$	$f(x) = \dfrac{\Gamma\left(\dfrac{n+1}{2}\right)}{\sqrt{n\pi}\,\Gamma\left(\dfrac{n}{2}\right)} \left(1 + \dfrac{x^2}{n}\right)^{-\frac{n+1}{2}}, x \in \mathbf{R}$, n 为自由度	$E(X) = 0$, $\mathrm{Var}(X) = \dfrac{n}{n-2}, n > 2$
F 分布 $F(n_1, n_2)$	$f(x) = \dfrac{\Gamma\left(\dfrac{n_1+n_2}{2}\right)\left(\dfrac{n_1}{n_2}\right)^{\frac{n_1}{2}} x^{\frac{n_1}{2}-1}}{\Gamma\left(\dfrac{n_1}{2}\right)\Gamma\left(\dfrac{n_2}{2}\right)\left(1+\dfrac{n_1}{n_2}x\right)^{\frac{n_1+n_2}{2}}}, x > 0$, n_1, n_2 为自由度	$E(X) = \dfrac{n_2}{n_2-2}, n_1 > 2$, $\mathrm{Var}(X) = \dfrac{2n_2^2(n_1+n_2-2)}{n_1(n_2-2)^2(n_2-4)}, n_2 > 4$
二项分布 $B(n,p)$	$f(x) = C_n^x p^x (1-p)^{n-x}, x = 0,1,\cdots,n$, $p \in [0,1]$	$E(X) = np$, $\mathrm{Var}(X) = np(1-p)$
负二项分布 $NB(r,p)$	$f(x) = C_{x+r-1}^x p^r (1-p)^x, x = 0,1,\cdots$, $p \in [0,1], r$ (非负整数)	$E(X) = \dfrac{r}{p}$, $\mathrm{Var}(X) = \dfrac{r(1-p)}{p^2}$
Poisson 分布 $P(\lambda)$	$f(x) = \dfrac{\lambda^x e^{-\lambda}}{x!}, x = 0,1,\cdots$, $\lambda > 0$	$E(X) = \lambda$, $\mathrm{Var}(X) = \lambda$
多元正态分布 $N_d(\mu, \Sigma)$	$f(x) = (2\pi)^{-\frac{d}{2}} \|\Sigma\|^{-\frac{1}{2}} \cdot \exp\left[-\dfrac{1}{2}(x-\mu)' \Sigma^{-1} (x-\mu)\right]$, $\boldsymbol{\mu}$ 为均值向量,$\boldsymbol{\Sigma}$ 正定协方差矩阵	$E(X) = \boldsymbol{\mu}$, $\mathrm{Cov}(X) = \boldsymbol{\Sigma}$

思考与练习题 2

2.1 请写出贝叶斯定理的三种形式:事件形式,离散随机变量、连续随机变量形式.

2.2 请举例并说明,后验分布是如何通过样本信息对先验分布进行调整的.

2.3 请举例并说明共轭先验分布的意义.

2.4 请举例并说明充分统计量的意义.

2.5 请举例并说明,在贝叶斯统计中,充分统计量的作用是什么?

2.6 结合例 2.2.2,若在一次抽样后,10 个样品中有 1 个不合格,那么后验分布将如何变化? 请读者自己计算一下,并说明你的结论.

2.7 设总体为均匀分布 $U(\theta, \theta+1)$,θ 的先验分布为 $U(10,16)$. 现有三个样本观察值:11.7, 12.1, 12.0. 求 θ 的后验分布.

2.8 设一页书上的错别字个数服从泊松分布 $P(\lambda)$,λ 有两个可能取值:1.5 和 1.8,且先验分布为 $P(\lambda=1.5)=0.45$,$P(\lambda=1.8)=0.55$,现检验了一页,发现有 3 个错别字,求 λ 的后验分布.

2.9 设 $x_1, x_2, \cdots, x_n$ 为来几何分布的样本观察值,总体的分布律为

$$P(X=k \mid \theta) = \theta(1-\theta)^k, \quad k=0,1,2,\cdots,$$

若 θ 的先验分布为 $U(0,1)$,求 θ 的后验分布.

2.10 设均值为 θ 的指数分布中参数 $\dfrac{1}{\theta}$ 的先验分布为伽玛分布 $Ga(a,b)$,现从先验信息得知:先验均值为 0.000 2,先验标准差为 0.01,请确定先验分布.

2.11 设 $x_1, x_2, \cdots, x_n$ 为来如下总体的样本观察值,总体的密度函数为

$$f(x \mid \theta) = \frac{2x}{\theta^2}, \quad 0 < x < \theta.$$

(1) 若 θ 的先验分布为 $U(0,1)$,求 θ 的后验分布;
(2) 若 θ 的先验密度函数为 $\pi(\theta)=3\theta^2$,$0<\theta<1$,求 θ 的后验分布.

2.12 请写出贝叶斯定理的事件形式和密度函数形式,举例并说明它们在某一方面的应用.

第 3 章 贝叶斯统计推断基础

贝叶斯统计推断是贝叶斯统计的核心内容. 本章主要包括: 点估计, 区间估计, 假设检验, 从 p 值到贝叶斯因子, 美国统计学会: 使用 p 值的 6 条准则, 多参数模型的贝叶斯推断和 5 个损失函数下贝叶斯估计及其后验风险.

3.1 点 估 计

设 θ 是总体 X 中的未知参数, $\theta \in \Theta$ (参数空间). 为了估计参数 θ, 可从该总体中抽取样本 $X_1, X_2, \cdots, X_n$, $x = (x_1, x_2, \cdots, x_n)$ 为样本观察值. 根据参数 θ 的先验信息选择一个先验分布 $\pi(\theta)$, 根据贝叶斯定理可以得到 θ 的后验分布 $\pi(\theta \mid x)$, 然后根据这个后验分布对参数 θ 进行参数估计.

点估计就是寻找一个统计量的观察值, 记作 $\hat{\theta}(x)$, 用 $\hat{\theta}(x)$ 去估计 θ. 从贝叶斯观点来看, 就是寻找样本 (或其观察值) 的函数 $\hat{\theta}(x)$, 使它尽可能地"接近" θ.

3.1.1 损失函数与风险函数

与经典统计类似, 也有一个估计好坏的标准问题. 对于给定的标准, 去寻找最好的估计. 在考虑标准时, 通常用损失函数、风险函数来描述. 以下先给出几个定义.

定义 3.1.1 在参数 θ 取值范围 Θ (参数空间) 上, 定义一个二元非负实函数 $L(\theta, \hat{\theta})$ 称为**损失函数**, 即 $\Theta \times \Theta$ 到 $\mathbf{R}$ 上的一个函数.

$L(\theta, \hat{\theta})$ 表示用 $\hat{\theta}$ 去估计 θ 时, 由于 $\hat{\theta}$ 与 θ 的不同而引起的损失. 通常的损失是非负的, 因此限定 $L(\hat{\theta}, \theta) \geqslant 0$. 常见的损失函数如下:

(1) 平方损失函数: $L(\theta, \hat{\theta}) = (\theta - \hat{\theta})^2$;

(2) 绝对损失函数: $L(\theta, \hat{\theta}) = |\theta - \hat{\theta}|$;

(3) 0—1 损失函数: $L(\theta, \hat{\theta}) = \begin{cases} 1, & \hat{\theta} \neq \theta, \\ 0, & \hat{\theta} = \theta. \end{cases}$

定义 3.1.2 对损失函数 $L(\theta, \hat{\theta})$, 当用 $\hat{\theta}(x)$ 去估计 θ 时,
$$R_{\hat{\theta}(x)}(\theta) = E[L(\theta, \hat{\theta})]$$
称为 $\hat{\theta}(x)$ **相应的风险函数**, 简称**风险函数**. 当 $\hat{\theta}(x)$ 不标明时, 把 $R_{\hat{\theta}(x)}(\theta)$ 用 $R(\theta)$ 来表示.

当损失函数给定后,好的估计应该使风险函数尽量小. 当 $L(\theta,\hat{\theta})=(\theta-\hat{\theta})^2$ 时,
$$R_{\hat{\theta}(x)}(\theta)=E[\hat{\theta}(x)-\theta]^2.$$
这就是 $\hat{\theta}(x)$ 对 θ 的**均方误差**.

定义 3.1.3 如 $\hat{\theta}_*(x)$ 在估计类 G 中使等式
$$R_{\hat{\theta}_*(x)}(\theta)=\min_{\hat{\theta}(x)\in G} R_{\hat{\theta}(x)}(\theta),\quad \forall\theta\in\Theta$$
成立,则称 $\hat{\theta}_*(x)$ 是 G 中**一致最小风险估计**.

给定了风险函数 $L(\theta,\hat{\theta})$,理想的估计就是定义 3.1.3 中的一致最小风险估计,这就是经典方法的观点.

从贝叶斯方法的观点来看,由于 $R_{\hat{\theta}(x)}(\theta)$ 是 θ 的函数,而参数 θ 是随机变量,它有先验分布 $\pi(\theta)$,于是 $\hat{\theta}(x)$ 的损失应由积分
$$\int_\Theta R_{\hat{\theta}(x)}(\theta)\pi(\theta)\mathrm{d}\theta$$
来衡量,把上述积分记为 $\rho(\hat{\theta}(x),\pi(\theta))=\int_\Theta R_{\hat{\theta}(x)}(\theta)\pi(\theta)\mathrm{d}\theta.$

如果能够找到一个 $\hat{\theta}_*(x)$,使 $\rho(\hat{\theta}_*(x),\pi(\theta))$ 达到最小,从贝叶斯观点来看是最佳的估计,于是有下述定义.

定义 3.1.4 若 $\hat{\theta}_*(x)$ 使
$$\rho(\hat{\theta}_*(x),\pi(\theta))=\min_{\hat{\theta}(x)}\rho(\hat{\theta}(x),\pi(\theta)),$$
则称 $\hat{\theta}_*(x)$ 是针对 $\pi(\theta)$ 的贝叶斯解,简称**贝叶斯解**.

从定义 3.1.4 可以看出,贝叶斯解不但与损失函数的选取有关,而且与先验分布 $\pi(\theta)$ 也有关. 求贝叶斯解有如下一个一般的结果.

定理 3.1.1 对于给定的损失函数 $L(\theta,\hat{\theta})$ 及先验分布 $\pi(\theta)$,若样本 x 对 θ 的条件密度为 $f(x|\theta)$,记
$$R(\hat{\theta}(x)|x)=\int_\Theta L[\theta,\hat{\theta}(x)]f(x|\theta)\pi(\theta)\mathrm{d}\theta,$$
称它为 $\hat{\theta}(x)$ 的**后验风险**. 当
$$R(\hat{\theta}_*(x)|x)=\min_{\hat{\theta}(x)} R(\hat{\theta}(x)|x),\ \forall x$$
成立,则 $\hat{\theta}_*(x)$ 就是 $\pi(\theta)$ 相应的贝叶斯解,即有
$$\rho(\hat{\theta}_*(x),\pi(\theta))=\min_{\hat{\theta}(x)}\rho(\hat{\theta}(x),\pi(\theta)).$$

定理 3.1.1 的证明从略,详见张尧庭等(1991).

定理 3.1.1 说明:如果有一个 θ 的估计使得对于每一个样本观察值 x,后验风险达到最小,它就是所要求的贝叶斯解. 定理 3.1.1 有三个重要的特殊情况,分别见以下的推论 3.1.1、推论 3.1.2 和推论 3.1.3.

推论 3.1.1 若损失函数为平方损失 $L(\theta,\hat{\theta})=(\theta-\hat{\theta})^2$，则参数 θ 的贝叶斯解就是后验期望 $E(\theta\mid x)$。

推论 3.1.2 若损失函数为 0—1 损失 $L(\theta,\hat{\theta})=\begin{cases}1, & \hat{\theta}\neq\theta,\\ 0, & \hat{\theta}=\theta,\end{cases}$ 则参数 θ 的贝叶斯解就是参数 θ 的后验众数。

推论 3.1.2 的证明从略，详见张尧庭等(1991)。

推论 3.1.3 若损失函数为绝对损失 $L(\theta,\hat{\theta})=|\theta-\hat{\theta}|$，则参数 θ 的贝叶斯解就是后验分布的中位数。

推论 3.1.3 的证明从略，详见茆诗松(1999)。

推论 3.1.1，推论 3.1.2 和推论 3.1.3 的结论用于点估计，就得到三种常用估计方法：后验期望法、后验众数法和后验中位数法。

3.1.2　贝叶斯估计的定义

定义 3.1.5 使后验密度函数 $\pi(\theta\mid x)$ 达到最大的 $\hat{\theta}_{MD}$ 称为参数 θ 的**后验众数估计**；后验分布的中位数 $\hat{\theta}_{Me}$ 称为参数 θ 的**后验中位数估计**；后验分布的期望 $\hat{\theta}_E$ 称为参数 θ 的**后验期望估计**。这三个估计都称为参数 θ 的**贝叶斯估计**。

根据定义 3.1.5 和推论 3.1.1，在损失函数是平方损失时，贝叶斯估计是后验期望 $\hat{\theta}_E$。

根据定义 3.1.5 和推论 3.1.2，在损失函数是 0—1 损失时，贝叶斯估计是后验众数 $\hat{\theta}_{MD}$。

根据定义 3.1.5 和推论 3.1.3，在损失函数是绝对损失时，贝叶斯估计是后验中位数 $\hat{\theta}_{Me}$。

请读者注意，今后在本书中当不指明损失函数是什么时，说到的贝叶斯估计，均指后验期望估计 $\hat{\theta}_E$。

在一般情况下，这三个贝叶斯估计：$\hat{\theta}_E$，$\hat{\theta}_{MD}$ 和 $\hat{\theta}_{Me}$ 是不同的，如图 3-1 所示。

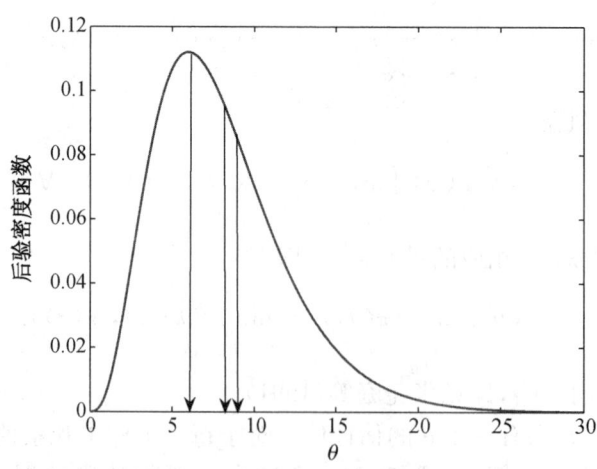

图 3-1　θ 的三个贝叶斯估计

说明：从左向右数，第一、二、三个箭头(的位置)分别表示 $\hat{\theta}_{MD}$，$\hat{\theta}_{Me}$ 和 $\hat{\theta}_E$。

当后验密度函数 $\pi(\theta\mid x)$ 是对称时,这三个贝叶斯估计相同. 例如,如果参数 θ 的后验分布为正态分布,则 $\hat{\theta}_{MD}=\hat{\theta}_{Me}=\hat{\theta}_E$,此时如图 3-2 所示.

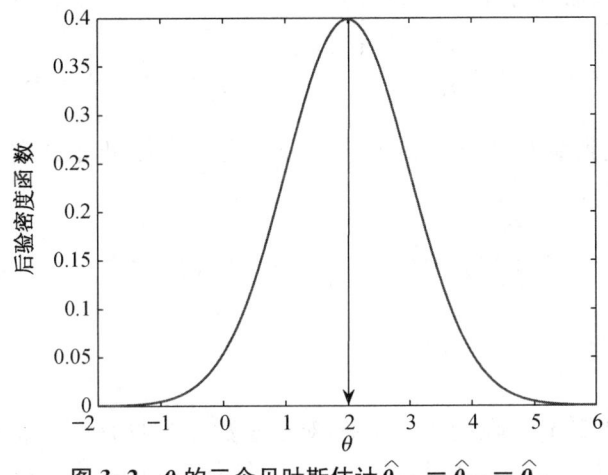

图 3-2 θ 的三个贝叶斯估计 $\hat{\theta}_{MD}=\hat{\theta}_{Me}=\hat{\theta}_E$

说明:箭头的位置表示 θ 的三个贝叶斯估计 $\hat{\theta}_{MD}=\hat{\theta}_{Me}=\hat{\theta}_E$.

例 3.1.1 某人打靶,共打了 n 次,命中了 r 次,如何估计此人打靶命中的概率 θ.

在经典统计中,θ 的估计为 $\hat{\theta}_C=\dfrac{r}{n}$(它是 θ 的极大似然估计). 当 $n=r=1$ 时,则有 $\hat{\theta}_C=1$;而当 $n=r=10$ 时,仍然有 $\hat{\theta}_C=1$. 打靶 10 次,每次都命中了,直觉上总感到此人命中的概率相当大;而打了一次,命中了,此人命中的概率和 10 次每次都命中一样,经典统计的估计结果都是 1,这与人们心目中的估计结果是不同的. 对于当 $n=10,r=0$ 时,则有 $\hat{\theta}_C=0$;而当 $n=1,r=0$ 时,仍然有 $\hat{\theta}_C=0$. 这个结果也是不合理的.

根据例 2.2.4,如果二项分布 $B(n,\theta)$ 中的参数 θ 的先验分布取 Beta 分布 $Be(1,1)$,则 θ 的后验分布是 Beta 分布 $Be(1+r,1+n-r)$,于是参数 θ 的贝叶斯估计(后验期望)为 $\hat{\theta}_B=\dfrac{r+1}{n+2}$.

当 $n=r=1$ 时,$\hat{\theta}_B=\dfrac{2}{3}$;当 $n=r=10$ 时,$\hat{\theta}_B=\dfrac{11}{12}$.

通过以上比较,我们看到:参数 θ 的贝叶斯估计 $\hat{\theta}_B=\dfrac{r+1}{n+2}$ 比参数 θ 的经典估计 $\hat{\theta}_C=\dfrac{r}{n}$ 更合理.

例 3.1.2(续例 3.1.1) 在例 3.1.1 中,某人打靶,共打了 n 次,命中了 r 次,此人打靶命中的概率为 θ. 若 θ 的先验分布取 Beta 分布 $Be(1,1)$,根据例 2.2.4,则 θ 的后验分布是 Beta 分布 $Be(1+r,1+n-r)$. 以下我们验证:θ 的后验众数估计 $\hat{\theta}_{MD}$ 与经典估计为 $\hat{\theta}_C$(极大似然估计)相同,即 $\hat{\theta}_C=\hat{\theta}_{MD}=\dfrac{r}{n}$.

由于 θ 的经典估计(极大似然估计)为 $\hat{\theta}_C=\dfrac{r}{n}$,所以只需要验证 θ 的后验众数估计

$$\hat{\theta}_{MD} = \frac{r}{n}.$$

事实上,由于 θ 的后验分布是 Beta 分布 $Be(1+r, 1+n-r)$,则后验密度函数为

$$\pi(\theta \mid x) = \frac{\theta^{(1+r)-1}(1-\theta)^{(1+n-r)-1}}{B(1+r, 1+n-r)}, \quad 0 < \theta < 1.$$

要使 $\pi(\theta \mid x)$ 达到最大,只要上式右边的分子达到最大. 把上式右边的分子对 θ 求一阶导数,并令其为 0,即

$$0 = \frac{d}{d\theta}[\theta^{(1+r)-1}(1-\theta)^{(1+n-r)-1}] = -\theta^{(1+r)-2}(1-\theta)^{(1+n-r)-2}(n\theta - r),$$

解得 $\hat{\theta}_{MD} = \frac{r}{n}$.

例 3.1.3(续例 2.3.6) 在例 2.3.6 中,对于参数为 λ 的泊松分布 $P(\lambda)$,若参数 λ 的先验分布为 Gamma 分布 $Ga(a, b)$,则 λ 的后验分布为 Gamma 分布 $Ga(a+n\bar{x}, b+n)$.

以下我们验证:(1) λ 的后验众数估计为 $\hat{\lambda}_{MD} = \frac{a+n\bar{x}-1}{b+n}$;(2) λ 的后验期望估计为 $\hat{\lambda}_E = \frac{a+n\bar{x}}{b+n}$;(3) λ 的经典估计(极大似然估计)为 $\hat{\lambda}_C = \bar{x}$;(4)在上述(1),(2)和(3)中,$\hat{\lambda}_{MD}$,$\hat{\lambda}_E$ 和 $\hat{\lambda}_C$ 有什么区别和联系?

(1)根据例 2.3.6,λ 的后验分布为 Gamma 分布 $Ga(a+n\bar{x}, b+n)$,其密度函数为

$$\pi(\lambda \mid x) \propto \lambda^{a+n\bar{x}-1} e^{-(b+n)\lambda}.$$

把上式两边求对数再对 λ 求导数并令其为 0,得到方程

$$0 = \frac{d[\ln \pi(\lambda \mid x)]}{d\lambda} = \frac{1}{\lambda}(a+n\bar{x}-1) - (b+n),$$

解得 λ 的后验众数估计为 $\hat{\lambda}_{MD} = \frac{a+n\bar{x}-1}{b+n}$.

(2)根据例 2.3.6,λ 的后验分布为 Gamma 分布 $Ga(a+n\bar{x}, b+n)$,则 λ 的后验期望估计为 $\hat{\lambda}_E = E(\lambda \mid x) = \frac{a+n\bar{x}}{b+n}$.

(3)为了求 λ 的极大似然估计,先求似然函数. 根据例 2.3.6 的解题过程,似然函数为

$$L(x \mid \lambda) \propto \lambda^{n\bar{x}} e^{-n\lambda},$$

把上式两边取对数再对 λ 求导数并令其为 0,得到似然方程

$$0 = \frac{d[\ln L(x \mid \lambda)]}{d\lambda} = \frac{n\bar{x}}{\lambda} - n,$$

解得 λ 的经典估计(极大似然估计)为 $\hat{\lambda}_C = \bar{x}$.

(4) 从(1),(2)和(3)中,$\hat{\lambda}_{MD}$,$\hat{\lambda}_E$ 和 $\hat{\lambda}_C$ 的表达式来看,它们是不同的.
当 $n \to \infty$ 时,有
$$\hat{\lambda}_{MD} \to \hat{\lambda}_C = \bar{x},$$
$$\hat{\lambda}_E \to \hat{\lambda}_C = \bar{x}.$$

从上述的(2)可以得到
$$\hat{\lambda}_E = \frac{a + n\bar{x}}{b + n} = \frac{n}{b + n}\bar{x} + \frac{b}{b + n} \cdot \frac{a}{b}.$$

从上式可以看出,λ 的后验期望估计 $\hat{\lambda}_E$ 是 λ 的经典估计(极大似然估计)$\hat{\lambda}_C(\bar{x})$ 和先验均值 $\left(\frac{a}{b}\right)$ 的加权平均.

例 3.1.4 对正态分布 $N(\mu, \sigma^2)$,其中 μ 为未知,$\sigma^2 = \sigma_0^2$ 为已知,若 μ 的先验分布为 $N(\mu_a, \sigma_a^2)$,其中 μ_a, σ_a^2 为已知,在例 2.3.9 中已经证明了 μ 的后验分布为 $N(\mu_b, \sigma_b^2)$,其中 μ_b 和 σ_b^2 由式(2.3.1)和式(2.3.2)给出.

我们考虑对一名儿童做智力测验的情形. 假设测验结果 $X \sim N(\mu, 100)$,其中 μ 为该儿童在测验中的智商 IQ 的真值(换言之,如果该儿童做大量类似而相互独立的这种测验,他的平均分数为 μ). 根据过去多次测验,设 $\mu \sim N(100, 225)$,应用例 2.3.9 的结果,在 $n = 1$ 时,可得给定 $X = x$ 的条件下,该儿童的智商 μ 的后验分布是正态分布 $N(\mu_b, \sigma_b^2)$,其中 μ_b 和 σ_b^2 由式(2.3.1)和式(2.3.2)给出,则有

$$\mu_b = \frac{100 \times 100 + 225x}{100 + 225} = \frac{400 + 9x}{13},$$
$$\sigma_b^2 = \frac{100 \times 225}{100 + 225} = \frac{900}{13} = 69.2318 = 8.3205^2.$$

如果该儿童测验的得分为 115,则他的 IQ 真值的后验分布为 $N(110.385, 8.3205^2)$. 于是参数 μ 的贝叶斯估计(后验期望估计)$\hat{\mu}_B = 110.385$.

例 3.1.5 设 $x_1, x_2, \cdots, x_n$ 是来自 Pareto 分布 $Pa(\alpha, \theta_0)$ 的样本观察值,Pareto 分布 $Pa(\alpha, \theta_0)$ 的密度函数为

$$f(x) = \alpha \frac{\theta_0^\alpha}{x^{\alpha+1}}, \quad x \geq \theta_0, \alpha > 0.$$

Pareto 分布 $Pa(\alpha, \theta_0)$ 通常表示超过一个已知值 θ_0 的收入分布. 若 θ_0 为已知,则该分布中只有一个未知参数 α.

设 $x = (x_1, x_2, \cdots, x_n)$ 是来自 Pareto 分布 $Pa(\alpha, \theta_0)$ 的样本观察值,则样本的似然函数为

$$L(x \mid \alpha) = \frac{\alpha^n \theta_0^{n\alpha}}{(x_1 x_2 \cdots x_n)^{\alpha+1}} = \frac{\alpha^n \theta_0^{n\alpha}}{G^{n(\alpha+1)}}.$$

其中 $G=(x_1 x_2 \cdots x_n)^{\frac{1}{n}}$ 是 $x_1, x_2, \cdots, x_n$ 的几何平均.

关于 α 的先验分布,如果我们关于参数值的信息是分散的或不明确的,则 α 的先验密度函数为

$$\pi(\alpha) \propto \frac{1}{\alpha}, \quad 0 < \alpha < \infty.$$

根据贝叶斯定理,则 α 的后验密度函数为

$$\pi(\alpha \mid x) \propto \frac{\alpha^{n-1} \theta_0^{n\alpha}}{G^{n(\alpha+1)}} \propto \alpha^{n-1} e^{-bn\alpha},$$

其中 $b = \ln\left(\dfrac{G}{\theta_0}\right)$.

因此 α 的后验分布为 Gamma 分布 $Ga(n, nb)$,于是正则化后的 α 的后验密度函数为

$$\pi(\alpha \mid x) = \frac{(nb)^n}{\Gamma(n)} \alpha^{n-1} e^{-bn\alpha}, \quad 0 < \alpha < \infty. \tag{3.1.1}$$

在平方损失下,α 的贝叶斯估计为后验均值,即

$$\widehat{\alpha}_E = \frac{1}{b} = \frac{1}{\ln \dfrac{G}{\theta_0}}.$$

例 3.1.6 作为一个数值例子,以下是某年 10 个家庭收入超过 50 000 元的数据:60 000,70 000,80 000,90 000,100 000,120 000,150 000,200 000,3 000 000,500 000. 设这些数据来自 Pareto 分布 $Pa(\alpha, \theta_0)$,其中 $\theta_0 = 50\,000$,请根据例 3.1.5,在平方损失下给出参数 α 的贝叶斯估计.

根据例 3.1.5 和以上 10 个家庭收入超过 $\theta_0 = 50\,000$ 元的数据,得到 $G = 1.322\,2\mathrm{e}+005 = 1.322\,2 \times 10^5$,则在平方损失下 α 的贝叶斯估计(后验均值)$\widehat{\alpha}_E = 1.028\,3$.

例 3.1.7(续例 3.1.6) 用 OpenBUGS 给出例 3.1.6 的另一种解法.

在例 3.1.6 中,参数 α 的先验分布为 $Ga(0.05, 0.05)$. 代码如下:

```
model
{
for (i in 1:n) {
time[i]~dpar (alpha, 50000)
}
alpha~dgamma(0.05, 0.05)
}
data
list(time = c(60000, 70000, 80000, 90000, 100000, 120000, 150000, 200000, 300000,
500000), n = 10)
```

运行结果见表 3-1.

表 3-1　计算结果

参数	mean	sd	MC-error	val2.5pc	median	val97.5pc	start	sample
alpha	1.029	0.324	0.004 013	0.495 8	0.992 2	1.767	1 001	9 000

从表 3-1 可以看出，α 的后验均值为 1.029，与例 3.1.6 的结果（$\hat{\alpha}_E = 1.028\,3$）非常接近. 说明：$Ga(0.05, 0.05)$ 接近 α 的无信息先验分布 $Ga(0,0)$.

例 3.1.8　某医疗责任保单的赔付记录（Klugman et al., 2004）如下：125，132，141，107，133，319，126，104，145，223. 每笔赔付服从 Pareto 分布 $Pa(\alpha, \theta_0)$，其中 $\theta_0 = 100$，α 未知. 若 α 的先验分布为 Gamma 分布 $Ga(2,1)$，请分别在平方损失、绝对差损失函数下，求出相应的 α 的贝叶斯估计.

在平方损失下，α 的贝叶斯估计为后验均值；在绝对差损失函数下，α 的贝叶斯估计为后验中位数. 以下用 OpenBUGS 来计算.

```
model
{
for(i in 1:n){
time[i]~dpar(alpha,100)}
alpha~dgamma(2,1)
}
data
list(time=c(125,132,141,107,133,319,126,104,145,233),n=10)
list(alpha=3)
```

运行结果见表 3-2.

表 3-2　计算结果

参数	mean	sd	MC-error	val2.5pc	median	val97.5pc	start	sample
alpha	2.48	0.713	0.007 545	1.29	2.41	4.093	1 001	9 000

从表 3-2 可以看出，α 的后验均值 $\hat{\alpha}_1 = 2.48$，后验中位数 $\hat{\alpha}_2 = 2.41$.

例 3.1.9　Arnold(2015) 给出了 50 名收入超过 70 000 美元的高尔夫球手，他们截至 1980 年的收入的数据见表 3-3（单位：1 000 美元）. 根据 Arnold(2015)，以上数据来自 Pareto 分布 $Pa(\lambda, \alpha)$，其中 α，λ 未知.

表 3-3　高尔夫球手收入的数据

3 581	1 690	1 433	1 184	1 066	1 005	883	841	778	753
2 474	1 684	1 410	1 171	1 056	1 001	878	825	778	746
2 202	1 627	1 374	1 109	1 051	965	871	820	771	729
1 858	1 537	1 338	1 095	1 031	944	849	816	769	712
1 829	1 519	1 208	1 092	1 016	912	844	814	759	708

根据 Arnold(2015)，表 3-3 的数据来自 Pareto 分布 $Pa(\lambda, \alpha)$，其中 λ 为形状参数，α 为门限参数.

如果 λ 的先验分布取 $Ga(0.05,0.05)$，α 的先验分布取 $(0,708)$ 区间上的均匀分布. 以下用 OpenBUGS 来计算.

```
model
{
for(i in 1:n){
time[i]~dpar(lambda,alpha)
}
lambda~dgamma(0.05,0.05)
alpha~dunif(0,708)
}
data
list(time = c(3581,1690,1433,1184,1066,1005,883,841,778,753,2474,1684,
1410,1171,1056,1001,878,825,778,746,2202,1627,1374,1109,1051,
965,871,820,771,729,1858,1537,1338,1095,1031,944,849,816,769,
712,1829,1519,1208,1092,1016,912,844,814,759,708),n = 50)
list(a = 2.3,b = 700)
```

运行结果见表 3-4.

表 3-4　参数估计的计算结果

参数	mean	sd	MC-error	val2.5pc	median	val97.5pc	start	sample
lambda	2.285	0.319 9	0.003 103	1.696	2.271	2.944	1 001	9 000
alpha	701.8	6.097	0.103 7	685.4	703.7	707.8	1 001	9 000

从表 3-4 可以看出，λ 的后验均值为 2.285，后验中位数为 2.271.

注 1　$Ga(0.05,0.05)$ 接近 λ 的无信息先验分布 $Ga(0,0)$. 根据门限参数 α 意义，取 α 的先验分布为区间 $(0,708)$ 上的均匀分布（它也是 α 的无信息先验分布）.

注 2　当 Gamma 分布 $Ga(a,b)$ 中的两个参数 a 和 b 都取 $a=b\in[0.017,0.10]$ 时，λ 的后验均值和后验中位数都是稳健的. 当均匀分布 $U(c,d)$ 中的两个参数 c 和 d 取 $d=708$，$c\in(0,700)$ 时，α 的后验均值和 后验中位数都是稳健的.

注 3　设随机变量 X 服从 Pareto 分布 $Pa(\lambda,\alpha)$，其中 λ 为形状参数，α 为门限参数，$x_1,x_2,\cdots,x_n$ 为来自 $Pa(\lambda,\alpha)$ 的样本观察值，则 α 和 λ 的极大似然估计分别为

$$\hat{\alpha}_{MLE}=\min\{x_1,x_2,\cdots,x_n\},$$

$$\hat{\lambda}_{MLE}=\frac{n}{\sum_{i=1}^{n}(\ln x_i-\ln \hat{\alpha}_{MLE})}.$$

根据表 3-3，则有 $\hat{\alpha}_{MLE}=708$，$\hat{\lambda}_{MLE}=2.3356$［在 Arnold(2015) 中，$\hat{\alpha}=703$，$\hat{\lambda}=2.23$］.

3.1.3　贝叶斯估计的误差

当提出一种估计方法时，一般必须给出估计的精度. 通常贝叶斯估计的精度是用它的

后验均方差或其平方根来度量的.

设 $\hat{\theta}$ 是 θ 的贝叶斯估计,在样本给定后,$\hat{\theta}$ 是一个数,在综合各种信息后,θ 是根据它的后验分布 $\pi(\theta|x)$ 来取值的,所以评定一个贝叶斯估计的误差的最好而又简单的方式是用 θ 对 $\hat{\theta}$ 的后验均方差或其平方根来度量.

定义 3.1.6 设参数 θ 的后验分布为 $\pi(\theta|x)$,$\hat{\theta}$ 是 θ 的贝叶斯估计,则 $(\theta-\hat{\theta})^2$ 的后验期望

$$MSE(\hat{\theta}|x) = E_{\theta|x}(\theta-\hat{\theta})^2$$

称为 $\hat{\theta}$ 的**后验均方差**,而其平方根 $\sqrt{MSE(\hat{\theta}|x)}$ 称为**后验标准误**,其中 $E_{\theta|x}$ 表示用条件分布 $\pi(\theta|x)$ 求数学期望,当 $\hat{\theta}$ 是 θ 的后验期望 $\hat{\theta}_E = E(\theta|x)$ 时,则

$$MSE(\hat{\theta}|x) = E_{\theta|x}(\theta-\hat{\theta}_E)^2 = Var(\theta|x)$$

称为**后验方差**,其平方根 $\sqrt{Var(\theta|x)}$ 称为**后验标准差**.

后验均方差与后验方差的关系如下:

$$\begin{aligned} MSE(\hat{\theta}|x) &= E_{\theta|x}(\theta-\hat{\theta})^2 = E_{\theta|x}[(\theta-\hat{\theta}_E)+(\hat{\theta}_E-\hat{\theta})]^2 \\ &= Var(\theta|x) + (\hat{\theta}_E-\hat{\theta})^2. \end{aligned}$$

这说明,当 $\hat{\theta}$ 为 $\hat{\theta}_E = E(\theta|x)$ 时,可使后验均方差 $MSE(\hat{\theta}|x)$ 达到最小,所以实际中常取后验均值 $\hat{\theta}_E$ 作为 θ 的贝叶斯估计.

例 3.1.10(续例 3.1.1) 在例 3.1.1 中,某人打靶,共打了 n 次,命中了 r 次,此人打靶命中的概率为 θ. 若 θ 的先验分布取 Beta 分布 $Be(1,1)$,则 θ 的后验分布是 Beta 分布 $Be(1+r, 1+n-r)$.

在例 3.1.1 中,给出了此人打靶命中的概率 θ 的估计:

θ 的经典估计为 $\hat{\theta}_C = \dfrac{r}{n}$(极大似然估计),$\theta$ 的后验期望估计为 $\hat{\theta}_E = \dfrac{r+1}{n+2}$.

在例 3.1.2 中,给出了如下结论:$\hat{\theta}_C = \hat{\theta}_{MD} = \dfrac{r}{n}$.

若 θ 的先验分布取 Beta 分布 $Be(1,1)$,则 θ 的后验分布是 Beta 分布 $Be(1+r, 1+n-r)$. 于是 θ 的后验方差为

$$Var(\theta|x) = \frac{(1+r)(1+n-r)}{(n+2)^2(n+3)}.$$

根据定义 3.1.6,当 $\hat{\theta}$ 是 θ 的后验期望 $\hat{\theta}_E = E(\theta|x)$ 时,则有

$$MSE(\hat{\theta}_E|x) = Var(\hat{\theta}_E|x).$$

所以 $\hat{\theta}_C$ 的均方差为

$$MSE(\hat{\theta}_C) = \frac{(1+r)(1+n-r)}{(n+2)^2(n+3)} + \left(\frac{r+1}{n+2} - \frac{r}{n}\right)^2.$$

一些具体计算结果见表 3-5.

表 3-5 $\hat{\theta}_E$ 和 $\hat{\theta}_C$ 的均方差的计算结果

n	r	$\hat{\theta}_E = \dfrac{r+1}{n+2}$	$MSE(\hat{\theta}_E \mid x)$	$\hat{\theta}_C = \dfrac{r}{n}$	$MSE(\hat{\theta}_C)$
5	0	$\dfrac{1}{7}$	0.015 306	0	0.035 714
10	0	$\dfrac{1}{12}$	0.005 876	0	0.012 820
10	9	$\dfrac{10}{12}$	0.010 684	9/10	0.015 128
20	19	$\dfrac{20}{22}$	0.003 593	19/20	0.005 267

从表 3-5 可以看出,随着样本量的增加(后验)均方差减小,但无论如何,$\hat{\theta}_E$ 的后验均方差总比 $\hat{\theta}_C$ 的均方差要小.

3.2 区间估计

3.2.1 可信区间的定义

参数 θ 的区间估计就是根据后验分布 $\pi(\theta \mid x)$,在参数空间 Θ 中寻找一个区间 C_x,使得其后验概率 $P_{\theta \mid x}(\theta \in C_x)$ 尽可能大,而其区间 C_x 的长度尽可能小. 它实际上是要寻找损失函数

$$L(\theta, C_x) = m_1 l(C_x) + m_2 [1 - I_{C_x}(\theta)],$$

其中 m_1 和 m_2 是非负权,$l(C_x)$ 是区间 C_x 的长度,I_A 为示性函数,即

$$I_A = \begin{cases} 1, & x \in A, \\ 0, & x \overline{\in} A. \end{cases}$$

这样,后验风险为

$$E_{\theta \mid x}[L(\theta, C_x)] = m_1 E_{\theta \mid x}[l(C_x)] + m_2 [1 - P_{\theta \mid x}(\theta \in C_x)].$$

由于区间 C_x 的长度尽可能小与后验概率 $P_{\theta \mid x}(\theta \in C_x)$ 尽可能大是矛盾的,因此,在实际问题中常用折中方案:在后验概率 $P_{\theta \mid x}(\theta \in C_x)$ 达到一定的要求下,使区间 C_x 的长度尽可能小.

定义 3.2.1 对于给定的可信水平 $1-\alpha$,在 $P_{\theta \mid x}(\theta \in C_x) \geqslant 1-\alpha$ 的条件下,使任意给 $\theta_1 \in C_x, \theta_2 \overline{\in} C_x$,总有 $\pi(\theta_1 \mid x) \geqslant \pi(\theta_2 \mid x)$,称 C_x 是参数 θ 的可信水平 $1-\alpha$ 的**最高后验密度**(highest posterior density)**可信集**,简称 **HPD 可信集**. 如果 C_x 是一个区间,则称 C_x 是参数 θ 的可信水平 $1-\alpha$ 的**最高后验密度可信区间**,简称 **HPD 可信区间**.

从定义 3.2.1 可以看出,当后验密度 $\pi(\theta \mid x)$ 为单峰时,一般总可以找到 HPD 可信区间;当后验密度 $\pi(\theta \mid x)$ 为非单峰(多峰)时,可能得到几个互不连接的区间组成 HPD 可信集,此时很多统计学家建议:放弃 HPD 准则,采用相连接的等尾可信区间为宜. 共轭先验分布大多是单峰的,这必然导致后验分布也是单峰的.

定义 3.2.2 设参数 θ 的后验密度 $\pi(\theta \mid x)$,对于给定的样本 x 和 $1-\alpha (0 < \alpha < 1)$,

若存在两个统计量 $\hat{\theta}_L=\hat{\theta}_L(x)$ 和 $\hat{\theta}_U=\hat{\theta}_U(x)$，使

$$P(\hat{\theta}_L<\theta<\hat{\theta}_U|x)=1-\alpha,$$

则称区间 $(\hat{\theta}_L,\hat{\theta}_U)$ 为参数 θ 的可信水平为 $1-\alpha$ 的**双侧贝叶斯可信区间**，简称**双侧可信区间**(two-sided credible interval).

如果取

$$\int_{-\infty}^{\hat{\theta}_L}\pi(\theta|x)\mathrm{d}\theta=\frac{\alpha}{2},\quad \int_{\hat{\theta}_U}^{\infty}\pi(\theta|x)\mathrm{d}\theta=\frac{\alpha}{2},$$

则称区间 $(\hat{\theta}_L,\hat{\theta}_U)$ 为参数 θ 的可信水平为 $1-\alpha$ 的**双侧等尾可信区间**，简称**等尾可信区间**.

当后验密度函数 $\pi(\theta|x)$ 为单峰且对称时，寻找 HPD 可信区间较为容易，它就是等尾可信区间.

在定义 3.2.2 中，可信区间、可信水平与经典统计中置信区间、置信水平是同类概念.

在经典统计中置信区间是随机区间.例如，置信水平为 0.95 的置信区间是指在 100 次使用它时约有 95 次所得区间能盖住未知参数，至于在一次使用它时没有任何解释.在贝叶斯统计中，可信水平为 0.95 的可信区间是在样本给定后，可以通过后验分布求得，而 θ 落在可信区间的概率为 0.95.

例 3.2.1 在例 2.3.7 中计算平方损失下 λ 的贝叶斯估计、可信水平为 0.95 的可信区间.

根据例 2.3.7，λ 的后验分布为 $Ga(77,11)$. 在平方损失下 λ 的贝叶斯估计为后验均值 $\frac{77}{11}=7$.

以下用 OpenBUGS 给出参数 λ 的贝叶斯估计和可信水平为 0.95 的可信区间.

```
model
{
for (i in 1: n){
y[i]~dpois(lambda)
}
lambda~dgamma(1, 1)
}
data
list(y = c(6, 7, 5, 4, 5, 14, 10, 10, 7, 8), n = 10)
```

运行结果见表 3-6.

表 3-6 计算结果

参数	mean	sd	MC-error	val2.5pc	median	val97.5pc	start	sample
lambda	7.006	0.799	0.007 625	5.5	6.978	8.652	1 001	9 000

根据上述结果，得到 λ 的贝叶斯估计：后验均值为 7.006，后验中位数为 6.978(与前面的结果 7 非常接近)，可信水平为 0.95 的可信区间为 (5.5, 8.652).

例 3.2.2 设某医院某手术的感染率为 p，实际这个医院 9 次手术均无感染.其他医院

的感染率从 0.02 到 0.18 不等,平均感染率约为 0.1. 设感染率 p 的先验分布为 $Be(a,b)$,根据例 2.3.1,则 p 的后验分布为 $Be(a+x,b+n-x)$. 根据题意,p 的先验均值为 $\frac{a}{a+b}=0.1$,可以取 $a=2,b=18$,则 p 的后验分布为 $Be(2+0,18+9-0)=Be(2,27)$,在平方损失下 p 的贝叶斯估计为后验均值 $\frac{2}{2+27}=0.068\,97$.

以下用 OpenBUGS 给出参数 p 的贝叶斯估计和可信水平为 0.95 的可信区间.

```
model
{
x~dbin(p,n)
p~dbeta(2,18)
}
list(x=0,n=9)
```

运行结果见表 3-7.

表 3-7 计算结果

参数	mean	sd	MC-error	val2.5pc	median	val97.5pc	start	sample
p	0.069 09	0.046 49	4.766E-4	0.008 659	0.059 5	0.186 1	1 001	9 000

根据上述结果,得到 p 的贝叶斯估计(后验均值)为 0.069 09(与前面的结果 0.068 97 非常接近),可信水平为 0.95 的可信区间为 (0.008 659, 0.186 1).

为了得到最高后验密度(HPD)可信区间,有一些 R 的程序包,例如利用 hdrcde 包,可以得到各种可信水平的最高后验密度(HPD)可信区间. 下面得到默认的可信水平为 99%,95%,50% 的最高后验密度(HPD)可信区间,并可产生相应的图,其 R 代码如下:

```
install.packages('hdrcde')
library(hdrcde)
x<-rbeta(100000, 2, 27)
hdr.den(x)
```

运行结果如下:

```
$hdr
        [,1]         [,2]
99%  -0.002172059  0.21516960
95%   0.001236341  0.15866484
50%   0.016766516  0.06836014

$mode
[1] 0.03658973

$falpha
      1%         5%         50%
0.3010798  1.3407285  8.0673167
```

p 的最高后验密度(HPD)可信区间如图 3-3 所示.

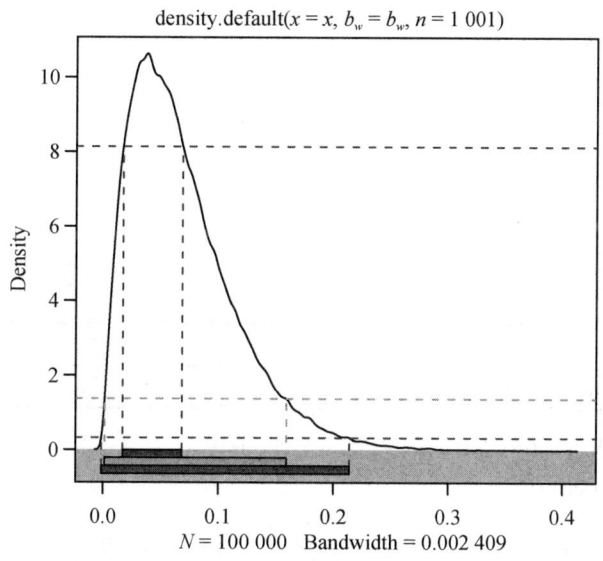

图 3-3 p 的 HPD 可信区间

例 3.2.3(续例 2.2.4) 用 OpenBUGS 给出例 2.2.4 的另一种解法.

根据例 2.2.4,参数 θ 的先验分布为 $U(0,1)$ 也就是 Beta 分布 $Be(1,1)$(它也是 θ 的无信息先验分布).

```
model
{
x~dbin(theta,n)
theta~dbeta(1,1)
}
deta
list(x = 251527, n = 493472)
```

运行结果见表 3-8.

表 3-8 计算结果

参数	mean	sd	MC-error	val2.5pc	median	val97.5pc	start	sample
theta	0.509 7	7.158E-4	7.744E-6	0.508 3	0.509 7	0.511 1	1 001	9 000

从表 3-8 可以看出,θ 的后验均值为 0.509 7,中位数为 0.509 7,可信水平为 0.95 的可信区间为(0.508 3, 0.511 1).

从以上结果可以看出 $\theta > 0.5$(无论是后验均值、中位数,还是区间估计).

例 3.2.4 1982 年首都医院(北京)共出生 1 449 名婴儿,其中男婴 754 名,女婴 695 名,用 OpenBUGS 求男婴的出生率.

设男婴的出生率为 θ,取其先验分布为 $U(0,1)$ 也就是 Beta 分布 $Be(1,1)$(它也是 θ 的无信息先验分布).

```
model
{
x~dbin(theta,n)
theta~dbeta(1,1)
}
deta
list(x= 754, n= 1449)
```

运行结果见表3-9.

表3-9　计算结果

参数	mean	sd	MC-error	val2.5pc	median	val97.5pc	start	sample
theta	0.520 4	0.013 09	1.297E-4	0.494 3	0.520 3	0.546	1 001	9 000

从表3-9可以看出，θ的后验均值为0.520 4，中位数为0.520 3；可信水平为0.95的可信区间为(0.494 3, 0.546).

我们发现，0.520 4或0.520 3非常接近于$\frac{22}{43}\approx 0.511\ 6$(根据遗传学原理，男婴的出生率是$\frac{22}{43}$).

例3.2.5　对水泵的工作故障进行建模(指数模型). 观察到7个故障时间(以小时计)：55 707, 255 092, 56 776, 222 646, 22 358 772, 875 209, 68 978. 故障时间服从参数(故障率)为λ的指数分布，λ的先验分布$Ga(1.6, 365\ 000)$. 根据例2.3.8，λ的后验分布$Ga(a+n, b+n\bar{x})$，即$Ga(1.6+7, 365\ 000+12\ 782\ 180)$，$Ga(8.6, 13\ 147\ 180)$. 在平方损失函数下，$\lambda$的贝叶斯估计为$\frac{8.6}{13\ 147\ 180}=6.541\ 327E\text{-}07$.

以下用OpenBUGS给出参数λ的贝叶斯估计和可信水平为0.95的可信区间，代码如下：

```
model
{
for (i in 1:n) {
time[i]~dexp(lambda)
}
lambda~dgamma(1.6,365000)
}
data
list(time = c(55707, 255092, 56776, 111646, 11358772, 875209, 68978), n = 7)
```

运行结果见表3-10.

表3-10　计算结果

参数	mean	sd	MC-error	val2.5pc	median	val97.5pc	start	sample
lambda	6.538E-7	2.273E-7	2.556E-9	2.912E-7	6.27E-7	1.176E-6	1 001	9 000

从表3-10可以看出，λ的贝叶斯估计(后验均值)为6.538E-7，可信水平为0.95的可信区间为(2.912E-7，1.176E-6).

3.2.2 单侧可信限

定义 3.2.3 设参数θ的后验密度$\pi(\theta|x)$，对于给定的样本x和$1-\alpha(0<\alpha<1)$，若存在统计量$\hat{\theta}_L=\hat{\theta}_L(x)$，使

$$P(\theta \geqslant \hat{\theta}_L | x) = 1-\alpha,$$

则称$\hat{\theta}_L$为参数θ的可信水平为$1-\alpha$的**单侧贝叶斯可信下限**，简称**单侧可信下限**(one-sided lower credible limit).

$P(\theta \geqslant \hat{\theta}_L | x) = 1-\alpha$ 等价于

$$\int_{-\infty}^{\hat{\theta}_L} \pi(\theta|x) d\theta = \alpha.$$

定义 3.2.4 设参数θ的后验密度$\pi(\theta|x)$，对于给定的样本x和$1-\alpha(0<\alpha<1)$，若存在统计量$\hat{\theta}_U=\hat{\theta}_U(x)$，使

$$P(\theta \leqslant \hat{\theta}_U | x) = 1-\alpha,$$

则称$\hat{\theta}_U$为参数θ的可信水平为$1-\alpha$的**单侧贝叶斯可信上限**，简称**单侧可信上限**(one-sided upper credible limit).

$P(\theta \leqslant \hat{\theta}_U | x) = 1-\alpha$ 等价于

$$\int_{\hat{\theta}_U}^{\infty} \pi(\theta|x) d\theta = \alpha.$$

例 3.2.6 设$x_1, x_2, \cdots, x_n$是来自正态分布$N(\mu, \sigma^2)$的样本观察值，其中μ为未知，$\sigma^2 = \sigma_0^2$为已知.(1)若μ的先验分布为$N(\mu_a, \sigma_a^2)$，其中μ_a, σ_a^2为已知；(2)若选用广义贝叶斯假设，即μ的先验分布在$(-\infty, \infty)$上的均匀分布，$\pi(\mu) \propto 1$. 在以上μ的两种先验分布下，分别求μ的可信水平为$1-\alpha$的双侧可信区间、单侧(上、下)可信限.

(1)若μ的先验分布为$N(\mu_a, \sigma_a^2)$，其中μ_a, σ_a^2为已知，根据例2.3.9，μ的后验分布为$N(\mu_b, \sigma_b^2)$，其中μ_b和σ_b^2分别由式(2.3.1)和式(2.3.2)给出. 由于μ的后验分布为$N(\mu_b, \sigma_b^2)$，则$\dfrac{\mu - \mu_b}{\sigma_b} \sim N(0,1)$，因此

$$P\left\{\left|\frac{\mu - \mu_b}{\sigma_b}\right| < z_{\frac{\alpha}{2}}\right\} = 1-\alpha,$$

其中$z_{\frac{\alpha}{2}}$是标准正态分布的上侧$\dfrac{\alpha}{2}$分位数.

则有

$$P(\mu_b - \sigma_b z_{\frac{\alpha}{2}} < \mu < \mu_b + \sigma_b z_{\frac{\alpha}{2}}) = 1-\alpha.$$

根据可信区间的定义，于是就可得到μ的可信水平为$1-\alpha$的双侧可信区间为

$$(\mu_b - \sigma_b z_{\frac{\alpha}{2}},\ \mu_b + \sigma_b z_{\frac{\alpha}{2}}). \qquad (3.2.1)$$

其中 μ_b 和 σ_b^2 分别由式(2.3.1)和式(2.3.2)给出.

如果先验密度非常分散(即对 μ 的先验信息很不确定),则可考虑 $\sigma_a^2 \to \infty$,此时 $\dfrac{1}{\sigma_a^2} \to 0$.

根据式(2.3.1)和式(2.3.2),当 $\dfrac{1}{\sigma_a^2} \to 0$ 时,有

$$\mu_b = \frac{\bar{x}\sigma_a^2 + \dfrac{\mu_a \sigma_0^2}{n}}{\sigma_a^2 + \dfrac{\sigma_0^2}{n}} = \frac{\bar{x} + \mu_a \dfrac{\sigma_0^2}{n\sigma_a^2}}{1 + \dfrac{\sigma_0^2}{n\sigma_a^2}} \to \bar{x}, \qquad (3.2.2)$$

$$\sigma_b^2 = \frac{\dfrac{\sigma_a^2 \sigma_0^2}{n}}{\sigma_a^2 + \dfrac{\sigma_0^2}{n}} = \frac{\dfrac{\sigma_0^2}{n}}{1 + \dfrac{\sigma_0^2}{n\sigma_a^2}} \to \frac{\sigma_0^2}{n}. \qquad (3.2.3)$$

此时 μ 的后验分布变成 $N\left(\bar{x},\ \dfrac{\sigma_0^2}{n}\right)$,于是

$$\frac{\mu - \bar{x}}{\dfrac{\sigma_0}{\sqrt{n}}} \sim N(0,\ 1).$$

因此 μ 的可信水平为 $1-\alpha$ 的双侧可信区间变成[或把式(3.2.2)和式(3.2.3)代入式(3.2.1)中]

$$\left(\bar{x} - \frac{\sigma_0}{\sqrt{n}} z_{\frac{\alpha}{2}},\ \bar{x} + \frac{\sigma_0}{\sqrt{n}} z_{\frac{\alpha}{2}}\right). \qquad (3.2.4)$$

式(3.2.4)与经典方法给出的结果是相同的.

根据 μ 的后验分布 $N(\mu_b, \sigma_b^2)$ 以及单侧可信下限的定义,可以得到可信水平为 $1-\alpha$ 的单侧可信下限,即

$$P(\mu \geqslant \mu_b - \sigma_b z_\alpha) = 1 - \alpha,$$

于是就得到了 μ 的可信水平为 $1-\alpha$ 的单侧可信下限

$$\hat{\mu}_L = \mu_b - \sigma_b z_\alpha. \qquad (3.2.5)$$

把式(3.2.2)和式(3.2.3)代入式(3.2.5)中,此时 μ 的可信水平为 $1-\alpha$ 的单侧可信下限变成

$$\hat{\mu}_L = \bar{x} - \frac{\sigma_0}{\sqrt{n}} z_\alpha. \qquad (3.2.6)$$

式(3.2.6)与经典方法给出的结果是相同的.

根据μ的后验分布$N(\mu_b, \sigma_b^2)$以及单侧可信上限的定义,可以得到可信水平为$1-\alpha$的单侧可信上限,即

$$P(\mu \leqslant \mu_b + \sigma_b z_\alpha) = 1-\alpha,$$

于是就得到了μ的可信水平为$1-\alpha$的单侧可信上限

$$\hat{\mu}_U = \mu_b + \sigma_b z_\alpha. \tag{3.2.7}$$

把式(3.2.2)和式(3.2.3)代入式(3.2.7)中,此时μ的可信水平为$1-\alpha$的单侧可信上限变成

$$\hat{\mu}_U = \bar{x} + \frac{\sigma_0}{\sqrt{n}} z_\alpha. \tag{3.2.8}$$

式(3.2.8)与经典方法给出的结果是相同的.

(2) 若选用广义贝叶斯假设,即μ的先验分布在$(-\infty, \infty)$上的均匀分布,$\pi(\mu) \propto 1$,则μ对于样本$x_1, x_2, \cdots, x_n$的后验分布为$N\left(\bar{x}, \dfrac{\sigma_0^2}{n}\right)$,于是

$$\frac{\mu - \bar{x}}{\dfrac{\sigma_0}{\sqrt{n}}} \sim N(0, 1).$$

因此

$$P\left\{\left|\frac{\mu - \bar{x}}{\dfrac{\sigma_0}{\sqrt{n}}}\right| < z_{\frac{\alpha}{2}}\right\} = 1-\alpha.$$

根据可信区间的定义,于是就可得到μ的可信水平为$1-\alpha$的双侧可信区间为

$$\left(\bar{x} - \frac{\sigma_0}{\sqrt{n}} z_{\frac{\alpha}{2}},\ \bar{x} + \frac{\sigma_0}{\sqrt{n}} z_{\frac{\alpha}{2}}\right). \tag{3.2.9}$$

式(3.2.9)的这个结果与经典统计的结果式(1.2.1)是相同的,与(1)中共轭先验分布中的极限情况也是一致的. 它实质反映了在没有先验信息可以利用时,只能靠样本提供的信息来估计.

根据单侧可信下限的定义,可以得到可信水平为$1-\alpha$的单侧可信下限,即

$$P\left(\mu \geqslant \bar{x} - \frac{\sigma_0}{\sqrt{n}} z_\alpha\right) = 1-\alpha,$$

于是就得到了μ的可信水平为$1-\alpha$的单侧可信下限

$$\hat{\mu}_L = \bar{x} - \frac{\sigma_0}{\sqrt{n}} z_\alpha. \tag{3.2.10}$$

根据单侧可信上限的定义,可以得到可信水平为 $1-\alpha$ 的单侧可信上限,即

$$P\left\{\mu \leqslant \bar{x}+\frac{\sigma_0}{\sqrt{n}}z_\alpha\right\}=1-\alpha,$$

于是就得到了 μ 的可信水平为 $1-\alpha$ 的单侧可信上限

$$\hat{\mu}_U = \bar{x}+\frac{\sigma_0}{\sqrt{n}}z_\alpha. \tag{3.2.11}$$

式(3.2.10)和式(3.2.11)给出的 μ 的可信水平为 $1-\alpha$ 的单侧可信下限、单侧可信上限的结果,与相应的经典统计得到的结果是一致的.

例 3.2.7 作为数值例子,我们继续考虑对一名儿童做智力测验的问题.假设测验结果 $X \sim N(\mu, 100)$,其中 μ 为该儿童在测验中的智商 IQ 的真值(换言之,如果该儿童做大量类似而相互独立的这种测验,他的平均分数为 μ).根据过去多次测验,设 $\mu \sim N(100, 225)$,应用例 2.3.8 的结果,在 $n=1$ 时,可得给定 $X=x$ 的条件下,如果该儿童测验的得分为 115,根据例 3.1.4,该儿童智商 μ 的后验分布是正态分布 $N(110.385, 8.3205^2)$.

把 $\mu_b = 110.385$, $\sigma_b = 8.3205$, $z_{\frac{\alpha}{2}} = 1.96$ 代入式(3.2.1),得到 μ 的可信水平为 0.95 的可信区间 $(110.385 - 8.3205 \times 1.96, 110.385 + 8.3205 \times 1.96) = (94.0768, 126.6932)$.

把 $\mu_b = 110.385$, $\sigma_b = 8.3205$, $z_\alpha = 1.645$ 代入式(3.2.5),得到 μ 的可信水平为 0.95 的单侧可信下限 $\hat{\mu}_L = 110.385 - 8.3205 \times 1.645 = 96.6978$.

把 $\mu_b = 110.385$, $\sigma_b = 8.3205$, $z_\alpha = 1.645$ 代入式(3.2.7),得到 μ 的可信水平为 0.95 的单侧可信上限 $\hat{\mu}_U = 110.385 + 8.3205 \times 1.645 = 124.0722$.

如果不用先验信息,仅用抽样信息,则按经典方法,由 $X \sim N(\mu, 100)$,且在 $n=1$ 和 $x=115$ 时,得到该儿童智商 μ 的置信水平为 0.95 置信区间为 $(115 - 10 \times 1.96, 115 + 10 \times 1.96) = (95.4, 134.6)$.

对可信(置信)水平为 0.95,可以看出以上得到的可信区间和置信区间是不同的,可信区间的长度为 $126.6932 - 94.0768 = 32.6164$,置信区间的长度为 $134.6 - 95.4 = 39.2$.

按经典方法,由 $X \sim N(\mu, 100)$,且在 $n=1$ 和 $x=115$ 时,得到该儿童智商 μ 的置信水平为 0.95 单侧置信下限为 $115 - 10 \times 1.645 = 98.55$;$\mu$ 的置信水平为 0.95 单侧置信上限为 $115 + 10 \times 1.645 = 131.45$.

前面我们已经看到后验分布是已有的数据信息对先验信息更新调整的结果,它概括了参数的一切信息,如我们最为关心的后验均值、后验众数、后验方差或标准差、可信区间.后验均值、后验众数都可作为贝叶斯点估计,但前者更为常用,在后验分布对称或近似对称时,二者一致;后验方差或标准差反映了贝叶斯估计(点估计或区间估计)的精度;贝叶斯可信区间有两种形式,其一是等尾的可信区间,这与经典统计的置信区间一致,其二称为最高后验密度可信区间,其优点是在相同的可信水平下这样的可信区间是最短的,但其计算需要使用数值方法.

另外,在一些实际问题中,我们不仅关心分布中的参数本身,更关心其函数的统计性质. 例如,在考虑某地区女性出生率时,可用二项分布 $B(n,\theta)$ 描述,这时我们不仅关心参数 θ,更关心的是男性与女性出生的比率 $\phi=\dfrac{(1-\theta)}{\theta}$,有时在研究社会问题时还关心 θ 的 logit 变换 $\text{logit}(\theta)=\log\dfrac{\theta}{(1-\theta)}$. 对于 θ 的变换,其后验分布通常不易获得,但我们可以通过从 θ 的后验分布中随机抽取一系列的样本,从而获得其函数的样本,当抽样次数足够大时,理论上可以获得这些参数或其函数的精确后验分布,因而我们只要基于后验样本进行推断就足够了. 这是贝叶斯统计分析中最为常用的方法,在多参数场合其优势更为明显. 另外,对参数进行适当的变换,可以使后验分布具有更好的对称性,这样可以借助正态近似求得它们的贝叶斯可信区间. 下面通过一个具体的例子来说明.

例 3.2.8 早期在德国进行了一项试验,其结果显示,在 980 例因非正常受孕而导致胎盘位置过低的分娩中,有 437 例为女婴. 由此能否判断在此类非正常分娩中,女婴的出生率小于 0.485 呢?

可以认为这 980 名孕妇中,女婴的出生数服从二项分布 $B(n,\theta)$,现已知 $n=980$,$y=437$. 假设我们对 θ 没有任何可用的信息,故用无信息先验分布为 Beta 分布 $Be(1,1)$ 作为 θ 的先验分布,则 θ 的后验分布为 Beta 分布 $Be(438,544)$.

(1) 首先计算 θ 后验均值、标准差、中位数及 95% 可信区间,R 代码如下:

```
alpha<-438
beta<-544
postmean<-alpha/(alpha+beta)
print("The posterior mean is")
print(postmean)
poststd<-sqrt(alpha*beta/(alpha+beta)^2/(alpha+beta+1))
print("The posterior standard deviation is")
print(poststd)
postmedian<-qbeta(0.5,alpha,beta)
print("The median based on
posterior distribution is")
print(postmedian)
CI_95<-c(qbeta(0.025,alpha,beta),qbeta(0.975,alpha,beta))
print("The 95% posterior confidence interval is")
print(CI_95)
```

运行上述程序,得到 θ 后验均值、标准差、中位数及 95% 可信区间分别为

0.446 028 5

0.015 854 34

0.445 991 9

(0.415 065 5, 0.477 199 8)

(2) 运用随机模拟方法,根据后验分布进行推断,即产生 1 000 个 Beta 分布

$Be(438,544)$ 的随机数, 并计算其后验均值、标准差、中位数和基于正态近似的 95% 可信区间. R 代码如下:

```
alpha<-438; beta<-544
theta<-rbeta(1000, alpha, beta)
sort_theta<-sort(theta)
spostmean<-mean(theta)
spoststd<-sd(theta)
spostmedian<-sum(sort_theta[500:501])/2
approxCI_95<-c(spostmean-1.96*spoststd, spostmean+1.96*spoststd)
print(spostmean)
print(spoststd)
print(spostmedian)
print("The 95% confidence interval of theta
based on normal approximation is")
print(approxCI_95)
```

运行上述程序,得到 θ 后验均值、标准差、中位数及 95% 可信区间分别为

0.446 351 2

0.015 310 46

0.446 113 4

(0.416 342 7, 0.476 359 7)

它们与直接从后验分布计算的结果差别很小.

(3) 基于随机模拟, 计算两种变换 $logit(\theta)$, $\phi = \dfrac{1-\theta}{\theta}$ 的后验均值、标准差、中位数和基于正态近似的 95% 可信区间. R 代码如下:

```
alpha<-438; beta<-544
theta<-rbeta(1000, alpha, beta)
logit_theta<-log(theta/(1-theta))
sort_logit_theta<-sort(logit_theta)
slogit_median<-sum(sort_logit_theta[500:501])/2
slogit_postmean<-mean(logit_theta)
slogit_poststd<-sd(logit_theta)
L<-slogit_postmean-1.96*slogit_poststd
U<-slogit_postmean+1.96*slogit_poststd
approxlogit_CI=c(L, U)
approx_CI=c(exp(L)/(1+exp(L)), exp(U)/(1+exp(U)))
print(slogit_postmean)
print(slogit_poststd)
print(slogit_median)
print("The 95% confidence interval of logit(theta)
based on normal approximation is")
print(approxlogit_CI)
```

```
print("The 95% confidence interval of theta
based on normal approximation is")
print(approx_CI)
phi<-(1-theta)/theta
sort_phi<-sort(phi)
sphi_median<-sum(sort_phi[500:501])/2
sphi_postmean<-mean(phi)
sphi_poststd<-sd(phi)
L<-sphi_postmean-1.96*sphi_poststd
U<-sphi_postmean+1.96*sphi_poststd
approxphi_CI<-c(L,U)
print(sphi_postmean)
print(sphi_poststd)
print(sphi_median)
print("The 95% confidence interval of phi=(1-theta)/theta is")
print(approxphi_CI)
```

运行上述程序,得到 logit(θ) 后验均值、标准差、中位数及 95% 可信区间分别为

−0.215 763 8

0.063 559 3

−0.218 279 6

(−0.340 340 02,−0.091 187 57)

而 $\phi = \dfrac{(1-\theta)}{\theta}$ 的后验均值、标准差、中位数及 95% 可信区间分别为

1.243 318

0.079 201 71

1.243 803

(1.088 082,1.398 553)

另外,由 logit(θ) 的逆变换得 θ 的 95% 置信区间为 (0.415 726 9, 0.477 218 9),与前面的结果也基本相同.

(4) 绘制 θ, logit(θ) 和 $\phi = \dfrac{1-\theta}{\theta}$ 的频数直方图. R 代码如下:

```
alpha<-438; beta<-544
theta<-rbeta(1000,alpha,beta)
par(mfrow=c(1,3))
#Fig(1,1)--histogram of theta
par(mar=c(5,4,2,1))
hist(theta,breaks=seq(0.35,0.55,0.005),
xlim=c(0.35,0.55),
main="",xlab=quote(theta),
probability="T")
#Fig(1,2)--histogram of log(theta)
```

```
logit_theta<-log(theta/(1-theta))
breaks<-quantile(logit_theta,0:20/20)
par(mar=c(5,4,2,1))
hist(logit_theta,breaks=seq(-0.5,0.1,0.01),
xlim=c(-0.5,0.1),main="",
xlab=quote(logit(theta)==log(theta/(1-theta))),
probability=T)
#Fig(1,3)--histogram of phi=(1-theta)/theta
phi=(1-theta)/theta
breaks<-quantile(phi,0:20/20)
par(mar=c(5,4,2,1))
hist(phi,breaks=seq(0.8,1.6,0.01),
xlim=c(1.0,1.6),
main="",xlab=quote(phi==(1-theta)/theta),
probability=T)
```

运行结果如图 3-4 所示.

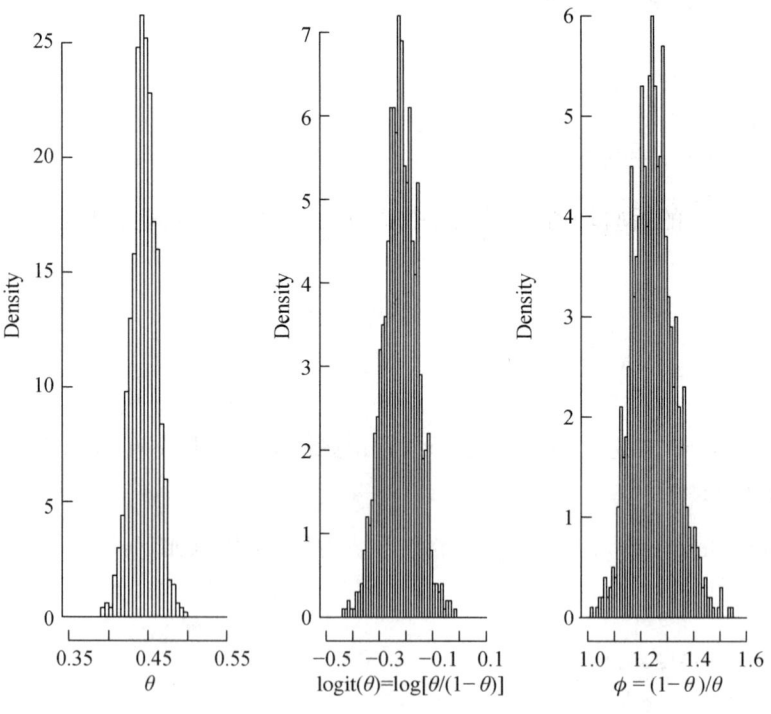

图 3-4 由 θ 的后验分布产生的 1 000 个随机样本的直方图

由于欧洲人种新生儿的男女比率一般为 1.06(即女婴出生率为 0.485),因此根据 $\phi = \frac{1-\theta}{\theta}$ 的中位数及其基于正态近似下得 95% 置信区间(1.088 082,1.398 553)推断,女婴出生率在上述非正常分娩状况下,确实比一般情况下要低. 此例也可利用共轭先验分布假设进行推断,结果相同.

(5) 若 $\theta = p$ 的先验分布为 beta(1,1),以下用 OpenBUGS 来计算.

```
model {
x~dbin(p,n)
p~dbeta(1,1)
}
data
list(x = 437, n = 980)
```

运行结果见表 3-11.

表 3-11　计算结果

参数	mean	sd	MC-error	val2.5pc	median	val97.5pc	start	sample
p	0.445 9	0.015 89	1.796E-4	0.414 9	0.445 8	0.477 6	1 001	9 000

从上表可以得到 $\theta = p$ 的后验均值、标准差、中位数及 95% 可信区间分别为 0.445 9, 0.015 89, 0.445 8, (0.414 9, 0.477 6). 与前面的计算结果非常接近.

3.3　假设检验

3.3.1　贝叶斯假设检验

在经典统计中,假设检验问题一般要分为以下几个步骤来实现:

(1) 根据实际问题,提出原假设 $H_0: \theta \in \Theta_0$ 和备择假设 $H_1: \theta \in \Theta_1$. 其中 Θ_0 和 Θ_1 是参数空间 Θ 中不相交的两个非空子集,且 $\Theta_0 \cup \Theta_1 = \Theta$.

(2) 选取一个适当的检验统计量 $T(X)$,使当 H_0 成立时,T 的分布完全已知,并根据 H_0 和 H_1 的特点,确定拒绝域 W 的形式.

(3) 确定显著性水平 α,并确定具体的拒绝域 W,使犯第一类错误的概率不超过 α.

(4) 根据样本观测值 $x_1, x_2, \cdots, x_n$,计算 $T(x_1, x_2, \cdots, x_n)$,根据 $T(x_1, x_2, \cdots, x_n)$ 是否属于拒绝域 W,做出最后的判断.

在贝叶斯统计中处理假设检验是直截了当的,在获得后验分布 $\pi(\theta | x)$ 后,就可以计算两个假设 H_0 和 H_1 的概率

$$\alpha_0 = P(\theta \in \Theta_0 | x), \quad \alpha_1 = P(\theta \in \Theta_1 | x).$$

然后比较 α_0 和 α_1 的大小. 若 $\alpha_0 > \alpha_1$,则表示 $\theta \in \Theta_0$ 的概率更大,因此接受原假设 H_0. 即后验概率比(也称为后验机会比) $\dfrac{\alpha_0}{\alpha_1}$ 越大,表示支持原假设 H_0 成立的可能性越大. 由此可以得到如下的检验判别准则:

当 $\dfrac{\alpha_0}{\alpha_1} > 1$ 时,接受 H_0;

当 $\frac{\alpha_0}{\alpha_1} < 1$ 时，接受 H_1；

当 $\frac{\alpha_0}{\alpha_1} \approx 1$ 时，不宜马上做出判断，还需要进一步抽样后再做判断．

与经典统计中处理假设检验问题相比，贝叶斯假设检验是相对简单的，它不需要选择检验统计量、确定抽样分布，也不需要事先给出显著性水平、确定其拒绝域等．

例 3.3.1 设 x 是抛掷 n 次硬币出现正面的次数，设硬币出现正面的概率为 θ．现在考虑如下假设检验问题：

$$\Theta_0 = \{\theta : \theta \leqslant 0.5\}, \quad \Theta_1 = \{\theta : \theta > 0.5\}.$$

若取 $(0,1)$ 区间上的均匀分布作为参数 θ 先验分布，根据例 2.2.4，θ 的后验分布为 $Be(x+1, n-x+1)$，则 $\theta \in \Theta_0$ 的后验概率为

$$\alpha_0 = P(\theta \in \Theta_0 \mid x) = P(\theta \leqslant 0.5 \mid x) = \frac{1}{B(x+1, n-x+1)} \int_0^{0.5} \theta^x (1-\theta)^{n-x} d\theta.$$

当 $n=5$，可以计算 $x = 0, 1, \cdots, 5$ 时，后验概率、后验概率比，具体计算结果见表 3-12.

表 3-12 θ 属于 Θ_0 和 Θ_1 的后验概率、后验概率比

x	0	1	2	3	4	5
α_0	$\frac{63}{64}$	$\frac{57}{64}$	$\frac{42}{64}$	$\frac{22}{64}$	$\frac{7}{64}$	$\frac{1}{64}$
α_1	$\frac{1}{64}$	$\frac{7}{64}$	$\frac{22}{64}$	$\frac{42}{64}$	$\frac{57}{64}$	$\frac{63}{64}$
$\frac{\alpha_0}{\alpha_1}$	63	8.14	1.91	0.52	0.12	0.016

从表 3-12 可以看出，当 $x = 0, 1, 2$ 时 $\left(\frac{\alpha_0}{\alpha_1} > 1\right)$，应该接受 Θ_0．比如在 $x=0$ 时，后验概率比 $\frac{\alpha_0}{\alpha_1} = 63$，表明 Θ_0 为真的可能是 Θ_1 为真的可能的 63 倍．

从表 3-12 还可以看出，当 $x = 3, 4, 5$ 时 $\left(\frac{\alpha_0}{\alpha_1} < 1\right)$，应该拒绝 Θ_0，而接受 Θ_1．

3.3.2 贝叶斯因子

后验概率比 $\frac{\alpha_0}{\alpha_1}$ 综合反映了先验分布和样本信息对 θ 属于 θ_0 的支持程度．

例 3.3.2（续例 3.3.1） 为了说明后验概率比对先验分布的依赖程度，在例 3.3.1 中，当 $n=5, x=1$ 时，取不同先验分布，分别计算后验概率比．若 θ 先验分布取其共轭先验分布 $Be(a,b)$，则 θ 的后验分布 $Be(x+a, n-x+b)$．

在例 3.3.1 中，当 $n=5, x=1$ 时，若 θ 的先验分布取其共轭先验分布 $Be(a,b)$，分别计算后验概率比，其具体计算结果见表 3-13.

表 3-13 θ 属于 Θ_0 和 Θ_1 的后验概率比($n=5$, $x=1$)

先验均值	0.166 7	0.333 3	0.5	0.666 7	0.833 3
(a,b)	(5,1)	(2,1)	(1,1)	(1,2)	(0.5,2.5)
$\dfrac{\alpha_0}{\alpha_1}$	0.605 0	3.412 8	8.14	15	38.611 5

从表 3-13 可以看出，不同的先验分布，其对应的后验概率比相差较大．这说明后验概率比对先验分布的依赖程度较大．

为了更客观地考虑样本信息和先验分布对 Θ_0 的支持程度，以下引入贝叶斯因子，试图反映样本信息对 Θ_0 的支持程度．

定义 3.3.1 设 θ 属于 Θ_0 和 Θ_1 的先验概率分别为 π_0 和 π_1，后验概率分别为 α_0 和 α_1，则称

$$B^\pi(x)=\frac{\dfrac{\alpha_0}{\alpha_1}}{\dfrac{\pi_0}{\pi_1}}=\frac{\alpha_0\pi_1}{\alpha_1\pi_0}$$

为贝叶斯因子．

从贝叶斯因子的定义可见，贝叶斯因子是"后验概率比"$\left(\dfrac{\alpha_0}{\alpha_1}\right)$作分子，"先验概率比"$\left(\dfrac{\pi_0}{\pi_1}\right)$作分母．贝叶斯因子既依赖于样本数据 x，又依赖于先验分布 π．

例 3.3.3(续例 3.3.2) 在例 3.3.2 中，计算贝叶斯因子．

根据贝叶斯因子的定义和例 3.3.2，贝叶斯因子的具体计算结果见表 3-14．

表 3-14 贝叶斯因子 $B^\pi(x)$ 的计算结果($n=5$, $x=1$)

先验均值	0.166 7	0.333 3	0.5	0.666 7	0.833 3
(a,b)	(5,1)	(2,1)	(1,1)	(1,2)	(0.5,2.5)
$\dfrac{\alpha_0}{\alpha_1}$	0.605 0	3.412 8	8.14	15	38.611 5
$\dfrac{\pi_0}{\pi_1}$	0.032 3	0.333 3	1	3	12.299 8
$B^\pi(x)$	18.730 7	10.239 4	8.14	5	3.139 2

例 3.3.4 设 $X\sim N(\theta,1)$，现在需要检验的假设为

$$H_0:\theta=0,\ H_1:\theta=1.$$

设 $x_1,x_2,\cdots,x_n$ 是来自正态分布 $X\sim N(\theta,1)$ 的样本观察值，则在 $\theta=0$ 和 $\theta=1$ 时的似然函数分别为

$$f(\bar{x} \mid 0) = \sqrt{\frac{n}{2\pi}} \exp\left[-\frac{n}{2}\bar{x}^2\right],$$

$$f(\bar{x} \mid 1) = \sqrt{\frac{n}{2\pi}} \exp\left[-\frac{n}{2}(\bar{x}-1)^2\right],$$

于是,贝叶斯因子为

$$B^\pi(x) = \frac{\alpha_0 \pi_1}{\alpha_1 \pi_0} = \exp\left[-\frac{n}{2}(2\bar{x}-1)\right].$$

当 $n=10$, $\bar{x}=2$ 时,则贝叶斯因子为 $B^\pi(x)=3.06\times 10^{-7}$,这是一个很小的数,样本数据支持原假设 H_0 的程度很小.

如果要接受 H_0,就要求

$$\frac{\alpha_0}{\alpha_1} = B^\pi(x)\frac{\pi_0}{\pi_1} = 3.06\times 10^{-7}\frac{\pi_0}{\pi_1} > 1.$$

此时,即使先验概率比 $\dfrac{\pi_0}{\pi_1}$ 是成千上万都不能满足上述不等式,因此我们必须拒绝原假设 H_0,而接受 H_1.

例 3.3.5 设从正态总体 $N(\theta,1)$ 中随机地抽取容量为 10 的样本,算得样本均值为 $\bar{x}=1.5$,现在要检验假设

$$H_0: \theta \leqslant 1, \quad H_1: \theta > 1.$$

若取 θ 的共轭先验分布为 $N(0.5,2)$,可得 θ 的后验分布为 $N(\mu,\sigma^2)$,其中 μ 和 σ^2 分别由式(2.3.1)和式(2.3.2)给出,则有

$$\mu = 1.4523, \quad \sigma^2 = 0.09524 = 0.3086^2.$$

则 H_0 和 H_1 的后验概率分别为

$$\alpha_0 = P(\theta \leqslant 1) = \Phi\left(\frac{1-1.4523}{0.3086}\right) = \Phi(-1.4556) = 0.0708,$$

$$\alpha_1 = P(\theta > 1) = 1 - 0.0708 = 0.9292.$$

后验概率比为

$$\frac{\alpha_0}{\alpha_1} = \frac{0.0708}{0.9292} = 0.0761.$$

从以上计算可以看出,H_0 为真的可能性比较小,因此应该拒绝 H_0,接受 H_1,即可以认为 $\theta > 1$.

另外,由于先验分布为 $N(0.5,2)$,可以计算 H_0 和 H_1 的先验概率分别为

$$\pi_0 = \Phi\left(\frac{1-0.5}{\sqrt{2}}\right) = \Phi(0.3536) = 0.6368,$$

$$\pi_1 = 1 - 0.6368 = 0.3632.$$

先验概率比为

$$\frac{\pi_0}{\pi_1} = \frac{0.6368}{0.3632} = 1.7533.$$

由此可见,先验信息是支持原假设 H_0 的.

于是,贝叶斯因子为

$$B^{\pi}(x) = \frac{\dfrac{\alpha_0}{\alpha_1}}{\dfrac{\pi_0}{\pi_1}} = \frac{0.0761}{1.7533} = 0.0434.$$

由此可见,数据支持 H_0 的贝叶斯因子并不高.

可以讨论:在先验分布不变的情况下,让样本均值 $\bar{x}$ 逐渐减少,我们仍然可以计算先验概率比、后验概率比、贝叶斯因子. 经过计算,我们发现随着样本均值 $\bar{x}$ 的减少,贝叶斯因子逐渐增大,这表明数据支持 H_0 的贝叶斯因子在增加. 具体计算从略,详见茆诗松(1999).

类似地,当样本容量和样本均值都不变,而让先验均值逐渐增加,同样可以计算先验概率比、后验概率比、贝叶斯因子. 经过计算,我们发现随着先验均值的增加,贝叶斯因子虽有增加,但比较缓慢,并可发现贝叶斯因子对样本信息的反应是灵敏的,而对先验信息的反应是不灵敏的. 具体计算从略,详见茆诗松(1999).

例 3.3.6 设从二项分布 $B(n, \theta)$ 中随机抽取容量为 n 的样本,现在考虑如下检验问题:

$$H_0: \theta = 0.5, \ H_0: \theta \neq 0.5.$$

若在 $\theta = 0.5$ 上的密度函数 $g_1(\theta)$ 为区间 $(0, 1)$ 上的均匀分布 $U(0, 1)$,则 x 对 $g_1(\theta)$ 的边缘密度为

$$m_1(x) = \int_0^1 C_n^x \theta^x (1-\theta)^{n-x} d\theta = C_n^x B(x+1, n-x+1) = C_n^x \frac{\Gamma(x+1)\Gamma(n-x+1)}{\Gamma(n+2)}.$$

根据式(3.3.1),贝叶斯因子为

$$B^{\pi}(x) = \frac{f(x \mid \theta_0)}{m_1(x)} = \frac{\left(\dfrac{1}{2}\right)^n (n+1)!}{x!\,(n-x)!}.$$

根据式(3.3.2),原假设 $H_0: \theta = 0.5$ 的后验概率为

$$\pi(H_0 \mid x) = \left[1 + \frac{(1-\pi_0) 2^n x!\,(n-x)!}{\pi_0 (n+1)!}\right]^{-1}.$$

若 $\pi_0 = 0.5, n = 5, x = 3$,则贝叶斯因子为 $B^{\pi}(x) = \dfrac{6!}{2^5 3!\,2!} = \dfrac{15}{8} \approx 2.$

由于先验概率比为1,则贝叶斯因子等于后验概率比,因此后验概率比接近于2,于是应该接受原假设 $H_0: \theta = 0.5$.

3.3.3 多重假设检验

按照贝叶斯观点,多重假设检验并不比两个假设的检验更困难,即直接计算每一个假设的后验概率.

例 3.3.7 在例 3.1.4 中,讨论了儿童进行智力测验的问题.参加 IQ 测验的那个孩子的 IQ 值被分为三类:低于平均的 IQ 值(小于 90),平均的 IQ 值($90 \sim 110$),大于平均的 IQ 值(110),并以 $\Theta_1, \Theta_2, \Theta_3$ 分别表示这三个区域.

根据例 3.1.4,IQ 值的后验分布为 $N(110.385, 8.3205^2)$,则有

$$P(\Theta_1 \mid x=115)=0.007, \quad P(\Theta_2 \mid x=115)=0.473, \quad P(\Theta_3 \mid x=115)=0.520.$$

3.3.4 用贝叶斯因子进行模型选择

通过改变先验分布来确定后验分布对先验假设的敏感性,并由此确立的模型会更可靠.

贝叶斯因子是模型比较的基础,在相比较的模型之间产生一个后验概率比.考虑两个模型 M_1 和 M_2,其后验概率分别为 $P(M_1 \mid y)$ 和 $P(M_2 \mid y)$,且 $P(M_2 \mid y) = 1 - P(M_1 \mid y)$,贝叶斯因子为

$$B^\pi(y) = \frac{\dfrac{P(M_1 \mid y)}{P(M_2 \mid y)}}{\dfrac{P(M_1)}{P(M_2)}}. \tag{3.3.1}$$

注意分子上的概率以数据 y 为条件,它们是后验概率;分母上的概率是先验概率.
对模型 $M_i (i=1, 2)$,根据贝叶斯定理,有

$$P(M_i \mid y) = \frac{P(y \mid M_i)P(M_i)}{P(y)}, \quad i=1, 2. \tag{3.3.2}$$

根据式(3.3.3)和式(3.3.4)有

$$B^\pi(y) = \frac{\dfrac{P(M_1 \mid y)}{P(M_2 \mid y)}}{\dfrac{P(M_1)}{P(M_2)}} = \frac{P(y \mid M_1)}{P(y \mid M_2)}.$$

这是赋予两个模型的数据概率的比.如果用密度形式的贝叶斯定理,则贝叶斯因子为似然函数比,即

$$B^\pi(y) = \frac{f(y \mid M_1)}{f(y \mid M_2)}.$$

如果两个模型 M_1 和 M_2 有相同的函数形式,只是模型的参数在数值 θ_1 和 θ_2 不同,则贝叶斯因子为似然函数比,即

$$B^\pi(y) = \frac{f(y \mid \theta_1)}{f(y \mid \theta_2)}.$$

例 3.3.8(用贝叶斯因子进行模型选择) swiss 是来自 R 包 dataset 的数据集,这个数据集是 1888 年对瑞士 47 个法语地区的社会经济指标的调查.

MCMCpack 包采用贝叶斯因子进行模型选择(关于 MCMCpack 包的介绍,见第 13 章中相关内容). R 代码如下:

```
library(MCMCpack)
swiss.posterior1<- MCMCregress(Fertility~Agriculture + Examination + Education + Catholic +
Infant.Mortality, data = swiss, marginal.likelihood = "Chib95",
    b0 = 0, B0 = 0.1, c0 = 2, d0 = 0.11)
swiss.posterior2<- MCMCregress(Fertility~Agriculture + Education + Catholic + Infant.Mortality,
data = swiss, marginal.likelihood = "Chib95", b0 = 0,
    B0 = 0.1, c0 = 2, d0 = 0.11)
swiss.posterior3<- MCMCregress(Fertility~Agriculture + Examination + Catholic + Infant.
Mortality, data = swiss, marginal.likelihood = "Chib95", b0 = 0,
    B0 = 0.1, c0 = 2, d0 = 0.11)
bf<- BayesFactor(swiss.posterior1, swiss.posterior2, swiss.posterior3)
```

第 2 个模型最好,第 2 个模型的摘要如下:

```
summary(swiss.posterior2)
```

1. Empirical mean and standard deviation for each variable,
   plus standard error of the mean:

	Mean	SD	Naive SE	Time-series SE
(Intercept)	3.7080	3.12967	0.0312967	0.0328992
Agriculture	0.1064	0.07334	0.0007334	0.0007334
Education	−0.4672	0.16925	0.0016925	0.0016925
Catholic	0.0784	0.03764	0.0003764	0.0003764
Infant.Mortality	3.1195	0.25863	0.0025863	0.0025863
sigma2	94.5259	21.56067	0.2156067	0.2477992

2. Quantiles for each variable:

	2.5%	25%	50%	75%	97.5%
(Intercept)	−2.400261	1.60358	3.71104	5.8001	9.8033
Agriculture	−0.038022	0.05643	0.10691	0.1555	0.2493
Education	−0.800261	−0.58139	−0.46595	−0.3525	−0.1344
Catholic	0.006004	0.05289	0.07805	0.1037	0.1537
Infant.Mortality	2.618863	2.94456	3.11752	3.2927	3.6313
sigma2	61.203598	79.27955	91.62589	106.4409	143.9018

读者可能会问:"为什么第 2 个模型最好?"读者可以自己具体算一下,通过比较得出结论(见本章的习题 3.12).

关于贝叶斯模型比较和选择的其他讨论,见第 6 章和第 9 章的相关部分.

3.4 从 p 值到贝叶斯因子

以下对经典学派和贝叶斯学派的假设检验进行比较和述评,分析两个学派假设检验方法的关系,指出应将两个学派的检验方法互为补充地结合使用.

假设检验问题是统计推断和决策的基本形式之一,其核心内容是利用样本所提供的信息对关于总体的某个假设进行检验. 对于该问题,经典学派和贝叶斯学派有不同的处理方法和检验法则(p 值、显著性水平、后验概率),由此引发出一些关于假设检验问题的争论:戈塞特(Gossett)提倡使用 p 值作为数据支持原假设的证据;尼曼(Nehman)和皮尔逊强调使用预先给定的显著性水平 α;杰弗里斯提倡使用假设的后验概率. 问题的关键是对于同一样本信息,不同的检验法则往往得到不同的检验结果. 为此本节对两个学派假设检验方法进行比较分析,探讨经典学派假设检验的不足和贝叶斯统计学派假设检验的相对优势,并对两个学派假设检验的关系进行简单评析(朱新玲,2008).

3.4.1 经典学派假设检验的回顾

经典统派的假设检验主要是运用概率反证法进行推断,它主要有两种方法:一种是戈塞特于 1908 年提出的 p 值检验,一种是尼曼和皮尔逊分别于 1928 年和 1933 年提出显著性水平检验.

p 值检验的基本思想是:选择一个检验统计量,在假定原假设为真时计算此检验统计量的值及对应的概率 p,若此 p 值小于事先给定的显著水平 α,则拒绝原假设 H_0,若此 p 值大于事先给定的显著性水平 α,则不拒绝原假设 H_0. 上述思想可以用决策函数表示为

$$\delta(x) = \begin{cases} 拒绝\ H_0, & P(x \mid H_0) < \alpha, \\ 不拒绝\ H_0, & P(x \mid H_0) \geqslant \alpha. \end{cases}$$

显著性水平检验的基本思想:选择一个检验统计量,在事先给定的显著性水平 α 下,确定拒绝域,当检验统计量的值落入拒绝域时,拒绝原假设 H_0;当检验统计量的值在拒绝域之外时,不能拒绝原假设 H_0.

虽然经典统计学派的假设检验方法是目前广泛使用的统计推断方法,但它的缺陷是显而易见的. 对于固定水平检验需要事先给定显著水平 α,进而确定原假设的拒绝域,但 α 到底应该给多大没有具体的标准,而根据不同的显著性水平有时会得出相反的检验结论. p 值检验计算的 p 值是在原假设为真时,检验统计量在检验样本下取值的概率,是真实的显著水平. 虽然运用 p 值检验避免了因选取不同的 α(显著性水平)而对检验结果的影响,但是运用 p 值进行检验判断仍存在一些问题,它具体表现在:

(1) p 值并不是原假设为真的概率. p 值是原假设为真时,得到所观测样本的概率,是关于数据的概率,不是原假设为真概率的有效估计值.

(2) 当样本容量很大时,p 值并不十分有效. 当样本容量足够大时,几乎任何一个原假设都会对应一个非常小的 p 值,进而任何原假设都会被拒绝. 有研究发现:一个以 10^{-10} 的 p 值拒绝 H_0 的经典结论,当 n 充分大时,此 H_0 的后验概率逐渐趋近于 1,这个令人吃惊的结

果被称为"Lindley 悖论". 因此,在样本容量不断增大时,p 值检验几乎失效.

(3) 不宜处理多重假设检验问题. p 值检验法则是当 $p \geqslant \alpha$ 时,接受原假设;当 $p < \alpha$ 时,拒绝原假设,若检验涉及三个或三个以上的多重检验问题,p 值检验法则将不好判断,因此,不适宜处理多重假设检验的问题.

3.4.2 贝叶斯学派的假设检验

相对于经典统计学派的假设检验方法,贝叶斯学派的检验方法是直截了当的. 它是在获得后验分布后,直接计算原假设 H_0 和备择假设 H_1 的后验概率 α_0 和 α_1,并计算后验概率比来比较两个后验概率的大小:

当 $\dfrac{\alpha_0}{\alpha_1} > 1$ 时,接受 H_0;

当 $\dfrac{\alpha_0}{\alpha_1} < 1$ 时,接受 H_1;

当 $\dfrac{\alpha_0}{\alpha_1} \approx 1$ 时,进一步抽样或进一步获取先验信息进行判断.

在先验分布 π 下,上述思想可以用决策函数表示为

$$\delta(x) = \begin{cases} \text{拒绝 } H_0, & P^\pi(H_0 \mid x) \leqslant P^\pi(H_1 \mid x), \\ \text{不拒绝 } H_0, & P^\pi(H_0 \mid x) > P^\pi(H_1 \mid x). \end{cases}$$

鉴于有时直接计算后验概率比较困难,可通过贝叶斯因子 $B^\pi(x) = \dfrac{\frac{\alpha_0}{\alpha_1}}{\frac{\pi_0}{\pi_1}}$ 来推算后验概率比. 其中 $\dfrac{\alpha_0}{\alpha_1}$ 为后验概率比,$\dfrac{\pi_0}{\pi_1}$ 为先验概率比,也就是说,有时我们可以由已知信息方便地计算出贝叶斯因子的 $B^\pi(x)$ 值,然后用贝叶斯因子乘以它们的先验概率比,就可以直接得到后验概率比.

相对于经典统计学派的假设检验方法,贝叶斯学派假设检验的优势如下:

(1) 方法相对简单. 贝叶斯学派的假设检验直接根据后验概率的大小进行判断,避开了选择检验统计量、确定统计量的抽样分布这一经典统计学派假设检验的难点,因此,贝叶斯学派的假设检验方法相对简单.

(2) 先验信息利用的充分性. 经典统计学派的假设检验只使用了样本的信息,而贝叶斯学派在假设检验时既利用了样本信息又利用了参数的先验信息,又将这些信息综合成后验分布,并根据后验分布进行推断. 因此,贝叶斯方法在信息的利用上更加充分,其判断过程也更符合人们实际的思维方式.

(3) 方便处理多重假设检验问题. 经典统计学派的假设检验方法不宜处理多重假设检验问题,而贝叶斯学派的假设检验是通过计算每一个假设的后验概率,并接受后验概率最大的假设的. 因此,贝叶斯方法对于多重假设检验问题的处理十分方便.

3.4.3 两个学派检验方法的关系

1. 两个学派的假设检验方法在一定条件下统一于贝叶斯公式

在经典统计学派,参数被看作未知常数,不存在参数空间,因而不存在 H_0 和 H_1 的概率,给出的是 $P(x\mid H_0)$,其中 x 代表样本信息;在贝叶斯学派,参数被看成随机变量,在参数空间内直接讨论样本 x 在 H_0 和 H_1 的后验概率,给出的是 $P(H_0\text{为真}\mid x)$ 和 $P(H_1\text{为真}\mid x)$,由贝叶斯公式可得

$$\frac{P(H_0\mid x)}{P(H_1\mid x)}=\frac{P(H_0)P(x\mid H_0)}{P(H_1)P(x\mid H_1)}.$$

因此,当 H_0 和 H_1 居于平等地位时,也即 $P(H_0)=P(H_1)$ 时,经典统计学派与贝叶斯学派的检验结果是一致的. 从这个意义上说,两个学派的研究方法在一定条件下统一于贝叶斯公式. 然而在很多情况下,H_0 和 H_1 的地位不一致,H_0 常处于被否定的地位,上述的一致性并不总是成立的.

2. 正态分布下的单边检验两个学派的检验结果一致

对于正态分布下的单边检验:$X\sim N(\theta,\sigma^2)$, $H_0:\theta\leqslant\theta_0$, $H_1:\theta>\theta_0$.

可得贝叶斯方法下原假设 H_0 的后验概率为

$$\alpha_0=P(\theta\leqslant\theta_0\mid x)=\Phi\left[\frac{(\theta_0-x)}{\sigma}\right].$$

经典方法下的 p 值为

$$p=P(X\geqslant x)=1-\Phi\left[\frac{(x-\theta_0)}{\sigma}\right].$$

其中,$\Phi(\cdot)$ 为标准正态分布的分布函数.

由正态分布的对称性可知,此时 $\alpha_0=p$.

3. 原假设为简单假设的双边检验,两个学派的检验结果大不相同

对于形如 $H_0:\theta=\theta_0$, $H_1:\theta\neq\theta_0$ 的双边检验,经典学派的 p 值与贝叶斯学派的后验概率大不相同. Berger & Sellke 1987 年研究发现(具体的研究结果见表 3-15):在正态分布的前提下,当经典方法得到的 p 值在 0.001 到 0.1 之间时,贝叶斯方法得到的原假设 H_0 的后验概率却很大,始终大于 p 值. 即此时,经典方法倾向于拒绝原假设,而贝叶斯方法则倾向于接受原假设. H_0 的后验概率 α_0 的计算结果见表 3-15.

表 3-15 H_0 的后验概率 α_0 计算结果

p 值	$n=1$	$n=5$	$n=10$	$n=20$	$n=50$	$n=100$	$n=1\,000$
0.1	0.42	0.44	0.49	0.56	0.65	0.72	0.89
0.05	0.35	0.33	0.37	0.42	0.52	0.60	0.80
0.01	0.21	0.13	0.14	0.16	0.22	0.27	0.53
0.001	0.086	0.026	0.024	0.026	0.034	0.045	0.124

说明:n 为样本容量.

Hwang & Penatle 于 1994 年研究指出,对于此类双边检验,类似的结果始终存在,并提倡用其他标准来取代 p 值.

综上所述,经典学派和贝叶斯学派在假设检验问题上存在着一定的差异和分歧. 本节分析了经典学派的假设检验方法的缺陷以及贝叶斯学派的假设检验的相对优势,但值得注意的是贝叶斯学派的假设检验方法仍然存在一些问题,如先验分布的选择问题,后验概率的计算在高维情况下比较困难等问题. 因此,不应该用一个学派的方法去否定另一个学派的方法,而应该将两个学派的检验方法互为补充,以此不断完善统计理论和方法体系.

3.5 美国统计协会:使用 p 值的 6 条准则

2016 年 3 月,统计学界发生了一件大事,美国统计协会(American Statistical Association,ASA)正式发布了一条关于 p 值的声明:"The ASA's statement on p-values: context, process, and purpose."(Ronald L. Wasserstein & Nicole A. Lazar. The American Statistician. Volume 70, 2016-Issue 2: Pages 129-133. Accepted author version posted online: 07 Mar 2016, Published online: 09 Jun 2016. Download citation http://dx.doi.org/10.1080/00031305.2016.1154108),并提出了 6 条使用和解释 p 值的原则.

p 值是科学研究领域神奇的数值,无数人为之欢喜或悲伤,无数方法在试图将其变得越小越好. 只关注 p 值为科学研究带来了不少困扰. 在有些领域, p 值成为了门槛. 这种偏见导致了抽屉问题(file-drawer effect),统计结果显著的文章更容易发表,而可能同样重要的非显著结果则被锁在抽屉里,别人永远无法看到. 因此很多人都会做一些"p-hacking"的工作(通常是增加样本量),让 p 值达到"满意"的程度. 也有一部分人用其他统计方法而非 p 值来统计结果.

首先,ASA 介绍了这则声明诞生的背景. 2014 年,ASA 论坛上出现了一段如下的讨论:

2014 年 2 月,蒙特霍利约克学院数学和统计学系教授乔治·高柏(George Cobb)在 ASA 的论坛上问了这样的问题:

问:为什么这么多学校要教 $p=0.05$?

答:因为整个科学界和杂志编辑都在用这个标准.

问:为什么这么多人仍然在用 $p=0.05$?

答:因为学校里这么教的.

这就陷入了循环,我们要教这个是因为我们平时这么用的,我们这么用因为我们的老师以前就这么教的.

看上去多少有点讽刺的味道,但事实却也摆在眼前. 从舆论上看,许许多多的文章都在讨论 p 值的弊端,摘录两条言辞比较激烈的如下:

这是科学中最肮脏的秘密:使用统计假设检验的"科学方法"建立在一个脆弱的基础之上. ——*Science News*(Siegfried,2010)

假设检验中用到的统计方法……比 Facebook 隐私条款的缺陷还多. ——*Science News*(Siegfried,2014)

针对这些对 p 值的批评,于是 ASA 决定起草一份声明,一方面是对这些批评和讨论作一个回应,另一方面是唤起大家对科学结论可重复性问题的重视,力图改变长久以来一些已经过时的关于统计推断的科学实践. 经过长时间众多统计学家的研讨和整理,这篇声明今天终于出现在了我们面前. p 值是什么这份声明首先给出了 p 值一般的解释:p 值指的是在一个特定的统计模型下,数据的某个汇总指标(例如两样本的均值之差)等于观测值或比观测值更为极端的概率. 这段描述是我们通常能从教科书中找到的 p 值定义,但在实际问题中,它却经常要么被神话,要么被妖魔化. 鉴于此,声明中提出了 6 条关于 p 值的准则,作为 ASA 对 p 值的"官方"态度. 这 6 条准则算是这条声明中最重要的部分了. 这 6 条原则包括:

(1) p-values can indicate how incompatible the data are with a specified statistical model.

(2) p-values do not measure the probability that the studied hypothesis is true, or the probability that the data were produced by random chance alone.

(3) Scientific conclusions and business or policy decisions should not be based only on whether a p-value passes a specific threshold.

(4) Proper inference requires full reporting and transparency.

(5) A p-value, or statistical significance, does not measure the size of an effect or the importance of a result.

(6) By itself, a p-value does not provide a good measure of evidence regarding a model or hypothesis.

统计之都关于以上 6 条原则的解读如下(http://cos.name/2016/03/asa-statement-on-p-value/):

准则 1:p 值可以表达的是数据与一个给定模型不匹配的程度.

这条准则的意思是说,我们通常会设立一个假设的模型,称为"原假设",然后在这个模型下观察数据在多大程度上与原假设背道而驰. p 值越小,说明数据与模型之间越不匹配.

准则 2:p 值并不能衡量某条假设为真的概率,或是数据仅由随机因素产生的概率.

这条准则表明,尽管研究者们在很多情况下都希望计算出某假设为真的概率,但 p 值的作用并不是这个. p 值只解释数据与假设之间的关系,它并不解释假设本身.

准则 3:科学结论、商业决策或政策制定不应该仅依赖于 p 值是否超过一个给定的阈值.

这一条给出了对决策制定的建议:成功的决策取决于很多方面,包括实验的设计,测量的质量,外部的信息和证据,假设的合理性,等等. 仅仅看 p 值是否小于 0.05 是非常具有误导性的.

准则 4:合理的推断过程需要完整的报告和透明度.

这条准则强调,在给出统计分析的结果时,不能有选择地给出 p 值和相关分析. 举个例子来说,某项研究可能使用了好几种分析的方法,而研究者只报告 p 值最小的那项,这就会使得 p 值无法进行解释. 相应地,声明建议研究者应该给出研究过程中检验过的假设的数量,所有使用过的方法和相应的 p 值等.

准则 5:p 值或统计显著性并不衡量影响的大小或结果的重要性.

这句话说明,统计的显著性并不代表科学上的重要性. 一个经常会看到的现象是,无论某个效应的影响有多小,当样本量足够大或测量精度足够高时,p 值通常都会很小. 反之,一些重大的影响如果样本量不够多或测量精度不够高,其 p 值也可能很大.

准则 6:p 值就其本身而言,并不是一个非常好的对模型或假设所含证据大小的衡量.

简而言之,数据分析不能仅仅计算 p 值,而应该探索其他更贴近数据的模型.

声明之后还列举出了一些其他的能对 p 值进行补充的分析方手段,比如置信区间,贝叶斯方法,似然比,FDR(false discovery rate)等. 这些方法都依赖于一些其他的假定,但在一些特定的问题中会比 p 值更为直接地回答诸如"哪个假定更为正确"这样的问题. 声明最后给出了对统计实践者的一些建议:好的科学实践包括方方面面,如好的设计和实施,数值上和图形上对数据进行汇总,对研究中现象的理解,对结果的解释,完整的报告等——科学的世界里,不存在哪个单一的指标能替代科学的思维方式.

3.6 多参数模型的贝叶斯推断

在前面,我们主要讨论了贝叶斯统计推断是单参数的情形. 但许多实际的统计问题都含有多个未知参数,人们通常只对其中的一部分参数感兴趣,其余参数称为"多余"参数(或称为"讨厌"参数). 在处理这类问题时,贝叶斯方法与其他传统的统计推断方法相比有明显的优势.

3.6.1 概述

假设参数(向量)θ 由两部分组成,即 $\theta = (\theta_1, \theta_2)$,其中 θ_1 为感兴趣的参数,θ_2 为多余参数. 设数据 y 的分布为 $f(y \mid \theta_1, \theta_2)$;$\theta$ 的先验分布为 $\pi(\theta_1, \theta_2)$,则 θ_1 与 θ_2 的联合后验密度函数为

$$\pi(\theta_1, \theta_2 \mid y) \propto f(y \mid \theta_1, \theta_2) \pi(\theta_1, \theta_2). \tag{3.6.1}$$

在联合后验密度函数中对 θ_2 求积分,得到 θ_1 的边际后验密度函数为

$$\pi(\theta_1 \mid y) = \int_\Theta \pi(\theta_1, \theta_2 \mid y) \mathrm{d}\theta_2 = \int_\Theta f(\theta_1 \mid \theta_2, y) \pi(\theta_2 \mid y) \mathrm{d}\theta_2. \tag{3.6.2}$$

3.6.2 正态分布中参数的贝叶斯推断

设 $y = (y_1, y_2, \cdots, y_n)$ 是来自正态总体 $N(\mu, \sigma^2)$ 的样本,其中 μ 和 σ^2 均未知. 如果仅考虑 μ 和 σ^2 独立且取无信息先验分布,其密度函数为

$$\pi(\mu, \sigma^2) \propto (\sigma^2)^{-1}.$$

此时 (μ, σ^2) 的联合后验密度为

$$\pi(\mu, \sigma^2 \mid y) \propto \sigma^{-n-2} \exp\left\{-\frac{1}{2\sigma^2} \sum_{i=1}^n (y_i - \mu)^2\right\} = \sigma^{-n-2} \exp\left\{-\frac{1}{2\sigma^2}[(n-1)s^2 + n(\bar{y} - \mu)^2]\right\}.$$

上式对 μ 求积后得到

$$\pi(\sigma^2 \mid \bar{y}, s^2) \propto \sigma^{\frac{-(n+1)}{2}} \exp\left\{-\frac{1}{2\sigma^2}[(n-1)s^2]\right\}, \tag{3.6.3}$$

即 σ^2 的后验分布为倒 Gamma 分布 $IGa\left(\frac{n+1}{2}, \frac{(n-1)s^2}{2}\right)$.

如果在实际问题中,总体均值 μ 通常是感兴趣的参数,将联合后验密度对 σ^2 求积分,得到

$$\pi(\mu \mid \bar{y}, s^2) \propto \left[1 + \frac{n(\bar{y}-\mu)^2}{(n-1)s^2}\right]^{-\frac{n}{2}},$$

即

$$\frac{\mu - \bar{y}}{\frac{s}{\sqrt{n}}} \mid \bar{y}, s^2 \sim t(n-1). \tag{3.6.4}$$

3.6.3 随机模拟方法

在大多数的实际问题中,像上面正态分布那样能够得到感兴趣参数的边际后验分布是很少的. 然而我们可以通过随机模拟的方法获得边际后验分布的样本. 由式(3.6.2),得到 θ_1 的边际后验样本的抽样方法如下:

第一步,从 $\pi(\theta_2 \mid y)$ 中抽取 θ_2;

第二步,从 $\pi(\theta_1 \mid \theta_2, y)$ 中抽取 θ_1.

上述两步不断重复即可得到所需要的后验样本.

除了从 t 分布(3.6.4)直接抽取样本外,我们也可按以下两步间接获得后验样本:

第一步,按倒 Gamma 分布,从 $\pi(\sigma^2 \mid y)$ 中抽取 σ^2;

第二步,从 $\pi(\mu \mid \sigma^2, y) \sim N\left(\bar{y}, \frac{\sigma^2}{n}\right)$ 中抽取 μ.

有时可能遇到边际后验分布 $\pi(\theta_2 \mid y)$ 无法得到显式表示的情况,特别是在多参数贝叶斯分析中,这时经常采用 Gibbs 抽样法. 在两个参数 θ_1, θ_2 场合,只需要改变一下上面的第一步. 整个算法变成:

第一步,给定 θ_1 的初始值;

第二步,从 $\pi(\theta_2 \mid \theta_1, y)$ 中抽取 θ_2;

第三步,从 $\pi(\theta_1 \mid \theta_2, y)$ 中抽取 θ_1.

将此抽取过程重复进行,即得到一系列基于后验分布的 θ_1 与 θ_2 的后验样本. 为保证独立性,在使用之前应舍去没有达到平衡状态的那些样本.

最后,若上述一维的边际后验分布或条件后验分布不易抽样,则可以采用近似的离散化格式点抽样方法,它也适用于二维分布的抽样,其实施方法见下面的例子.

3.6.4 应用案例

除正态分布等少数模型之外,一般多参数模型都无法得到后验分布的显式表示.在实际应用中,经常采用随机模拟的方法来解决这类问题.下面给出一个在新药开发中动物试验的实例.

例 3.6.1(新药开发中动物试验的实例) 在药物以及其他一些化学合成剂的开发过程中,需做毒性测试,即在一批动物身上注射不同剂量的药物,设动物的反应由两个对立的结果来描述,例如"生存"或"死亡".此类试验的数据可以表示为

$$(x_i, n_i, y_i), \quad i=1,2,\cdots,k.$$

其中,k 为动物的分组数,n_i 表示第 i 批动物的动物个数,x_i 表示第 i 批动物接受的剂量水平(通常以对数形式出现),y_i 表示第 i 批动物服用剂量 x_i 后出现阳性反应的动物数(如"死亡"或"有肿块"的动物数).现有一批动物共 20 只分为 4 组,每组注射相同的剂量.具体数据见表 3-16.如何根据试验数据判断该药物的毒性呢?

表 3-16 动物的注射药物后的阳性反应

剂量 $(x_i)\log(g/mL)$	动物个数 (n_i)	死亡个数 (y_i)
-0.86	5	0
-0.30	5	1
-0.05	5	3
0.73	5	5

我们在无信息先验下分步讨论模型的建立与贝叶斯分析.

(1) 模型建立

对于第 i 批动物,n_i 个动物样本的试验结果可认为相互独立,由此可导出二项分布抽样模型

$$y_i \mid \theta_i \sim B(n_i, \theta_i),$$

其中 θ_i 为死亡率.同时 $\theta_1,\theta_2,\theta_3,\theta_4$ 也可认为相互独立,且在许多场合中可假设 θ_i 与 x_i 有如下线性关系

$$\text{logit}(\theta_i) = \log\left(\frac{\theta_i}{1-\theta_i}\right) = \alpha + \beta x_i. \tag{3.6.5}$$

(2) 回归分析

为考查动物的死亡率与接受药物新剂量的关系式(3.6.5)是否合理,我们考查 $\text{logit}\left(\dfrac{y_i}{n_i}\right)$ 对 x_i,$i=1,2,3,4$ 的回归关系.由于当 $y_1=0$ 和 $y_4=5$ 时无法求得 $\text{logit}\left(\dfrac{y_i}{n_i}\right)$,故适当微调:$y_1=0.01,y_4=4.99$. R 代码如下:

```
logit<-function(x){
y=log(x/(1-x))
return(y)
```

```
}
bioassay <- data.frame(
x <- c(-0.86, -0.30, -0.05, 0.73),
n <- c(5, 5, 5, 5),
y <- c(0.01, 1, 3, 4.99),
r <- logit(y/n))
plot(x,r)
lm.bioassay <- lm(formula = r~x)
abline(lm.bioassay)
summary(lm.bioassay)
```

运行以上程序,得到回归分析的结果为

```
Call:
lm(formula = r ~ x)
Residuals:
      1        2        3        4
 -0.2190   0.2572   0.1069  -0.1450
Coefficients:
              Estimate   Std. Error   t value   Pr(>|t|)
(Intercept)    0.6870      0.1383       4.967   0.038226 *
x              7.7681      0.2368      32.810   0.000928 ***
---
Signif. codes: 0 '***' 0.001 '**' 0.01 '*' 0.05 '.' 0.1 ' ' 1
Residual standard error: 0.2707 on 2 degrees of freedom
Multiple R-squared: 0.9981,  Adjusted R-squared: 0.9972
F-statistic: 1076 on 1 and 2 DF, p-value: 0.0009277
```

图 3-5 和回归分析的结果都表明上述假设是合理的. 且得到 α 和 β 的估计分别为 $\hat{\alpha}=0.69$ 和 $\hat{\beta}=7.77$,标准误差分别为 0.14 和 0.24.

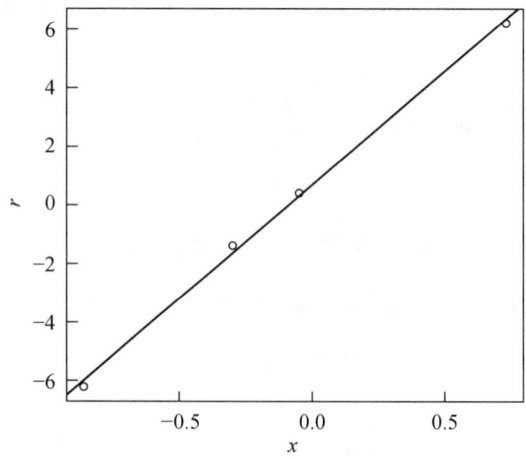

图 3-5 对数死亡率与剂量水平关系

(3) 贝叶斯估计

若关于参数 α 和 β 没有可以利用的先验信息,则采用无信息先验 $\pi(\alpha,\beta) \propto 1$. 这时后验分布即为似然函数

$$\pi(\alpha,\beta \mid y,n,x) \propto \pi(\alpha,\beta)f(y \mid \alpha,\beta) \propto \prod_{i=1}^{k} \left(\frac{e^{\alpha+\beta x_i}}{1+e^{\alpha+\beta x_i}}\right)^{y_i} \left(\frac{1}{1+e^{\alpha+\beta x_i}}\right)^{n_i-y_i}.$$
(3.6.6)

我们用后验众数作为参数 α 和 β 的点估计,也即极大似然估计,这可直接利用软件包 stats4 中的函数 mle( ) 求得,下面的 R 程序先定义后验密度函数和负对数似然函数,最后调用函数 mle( ),具体代码为

```
bioassay.post<-function(alpha=0.1,beta=5){
k<-4
x<-c(-0.86,-0.30,-0.05,0.73)
n<-c(5,5,5,5)
y<-c(0,1,3,5)
prod<-1
prod<-prod((exp(alpha+beta*x)/(1+exp(alpha+beta*x)))^y
*(1/(1+exp(alpha+beta*x)))^(n-y))
return(prod)}
mlpost<-function(alpha=0.1,beta=5){-log(bioassay.post(alpha,beta))}
library(stats4)
mle(mlpost)
```

运行结果为

```
Call:
mle(minuslogl = mlpost)
Coefficients:
     alpha         beta
 0.8463101    7.7483953
```

得到的贝叶斯估计(极大似然估计)为 $\hat{\alpha}=0.85$ 和 $\hat{\beta}=7.75$.

由以上这些结果可以得到动物的死亡率与接受的剂量成正比(因为 $\beta>0$),这说明剂量的增加会导致死亡明显增加.

在例 3.6.1 中,人们通常对导致 50% 存活率的剂量大小感兴趣. 读者可以结合例 3.6.1,给出存活率为 50% 的剂量的估计(见本章的习题 3.13).

说明:汤银才(2008),Albert(2009),茆诗松,汤银才(2012),还给出了本例数据的其他讨论.

3.7 5个损失函数下贝叶斯估计及其后验风险

通常教材上一般只介绍:平方损失函数、绝对损失函数和 0—1 损失函数下的贝叶斯估

计,其他损失函数涉及不多. 其实其他还有一些损失函数,当然也可以研究这些损失函数下的贝叶斯估计. 至于后验风险,除了平方损失函数下的后验风险外,其他损失函数下的后验风险涉及也不多.

以下将分别介绍：加权平方损失函数、预防损失函数、对数损失函数、熵损失函数和 LINEX 损失函数下贝叶斯估计及其后验风险.

3.7.1 加权平方损失函数下贝叶斯估计及其后验风险

以下首先介绍加权平方损失函数(Berger,1985),然后介绍加权平方损失函数下贝叶斯估计及其后验风险.

定义 3.7.1 加权平方损失函数(weighted squared error loss function)由下式给出

$$L(\theta, \hat{\theta}) = \omega(\theta)(\theta - \hat{\theta})^2. \tag{3.7.1}$$

其中 $\theta \in \Theta$,$\hat{\theta}$ 为 θ 的估计,$\omega(\theta) > 0$ 是定义在参数空间 Θ 上的权重函数.

定理 3.7.1 在加权平方损失函数(3.7.1)下,对于 θ 的任意先验分布 $\pi(\theta)$,有如下结论：

(1) θ 的贝叶斯估计 $\hat{\theta}_B = \dfrac{E[\theta \omega(\theta) \mid x]}{E[\omega(\theta) \mid x]}$；

(2) θ 的贝叶斯估计 $\hat{\theta}_B$ 的后验风险为 $R(\hat{\theta}_B \mid x) = E[\theta^2 \omega(\theta) \mid x] - \dfrac{\{E[\theta \omega(\theta) \mid x]\}^2}{E[\omega(\theta) \mid x]}$.

证明 (1) 设 $\pi(\theta \mid x)$ 为参数 θ 的后验密度函数,则在加权平方损失函数(3.7.1)下 $\hat{\theta}_B$ 的后验风险为

$$R(\hat{\theta}_B \mid x) = E[\omega(\theta)(\theta - \hat{\theta}_B)^2 \mid x] = \int_\Theta [\theta^2 \omega(\theta) - 2\hat{\theta}_B \theta \omega(\theta) + \hat{\theta}_B^2 \omega(\theta)] \pi(\theta \mid x) \mathrm{d}\theta. \tag{3.7.2}$$

由于贝叶斯解是要求 a 使后验风险 $R(a \mid x)$ 达到最小,为此 $R(a \mid x)$ 对 a 求一阶导数并令其为 0,得

$$0 = \frac{\mathrm{d}}{\mathrm{d}a}[R(a \mid x)] = -2\int_\Theta \theta \omega(\theta) \pi(\theta \mid x) \mathrm{d}\theta + 2a \int_\Theta \omega(\theta) \pi(\theta \mid x) \mathrm{d}\theta. \tag{3.7.3}$$

由式(3.7.3)得

$$a = \hat{\theta}_B = \frac{\int_\Theta \theta \omega(\theta) \pi(\theta \mid x) \mathrm{d}\theta}{\int_\Theta \omega(\theta) \pi(\theta \mid x) \mathrm{d}\theta} = \frac{E[\theta \omega(\theta) \mid x]}{E[\omega(\theta) \mid x]}.$$

由于 $\dfrac{\mathrm{d}^2}{\mathrm{d}a^2}[R(a \mid x)] = 2\int_\Theta \omega(\theta) \pi(\theta \mid x) \mathrm{d}\theta = 2E[\omega(\theta) \mid x] > 0$,所以式(3.7.3)的解使得后验风险 $R(a \mid x)$ 达到最小,因此在加权平方损失函数(3.7.1)下,θ 的贝叶斯估计为

$$\hat{\theta}_B = \frac{E[\theta \omega(\theta) \mid x]}{E[\omega(\theta) \mid x]}.$$

(2) 把 $\hat{\theta}_B = \dfrac{E[\theta\omega(\theta)\mid x]}{E[\omega(\theta)\mid x]}$ 代入式(3.7.2),得

$$R(\hat{\theta}_B\mid x) = E\left\{\omega(\theta)\left[\theta - \dfrac{E[\theta\omega(\theta)\mid x]}{E[\omega(\theta)\mid x]}\right]^2 \mid x\right\}$$

$$= E[\theta^2\omega(\theta)\mid x] - 2E[\theta\omega(\theta)\mid x]\dfrac{E[\theta\omega(\theta)\mid x]}{E[\omega(\theta)\mid x]} +$$

$$E[\omega(\theta)\mid x]\left\{\dfrac{E[\theta\omega(\theta)\mid x]}{E[\omega(\theta)\mid x]}\right\}^2$$

$$= E[\theta^2\omega(\theta)\mid x] - \dfrac{\{E[\theta\omega(\theta)\mid x]\}^2}{E[\omega(\theta)\mid x]}.$$

定理 3.7.1 在理论上是很重要的,但在应用上定理 3.7.1 的以下几个推论就显得更重要了.

推论 3.7.1 在定理 3.7.1 中,当加权平方损失函数(3.7.1)中 $\omega(\theta)=1$ 时,此时称为平方损失函数(squared error loss function),则有如下结论:

(1) θ 的贝叶斯估计 $\hat{\theta}_B = E(\theta\mid x)$;

(2) θ 的贝叶斯估计 $\hat{\theta}_B$ 的后验风险为 $R(\hat{\theta}_B\mid x) = \mathrm{Var}(\theta\mid x)$.

推论 3.7.2 在定理 3.7.1 中,当加权平方损失函数(3.7.1)中 $\omega(\theta)=\theta^{-1}$ 时,此时称为狭义加权平方损失函数(narrow sense weighted squared error loss function),则有如下结论:

(1) θ 的贝叶斯估计 $\hat{\theta}_B = [E(\theta^{-1}\mid x)]^{-1}$;

(2) θ 的贝叶斯估计 $\hat{\theta}_B$ 的后验风险为 $R(\hat{\theta}_B\mid x) = E(\theta\mid x) - [E(\theta^{-1}\mid x)]^{-1}$.

推论 3.7.3 在定理 3.7.1 中,当加权平方损失函数(3.7.1)中 $\omega(\theta)=\theta^{-2}$ 时,此时称为修正平方损失函数(modified squared error loss function),则有如下结论:

(1) θ 的贝叶斯估计 $\hat{\theta}_B = \dfrac{E(\theta^{-1}\mid x)}{E(\theta^{-2}\mid x)}$;

(2) θ 的贝叶斯估计 $\hat{\theta}_B$ 的后验风险为 $R(\hat{\theta}_B\mid x) = 1 - \dfrac{[E(\theta^{-1}\mid x)]^2}{E(\theta^{-2}\mid x)}$.

推论 3.7.4 在定理 3.7.1 中,当加权平方损失函数(3.7.1)中 $\omega(\theta)=\theta^{-k}$ 时(k 为非负整数),此时称为刻度平方损失函数(scaled squared error loss function),则有如下结论:

(1) θ 的贝叶斯估计 $\hat{\theta}_B = \dfrac{E(\theta^{1-k}\mid x)}{E(\theta^{-k}\mid x)}$;

(2) θ 的贝叶斯估计 $\hat{\theta}_B$ 的后验风险为 $R(\hat{\theta}_B\mid x) = E(\theta^{2-k}\mid x) - \dfrac{[E(\theta^{1-k}\mid x)]^2}{E(\theta^{-k}\mid x)}$.

3.7.2 预防损失函数下贝叶斯估计及其后验风险

以下首先介绍预防损失函数,然后介绍预防损失函数下贝叶斯估计及其后验风险.

定义 3.7.2 预防损失函数(precautionary loss function)由下式给出

$$L(\theta,\hat{\theta}) = \dfrac{(\theta-\hat{\theta})^2}{\hat{\theta}}. \tag{3.7.4}$$

其中 $\theta \in \Theta$，$\hat{\theta}$ 为 θ 的估计.

定理 3.7.2 在预防平方损失函数(3.7.4)下，对于 θ 的任意先验分布 $\pi(\theta)$，有如下结论：

(1) θ 的贝叶斯估计 $\hat{\theta}_B = \sqrt{E(\theta^2 \mid x)}$；

(2) θ 的贝叶斯估计 $\hat{\theta}_B$ 的后验风险为 $R(\hat{\theta}_B \mid x) = 2[\sqrt{E(\theta^2 \mid x)} - E(\theta \mid x)]$.

证明 (1) 在预防平方损失函数(3.7.4)下 $\hat{\theta}_B$ 的后验风险为

$$R(\hat{\theta}_B \mid x) = E\left[\frac{(\theta - \hat{\theta}_B)^2}{\hat{\theta}_B} \,\Big|\, x\right] = \frac{1}{\hat{\theta}_B} E(\theta^2 \mid x) - 2E(\theta \mid x) + \hat{\theta}_B. \quad (3.7.5)$$

由于贝叶斯解是要求 a 使后验风险 $R(a \mid x)$ 达到最小，为此 $R(a \mid x)$ 对 a 求一阶导数并令其为 0，得

$$0 = \frac{\mathrm{d}}{\mathrm{d}a}[R(a \mid x)] = -\frac{1}{a^2} E(\theta^2 \mid x) + 1. \quad (3.7.6)$$

由式(3.7.6)解得 $a = \hat{\theta}_B = \sqrt{E(\theta^2 \mid x)}$.

由于 $\dfrac{\mathrm{d}^2}{\mathrm{d}a^2}[R(a \mid x)]\Big|_{a=\hat{\theta}_B} = \dfrac{2}{a^3}\Big|_{a=\hat{\theta}_B} = \dfrac{2}{[\sqrt{E(\theta^2 \mid x)}]^3} > 0$，所以方程(3.7.6)的解使得后验风险 $R(a \mid x)$ 达到最小，因此在预防损失函数(3.7.4)下，θ 的贝叶斯估计为 $\hat{\theta}_B = \sqrt{E(\theta^2 \mid x)}$.

(2) 把 $\hat{\theta}_B = \sqrt{E(\theta^2 \mid x)}$ 代入式(3.7.5)中，得

$$R(\hat{\theta}_B \mid x) = \frac{1}{\sqrt{E(\theta^2 \mid x)}} E(\theta^2 \mid x) - 2E(\theta \mid x) + \sqrt{E(\theta^2 \mid x)}$$

$$= 2\left[\sqrt{E(\theta^2 \mid x)} - E(\theta \mid x)\right].$$

3.7.3 对数损失函数下贝叶斯估计及其后验风险

以下首先介绍对数损失函数，然后介绍对数损失函数下贝叶斯估计及其后验风险.

定义 3.7.3 对数损失函数(logarithmic loss function)由下式给出

$$L(\theta, \hat{\theta}) = (\ln \theta - \ln \hat{\theta})^2. \quad (3.7.7)$$

其中 $\theta \in \Theta$，$\hat{\theta}$ 为 θ 的估计.

定理 3.7.3 在对数损失函数(3.7.7)下，对于 θ 的任意先验分布 $\pi(\theta)$，有如下结论：

(1) θ 的贝叶斯估计 $\hat{\theta}_B = \exp[E(\ln \theta \mid x)]$；

(2) θ 的贝叶斯估计 $\hat{\theta}_B$ 的后验风险为 $R(\hat{\theta}_B \mid x) = \mathrm{Var}(\ln \theta \mid x)$.

证明 (1) 在对数损失函数(3.7.7)下 $\hat{\theta}_B$ 的后验风险为

$$R(\hat{\theta}_B \mid x) = E[(\ln \theta - \ln \hat{\theta}_B)^2 \mid x] = [E(\ln \theta)^2 \mid x] - 2\ln \hat{\theta}_B E(\ln \theta \mid x) + (\ln \hat{\theta}_B)^2.$$

$$(3.7.8)$$

由于贝叶斯解是要求 a 使后验风险 $R(a\mid x)$ 达到最小,为此 $R(a\mid x)$ 对 a 求一阶导数并令其为 0,得

$$0 = \frac{\mathrm{d}}{\mathrm{d}a}[R(a\mid x)] = -2\frac{E(\ln\theta\mid x)}{a} + \frac{2}{a}\ln a. \tag{3.7.9}$$

由式(3.7.9)解得 $a = \hat\theta_B = \exp[E(\ln\theta\mid x)]$.

由于 $\frac{\mathrm{d}^2}{\mathrm{d}a^2}[R(a\mid x)]\big|_{a=\hat\theta_B} = \frac{2}{a^2}[E(\ln\theta\mid x)+1-\ln a]\big|_{a=\hat\theta_B} = \frac{2}{\{\exp[E(\ln\theta\mid x)]\}^2}$

>0,所以方程(3.7.9)的解使得后验风险 $R(a\mid x)$ 达到最小,因此在对数平方损失函数(3.7.7)下,θ 的贝叶斯估计 $a = \hat\theta_B = \exp[E(\ln\theta\mid x)]$.

(2) 把 $\hat\theta_B = \exp[E(\ln\theta\mid x)]$ 代入式(3.7.8)中,得

$$R(\hat\theta_B\mid x) = [E(\ln\theta)^2\mid x] - 2\{\ln[\exp E(\ln\theta\mid x)]\}E(\ln\theta\mid x) + [E(\ln\theta\mid x)]^2$$
$$= \mathrm{Var}(\ln\theta\mid x).$$

3.7.4 熵损失函数下贝叶斯估计及其后验风险

以下首先介绍熵损失函数,然后介绍熵损失函数下贝叶斯估计及其后验风险.

定义 3.7.4 熵损失函数(entropy loss function)由下式给出

$$L(\theta,\hat\theta) = \frac{\hat\theta}{\theta} - \ln\frac{\hat\theta}{\theta} - 1. \tag{3.7.10}$$

其中 $\theta\in\Theta$,$\hat\theta$ 为 θ 的估计.

定理 3.7.4 在熵损失函数(3.7.10)下,对于 θ 的任意先验分布 $\pi(\theta)$,有如下结论:
(1) θ 的贝叶斯估计 $\hat\theta_B = [E(\theta^{-1}\mid x)]^{-1}$;
(2) θ 的贝叶斯估计 $\hat\theta_B$ 的后验风险为 $R(\hat\theta_B\mid x) = E(\ln\theta\mid x) + \ln[E(\theta^{-1}\mid x)]$.

证明 (1) 在熵损失函数(3.7.10)下 $\hat\theta_B$ 的后验风险为

$$R(\hat\theta_B\mid x) = E\left[\left(\frac{\hat\theta_B}{\theta} - \ln\frac{\hat\theta_B}{\theta} - 1\right)\mid x\right] = \hat\theta_B E(\theta^{-1}\mid x) - \ln\hat\theta_B + E(\ln\theta\mid x) - 1. \tag{3.7.11}$$

由于贝叶斯解是要求 a 使后验风险 $R(a\mid x)$ 达到最小,为此 $R(a\mid x)$ 对 a 求一阶导数并令其为 0,得

$$0 = \frac{\mathrm{d}}{\mathrm{d}a}[R(a\mid x)] = E(\theta^{-1}\mid x) - \frac{1}{a}. \tag{3.7.12}$$

由式(3.7.12)解得 $a = \hat\theta_B = [E(\theta^{-1}\mid x)]^{-1}$.

由于 $\frac{\mathrm{d}^2}{\mathrm{d}a^2}[R(a\mid x)]\big|_{a=\hat\theta_B} = \frac{1}{a^2}\big|_{a=\hat\theta_B} = [E(\theta^{-1}\mid x)]^2 > 0$,所以方程(3.7.12)的解使得后验风险 $R(a\mid x)$ 达到最小,因此在熵损失函数(3.7.10)下,θ 的贝叶斯估计为 $a = \hat\theta_B = [E(\theta^{-1}\mid x)]^{-1}$.

(2) 把 $\hat\theta_B = [E(\theta^{-1}\mid x)]^{-1}$ 代入式(3.7.11)中,得

$$R(\hat{\theta}_B \mid x) = [E(\theta^{-1} \mid x)]^{-1} E(\theta^{-1} \mid x) - \ln[E(\theta^{-1} \mid x)]^{-1} + E(\ln\theta \mid x) - 1$$
$$= E(\ln\theta \mid x) + \ln[E(\theta^{-1} \mid x)].$$

关于熵损失函数的研究及其应用,见 Han(2023a).

3.7.5 LINEX 损失函数下贝叶斯估计及其后验风险

以下首先介绍 LINEX(linear exponential)损失函数,然后介绍熵损失函数下贝叶斯估计及其后验风险.

LINEX 损失函数由 Varian(1975)提出,并因为 Zellner(1986)而得到了广泛的应用.

定义 3.7.5 LINEX 损失函数(LINEX loss function)由下式给出

$$L(\theta, \hat{\theta}) = \exp[k(\hat{\theta} - \theta)] - k(\hat{\theta} - \theta) - 1. \tag{3.7.13}$$

其中 $k \in \mathbf{R}$ 且 $k \neq 0$, $\theta \in \Theta$, $\hat{\theta}$ 为 θ 的估计.

定理 3.7.5 在 LINEX 损失函数(3.7.13)下,对于 θ 的任意先验分布 $\pi(\theta)$,有如下结论:

(1) θ 的贝叶斯估计 $\hat{\theta}_B = -\dfrac{1}{k} \ln E[\exp(-k\theta) \mid x]$;

(2) θ 的贝叶斯估计 $\hat{\theta}_B$ 的后验风险为 $R(\hat{\theta}_B \mid x) = \ln E[\exp(-k\theta) \mid x] + kE(\theta \mid x)$.

证明 (1) 在 LINEX 损失函数(3.7.13)下 $\hat{\theta}_B$ 的后验风险为

$$R(\hat{\theta}_B \mid x) = E\{\{\exp[k(\hat{\theta}_B - \theta)] - k(\hat{\theta}_B - \theta) - 1\} \mid x\}$$
$$= \exp\{(k\hat{\theta}_B)E[\exp(-k\theta) \mid x] - k\hat{\theta}_B + kE(\theta) \mid x\} - 1. \tag{3.7.14}$$

由于贝叶斯解是要求 a 使后验风险 $R(a \mid x)$ 达到最小,为此 $R(a \mid x)$ 对 a 求一阶导数并令其为 0,得

$$0 = \frac{\mathrm{d}}{\mathrm{d}a}[R(a \mid x)] = k\{\exp(ka)E[\exp(-k\theta) \mid x] - 1\}. \tag{3.7.15}$$

由 $k \neq 0$ 和式(3.7.15)解得 $a = \hat{\theta}_B = -\dfrac{1}{k} \ln E[\exp(-k\theta) \mid x]$.

由于 $\dfrac{\mathrm{d}^2}{\mathrm{d}a^2}[R(a \mid x)]\big|_{a=\hat{\theta}_B} = \dfrac{1}{a^2}\big|_{a=\hat{\theta}_B} = k^2 \exp(ka)E[\exp(-k\theta) \mid x]\big|_{a=\hat{\theta}_B} = k^2 > 0$,所以方程(3.7.15)的解使得后验风险 $R(a \mid x)$ 达到最小,因此在 LINEX 损失函数(3.7.13)下,θ 的贝叶斯估计为 $a = \hat{\theta}_B = -\dfrac{1}{k} \ln E[\exp(-k\theta) \mid x]$.

(2) 把 $\hat{\theta}_B = -\dfrac{1}{k} \ln E[\exp(-k\theta) \mid x]$ 代入式(3.7.14)中,得

$$R(\hat{\theta}_B \mid x) = \{\exp\{(k\hat{\theta}_B)E[\exp(-k\theta) \mid x] - k\hat{\theta}_B + kE(\theta) \mid x\} - 1\}\big|_{a=\hat{\theta}_B}$$
$$= \ln E[\exp(-k\theta) \mid x] + kE(\theta \mid x).$$

思考与练习题 3

3.1 请举例并说明三种贝叶斯估计:后验期望 $\hat{\theta}_E$,后验众数 $\hat{\theta}_{MD}$,后验中位数 $\hat{\theta}_{Me}$ 的区别和联系.

3.2 请举例并说明置信区间和可信区间的异同,并从获得置信区间和可信区间的过程来看二者的特点.

3.3 比较和讨论贝叶斯学派在处理估计理论问题、假设检验问题与经典学派的异同.

3.4 请简要叙述:在贝叶斯统计中假设检验与区间估计之间的关系.

3.5 请举例并简要说明:贝叶斯统计中假设检验基本思想、相对于经典统计中假设检验它有什么优势?

3.6 请简要叙述:经典统计中和贝叶斯统计中假设检验的关系.

3.7 设 $x_1, x_2, \cdots, x_n$ 为来自几何分布的样本观察值,总体的分布律为

$$P(X = k \mid \theta) = \theta(1-\theta)^k, \quad k = 0, 1, 2, \cdots,$$

若 θ 的先验分布为 $U(0,1)$,求

(1) θ 的后验分布;(2)若样本的观察值为 $4,3,1,7$,求 θ 的贝叶斯估计(后验期望估计).

3.8 设 $x_1, x_2, \cdots, x_n$ 为来自均匀分布 $U(0,\theta)$ 的样本,若 θ 的先验分布为 Pareto 分布,求 θ 的后验均值和后验方差.

3.9 设 $x_1, x_2, \cdots, x_n$ 是来自正态分布 $N(\mu, \sigma^2)$ 的样本观察值,其中 μ 为未知,$\sigma^2 = \sigma_0^2$ 为已知,若 μ 的先验分布为 $N(\mu_a, \sigma_a^2)$,其中 μ_a, σ_a^2 为已知,求

(1) μ 的后验分布,(2)在平方损失下 μ 的贝叶斯估计.

3.10 对正态分布 $N(\theta,1)$ 进行三次观察,获得的观察值分别为 $2,4,3$,若 θ 的先验分布为 $N(3,1)$,求 θ 的可信水平为 0.95 的可信区间.

3.11 设 $x_1, x_2, \cdots, x_n$ 为来自 $N(0,\sigma^2)$ 的样本,若 σ^2 的先验分布为倒 Gamma 分布 $IGa(\alpha, \beta)$,求 σ^2 的可信水平为 0.9 的可信上限.

3.12 在例 3.3.8 中,为什么第 2 个模型最好?请结合例 3.3.8,通过具体计算、比较给出回答.

3.13 在例 3.6.1 中,人们通常对导致 50% 存活率的剂量大小感兴趣.请结合例 3.6.1,给出存活率为 50% 的剂量的估计.

第 4 章 先验分布的确定

如何确定先验分布？这是贝叶斯统计中受到经典学派批评最多的部分.本章主要介绍：先验信息与主观概率，无信息先验分布，贝叶斯层次模型及其应用.

4.1 先验信息与主观概率

贝叶斯统计要使用先验信息，而先验信息主要是指经验和历史资料.因此如何用人们的经验和过去的历史资料确定概率和概率分布是贝叶斯统计要解决的问题.

关于概率的概念，经典统计涉及某一给定情况的大量重复.例如，当抛一枚质地均匀的硬币时，说出现正面的概率为 1/2，是指多次抛硬币时出现正面的次数约占 1/2.所以经典统计的研究对象是能大量重复的随机现象，不是这类随机现象就不能用频率的方法去确定其有关事件的概率.这无疑就把统计学的应用和研究领域缩小了.例如，很多经济现象是不能重复或不能大量重复的随机现象（如经济增长率等），这类随机现象中要用频率方法去确定有关事件的概率常常是不可能的.

在大多数不确定情况下，没有理由假设基本事件是等可能的，这时概率的频率解释是不适当的.但是我们还应用这个频率解释，因为在概率论中有"大数定律"作"保证".然而在大数定律中，一个重要的假设是多次重复试验必须是独立的，也就是说，任何一次试验结果的出现对于其他任何一次试验是没有影响的，在"独立性"的假设下概率的频率解释才成立.可是承认这些假设前提（如"独立性"等）本身也是带有"主观性"的.

例如，天气预报中"明天降水的概率是 0.9"，其中的概率不能用频率解释（因为明天是某年某月某日，它只有一天），但明天是否下雨是随机现象.这里明天降水的概率是 0.9 是气象专家对"明天降水"的一种看法或一种信念，信与不信由你.可见没有频率解释的概率是存在的.

在现实世界中，有一些随机现象是不能重复或不能大量重复的，这时有关事件的概率如何确定呢？

贝叶斯学派认为：一个事件的概率是人们根据经验对该事件发生的可能性所给出的个人信念.这样给出的概率称为**主观概率**.

例如"明天降水的概率是 0.9"，这是气象专家根据气象专业知识和最近气象资料给出的主观概率.在前面曾提起过：在 20 世纪，林德利教授预言 21 世纪将是贝叶斯统计的天下，埃夫隆教授则认为出现这种局面的主观概率为 0.15.主观概率的例子还有很多，这里就不一一列举了.

值得注意的是,主观概率和主观臆造有着本质上的不同,前者要求当事人对所考察的事件有透彻的了解和丰富的经验,甚至是这一行的专家,并能对历史信息和周围信息进行仔细分析,如此确定的主观概率是可信的. 以经验为基础的主观概率与纯主观还是不同的,更何况主观概率也要受到实践的检验和公理的验证,人们会去其糟粕,取其精华. 因此,应该把主观概率和主观臆造区分开来. 从某种意义上说,不利用这些丰富经验也是一种浪费.

主观概率本质上是对随机事件发生的可能性大小的一种推断或估计,虽然结论的精确性还有待实践的检验和修正,但结论的可信性在统计意义上是有其价值的. 在遇到的随机现象无法大量重复时,用主观概率去做决策和判断是适当的. 因此,从某种意义上说主观概率方法是频率方法的一种补充和扩展.

对主观概率的批评也是有的. 所谓贝叶斯方法的不足仅仅反映了在主观性和如何确定概率的技术困难之间的困惑. 流行的观点说,如果一个概率代表信任程度,那的确代表了我们对某事物为真的相信程度,但是这种相信是基于所有可以得到的有关信息之上. 而这使得概率的确定成为一个可以允许发展的问题,因为我所掌握的信息可能与你得到的不同,这和纯主观性并不一样.

在某些贝叶斯学派的成员中,存在着一种教条主义的倾向,声称"这是解决所有问题的方法,而且你如果不同意我的观点,你就是错误的!"某些统计学家不同意那些认为一旦得到了后验分布,问题就解决了的观点.

一个有关的问题是贝叶斯方法对于先验信息的敏感性. 有时,很少注意到在作了一个错误的假设之后,一个方法可以是如何"灾难性的愚蠢". 事实上,贝叶斯统计在 19 世纪没有被人们普遍接受,正是一些人把先验分布滥用的结果,也正是这些"滥用"导致了贝叶斯统计的"灾难性". 因此,先验分布的确定(或选择)对贝叶斯统计是一个十分重要的问题,也是经典统计对贝叶斯统计批评最多的问题. 本章将围绕先验分布的确定(或选择)问题展开讨论.

4.2 无信息先验分布

贝叶斯方法的特点是能够充分利用先验信息来确定先验分布. 对于很多统计问题,人们可能没有任何先验信息,在这种情况下如何确定先验分布呢? 许多统计学家对无信息先验分布进行了研究,提出了多种确定无信息先验分布的方法.

4.2.1 贝叶斯假设

所谓参数 θ 的无信息先验分布就是指除参数 θ 的取值范围 Θ 和 θ 在总体分布中的地位之外,再也不包含 θ 的任何信息的先验分布. 如果把"不包含 θ 的任何信息"理解为对参数 θ 的任何取值都是同样无知的,则自然把参数 θ 的取值范围上的均匀分布作为其先验分布,即

$$\pi(\theta) = \begin{cases} C, & \theta \in \Theta, \\ 0, & \theta \overline{\in} \Theta. \end{cases}$$

其中,Θ 是 θ 的取值范围,$C > 0$ 为常数.

如果略去密度函数取 0 的部分,则上式可以写成

$$\pi(\theta) = C, \quad \theta \in \Theta$$

或

$$\pi(\theta) \propto 1, \quad \theta \in \Theta. \tag{4.2.1}$$

这种选取无信息先验分布的方法称为**贝叶斯假设**. 贝叶斯假设符合人们对无信息的直观认识,有其合理性.

式(4.2.1)给出的先验密度形式简洁,用起来也是方便的.

若参数 θ 的先验密度由式(4.2.1)给出,根据贝叶斯定理 θ 的后验密度由式(2.2.5)给出,则式(2.2.5)可以简化为

$$\pi(\theta \mid x) \propto L(x \mid \theta). \tag{4.2.2}$$

其中 $L(x \mid \theta)$ 为似然函数.

式(4.2.2)说明,在贝叶斯假设下,后验密度"正比于"似然函数.

如果 θ 有充分统计量 $t(x_1, x_2, \cdots, x_n)$,简记为 t,则式(4.2.2)可以写成

$$\pi(\theta \mid x) \propto L(t \mid \theta). \tag{4.2.3}$$

需要注意的是,式(4.2.1)有时会发生困难,而式(4.2.2)或式(4.2.3)是有意义的.

例 4.2.1 设 $x_1, x_2, \cdots, x_n$ 是来自正态分布 $N(\mu, \sigma^2)$ 的样本观察值,其中 μ 为未知,$\sigma^2 = \sigma_0^2$ 为已知,且 $t(x_1, x_2, \cdots, x_n) = \bar{x}$ (为样本均值).

由于 μ 的取值范围为 $(-\infty, \infty)$,所以无法找到一个适合于式(4.2.1)要求的密度函数,此时使用式(4.2.1)是有困难的. 然而用式(4.2.3)则有

$$\pi(\mu \mid x) \propto L(\bar{x} \mid \mu) \propto e^{-\frac{n(\bar{x}-\mu)^2}{2\sigma^2}}.$$

因此可以得到,μ 的后验分布是 $N\left(\bar{x}, \dfrac{\sigma^2}{n}\right)$.

根据 μ 的后验分布,我们可以对 μ 进行参数估计[μ 的区间估计,见例 3.2.6(2)]、假设检验等.

根据例 3.2.6(2),有

$$P\left\{\left|\frac{\mu - \bar{x}}{\frac{\sigma_0}{\sqrt{n}}}\right| < z_{\frac{\alpha}{2}}\right\} = 1 - \alpha,$$

其中 $z_{\frac{\alpha}{2}}$ 是标准正态分布的上侧 $\dfrac{\alpha}{2}$ 分位数.

因此检验问题

$$H_0: \mu = \mu_0, \quad H_0: \mu \neq \mu_0$$

的拒绝域为

$$W = \left\{ \left| \frac{\mu_0 - \bar{x}}{\frac{\sigma_0}{\sqrt{n}}} \right| \geqslant z_{\frac{\alpha}{2}} \right\}.$$

这个结果与经典统计的结果是相同的.

根据 μ 的后验分布,我们也可以得到 μ 的点估计——贝叶斯估计.例如,在平方损失下,μ 的贝叶斯估计是后验均值

$$\hat{\mu} = E(\mu \mid x) = \bar{x}.$$

这个结果与经典统计的结果也是相同的.

这个例子结果说明:经典方法相当于选用了一个无信息先验分布.

尽管式(4.2.2)或式(4.2.3)是有意义的,那么贝叶斯假设中的 $\pi(\theta) \propto 1$ 是否为一个密度函数呢? 然而这个问题还是存在的.一种解决的方法,就是承认它是分布的密度函数,这就需要引进广义分布密度的概念.

定义 4.2.1 设总体 $X \sim f(x, \theta)$,$\theta \in \Theta$,若 θ 的先验分布 $\pi(\theta)$ 满足下列条件:

(1) $\pi(\theta) \geqslant 0$,且 $\int_{\Theta} \pi(\theta) \mathrm{d}\theta = \infty$;

(2) 由此确定的后验密度 $\pi(\theta \mid x)$ 是正常的密度函数,

则称 $\pi(\theta)$ 为 θ 的**广义先验密度**.

例 4.2.1 说明,虽然 μ 的这个先验分布是广义的,但它却能得出有意义的结论.

当然也会有这样的问题,若先验分布是广义的是否会导致后验分布也不是概率分布的密度呢? 考虑这个问题是完全必要的,我们只限定考虑相应的后验密度一定是概率分布的密度的广义先验分布,这能使我们从后验分布获得的推断具有概率的意义.

显然,把贝叶斯假设用于在有限范围内变化的参数时,$\pi(\theta)$ 是一个通常意义下的密度.若 $\theta \in \Theta = [a, b]$,此时

$$\pi(\theta) \propto 1, \quad \theta \in [a, b],$$

即

$$\pi(\theta) = \begin{cases} \dfrac{1}{b-a}, & \theta \in [a, b], \\ 0, & \theta \bar{\in} [a, b]. \end{cases}$$

它确实是一个通常意义下的分布的密度——$[a, b]$ 区间上的均匀分布的密度.

由此可见,贝叶斯假设只是在 θ 的变化范围是无界区域时,才会遇到困难,此时需要引进广义密度才能处理.

需要说明,今后当参数 θ 在有界区域变化时,采用先验密度

$$\pi(\theta) \propto 1,$$

称为**贝叶斯假设**.

如果参数 θ 在无界区域变化时,采用先验密度

$$\pi(\theta) \propto 1,$$

称为**广义贝叶斯假设**.

有时这二者不加区别,统称为贝叶斯假设,用

$$\pi(\theta \mid x) \propto L(x \mid \theta)$$

来表示.

例 4.2.2 设 $x_1, x_2, \cdots, x_n$ 是来自正态分布 $N(\mu, \sigma^2)$ 的样本,其中 μ 和 σ^2 均未知. 我们知道 σ 的变化范围是 $(0, \infty)$. 若定义一个变换

$$\eta = \sigma^2, \quad \sigma \in (0, \infty),$$

则 η 是正态分布 $N(\mu, \sigma^2)$ 的方差,它在 $(0, \infty)$ 上,η 与 σ 是一一对应的,不会损失信息. 若 σ 是无信息参数,则 η 也是无信息参数,且它们的参数空间都是 $(0, \infty)$,没有被压缩也没有被放大.

根据贝叶斯假设,它们的无信息先验分布都应是常数,可是按照概率运算法则并不是这样的. 设 $\pi(\sigma)$ 是 σ 的先验密度,则 η 密度函数为

$$g(\eta) = \left| \frac{\mathrm{d}\sigma}{\mathrm{d}\eta} \right| \pi(\sqrt{\sigma}) = \frac{1}{2\sqrt{\eta}} \pi(\sqrt{\sigma}).$$

因此若 σ 的无信息先验被选为常数,为了保持数学上的逻辑推理的一致性,η 的无信息先验应与 $\eta^{-\frac{1}{2}}$ 成比例. 这与贝叶斯假设矛盾.

从这个例子可以看出,不能随意设定一个常数为某个参数的先验分布,即不能随意使用贝叶斯假设.

4.2.2 共轭先验分布及超参数的确定

Railla & Schlaifer(1961)提出先验分布应取共轭先验分布才合适. 第 2 章中曾讨论过共轭先验分布问题,并给出了共轭先验分布的定义、常用共轭先验分布等.

从第 2 章中共轭先验分布部分的例子可以看出,给出了样本 $x = (x_1, x_2, \cdots, x_n)$ 对参数 θ 的条件分布——似然函数 $L(x \mid \theta)$ 后,去寻找合适的共轭先验分布是可能的. 然而要给出一个统一的公式,只要似然函数 $L(x \mid \theta)$ 一代入,就可以得到共轭先验分布 $\pi(\theta)$,这却是困难的.

1. 共轭分布的统计意义

共轭分布的统计意义是什么呢?

(1) 从贝叶斯定理(2.2.4)或式(2.2.5)可以看出,后验密度既与先验分布有关,还与似然函数有关,它是二者的综合.

后验分布既反映了过去提供的经验——参数 θ 的先验分布,又反映了样本提供的信息. 共轭型分布要求先验分布与后验分布属于同一个类型,就是要求经验的知识和现在样本的信息有某种同一性,它们能转化为同一类的经验知识. 如果以过去的经验和现在的样本提供的信息作为历史知识,也就是以后验分布作为进一步试验的先验分布,再作若干次试验,获得新的样本后,新的后验分布仍然还是同一类型的,从这里我们就不难理解共轭先验分布的作用.

(2) 从共轭分布导出的估计来看共轭分布的统计意义.

以下我们以第 2 章中共轭先验分布部分的几个例子为例,来说明共轭分布的统计意义.

例 4.2.3 在例 2.3.1 中,如果二项分布 $B(n,\theta)$ 中的参数 θ 的先验分布取 Beta 分布 $Be(a,b)$,则 θ 的后验分布是 Beta 分布 $Be(a+x,b+n-x)$. 根据这个结果,在平方损失下,θ 的贝叶斯估计为其后验均值,即

$$\hat{\theta}_B = E(\theta \mid x) = \frac{a+x}{a+b+n} = \frac{n}{a+b+n} \cdot \frac{x}{n} + \frac{a+b}{a+b+n} \cdot \frac{a}{a+b}.$$

这个结果的统计意义是明显的,选用 $Be(a,b)$ 作为参数 θ 的先验分布,如同已经做了 $a+b$ 次试验,事件 A 发生了 a 次,再加上现在做的 n 次独立试验,事件 A 发生了 x 次,一共做了 $a+b+n$ 次试验,而事件 A 共发生了 $a+x$ 次,因此用 $\hat{\theta}_B = \dfrac{a+x}{a+b+n}$ 去估计 θ.

当 $a=b=1$ 时,Beta 分布 $Be(a,b)$ 就是 $(0,1)$ 区间上的均匀分布,此时相应的贝叶斯估计为 $\hat{\theta}_B = \dfrac{x+1}{n+2}$.

相当于过去做了 2 次试验,事件 A 发生了 1 次,而 $(0,1)$ 区间上的均匀分布恰好就是按贝叶斯假设得到的先验分布.

另外,由于 $\dfrac{a}{a+b}$ 是先验分布 $Be(a,b)$ 的均值,即先验均值,$\dfrac{x}{n}$ 是样本均值,因此 $\hat{\theta}_B = \dfrac{a+x}{a+b+n} = \dfrac{n}{a+b+n} \cdot \dfrac{x}{n} + \dfrac{a+b}{a+b+n} \cdot \dfrac{a}{a+b}$ 是先验均值 $\left(\dfrac{a}{a+b}\right)$ 和样本均值 $\left(\dfrac{x}{n}\right)$ 的加权平均.

例 4.2.4 在例 2.3.9 中,设 $x_1, x_2, \cdots, x_n$ 是来自正态分布 $N(\mu, \sigma^2)$ 的样本观察值,其中 μ 为未知,$\sigma^2 = \sigma_0^2$ 为已知,若 μ 的先验分布为 $N(\mu_a, \sigma_a^2)$,其中 μ_a, σ_a^2 为已知,得到 μ 的后验分布为 $N(\mu_b, \sigma_b^2)$,其中

$$\mu_b = \frac{\bar{x}\sigma_a^2 + \dfrac{\mu_a \sigma_0^2}{n}}{\sigma_a^2 + \dfrac{\sigma_0^2}{n}}, \quad \sigma_b^2 = \frac{\dfrac{\sigma_a^2 \sigma_0^2}{n}}{\sigma_a^2 + \dfrac{\sigma_0^2}{n}},$$

这里,$\bar{x} = \dfrac{1}{n}\sum_{i=1}^n x_i$.

根据这个结果,在平方损失下,μ 的贝叶斯估计为其后验均值,即

$$\hat{\mu} = \mu_b = \frac{\bar{x}\sigma_a^2 + \dfrac{\mu_a \sigma_0^2}{n}}{\sigma_a^2 + \dfrac{\sigma_0^2}{n}} = \frac{\dfrac{n}{\sigma_0^2}\bar{x} + \dfrac{1}{\sigma_a^2}\mu_a}{\dfrac{n}{\sigma_0^2} + \dfrac{1}{\sigma_a^2}}.$$

因此 $\hat{\mu}$ 是样本均值 $\bar{x}$ 和先验均值 μ_a 的加权平均.

注意到 $\dfrac{1}{\sigma_a^2}$ 是先验方差 σ_a^2 的倒数,它是先验均值 μ_a 的精度,而样本均值的方差是 $\dfrac{\sigma_0^2}{n}$,因此 $\dfrac{n}{\sigma_0^2}$ 就是样本均值的精度. 这样就可以明显地看出:$\hat{\mu}$ 是将 $\bar{x}$ 和 μ_a 按照各自的精度来

加权的.

于是共轭先验分布 $N(\mu_a, \sigma_a^2)$ 中的两个参数 μ_a 和 σ_a^2 就有明显的统计意义.

2. 超参数及其的确定

先验分布中所含的未知参数称为**超参数**(hyperparameter). 例如,在例 4.2.3 中,二项分布 $B(n, \theta)$ 中的参数 θ 的先验分布取 Beta 分布 $Be(a, b)$,若 a 和 b 均未知,则为超参数. 在例 2.3.8 中,参数为 λ(均值的倒数)的指数分布中,λ 的共轭先验分布为 Gamma 分布 $Ga(a, b)$,若 a 和 b 均未知,则为超参数. 一般,共轭先验分布中常含有超参数,而无信息先验分布中[如均匀分布 $U(0, 1)$ 等]一般不含有超参数.

共轭先验分布是一种有信息先验分布,其中所含的超参数应充分利用各种先验信息来确定. 以下结合几个具体的例子,介绍超参数的确定方法.

例 4.2.5 二项分布 $B(n, \theta)$ 中的参数 θ 的先验分布取 Beta 分布 $Be(a, b)$,a 和 b 为两个超参数. 以下给出具体确定超参数 a 和 b 的几种方法.

(1) 利用先验矩

假设根据先验信息能获得参数 θ 的若干个估计值,记作 $\theta_1, \theta_2, \cdots, \theta_k$.

一般它们是由历史数据整理加工获得的,由此可得到先验均值 $\bar{\theta}$ 和先验方差 S_θ^2,其中

$$\bar{\theta} = \frac{1}{k}\sum_{i=1}^{k}\theta_i, \quad S_\theta^2 = \frac{1}{k-1}\sum_{i=1}^{k}(\theta_i - \bar{\theta})^2.$$

然后令其分别为 Beta 分布 $Be(a, b)$ 的均值与方差,即

$$\begin{cases} \dfrac{a}{a+b} = \bar{\theta}, \\ \dfrac{ab}{(a+b)^2(a+b+1)} = S_\theta^2. \end{cases}$$

由此解得超参数 a 和 b 的估计为

$$\hat{a} = \bar{\theta}\left[\frac{(1-\bar{\theta})\bar{\theta}}{S_\theta^2} - 1\right], \quad \hat{b} = (1-\bar{\theta})\left[\frac{(1-\bar{\theta})\bar{\theta}}{S_\theta^2} - 1\right].$$

(2) 利用先验分位数

如果根据先验信息可以确定 Beta 分布 $Be(a, b)$ 的两个分位数,则可以用这两个分位数确定超参数 a 和 b. 例如,用两个上、下四分位数 θ_U 和 θ_L 来确定超参数 a 和 b,θ_L 和 θ_U 分别满足如下两个方程:

$$\int_0^{\theta_L} \frac{1}{B(a, b)}\theta^{a-1}(1-\theta)^{b-1}\mathrm{d}\theta = 0.25,$$

$$\int_{\theta_U}^1 \frac{1}{B(a, b)}\theta^{a-1}(1-\theta)^{b-1}\mathrm{d}\theta = 0.25.$$

从以上两个方程解出 a 和 b 即可. 具体可以利用 Beta 分布与 F 分布间的关系,对于不同的 a 和 b 多算一些值,使积分逐渐逼近 0.25,也可以反过来计算. 可对一些典型的 a 和 b,寻求其上、下四分位数 θ_U 和 θ_L.

(3) 利用先验矩和先验分位数

如果根据先验信息可以获得先验均值 $\bar{\theta}$ 和其 p 分位数 θ_p，则可列出下列方程组

$$\begin{cases} \dfrac{a}{a+b} = \bar{\theta}, \\ \displaystyle\int_0^{\theta_p} \dfrac{1}{B(a,b)} \theta^{a-1}(1-\theta)^{b-1} d\theta = p. \end{cases}$$

解此方程组，可得到 a 和 b 的估计值.

4.2.3 用 Jeffreys 准则确定无信息先验分布

Jeffreys(1961)提出了确定无信息先验分布的更一般方法. 由于推理涉及 Harr 测度知识，这里仅给出结果及其计算步骤.

设 $x = (x_1, x_2, \cdots, x_n)$ 是来自密度函数 $f(x|\boldsymbol{\theta})$ 的样本，其中 $\boldsymbol{\theta} = (\theta_1, \theta_2, \cdots, \theta_p)$ 是 p 维参数向量. 对于 θ 在无信息先验分布时，Jeffreys 用 Fisher 信息矩阵行列式的平方根作为 θ 的先验密度的核，这样获得无信息先验分布的方法，称为 **Jeffreys 准则**.

用 Jeffreys 准则寻找无信息先验分布的步骤如下：

(1) 写出样本似然函数的对数

$$L = \ln[L(x|\boldsymbol{\theta})] = \ln\left[\prod_{i=1}^n f(x_i|\boldsymbol{\theta})\right] = \sum_{i=1}^n \ln f(x_i|\boldsymbol{\theta}).$$

(2) 求 Fisher 信息矩阵

$$\boldsymbol{I}(\boldsymbol{\theta}) = E\left(-\frac{\partial^2 L}{\partial \theta_i \partial \theta_j}\right), \quad i, j = 1, 2, \cdots, p.$$

特别地，在单参数情形（当 $p=1$ 时），$\boldsymbol{I}(\boldsymbol{\theta}) = E\left(-\dfrac{\partial^2 L}{\partial \theta^2}\right)$.

(3) θ 的无信息先验密度函数为

$$\pi(\boldsymbol{\theta}) = [\det \boldsymbol{I}(\boldsymbol{\theta})]^{\frac{1}{2}},$$

其中 $\det \boldsymbol{I}(\boldsymbol{\theta})$ 表示 $p \times p$ 阶 Fisher 信息矩阵 $\boldsymbol{I}(\boldsymbol{\theta})$ 的行列式.

特别地，在单参数情形（当 $p=1$ 时），$\pi(\boldsymbol{\theta}) = [\boldsymbol{I}(\boldsymbol{\theta})]^{\frac{1}{2}}$.

例 4.2.6 设 X 服从均值为 $\dfrac{1}{\lambda}$ 的指数分布，其密度函数为

$$f(x) = \lambda \exp(-\lambda x), \quad x > 0, \lambda > 0.$$

设 $x_1, x_2, \cdots, x_n$ 是来自指数分布的样本观察值，则似然函数为

$$L = \prod_{i=1}^n \lambda \exp(-\lambda x_i) = \lambda^n \exp\left[-\lambda \left(\sum_{i=1}^n x_i\right)\right],$$

对数似然函数为 $\ln L = n \ln \lambda - \lambda \left(\sum_{i=1}^n x_i\right)$，则有

$$\frac{\partial \ln L}{\partial \lambda} = \frac{n}{\lambda} - \sum_{i=1}^{n} x_i, \quad \frac{\partial^2 \ln L}{\partial \lambda^2} = -\frac{n}{\lambda^2},$$

$$I(\lambda) = E\left(-\frac{\partial^2 \ln L}{\partial \lambda^2}\right) = \frac{n}{\lambda^2}.$$

所以，按照 Jeffreys 准则，λ 的无信息先验密度函数为 $\pi(\lambda) = [I(\lambda)]^{\frac{1}{2}} \propto \frac{1}{\lambda}$.

$\frac{1}{\lambda}$ 是 $Ga(0,0)$ 密度函数的核，因此在 Jeffreys 准则下，λ 的无信息先验分布为 $Ga(0,0)$. 虽然 $Ga(0,0)$ 不是正常分布，但它是广义分布，并且在此无信息先验分布下其后验分布是有意义的.

例 4.2.7 设 X 服从二项分布 $B(n, \theta)$，即

$$P(X = x) = C_n^x \theta^x (1-\theta)^{n-x}, \quad x = 0, 1, \cdots, n.$$

其似然函数的对数为

$$L = x \ln \theta + (n-x) \ln(1-\theta) + \ln C_n^x,$$

则有

$$\frac{\partial^2 L}{\partial \theta^2} = -\frac{x}{\theta^2} - \frac{n-x}{(1-\theta)^2},$$

$$I(\theta) = E\left(-\frac{\partial^2 L}{\partial \theta^2}\right) = \frac{n}{\theta} + \frac{n}{1-\theta} = \frac{n}{\theta(1-\theta)},$$

所以，按照 Jeffreys 准则，θ 的无信息先验密度函数为

$$\pi(\theta) = [I(\theta)]^{\frac{1}{2}} \propto \theta^{\frac{-1}{2}} (1-\theta)^{\frac{-1}{2}}.$$

因此，θ 的无信息先验分布为 Beta 分布 $Be\left(\frac{1}{2}, \frac{1}{2}\right)$.

若取 θ 的无信息先验分布为 Beta 分布 $Be\left(\frac{1}{2}, \frac{1}{2}\right)$，则在平方损失下 θ 的贝叶斯估计为 $\hat{\theta}_1 = \frac{x + 0.5}{n + 1}$.

如果按贝叶斯假设，θ 的无信息先验分布为 Beta 分布 $Be(1,1)$ [即 $(0,1)$ 区间上的均匀分布]，则在平方损失下 θ 的贝叶斯估计为 $\hat{\theta}_2 = \frac{x+1}{n+2}$.

以下通过具体计算来比较二者的区别，其计算结果见表 4-1 和如图 4-1 所示.

表 4-1 当 $n=10$ 时 $\hat{\theta}_1$ 和 $\hat{\theta}_2$ 的计算结果

x	0	1	2	3	4	5	6	7	8	9	10
$\hat{\theta}_1$	0.045 5	0.136 4	0.227 3	0.318 2	0.409 1	0.500 0	0.590 9	0.681 8	0.772 7	0.863 6	0.954 5
$\hat{\theta}_2$	0.083 3	0.166 7	0.25	0.333 3	0.416 7	0.500 0	0.583 3	0.666 7	0.750 0	0.833 3	0.916 7

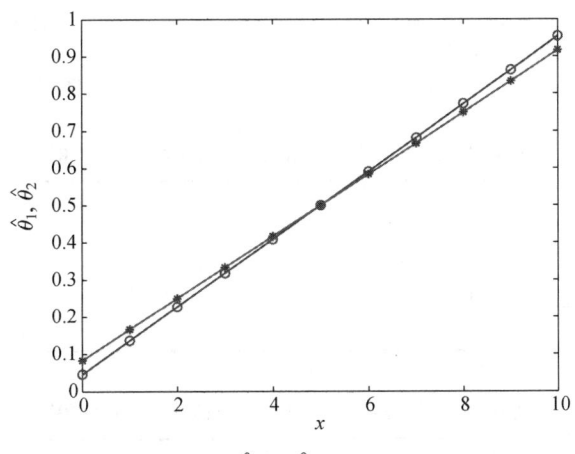

图 4-1　$\hat{\theta}_1$ 和 $\hat{\theta}_2$ 的计算结果

说明：○表示 $\hat{\theta}_1$ 的计算结果，∗ 表示 $\hat{\theta}_2$ 的计算结果．

从以上得到的结果看，按 Jeffreys 准则和按贝叶斯分别得到 θ 的贝叶斯估计 $\hat{\theta}_1$ 和 $\hat{\theta}_2$，无论是表达式，还是表 4-1 和图 4-1，它们都是比较接近的，但还是有区别的．

关于二项分布 $B(n,\theta)$ 中参数 θ 的无信息先验分布，不少统计学家从各种角度进行了研究，主要有如下三种．

(1) $\pi_1(\theta) \propto 1$，这是 Bayes(1763) 和 Laplace(1812) 采用过的；

(2) $\pi_2(\theta) \propto \theta^{-1}(1-\theta)^{-1}$，这是 Novick & Hall(1965) 导出的；

(3) $\pi_3(\theta) \propto \theta^{-\frac{1}{2}}(1-\theta)^{-\frac{1}{2}}$，这是 Jeffreys(1968) 导出的．

以上三种无信息先验分布，它们各自从一个侧面提出自己的问题，都有其合理性．其中 $\pi_2(\theta)$ 不是正常的密度函数，$\pi_1(\theta)$ 是正常的密度函数，而 $\pi_3(\theta)$ 经过正则化处理后可成为正常的密度函数．这三种无信息先验分布虽不同，但对贝叶斯统计推断的结果的影响是很小的．陈宜辉，姜礼平，吴树和(2001)研究了以上三种先验分布下贝叶斯估计的风险．

对二项分布 $B(n,\theta)$，若参数 θ 的无信息先验分布分别为 $\pi_1(\theta)$，$\pi_2(\theta)$ 和 $\pi_3(\theta)$，即 θ 的无信息先验分布分别为 $Be(1,1)$，$Be(0,0)$ 和 $Be\left(\frac{1}{2},\frac{1}{2}\right)$，根据例 2.3.1，$\theta$ 的后验分布分别为 $Be(1+x,1+n-x)$，$Be(x,n-x)$ 和 $Be\left(\frac{1}{2}+x,\frac{1}{2}+n-x\right)$．因此，在平方损失下 θ 的贝叶斯估计分别为 $\hat{\theta}_1=\dfrac{x+1}{n+2}$，$\hat{\theta}_2=\dfrac{x}{n}$，$\hat{\theta}_3=\dfrac{x+0.5}{n+1}$，其中 $x=0,1,2,\cdots,n$．

以下计算并比较以上三个贝叶斯估计的风险：

$$r_1=\frac{(x+1)(n-x+1)}{(n+1)(n+2)^2(n+3)},$$

$$r_2=\frac{1}{n(n+1)},$$

$$r_3=\frac{\Gamma(x+0.5)\Gamma(n-x+0.5)(n+x+0.5)(x+0.5)}{\Gamma(n-x+1)\Gamma(x+1)(n+1)^2(n+2)}.$$

当 $n=10, 20, 30, 40, 50, 80, 100$ 时，r_{1x}, r_{2x}, r_{3x} 和 x 之间的关系见表 4-2—表 4-8 ($B_i = \sum_{x=0}^{n} r_{ix}, i=1,2,3; x=0,1,2,\cdots,n$) 和如图 4-2—图 4-8 所示.

表 4-2　r_{1x}, r_{2x}, r_{3x} 和 x 之间的关系 ($n=10$)

x	0	2	4	5	6	8	10	B_i
r_{1x}	0.000 5	0.001 3	0.001 7	0.001 7	0.001 7	0.001 3	0.000 5	0.008 7
r_{2x}	0.009 1	0.009 1	0.009 1	0.009 1	0.009 1	0.009 1	0.009 1	0.063 7
r_{3x}	0.002 0	0.003 4	0.003 9	0.004 0	0.003 9	0.003 4	0.002 0	0.022 6

表 4-3　r_{1x}, r_{2x}, r_{3x} 和 x 之间的关系 ($n=20$)

x	0	3	6	9	12	15	18	B_i
r_{1x} (1.0e−003)	0.089 8	0.308 0	0.449 2	0.513 3	0.500 5	0.410 7	0.243 8	0.002 5
r_{2x} (1.0e−003)	2.380 9	2.380 9	2.380 9	2.380 9	2.380 9	2.380 9	2.380 9	16.667
r_{3x} (1.0e−003)	0.400 0	0.800 0	1.000 0	1.100 0	1.100 0	1.000 0	0.700 0	6.100 0

表 4-4　r_{1x}, r_{2x}, r_{3x} 和 x 之间的关系 ($n=30$)

x	0	5	10	15	20	25	30	B_i
r_{1x} (1.0e−003)	0.029 6	0.148 9	0.220 5	0.244 4	0.220 5	0.148 9	0.029 6	0.001 0
r_{2x} (1.0e−003)	1.075 3	1.075 3	1.075 3	1.075 3	1.075 3	1.075 3	1.075 3	7.527 1
r_{3x} (1.0e−003)	0.159 8	0.395 9	0.485 8	0.512 2	0.485 8	0.395 9	0.159 8	0.002 6

表 4-5　r_{1x}, r_{2x}, r_{3x} 和 x 之间的关系 ($n=40$)

x	0	6	12	18	24	30	36	B_i
r_{1x} (1.0e−003)	0.013 2	0.078 8	0.121 2	0.140 5	0.136 7	0.109 6	0.059 5	0.659 5
r_{2x} (1.0e−003)	0.609 7	0.609 7	0.609 7	0.609 7	0.609 7	0.609 7	0.609 7	4.268 0
r_{3x} (1.0e−003)	0.080 1	0.217 0	0.271 2	0.292 6	0.288 4	0.257 6	0.187 3	1.601 2

表 4-6　r_{1x}, r_{2x}, r_{3x} 和 x 之间的关系 ($n=50$)

x	0	8	16	24	32	40	48	B_i
r_{1x} (1.0e−004)	0.069 8	0.529 5	0.814 1	0.923 5	0.857 9	0.617 1	0.201 1	4.013 0
r_{2x} (1.0e−004)	3.921 6	3.921 6	3.921 6	3.921 6	3.921 6	3.921 6	3.921 6	27.451 2
r_{3x} (1.0e−004)	0.467 0	1.430 0	1.784 0	1.903 0	1.832 0	1.548 0	0.858 0	9.822 0

表 4-7　r_{1x}, r_{2x}, r_{3x} 和 x 之间的关系 ($n=80$)

x	0	13	26	39	52	65	78	B_i
r_{1x} (1.0e−004)	0.017 9	0.210 6	0.328 5	0.371 6	0.340 0	0.233 6	0.052 4	1.554 6
r_{2x} (1.0e−004)	1.543 2	1.543 2	1.543 2	1.543 2	1.543 2	1.543 2	1.543 2	10.802 4
r_{3x} (1.0e−004)	0.148 0	0.567 4	0.711 3	0.757 2	0.723 9	0.598 2	0.274 1	3.780 1

表 4-8　r_{1x}，r_{2x}，r_{3x} 和 x 之间的关系（$n=100$）

x	0	16	32	48	64	80	96	B_i
r_{1x}(1.0e−004)	0.009 3	0.133 5	0.210 4	0.239 9	0.222 2	0.157 2	0.044 8	1.017 3
r_{2x}(1.0e−004)	0.990 1	0.990 1	0.990 1	0.990 1	0.990 1	0.990 1	0.990 1	6.930 7
r_{3x}(1.0e−004)	0.085 5	0.362 1	0.456 0	0.487 4	0.468 8	0.393 4	0.206 2	2.459 4

图 4-2　当 $n=10$ 时 r_{1x}，r_{2x}，r_{3x} 和 x 之间的关系

图 4-3　当 $n=20$ 时 r_{1x}，r_{2x}，r_{3x} 和 x 之间的关系

图 4-4　当 $n=30$ 时 r_{1x}，r_{2x}，r_{3x} 和 x 之间的关系

图 4-5　当 $n=40$ 时 r_{1x}，r_{2x}，r_{3x} 和 x 之间的关系

图 4-6　当 $n=50$ 时 r_{1x}，r_{2x}，r_{3x} 和 x 之间的关系

图 4-7　当 $n=80$ 时 r_{1x}，r_{2x}，r_{3x} 和 x 之间的关系

说明:在图 4-2—图 4-8 中,+表示 r_{1x},。表示 r_{2x}, * 表示 r_{3x}.

从表 4-2—表 4-8 和图 4-2—图 4-8 可以看出,$r_{1x} < r_{3x} < r_{2x}$. 另外,从表 4-2—表 4-8 可以看出,$B_1 < B_3 < B_2$.

所以,从贝叶斯风险角度来看,在三种贝叶斯估计中 $\hat{\theta}_1$ 最好,$\hat{\theta}_3$ 次之. 但注意到 r_{1x},r_{2x},r_{3x} 和 B_1,B_2,B_3 都比较小,因此在应用中,选择以上三种无信息先验分布都是合理的.

例 4.2.8 设 x_1,x_2,$\cdots$,x_n 是来自正态分布 $N(\mu,\sigma^2)$ 的样本,现在按 Jeffreys 准则来求 (μ,σ) 的无信息先验分布.

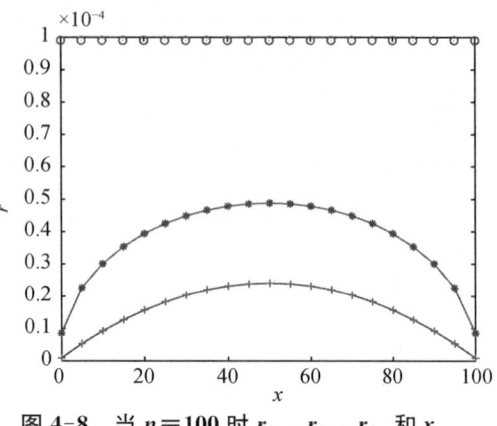

图 4-8 当 $n=100$ 时 r_{1x},r_{2x},r_{3x} 和 x 之间的关系

似然函数为

$$L(x\mid\mu,\sigma^2)=(2\pi)^{-\frac{n}{2}}\sigma^{-n}\exp\left\{-\frac{1}{2\sigma^2}\sum_{i=1}^{n}(x_i-\mu)^2\right\}.$$

似然函数的对数为

$$l=-\frac{n}{2}\ln(2\pi)-\frac{n}{2}\ln\sigma^2-\frac{1}{2\sigma^2}\sum_{i=1}^{n}(x_i-\mu)^2.$$

其 Fisher 信息矩阵为

$$\boldsymbol{I}(\mu,\sigma)=\begin{pmatrix}E\left(-\frac{\partial^2 l}{\partial \mu^2}\right) & E\left(-\frac{\partial^2 l}{\partial \mu\,\partial \sigma}\right) \\ E\left(-\frac{\partial^2 l}{\partial \mu\,\partial \sigma}\right) & E\left(-\frac{\partial^2 l}{\partial \sigma^2}\right)\end{pmatrix}=\begin{pmatrix}\dfrac{n}{\sigma^2} & 0 \\ 0 & \dfrac{2n}{\sigma^2}\end{pmatrix}.$$

则 $\det \boldsymbol{I}(\mu,\sigma)=2n^2\sigma^{-4}$,于是按照 Jeffreys 准则,$(\mu,\sigma)$ 的无信息先验密度函数为

$$\pi(\mu,\sigma)=[\boldsymbol{I}(\mu,\sigma)]^{\frac{1}{2}}\propto\sigma^{-2}.$$

特别地,它有如下几种特殊情况:

(1) 当 σ 已知时,$I(\mu)=E\left(-\dfrac{\partial^2 l}{\partial \mu^2}\right)=\dfrac{n}{\sigma^2}$,所以 $\pi(\mu)\propto 1$,$\mu\in\mathbf{R}$.

(2) 当 μ 已知时,$I(\sigma)=E\left(-\dfrac{\partial^2 l}{\partial \sigma^2}\right)=\dfrac{2n}{\sigma^2}$,所以 $\pi(\sigma)\propto\sigma^{-1}$,$\sigma\in\mathbf{R}^+$.

(3) 当 μ 与 σ 独立时,$\pi(\mu,\sigma)=\pi(\mu)\pi(\sigma)\propto\sigma^{-1}$,$\mu\in\mathbf{R}$,$\sigma\in\mathbf{R}^+$.

可见,Jeffreys 准则表明:μ 与 σ 的无信息先验分布是不独立的. 在 (μ,σ) 的联合无信息先验分布的两种形式中(σ^{-1} 和 σ^{-2}),Jeffreys 最终推荐的是 $\pi(\mu,\sigma)\propto\sigma^{-1}$. 从实际使用情况来看,多数使用者采用 Jeffreys 的推荐.

从上面的讨论可以看出,Jeffreys 准则是一个原则性的意见,用 Fisher 信息矩阵行列式的平方根作为参数的先验密度的核是具体方法,这二者不是等同的. 还可以寻找更适合体现这个准则的具体方法.

一般,无信息先验分布不是唯一的,但它们对贝叶斯统计推断的结果的影响都是很小的,很少对结果产生较大影响,所以任何无信息先验分布都可以采用,但最好是结合实际问题的具体情况来选择. 目前,无论是统计理论研究还是应用研究,采用无信息先验分布越来越多. 就连经典统计学者也认为无信息先验分布是"客观"的,可以接受的,这也是近几十年来贝叶斯学派研究中最成功的部分.

4.2.4 用 Lindley 原则确定无信息先验分布

林德利是英国贝叶斯学派的代表性人物. 他从共轭先验分布导出的结果,进一步考虑,获得了无信息先验分布,并提出了 Lindley 原则[张尧庭,陈汉蜂(1991)]:设参数 θ 的先验分布是共轭先验分布,$\theta \in (\theta_1, \theta_2)$,参数 θ 的适当变换 $\varphi = \varphi(\theta)$,使 $\varphi \in (-\infty, \infty)$,并取 φ 的无信息先验密度为 $\pi(\varphi) = 1$,则 θ 的先验密度(的核)为

$$\pi(\theta) = \left|\frac{\mathrm{d}\varphi(\theta)}{\mathrm{d}\theta}\right|.$$

对于多参数问题,取各单参数先验密度的乘积为其先验密度.

周源泉,翁朝曦(1990)把 Lindley 原则称为无信息先验密度的新假设,并介绍了有关工程方面的应用,还进行了一些讨论.

例 4.2.9 对二项分布,成功(或失败)的概率 $p \in (0, 1)$,在 Lindley 原则下,求参数 p 的先验密度(的核).

解 取参数 p 的适当变换 $\varphi(p) = \ln\dfrac{p}{1-p} \in (-\infty, \infty)$,则 p 的先验密度(的核)为

$$\pi(p) = \left|\frac{\mathrm{d}\varphi(p)}{\mathrm{d}p}\right| = p^{-1}(1-p)^{-1}.$$

因此,此时参数 p 的先验密度的核 $p^{-1}(1-p)^{-1}$ 为 $Be(0, 0)$ 的核,所以在 Lindley 原则下,参数 p 的无信息先验分布为 $Be(0, 0)$.

注意,$Be(0, 0)$ 不是正常分布[在 Beta 分布 $Be(a, b)$ 中,要求 $a > 0, b > 0$],但它是广义分布,并且在此先验分布下其后验分布可以是正常分布.

例 4.2.10 对均值为 $\dfrac{1}{\lambda}$ 的指数分布(λ 称为失效率),在 Lindley 原则下,求 $\lambda \in (0, \infty)$ 的先验密度(的核).

解 取参数 λ 的适当变换 $\varphi(\lambda) = \ln\lambda \in (-\infty, \infty)$,则 λ 的先验密度(的核)为 $\pi(\lambda) = \left|\dfrac{\mathrm{d}\varphi(\lambda)}{\mathrm{d}\lambda}\right| = \lambda^{-1}$.

因此,此时参数 λ 的先验密度的核 λ^{-1} 为 $Ga(0, 0)$ 的核,所以在 Lindley 原则下,参数 λ 的无信息先验分布为 $Ga(0, 0)$.

注意,$Ga(0, 0)$ 不是正常分布[因为在 Gamma 分布 $Ga(a, b)$ 中,要求 $a > 0, b > 0$],但它是广义分布,并且在此先验分布下后验分布可以是正常分布.

需要指出,在 Jeffreys 准则下,指数分布中参数 λ 的无信息先验分布(见例 4.2.6)也是

$Ga(0,0)$.

应该指出,苏联将 $Be(0,0)$ 和 $Ga(0,0)$ 列入了飞行器设计手册[周源泉,翁朝曦(1990)].

但应该注意,在使用 $Be(0,0)$ 和 $Ga(0,0)$ 作为先验分布时,在后验分布的数学处理时要特别谨慎,否则会引起原则性的错误.

4.3 贝叶斯层次模型及其应用

在实际应用中,往往遇到的更为复杂的模型.这些模型中一些参数由另外一些参数(或其函数)来确定,这样的模型称为层次(或分层)模型.本节介绍如何利用贝叶斯方法求解这样的模型——贝叶斯层次模型(或分层贝叶斯模型).由于贝叶斯层次模型在应用中良好的表现,目前在很多领域越来越受到重视.

首先介绍多层先验分布,然后给出一些贝叶斯层次模型的应用案例.

4.3.1 多层先验分布

若 θ 的先验分布 $\pi(\theta \mid a)$ 中包含超参数 a,那么超参数 a 如何确定呢?Lindley & Smith(1972)提出了多层(或分层)先验(hierarchical prior)分布的想法,即在先验分布中含有超参数时,可对超参数再给出一个先验分布.第二个先验分布称为超先验分布——超参数的先验分布.由先验分布和超先验分布决定一个新的先验分布,称为**多层(或分层)先验分布**.

在应用中多层(或分层)先验分布,一般主要用到两层,更多层在应用上比较少见.

4.3.2 应用案例

例 4.3.1(续例 3.1.8) 在例 3.1.8 中给出了医疗责任保单的赔付记录(Klugman et al.,2004):125,132,141,107,133,319,126,104,145,223.每笔赔付服从 Pareto 分布 $Pa(\alpha, \theta_0)$,其中 $\theta_0 = 100$,α 未知.在 α 的先验分布为 Gamma 分布 $Ga(2,1)$ 时,给出了 α 的贝叶斯估计.

如果只知道 α 的先验分布为 Gamma 分布 $Ga(a,b)$,但不知道 a 和 b 的具体值,只知道它们都在 $(0,1)$ 区间上,这时我们可以应用多层先验分布.

如果只知道 α 的先验分布为 Gamma 分布 $Ga(a,b)$,但不知道 a 和 b 的具体值,只知道它们都在 $(0,1)$ 区间上,这时我们可以取 $(0,1)$ 区间上均匀分布作为先验分布.以下用 OpenBUGS 来计算.

```
model
{
for(i in 1:n){
time[i]~dpar(alpha, 100)
}
```

```
alpha~dgamma(a, b)
a~dunif(0,1)
b~dunif(0,1)
}
data
list(time = c(125, 132, 141, 107, 133, 319, 126, 104, 145, 233), n = 10)
list(alpha = 3)
```

运行结果见表 4-9.

表 4-9 计算结果

参数	mean	sd	MC-error	val2.5pc	median	val97.5pc	start	sample
alpha	2.477	0.779 3	0.009 398	1.196	2.394	4.258	1 001	9 000

表 4-9 的计算结果与例 3.1.8 中的结算结果(表 3-2)略有不同,这主要是由于先验分布的不同而产生的.

例 4.3.2 设对某产品的不合格率 θ 了解甚少,只知道它比较小. 现在需要确定 θ 的先验分布. 决策人经过反复思考,最后把它引导到多层先验分布上去,他的思路如下:

(1) 开始时他用(0,1)区间上的均匀分布 $U(0,1)$ 作为 θ 的先验分布.

(2) 后来觉得不妥,以为此产品的不合格率 θ 比较小,不会超过 0.5,于是改用(0,0.5)区间上的均匀分布 $U(0,0.5)$ 作为 θ 的先验分布.

(3) 在一次业务会上,不少人对上限 0.5 提出了各种意见,有人问:"为什么不把上限定为 0.4 呢?"他讲不清楚,有人建议:"上限可能是 0.1",他也没有把握,但这些问题促使他思考. 最后他把自己的思路理顺了,提出了如下看法:θ 的先验分布为 $U(0,\lambda)$,其中 λ 为超参数,要确切地定出 λ 是困难的,但给它一个区间是有把握的. 根据大家的建议,他认为 λ(超参数)的先验分布取(0.1,0.5)区间上的均匀分布 $U(0.1,0.5)$. 这后一个分布是超先验. 决策者的这种归纳获得大家的赞许.

(4) 最后决定的 θ 的先验分布是什么呢? 根据决策人的归纳,可以叙述为如下两点:

① θ 的先验分布为 $\pi_1(\theta \mid \lambda) = U(0,\lambda)$;

② 超参数 λ 的先验分布为 $\pi_2(\lambda) = U(0.1,0.5)$.

于是可以得到 θ 的先验分布为

$$\pi(\theta) = \int_\Lambda \pi_1(\theta \mid \lambda) \pi_2(\lambda) \mathrm{d}\lambda,$$

其中,Λ 为超参数 λ 的取值范围.

在本例中

$$\pi(\theta) = \frac{1}{0.5-0.1} \int_{0.1}^{0.5} \lambda^{-1} I_{(0,\lambda)}(\theta) \mathrm{d}\lambda,$$

其中,$I_A(x)$ 为示性函数,即 $I_A(x) = \begin{cases} 1, & x \in A, \\ 0, & x \overline{\in} A. \end{cases}$

以下分几种情况计算上述积分.

当 $0 < \theta < 0.1$ 时,有

$$\pi(\theta) = \frac{1}{0.4}\int_{0.1}^{0.5} \lambda^{-1} d\lambda = 2.5\ln 5 = 4.0236.$$

当 $0.1 \leqslant \theta < 0.5$ 时,有

$$\pi(\theta) = 2.5\int_{\theta}^{0.5} \lambda^{-1} d\lambda = 2.5(\ln 0.5 - \ln\theta) = -1.7329 - 2.5\ln\theta.$$

当 $0.5 \leqslant \theta < 1$ 时,有 $\pi(\theta) = 0$.

综合上述,最后得到 θ 的多层先验密度函数为

$$\pi(\theta) = \begin{cases} 4.0236, & 0 < \theta < 0.1, \\ -1.7329 - 2.5\ln\theta, & 0.1 \leqslant \theta < 0.5, \\ 0, & 0.5 \leqslant \theta < 1. \end{cases}$$

θ 的这个多层先验密度函数的图形,如图 4-9 所示.

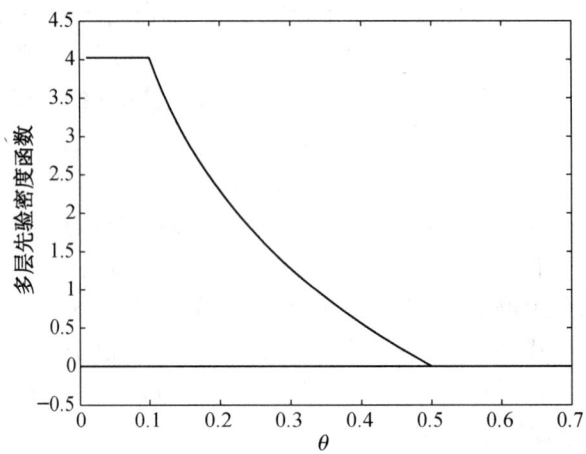

图 4-9 θ 的多层先验密度函数

由于

$$\int_0^1 \pi(\theta) d\theta = \int_0^{0.1} 4.0236 d\theta + \int_{0.1}^{0.5} (-1.7329 - 2.5\ln\theta) d\theta = 0.4024 + 0.5976 = 1,$$

所以上述 θ 的多层先验分布是一个正常分布.

从例 4.3.1 可以看出一般多层先验分布的确定方法:

首先,对未知参数 θ 给一个形式上已知的密度函数作为先验分布,即 $\theta \sim \pi_1(\theta \mid \lambda)$,其中 λ 为超参数,其取值范围为 Λ.

其次,对超参数 λ 再给一个先验分布 $\pi_2(\lambda)$.

由此可以得到多层先验分布的一般形式

$$\pi(\theta) = \int_{\Lambda} \pi_1(\theta \mid \lambda) \pi_2(\lambda) d\lambda.$$

应该说明，在理论上并没有限制多层先验分布只分两步，也可以是三步或多步，但在实际应用中多于两步是罕见的.对第二步先验分布 $\pi_2(\lambda)$ 用主观概率或用历史数据给出是有困难的,有些人用无信息先验分布作为第二步先验分布是一个好的策略.因为第二步先验分布即使用得不好,而导致错误结果的危险性更小一些,相对来说,第一步先验分布更为重要一些.

例 4.3.3(续例 4.3.2) 例 4.3.2 中,在产品的研制过程中,由于工程技术人员参与了产品的设计调试等各项工作,因此工程技术人员对产品的质量状况有着深入了解,具有丰富的经验,这些经验是产品质量评估中可以利用的先验信息.

为了评估某产品的不合格率 θ,对该产品随机地抽取 30 个样品进行试验,结果是所有 30 个样品无一失效.如果 θ 的多层先验分布采用例 4.3.1 中给出的,请给出 θ 的多层后验分布,并对该产品的不合格率 θ 进行估计.

由于试验的结果是所有 30 个样品无一失效,所以似然函数为

$$L(x\mid\theta)=(1-\theta)^{30},\quad 0<\theta<1.$$

如果 θ 的多层先验分布为 $\pi(\theta)$,根据贝叶斯定理,则 θ 的多层后验密度函数为

$$\pi(\theta\mid x)=\frac{L(x\mid\theta)\pi(\theta)}{\int_\Theta L(x\mid\theta)\pi(\theta)\mathrm{d}\theta},\quad 0<\theta<1.$$

如果 θ 的多层先验分布 $\pi(\theta)$ 采用例 4.3.1 中给出的,则有

$$\int_0^1 (1-\theta)^{30}\pi(\theta)\mathrm{d}\theta = \int_0^{0.1} 4.023\,6(1-\theta)^{30}\mathrm{d}\theta + \int_{0.1}^{0.5}(-1.732\,9-2.5\ln\theta)(1-\theta)^{30}\mathrm{d}\theta$$
$$=0.129\,793\,5,$$

于是 θ 的多层后验密度函数为

$$\pi(\theta\mid x)=\frac{L(x\mid\theta)\pi(\theta)}{\int_\Theta L(x\mid\theta)\pi(\theta)\mathrm{d}\theta}$$
$$=\begin{cases}31.190\,7(1-\theta)^{30}, & 0<\theta<0.1,\\ -(13.433\,3+19.379\,8\ln\theta)(1-\theta)^{30}, & 0.1\leqslant\theta<0.5,\\ 0, & 0.5\leqslant\theta<1.\end{cases}$$

在平方损失下,则 θ 的多层贝叶斯估计为

$$\hat\theta=\int_0^1\theta\pi(\theta\mid x)\mathrm{d}\theta=0.030\,6.$$

在可信水平为 0.9 时,该产品的不合格率 θ 的可信上限 $\hat\theta_{BU}$ 应满足:

$$\int_0^{\hat\theta_{BU}}\pi(\theta\mid x)\mathrm{d}\theta=0.9,$$

把 θ 的多层后验密度函数 $\pi(\theta\mid x)$ 代入上式,则有

$$0.9=1-(1-\hat\theta_{BU})^{31},$$

解得 $\hat{\theta}_{BU} = 1 - 0.1^{\frac{1}{31}} = 0.0716$.

类似地,可以算得该产品的不合格率 θ 的可信水平为 $1-\alpha(0<\alpha<1)$ 的可信上限 $\hat{\theta}_{BU}$,其计算结果见表 4-10.

表 4-10 $\hat{\theta}_{BU}$ 的计算结果

$1-\alpha$	0.8	0.85	0.90	0.95
$\hat{\theta}_{BU}$	0.050 593	0.059 362	0.071 585	0.092 114

多层先验分布常在这种情况使用,当一步给出先验分布没有把握时,那么用两步先验要比用一步先验所冒风险要小一些.

这种先验分布要一步依据主观信念和历史数据获得是困难的,甚至很难想到.多层先验分布的这个优点是明显的.

例 4.3.4(续例 4.3.2 和例 4.3.3) 在例 4.3.2 和例 4.3.3 中,用 OpenBUGS 计算产品不合格率的多层贝叶斯估计和可信水平为 0.95 的可信区间.

在例 4.3.2 中,产品不合格率 θ 的先验分布为均匀分布 $U(0,\lambda)$,而 λ 的先验分布为均匀分布 $U(0.1, 0.5)$. 在例 4.3.3 中,所有 30 个样品的试验结果是无一失效(即失效数为 0).

若 θ 的先验分布为均匀分布 $U(0,\lambda)$,而 λ 的先验分布为均匀分布 $U(0.1, 0.5)$,且 30 个样品的试验结果是无一失效,用 OpenBUGS 计算产品不合格率的多层贝叶斯估计和可信水平为 0.95 的可信区间,其 OpenBUGS 代码如下:

```
model
{
x~dbin(theta,n)
theta~dunif(1.0E-5,lambda)
lambda~dunif(0.1, 0.5)
}
list(x = 0, n = 30)
```

运行结果见表 4-11.

表 4-11 计算结果

参数	mean	sd	MC-error	val2.5pc	median	val97.5pc	start	sample
theta	0.030 31	0.028 87	2.967E-4	8.605E-4	0.021 53	0.106	1 001	9 000

说明:在上述代码中 theta~dunif(1.0E-5, lambda),而不是 theta~dunif(0, lambda). 因为如果改为 theta~dunif(0, lambda),则代码不能运行(模型检验等都是可以的,主要问题是不能进行抽样). 用接近于 0 的 1.0E-5(即 1.0×10^{-5})替换,当然还可以用其他接近于 0 的数替换,例如 1.0E-8, 1.0E-10, mean(或 sd, MC-error, val2.5pc, median 和 val97.5pc)的相应计算结果都是稳健的. 关于本问题的相关研究(包括相关代码),已发表在 Han(2023b).

根据上述计算结果,我们可以得到:

产品不合格率的多层贝叶斯估计为 0.030 31(后验均值),这个结果与例 4.3.3 中的相应结果 0.030 6 非常接近.

产品不合格率的可信水平为 0.95 的可信区间为 (8.564E-4, 0.106).

例 4.3.5(续例 4.3.2,例 4.3.3 和例 4.3.4) 在例 4.3.2,例 4.3.3 和例 4.3.4 中,在另外一个(与例 4.3.4 有所不同)多层先验分布下用 OpenBUGS 计算产品的不合格率的多层贝叶斯估计和可信水平为 0.95 的可信区间.

在例 4.3.2 中,产品不合格率 θ 的先验分布为均匀分布 $U(0,\lambda)$,而 λ 的先验分布为均匀分布 $U(0.1, 0.5)$.

在例 4.3.4 中,因为在代码中若 theta~dunif(0, lambda),则代码不能运行. 为了克服例 4.3.4 中遇到的困难(主要是不能进行抽样),我们现在考虑用如下的方法来构造多层先验分布.

若产品不合格率 θ 的先验分布为均匀分布 $U(a,\lambda)$,而 a 的先验分布为均匀分布 $U(0, 1.0E-5)$,λ 的先验分布为均匀分布 $U(0.1, 0.5)$,且 30 个样品的试验结果是无一失效,OpenBUGS 代码如下:

```
model
{
x~dbin(theta, n)
theta~dunif(a, lambda)
a~dunif(0,1.0E-5)
lambda~dunif(0.1, 0.5)
}
list(x = 0, n = 30)
```

运行结果见表 4-12.

表 4-12 计算结果

参数	mean	sd	MC-error	val2.5pc	median	val97.5pc	start	sample
theta	0.030 7	0.029 12	3.632E-4	8.258E-4	0.022 05	0.107 6	1 001	9 000

说明: 在上述代码中,a 的先验分布为均匀分布 $U(0, 1.0E-5)$,这说明了 a 是接近于 0 的. 当然我们还可以用其他接近于 0 的数来替换 1.0E-5,例如 1.0E-8,1.0E-10,相应的计算结果 mean(或 sd, MC-error, val2.5pc, median 和 val97.5pc)都是稳健的. 关于本问题的相关研究(包括相关代码),已发表在 Han(2023b).

根据上述计算结果,我们可以得到:

产品不合格率的多层贝叶斯估计为 0.030 7(后验均值). 这个结果与例 4.3.3 中的相应结果 0.030 6 非常接近.

产品不合格率的可信水平为 0.95 的可信区间为 (8.258E-4, 0.107 6). 这个结果与例 4.3.4 中的相应结果 (8.564E-4, 0.106) 非常接近.

在例 4.3.4 和例 4.3.5 中,虽然它们都是构造多层先验分布,但在例 4.3.4 和例 4.3.5 中还是有所不同的.

例 4.3.6(续例 3.1.9) 在例 3.1.9 中,用 OpenBUGS 给出了参数的贝叶斯估计. 现在用不同于例 3.1.9 中参数的先验分布(多层先验分布),并用 OpenBUGS 计算参数的多层贝叶斯估计.

在例 3.1.9 中，数据来自 Pareto 分布 $Pa(\lambda, \alpha)$，其中 λ 为形状参数，α 为门限参数，λ 的先验分布取 $Ga(0.05, 0.05)$，α 的先验分布取 $(0, 708)$ 区间上的均匀分布.

如果 α 的先验分布取 $(0, 708)$ 区间上的均匀分布（同例 3.1.9），但 λ 的先验分布取 $Ga(c, d)$，而 c 和 d 的先验分布都取区间 $(0, 1.0E-1)$ 上的均匀分布，其 OpenBUGS 代码如下：

```
model
{
for(i in 1:n){
time[i]~dpar(lambda, alpha)
}
lambda~dgamma(c, d)
alpha~dunif(0, 708)
c~dunif(0, 1.0E-1)
d~dunif(0, 1.0E-1)
}
data
list(time = c(3581, 1690, 1433, 1184, 1066, 1005, 883, 841, 778, 753, 2474, 1684,
1410, 1171, 1056, 1001, 878, 825, 778, 746, 2202, 1627, 1374, 1109, 1051,
965, 871, 820, 771, 729, 1858, 1537, 1338, 1095, 1031, 944, 849, 816, 769,
712, 1829, 1519, 1208, 1092, 1016, 912, 844, 814, 759, 708), n = 50)
list(a = 2.3, b = 700)
```

运行结果见表 4-13.

表 4-13 参数估计的计算结果

参数	mean	sd	MC-error	val2.5pc	median	val97.5pc	start	sample
lamdba	2.294	0.329 8	0.003 432	1.696	2.283	2.978	1 001	9 000
alpha	701.9	6.08	0.106	685.5	703.8	707.8	1 001	9 000

从表 4-13 可以看出，λ 的后验均值为 2.294，后验中位数为 2.283，可信水平为 0.95 的可信区间为 $(1.696, 2.978)$；α 的后验均值为 701.9，后验中位数为 703.8，可信水平为 0.95 的可信区间为 $(685.5, 707.8)$. 这些结果与例 3.1.9 中的结果非常接近.

在本例与例 3.1.9 中，λ 的先验分布都是按照接近于 λ 的无信息先验分布 $Ga(0, 0)$ 来考虑的.

4.3.3 美国大学 SAT 考试问题

大多数美国大学需要学生通过 SAT（学校智能测试）考试后才能进入大学. SAT 考试旨在真实地考察学生经过多年教育之后所获取的知识与能力，同时极力避免因短期突击而带来的成绩提高. 为研究短期考前培训是否能提高 SAT 的成绩，现对 8 所进行过此类培训的高中进行独立随机试验，经过协方差调整（以消除其他因素的影响）后得到的数据见表

4-14. 由于每个学校参加测试的学生数都至少有 32 人,因此可以认为 y_j 具有正态近似,并用样本方差作为 σ_j^2 的值. 现要研究 8 所学校短期考前培训的真实效果,并进行比较.

表 4-14　8 所学校 SAT 考试培训效果与标准差

学校	培训效果	标准差	学校	培训效果	标准差
A	28	15	E	−1	9
B	8	10	F	1	11
C	−3	16	G	18	10
D	7	11	H	12	18

数据与参数都服从正态分布的分层贝叶斯模型称为 N-N 模型. 我们用 N-N 模型逐步展开讨论:

(1) 两个极端的估计:考虑学校 A 的培训效应,若认为 8 个学校没有关系,则用单个的数据估计,即 $\hat{\theta}_1 = 28$(标准差 Sd=15);若认为 8 个学校的培训效应没有差异,则使用合并估计(pooled estimate):

$$\hat{\theta}_1 = \hat{\mu} = \frac{\sum_{j=1}^{8} \frac{1}{\sigma_j^2} y_{\cdot j}}{\sum_{j=1}^{8} \frac{1}{\sigma_j^2}} = 7.8 (\text{Sd}=4.2).$$

(2) 初步分析:一些学校的培训呈现了一定的效果(18~28 之间),一些学校则效果较小,还有的有相反的效果. 而且较大的标准差意味着各平均效应 θ_j 的置信区间会有较大的重叠,即统计上很难区分它们. 然而,经典统计分析却拒绝各 $\theta_j (j=1,2,\cdots,J)$ 相等的假设. 因此,上面的两个估计都是不合理的. 下面用 N-N 多层贝叶斯模型给出一个介于二者之间的一个折中的估计.

(3) N-N 分层贝叶斯分析:套用 N-N 模型对此问题进行分析. 现在的模型为

$$y_j \mid \theta_j, \sigma_j^2 \sim N(\mu_j, \sigma_j^2).$$

其中 $\theta_j (j=1,2,\cdots,8)$ 即为 8 所学校各自短期培训的"真实"效果,且

$$\theta_j \mid \mu, \tau \sim N(\mu, \tau_j^2).$$

其中未知超参数 μ 和 τ 相互独立,并假设 $\pi(\mu, \tau) \propto 1$.

τ 的后验分布:利用网格法绘制 τ 的边际后验密度 $\pi(\tau \mid y)$ 的函数,R 代码如下:

```
y<-c(28, 8, -3, 7, -1, 1, 18 ,12)
sd<-c(15, 10, 16, 11, 9, 11, 10, 18)
v<-sd*sd
tau<-c(0:3000)/100
tausq<-tau*tau
ptau.y<-rep(0,3001)
vmu<-rep(0,3001)
muhat<-rep(0,3001)
```

```
for(i in (1:3001)){
vmu[i]<-1/sum(1/(tausq[i]+v))
muhat[i]<-vmu[i]*sum(y/(tausq[i]+v))
ptau.y[i]<-sqrt(vmu[i]*prod(1/(tausq[i]+v)))*prod(exp(-0.5*(y-muhat[i])
*(y-muhat[i])/(tausq[i]+v)))
}
plot(tau,ptau.y,type="l",yaxt="n",xlab=quote(tau))
```

运行以上程序得到图 4-10.

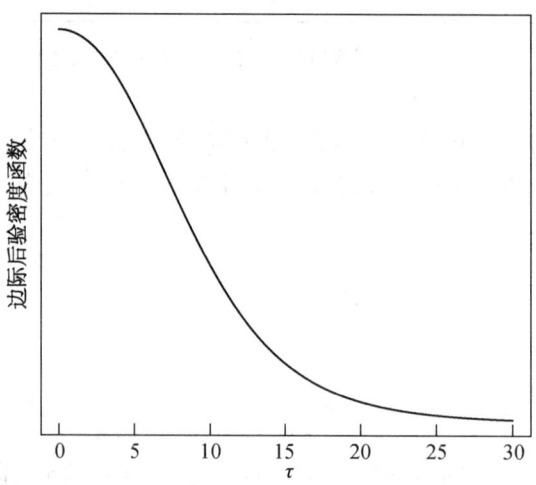

图 4-10　边际后验密度函数 $\pi(\tau|y)$

由图 4-10 可知，τ 值趋近于 0 时最为合理，且有

$$P(\tau>10)<0.5, \quad P(\tau>25)\approx 0.$$

给定 τ 各效应的平均水平与波动：为进一步了解 τ 的性质，现考虑在 τ 给定下的后验均值 $E(\theta_j|\tau,y)$ 及其相应标准差 $Sd(\theta_j|\tau,y)$. 经计算得到

$$E(\theta_j|\tau,y)=\frac{\frac{1}{\sigma_j^2}y_j+\frac{1}{\tau^2}\hat{\mu}}{\frac{1}{\sigma_j^2}+\frac{1}{\tau^2}}, \quad Sd(\theta_j|\tau,y)=\frac{1}{\frac{1}{\sigma_j^2}+\frac{1}{\tau^2}}\left(\frac{\frac{1}{\tau^2}}{\frac{1}{\sigma_j^2}+\frac{1}{\tau^2}}\right)^2 V_\mu.$$

其中

$$\hat{\mu}=\frac{\sum_{j=1}^{J}\frac{1}{\sigma_j^2+\tau^2}y_j}{\sum_{j=1}^{J}\frac{1}{\sigma_j^2+\tau^2}}, \quad V_\mu=\frac{1}{\sum_{j=1}^{J}\frac{1}{\sigma_j^2+\tau^2}}.$$

根据上述公式对二者作图进行比较，其 R 代码如下（接上段代码）：

```
eth.tauy<-matrix(rep(0,24008),8,3001)
sdth.tauy<-matrix(rep(0,24008),8,3001)
for(j in (1:8)){
for(i in (1:3001)){
eth.tauy[j,i]<-(y[j]/v[j]+muhat[i]/tausq[i])/(1/v[j]+1/tausq[i])
sdth.tauy[j,i]<-sqrt(((1/tausq[i])/(1/v[j]+1/tausq[i]))
*((1/tausq[i])/(1/v[j]+1/tausq[i]))*vmu[i]+1/(1/v[j]+1/tausq[i]))
}
}
par(mfrow=c(1,2))
taux<-matrix(rep(tau,8),8,byrow=T)
matplot(t(taux),t(eth.tauy),ylim=(c(-5,30)),
type="l",xlab="tau",lty=1:8,lwd=1,col=1,
ylab="Estimate Treatment Effects",
main="Conditional posterior mean")
School<-c("A","B","C","D","E","F","G","H")
text(x=rep(20,8),y=t(eth.tauy)[2400,],School)
matplot(t(taux),t(sdth.tauy),ylim=(c(0,20)),
type="l",xlab="tau",lty=1:8,lwd=1,col=1,
ylab="Posterior Standard Deviations",
main="Conditional posterior SD")
text(x=rep(20,8),y=t(sdth.tauy)[2400,],School)
```

运行以上程序,得到图 4-11.

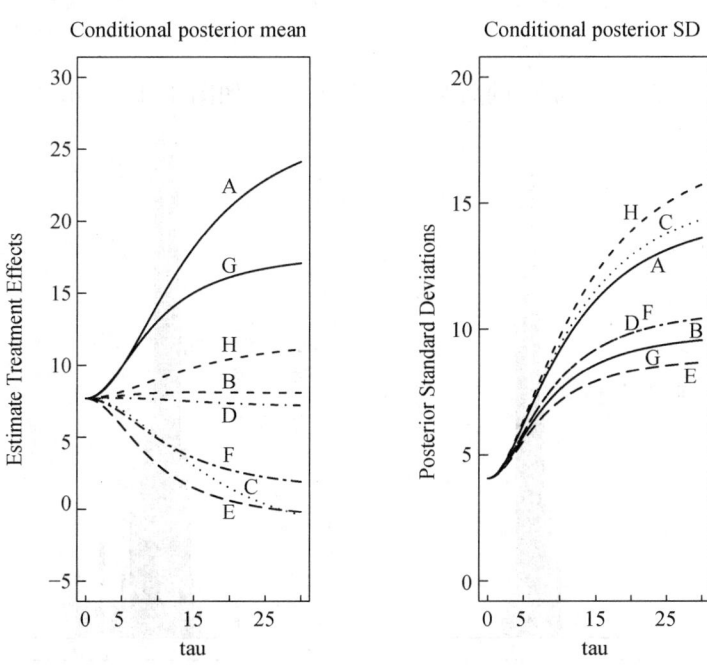

图 4-11　条件后验均值 $E(\theta_j|\tau, y)$ 与标准差 $Sd(\theta_j|\tau, y)$

图 4-11 表明,当 τ 取最合理的值(即为 0)时,8 个不同学校的效应值 θ_j 的均值与标准差都几乎相同,而随着 τ 不断变大,它们之间的差异也变得明显起来,且与各自最初的试验数据相接近. 因此,仅根据 τ 无法得到满意的结果.

后验抽样:下面的 R 矩阵中 x 放置抽样的结果,其中第 1 列 $x[,1]$ 放置 $\pi(\tau \mid y)$ 的样本,第 1 列 $x[,2]$ 放置 $\pi(\mu \mid \tau, y)$ 的样本,第 3—10 列 $x[,j]$ $(j = 3, 4, \cdots, 10)$ 放置 $\pi(\theta_j \mid \tau, \mu, y)$ $(j = 1, 2, \cdots, 8)$ 的样本.

```
m<-200
ptau.y<-ptau.y/(sum(ptau.y))
tausamp<-sample(tau,m,replace=T,prob=ptau.y)
tausamp<-sort(tausamp)
tauid<-tausamp*100+1
x<-matrix(rnorm(m*10,0,1),m,10)
x[,1]<-tausamp
x[,2]<-muhat[tauid]+sqrt(vmu[tauid])*x[,2]
for(j in (1:8)){
thmean<-(y[j]*x[,1]*x[,1]+v[j]*x[,2])/(v[j]+x[,1]*x[,1])
thsd<-sqrt(v[j]*x[,1]*x[,1]/(v[j]+x[,1]*x[,1]))
x[,j+2]<-thmean+thsd*x[,j+2]
}
par(mfrow=c(1,2))
hist(x[,2],breaks=c(-40:50),xlab=quote(mu),
yaxt="n",main="")
hist(x[,3],breaks=c(-20:60),xlab="Effect in School A",
yaxt="n",main="")
```

运行以上程序,得到 μ 与 θ_1 的后验密度的直方图,如图 4-12 所示.

图 4-12 分别从 $\pi(\mu \mid \tau, y)$ 和 $\pi(\theta_1 \mid \tau, \mu, y)$ 中抽取 200 个样本的频数直方图

后验推断:对于每个 θ_j 的 200 个样本运用函数 sort( ) 进行排序后,可以得到相应的五个分位数. 由表 4-15 不难发现,根据 200 个样本,8 个学校实际培训效果的中位数在 5 和 9 之间,而它们的 95% 可信区间有很高的重叠性,说明各效果在一定程度上的一致性.

表 4-15 θ_j 的后验分位数

学校	2.5%	25%	50%	75%	97.5%
A	−2	6	9	15	32
B	−5	4	8	11	21
C	−9	2	6	10	19
D	−5	4	7	11	20
E	−9	1	5	8	15
F	−11	2	6	10	18
G	−1	6	9	13	24
H	−7	4	8	12	30

关于本案例的讨论——Everything I need to know about Bayesian statistics, I learned in eight schools. http://andrewgelman.com/2014/01/21/everything-need-know-bayesian-statistics-learned-eight-schools/ (Posted by Phil on 21 January 2014, 5:20 pm).

思考与练习题 4

4.1 请举例并说明什么是主观概率?

4.2 请结合某个实际问题,对主观概率的合理性与不合理性进行简要评价.

4.3 什么是贝叶斯假设? 它的合理性在哪里? 它会发生什么矛盾?

4.4 请举例并说明共轭先验分布的统计意义,它在参数估计中有什么作用?

4.5 请结合教材的相关内容,总结并简要叙述确定无信息先验分布的各种方法.

4.6 请举例并说明共轭先验分布的统计意义,它在统计推断中的作用是什么?

4.7 请举例并说明多层先验分布的统计意义.

4.8 请说明以下密度是否是位置密度或尺度密度,并对其位置参数给出一个无信息先验分布:

(1) 均匀分布 $U(\theta-1, \theta+1)$;

(2) 柯西分布 $C(0, \beta)$;

(3) Pareto 分布 $Pa(x_0, a)$(x_0 已知).

4.9 对以下每个分布中的未知参数使用 Jeffreys 准则确定先验分布:

(1) 泊松分布 $P(\theta)$;

(2) 二项分布 $B(n, \theta)$(n 已知);

(3) 负二项分布 $NB(m, \theta)$(m 已知);

(4) Gamma 分布 $Ga(\alpha, \lambda)$(λ 已知);

(5) Gamma 分布 $Ga(\alpha, \lambda)$(α 已知);

(6) Gamma 分布 $Ga(\alpha, \lambda)$.

4.10 (1) 如果 $N(\mu, 1)$ 的样本 $x_1, x_2, \cdots, x_n$ 已知,假设 μ 的先验分布为 $N(a, \sigma_0)$,则后验密度 $\pi(\mu \mid x)$ 仍然是正态分布.

(2) 如果又取得了 $N(\mu, 1)$ 的新样本 $y_1, y_2, \cdots, y_m$,若以 $\pi(\mu \mid x)$ 为先验分布,问此时 μ 对 $y_1, y_2, \cdots, y_m$ 的后验分布是什么?

(3) 从这个具体结果如何去考虑更一般的情形?

第 5 章 基于 OpenBUGS 的模型参数估计

在本章中,我们将主要介绍基于 OpenBUGS 的模型:二项分布,泊松分布,指数分布,威布尔分布,对数正态分布,Gamma 分布的参数估计,并给出一些应用案例.

5.1 二项分布

在本书的前面几章中,我们已经接触过二项分布,这里为了后面应用二项分布解决实际问题,以下将首先给出二项分布概述,然后给出一些应用案例.

5.1.1 二项分布概述

如果随机变量 X 的分布律如下

$$P\{X=x\}=C_n^x p^k q^{n-x}, \quad x=0,1,2,\cdots,n, \tag{5.1.1}$$

其中 $0<p<1$, $q=1-p$,则称 X 服从参数为 n, p 的**二项分布**(binomial distribution),记为 $X \sim B(n,p)$.

以下几个假设是二项分布的基础:

(1) 每次试验有两个可能结果,习惯上用成功和失败来表示;

(2) 每次试验失败(成功)的概率(p)保持不变;

(3) 每次试验的结果是独立的,即前一次试验不影响后一次试验的结果.

在二项分布(5.1.1)中,未知参数是 p,观察得到的数据包括给定(即已知)的试验总次数 n 和其中失败(成功)的次数 x.

5.1.2 应用案例

例 5.1.1 设变量 y 服从二项分布 $B(n,p)$,参数 p 的先验分布为其共轭先验分布 Beta 分布,即 $p \sim Be(\alpha,\beta)$,已知做了 80 次试验,成功次数 $y=60$,在以下两种情况下对参数 p 进行估计:(1) $\alpha=0.5$, $\beta=0.5$;(2) $\alpha=1$, $\beta=1$.

(1) 当 $\alpha=0.5$, $\beta=0.5$ 时,以下用 OpenBUGS 来计算.

```
model
{
y~dbin(p,n)
p~dbeta(alpha,beta)
}
data
list(y=60,n=80,alpha=0.5,beta=0.5)
```

运行结果见表5-1.

表5-1 计算结果

参数	mean	sd	MC-error	val2.5pc	median	val97.5pc	start	sample
p	0.746 5	0.048 31	5.12E-4	0.647 7	0.748 7	0.835 4	1 001	9 000

从表5-1可以看出,p的后验均值为0.746 5,标准差0.048 31,MC误差为5.12E-4,中位数为0.748 7,可信水平为0.95的可信区间为(0.647 7, 0.835 4).

(2) 当$\alpha=1$,$\beta=1$时,以下用OpenBUGS来计算.

```
model
{
y~dbin(p, n)
p~dbeta(alpha, beta)
}
data
list(y=60, n=80, alpha=1, beta=1)
```

运行结果见表5-2.

表5-2 计算结果

参数	mean	sd	MC-error	val2.5pc	median	val97.5pc	start	sample
p	0.743 6	0.048 16	4.985E-4	0.645 2	0.745 8	0.832 6	1 001	9 000

从表5-1和表5-2可以看出,在(1)和(2)中p的估计结果差别不大.

例5.1.2 一个工业数据库显示电源供电故障的先验分布为Beta分布$Be(1.24, 189\,075)$.另外,电源收到285次供电请求中有2次未能完成供电.现在对电源供电故障概率p进行估计.

对电源供电故障概率p,若先验分布为$Be(1.24, 189\,075)$,以下用OpenBUGS来计算.

```
model
{
x~dbin(p, n)
p~dbeta(1.24, 189075)
}
data
list(x=2, n=285)
```

运行结果见表 5-3.

表 5-3 计算结果

参数	mean	sd	MC-error	val2.5pc	median	val97.5pc	start	sample
p	1.712E-5	9.559E-6	1.056E-7	3.898E-6	1.535E-5	4.078E-5	1 001	9 000

从表 5-3 可以看出，p 的后验均值为 1.712E-5，标准差为 9.559E-6，MC 误差为 1.056E-7，中位数为 1.535E-5，可信水平为 0.95 的可信区间为(3.898E-6, 4.078E-5).

例 5.1.3 以下考虑某可编程逻辑门阵列的可靠性问题(FPGAs). 这些微芯片允许在出厂后进行重新编程，被应用于多种宇宙飞船中. 这些 FPGA 的可靠性问题主要由于宇宙射线辐射导致(Kelly & Smith, 2011). 这一过程可以通过试验模拟：将 FPGA 放置在质子加速器中，然后用质子束轰击它们. 记录由于高能粒子撞击导致的 FPGA 故障，包括发生翻转的次数 n 以及由翻转导致的故障数 y.

在某次试验中，$n=62$，$y=0$. 可以用经典方法得到翻转导致的故障概率 p 的极大似然估计(MLE)为 $\frac{y}{n}=\frac{0}{62}=0$. 显然这样的估计是不合理的. 以下用贝叶斯方法对翻转导致的故障概率 p 进行估计.

工程技术人员根据仿真试验以及工程经验，认为 p 的先验分布为 Beta 分布 $Be(2.4, 27.6)$.

若 p 的先验分布为 $Be(2.4, 27.6)$，以下用 OpenBUGS 来计算.

```
model
{
y~dbin(p,n)
p~dbeta(2.4,27.6)
}
data
list(y=0,n=62)
```

运行结果见表 5-4.

表 5-4 计算结果

参数	mean	sd	MC-error	val2.5pc	median	val97.5pc	start	sample
p	0.026 28	0.016 53	1.513E-4	0.004 24	0.022 99	0.067 02	1 001	9 000

从表 5-4 可以看出，p 的后验均值为 0.026 28，标准差为 0.016 53，MC 误差为 1.513E-4，中位数为 0.022 99，可信水平为 0.95 的可信区间为(0.004 24, 0.067 02).

例 5.1.4(基于医院的医疗事故对医院的排名问题) 外科手术直接关系到公众的身心健康和生命安全，因此所有医生必须尽职尽责，每家医院都要严格控制事故的发生率，医疗管理部门也需要严格监管. 表 5-5 给出了 12 家医院的医疗事故数据，哪家医院的手术更安全、事故的发生率更低呢? 最简单的办法就是按照事故情况对医院进行排序.

表 5-5 12 家医院的医疗事故数据

医院序号	外科病例数	医疗事故次数	医院序号	外科病例数	医疗事故次数
1	47	0	7	148	9
2	148	18	8	215	31
3	119	8	9	207	14
4	810	46	10	97	8
5	211	8	11	256	29
6	196	13	12	360	24

以下用 OpenBUGS 来计算.

```
model
{
for(i in 1: N){
r[i]~dbin(p[i], n[i])
p[i]~dbeta(1.0, 1.0)
}
}
data
list(n = c(47, 148, 119, 810, 211, 196, 148, 215, 207, 97, 256, 360), r = c(0, 18, 5, 46, 8, 13, 9,
31, 14, 8, 29, 24), N = 12)
```

模型图如图 5-1 所示.

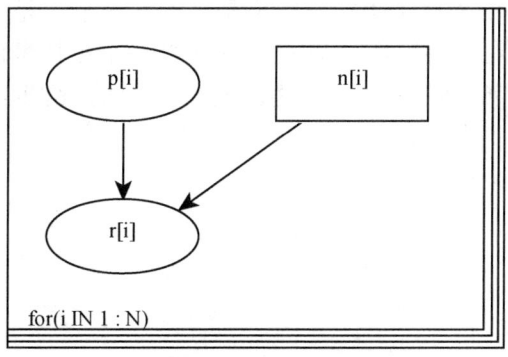

图 5-1 模型图

运行结果见表 5-6.

表 5-6 计算结果

参数	mean	sd	MC-error	val2.5pc	median	val97.5pc	start	sample
p[1]	0.020 55	0.020 25	2.269E-4	4.917E-4	0.014 29	0.074 41	1 001	9 000
p[2]	0.126 5	0.027 01	2.845E-4	0.078 51	0.124 8	0.182 4	1 001	9 000
p[3]	0.049 39	0.019 74	1.935E-4	0.018 61	0.046 92	0.095 48	1 001	9 000
p[4]	0.057 81	0.008 165	8.162E-5	0.042 94	0.057 49	0.075 04	1 001	9 000

(续表)

参数	mean	sd	MC-error	val2.5pc	median	val97.5pc	start	sample
p[5]	0.042 39	0.013 7	1.212E-4	0.020 08	0.040 84	0.073 88	1 001	9 000
p[6]	0.070 82	0.018 33	1.602E-4	0.039 67	0.069 09	0.111 8	1 001	9 000
p[7]	0.066 41	0.020 14	1.978E-4	0.032 14	0.064 38	0.110 5	1 001	9 000
p[8]	0.147 2	0.023 95	2.568E-4	0.104	0.146 3	0.197 2	1 001	9 000
p[9]	0.071 86	0.017 93	1.809E-4	0.041 29	0.070 15	0.110 3	1 001	9 000
p[10]	0.090 89	0.028 79	2.867E-4	0.042 76	0.088 08	0.154 1	1 001	9 000
p[11]	0.116 3	0.020 05	2.396E-4	0.079 29	0.115 4	0.158	1 001	9 000
p[12]	0.068 89	0.013 25	1.376E-4	0.044 91	0.068 25	0.096 76	1 001	9 000

根据表 5-6 中的后验均值对医院进行排名,其结果见表 5-7.

表 5-7 医院排名结果

医院排名	1	2	3	4	5	6	7	8	9	10	11	12
医院序号	1	5	4	7	12	6	9	3	10	11	2	8

例 5.1.5(续例 5.1.4) 在例 5.1.4 中讨论了基于医疗事故的医院排名问题,在那里假设医院外科手术的事故率是受固定影响的,直接根据二项分布得到了其后验均值,然后对医院进行了排名. 表 5-5 给出了 12 家医院的医疗事故数据,哪家医院的手术更安全、事故的发生率更低呢? 最简单的办法就是按照事故情况对医院进行排序. 但是观测数据有随机误差,简单的排序不能反映真实的情况.

事实上,假设一家医院外科手术的事故率是受固定影响不是十分合理的,因为事故率是受随机因素影响的,存在一定的差异,因此应该选择一个更加可信的模型来进行分析. 假设外科手术事故率在每家医院发生所受的影响是类似的,给事故发生率添加一个随机影响.

以下用 OpenBUGS 来计算.

```
model
{
for(i in 1:N){
r[i]~dbin(p[i], n[i])
logit(p[i])<-b[i]
b[i]~dnorm(mu, tau)
}
mu~dnorm(0.0, 1.0E-3)
pop.mean<-exp(mu)/(1+exp(mu))
tau~dgamma(0.01, 0.01)
sigma<-1/sqrt(tau)
}
data
list(n=c(47, 148, 119, 810, 211, 196, 148, 215, 207, 97, 256, 360), r=c(0, 18, 5, 46, 8, 13, 9,
```

31, 14, 8, 29, 24), N = 12)
list(mu = 1, tau = 1)
list(mu = 1, tau = 0.5)

模型图如图 5-2 所示.

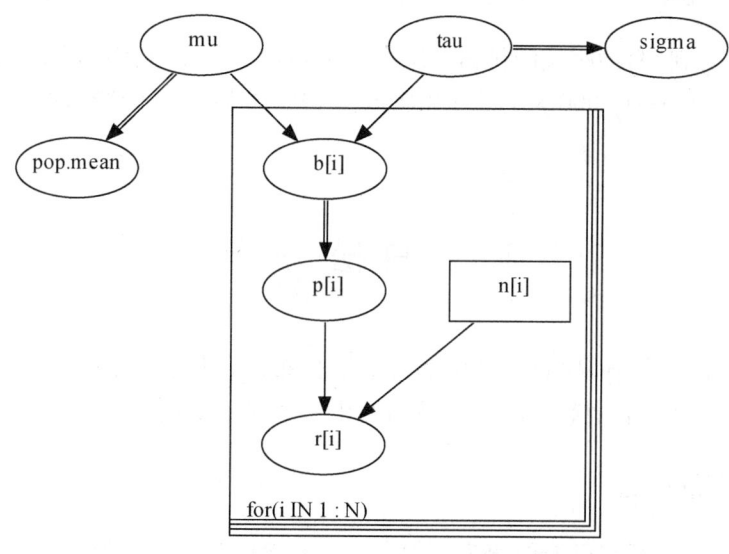

图 5-2 模型图

运行结果见表 5-8.

表 5-8 计算结果

参数	mean	sd	MC-error	val2.5pc	median	val97.5pc	start	sample
p[1]	0.050 23	0.019 62	2.46E-4	0.016 07	0.049 07	0.092 35	1 001	18 000
p[2]	0.104 1	0.022 23	2.151E-4	0.066 62	0.101 9	0.153 2	1 001	18 000
p[3]	0.056 36	0.016 14	1.735E-4	0.027 94	0.055 39	0.091 16	1 001	18 000
p[4]	0.058 62	0.007 88	7.032E-5	0.044 03	0.058 33	0.074 99	1 001	18 000
p[5]	0.049 9	0.013 03	1.522E-4	0.026 67	0.049 11	0.077 36	1 001	18 000
p[6]	0.068 21	0.015 01	1.151E-4	0.041 17	0.067 36	0.100 8	1 001	18 000
p[7]	0.065 57	0.016 16	1.395E-4	0.036 97	0.064 42	0.100 4	1 001	18 000
p[8]	0.124 8	0.022 28	2.627E-4	0.085 51	0.123 3	0.172 1	1 001	18 000
p[9]	0.069 13	0.014 85	1.224E-4	0.043 07	0.068 22	0.101	1 001	18 000
p[10]	0.077 65	0.020 38	1.613E-4	0.043 38	0.075 84	0.123 4	1 001	18 000
p[11]	0.102 5	0.017 75	1.671E-4	0.071 27	0.101 4	0.140 5	1 001	18 000
p[12]	0.067 81	0.011 76	9.714E-5	0.046 74	0.067 21	0.092 64	1 001	18 000

根据表 5-8 中的后验均值对医院进行排名,其结果列在表 5-9 的最后一行.

表 5-9 医院的排名结果

医院排名	1	2	3	4	5	6	7	8	9	10	11	12
医院序号 1	1	5	4	7	12	6	9	3	10	11	2	8
医院序号 2	5	1	4	7	12	6	9	3	10	11	2	8

说明：医院序号 1 是根据例 5.1.4 中对医院的排名结果，医院序号 2 是根据本例中对医院的排名结果.

从表 5-9 中看到，两种医院的排名结果中除 1 和 5 不同外（它们的后验均值其实差别很小 $0.05023-0.0499=0.00033$，而且几次改变初始值后运行的结果都是如此），其他均相同.

5.2 泊松分布

在本书的前面几章中，我们已经接触过泊松分布，这里为了后面应用泊松分布解决实际问题，以下将首先给出泊松分布概述，然后给出一些应用案例.

5.2.1 泊松分布概述

设随机变量 X 的所有可能取值为 $0, 1, 2, \cdots$，而取各个值的概率为

$$P\{X=x\} = \frac{\lambda^x e^{-\lambda}}{x!}, \quad x=0, 1, 2, \cdots. \tag{5.1.2}$$

其中 $\lambda > 0$ 为常数，则称 X 服从参数为 λ 的**泊松分布**（Poisson distribution），记为 $X \sim P(\lambda)$.

以下几个假设是泊松分布的基础：

(1) 一个小的时间区间内事件（如故障）发生的概率与区间的长度成正比，比例常数用 λ 表示；

(2) 很短时间区间内发生两个事件的概率近似为零；

(3) 一个时间区间内发生的事件不影响另外一个不重叠的时间区间内事件发生的概率.

注意，上述 λ 表示速率且单位为时间的倒数.

在泊松分布中 λ 是未知参数，观察得到的数据是时间 t 内发生的事件数量，用 x 来表示.

5.2.2 应用案例

例 5.2.1 设变量 x 服从泊松 $P(mu)$，$mu = lambda * t$，参数 lambda 的先验分布为其共轭先验分布 Gamma 分布 $Ga(2.6, 34)$. 已知 $x=2, t=14$，以下对参数 lambda 进行估计.

若 lambda 的先验分布为 $Ga(2.6, 34)$，以下用 OpenBUGS 来计算.

```
model{
x~dpois(mu)
mu<- lambda * t
lambda~dgamma(2.6,34)
}
data
list(x=2,t=14)
```

运行结果见表 5-10.

表 5-10 计算结果

参数	mean	sd	MC-error	val2.5pc	median	val97.5pc	start	sample
lambda	0.095 63	0.045 03	5.171E-4	0.030 36	0.088 83	0.203 9	1 001	9 000

从表 5-10 可以看出,lambda 的后验均值为 0.095 63,标准差为 0.045 03,MC 误差为 5.171E-4,中位数为 0.088 83,可信水平为 0.95 的可信区间为(0.030 36, 0.203 9).

例 5.2.2 对抽水泵故障进行建模,设抽水泵故障数 x 服从泊松 P(mean.poisson),mean.poisson = lambda * time.hr, time.hr = time * 24, lambda 的先验分布为 Ga(1.6, 365 000). 如果在 200 天内没有故障,即 x=0, time=200, 以下对参数 lambda 进行估计.

若 lambda 的先验分布为 Ga(1.6, 365 000), 以下用 OpenBUGS 来计算.

```
model
{
x~dpois(mean.poisson)
mean.poisson<- lambda * time.hr
time.hr<- time * 24
lambda~dgamma(1.6,365000)
}
data
list(x=0,time=200)
```

运行结果见表 5-11.

表 5-11 计算结果

参数	mean	sd	MC-error	val2.5pc	median	val97.5pc	start	sample
lambda	4.338E-6	3.396E-6	3.337E-8	3.444E-7	3.527E-6	1.298E-5	1 001	9 000

从表 5-11 可以看出,lambda 的后验均值为 4.338E-6,标准差为 3.396E-6,MC 误差为 3.337E-8,中位数为 3.527E-6,可信水平为 0.95 的可信区间为(3.444E-7, 1.298E-5).

例 5.2.3 某超级计算机故障计数型的数据分布. 以下将用泊松分布为 Los Alamos 国家实验室蓝山超级计算机(共享存储处理器,SMPs)的月故障数建立模型. 该超级计算机包含 47 个完全相同的 SMPs,表 5-12 列出了它们使用后第 1 个月的故障数(Kelly & Smith, 2011). 时间间隔 $t=1$ 个月.

根据工程师们的经验,在使用后第 1 个月后,每个 SMP 的故障数不会超过 10 个. 通过这些先验信息可以确定的先验分布为 lambda~$Ga(5,1)$.

表 5-12 某超级计算机的故障数据

1	5	1	4	2	3	1	3	6	4	4	4
2	3	2	2	4	5	5	2	5	3	2	2
3	1	1	2	5	1	4	1	1	1	2	1
3	2	5	3	5	2	5	1	1	5	2	

若 $t=1$,则 $y_i \sim \text{Poisson}(\text{lambda} * t) = \text{Poisson}(\text{lambda})$,lambda 的先验分布为 $Ga(5,1)$,根据例 2.3.6,则 lambda 的后验分布 $Ga(5+132, 1+47) = Ga(137, 48)$,因此 lambda 的后验均值为 $\frac{137}{48} = 2.8542$.

若 lambda 的先验分布为 $Ga(5,1)$,可以用 OpenBUGS 软件计算.

```
model
{
for (i in 1:N){
y[i]~dpois(lambda)
}
lambda~dgamma(5,1)
}
data
list(y = c(1, 5, 1, 4, 2, 3, 1, 3, 6, 4, 4, 4, 2, 3, 2, 2, 4, 5, 5, 2, 5, 3, 2, 2, 3, 1, 1, 2, 5, 1, 4,
1, 1, 1, 2, 1, 3, 2, 5, 3, 5, 2, 5, 1, 1, 5, 2), N = 47)
```

运行结果见表 5-13.

表 5-13 计算结果

参数	mean	sd	MC-error	val2.5pc	median	val97.5pc	start	sample
lambda	2.855	0.2466	0.002265	2.399	2.848	3.36	1001	9000

从表 5-13 可以看出,lambda 的后验均值为 2.855,标准差为 0.2466,MC 误差为 0.002265,中位数为 2.848,可信水平为 0.95 的可信区间为 (2.399, 3.36).

与前面的计算结果基本上相同(差别微小).

5.3 指数分布

在本书的前面几章中,我们已经接触过指数分布,这里为了后面近一步应用指数分布解决实际问题,以下将首先给出指数分布概述,然后给出一些应用案例.

5.3.1 指数分布概述

对表示某时间段 t 内事件数的泊松随机变量 X 和事件时间间隔的随机变量 T,可知 T

服从指数分布,其概率密度函数为

$$f(t) = \begin{cases} \lambda e^{-\lambda t}, & t > 0, \\ 0, & 其他, \end{cases}$$

其中 $\lambda > 0$,则称 T 服从参数为 λ 的指数分布.

其中 $t > 0$. 因此,当固定时间间隔内的事件数服从泊松分布,则首个事件发生的事件和相继事件的间隔事件服从指数分布.

在某些情况下,我们关注和观察随机事件发生的时间,例如元件的故障时间,灭火的时间等,而不是某段时间内事件发生的数量. 如果满足前面所列泊松分布的假设(下面会重述),则事件的间隔时间服从参数为 λ 的指数分布.

以下假设是指数分布的基础:

(1) 事件(如故障)在很短的时间区间发生的概率与区间的长度成正比,比例常数用 λ 表示;

(2) 事件在极短的时间区间内发生的概率为零;

(3) 在某一个时间区间内发生的事件,不影响另外一个不重叠的时间区间内事件发生事件的概率;

(4) 观测到的随机变量是到事件发生前的时间.

在指数分布中 λ 是未知参数.

5.3.2 应用案例

例 5.3.1 我们对抽水泵的工作故障进行建模,设它服从指数分布,观察到 7 个故障时间(单位:h):55 707, 255 092, 56 776, 111 646, 11 358 772, 875 209, 68 978.

根据工程师们的经验,故障率 lambda 的先验分布为 $Ga(1.6, 365\,000)$,以下对参数 lambda 进行估计.

(1) 经典方法给出的结果为(λ 的极大似然估计)

$$\hat{\lambda}_{MLE} = \frac{7}{55\,707 + 255\,092 + 56\,776 + 11\,164 + 11\,358\,772 + 875\,209 + 68\,978}$$
$$= 5.519766\text{E-}07.$$

(2) 若 lambda 的先验分布为 $Ga(1.6, 365\,000)$,以下用 OpenBUGS 来计算.

```
model
{
for ( i in 1:n) {
time[i]~dexp(lambda)
}
lambda~dgamma(1.6, 365 000)
}
data
list(time = c(55 707, 255 092, 56 776, 111 646, 11 358 772, 875 209, 68 978), n = 7)
```

运行结果见表 5-14.

表 5-14 计算结果

参数	mean	sd	MC-error	val2.5pc	median	val97.5pc	start	sample
lambda	6.538E-7	2.273E-7	2.556E-9	2.912E-7	6.27E-7	1.176E-6	1 001	9 000

从表 5-14 可以看出，lambda 的后验均值为 6.538E-7，标准差为 2.273E-7，MC 误差为 2.556E-9，中位数为 6.27E-7，可信水平为 0.95 的可信区间为 (2.912E-7，1.176E-6).

例 5.3.2 考虑以下厂外电网故障后修复外置电源的时间问题. 获得的电网故障时间（单位：h）: 0.1, 0.133, 0.183, 0.25, 0.3, 0.333, 0.333, 0.55, 0.667, 0.917, 1.5, 1.517, 2.083, 6.467 (Kelly & Smith, 2011). 设它服从故障率为 lambda 的指数分布，以下对参数 lambda 进行估计.

经典方法给出的结果为（λ 的极大似然估计）$\hat{\lambda}_{\text{MLE}} = \dfrac{14}{15.333} = 0.913$.

以下用贝叶斯方法.

(1) lambda 的先验分布为 $Ga(0.01, 0.01)$，这个先验分布接近 Jeffreys 先验分布.

以下用 OpenBUGS 来计算.

```
model
{
for ( i in 1:n) {
time[i]~dexp(lambda)
}
lambda~ dgamma(0.01, 0.01)
}
data
list(time = c(0.1, 0.133, 0.183, 0.25, 0.3, 0.333, 0.333, 0.55, 0.667, 0.917, 1.5, 1.517, 2.083, 6.467), n = 14)
list(lambda = 1)
```

运行结果见表 5-15.

表 5-15 计算结果

参数	mean	sd	MC-error	val2.5pc	median	val97.5pc	start	sample
lambda	0.912 1	0.246 4	0.002 323	0.496 8	0.888 7	1.464	1 001	9 000

从表 5-15 可以看出，lambda 的后验均值为 0.912 1，标准差为 0.246 4，MC 误差为 0.002 323，中位数为 0.888 7，可信水平为 0.95 的可信区间为 (0.496 8, 1.464).

(2) lambda 的先验分布为 Gamma 分布 $Ga(a, b)$，a 和 b 的先验分布都为均匀分布 $U(0, 0.01)$.

以下用 OpenBUGS 软件来计算.

```
model
{
for ( i in 1:n) {
```

```
time[i]~dexp(lambda)
}
lambda~dgamma(a, b)
a~dunif(0, 0.01)
b~dunif(0, 0.01)
}
data
list(time = c(0.1, 0.133, 0.183, 0.25, 0.3, 0.333, 0.333, 0.55, 0.667, 0.917, 1.5, 1.517, 2.083, 6.467), n = 14)
list(lambda = 1)
```

运行结果见表 5-16.

表 5-16 计算结果

参数	mean	sd	MC-error	val2.5pc	median	val97.5pc	start	sample
lambda	0.912 5	0.239 7	0.002 526	0.502 4	0.892	1.433	1 001	9 000

从表 5-16 可以看出，lambda 的后验均值为 0.912 5，标准差为 0.239 7，MC 误差为 0.002 526，中位数为 0.892，可信水平为 0.95 可信区间为 (0.502 4, 1.433).

从表 5-15 和表 5-16 可以看出，lambda 的估计差别不大.

例 5.3.3 在一项持续一年的急性白血病治疗的临床试验中，研究者将 42 名急性白血病患者（进入项目的时间有先后）随机地分成两组（各 21 人）. 对一组患者用药物 6-MP 治疗以缓解病痛，而另一组患者用安慰剂. 安慰剂的外形和颜色与药物 6-MP 完全相同，但不含任何药物. 患者并不知道自己实际服用的究竟是药物还是安慰剂. 研究者记录下每名患者病痛缓解的持续时间（以周为单位），持续时间越长则疗效越好. 数据见表 5-17.

表 5-17 处理组和控制组各 21 人的病痛缓解持续时间（周）

处理组 （使用 6-MP） 21 人	6, 6, 6, 7, 10, 13, 16, 22, 23 6+, 9+, 10+, 11+, 17+, 19+, 20+, 25+, 32+, 32+, 34+, 35+
控制组 （使用安慰剂） 21 人	1, 1, 2, 2, 3, 4, 4, 5, 5 8, 8, 8, 8, 11, 11, 12, 12, 15, 17, 22, 23

说明：表 5-17 中数据后面带有 + 号者，表示当项目结束时缓解仍在持续. 这种数据称为**删失数据**（censored data）.

医学研究关注的问题是：使用 6-MP 能否显著延长病痛缓解的持续时间？如果不能得到肯定的结论，则对该药物没有必要作进一步研究；反之，如果结论是肯定的，则研究者希望进一步对以后的患者在使用 6-MP 后的效果进行量化的研究.

韩明等（2020）对控制组（使用安慰剂）的病痛缓解数据进行了"拟合优度检验"（goodness-of-fit test），结果是服从均值为 8.666 7 的指数分布. 并分别对控制组（使用安慰剂）和处理组（使用药物 6-MP）给出了指数分布参数（均值的倒数）λ 的极大似然估计，分别为 0.115 和 0.025.

我们现在要用贝叶斯方法分别对控制组和处理组给出指数分布参数(均值的倒数)λ的贝叶斯估计.

对控制组和处理组,λ的先验分布都取 gamma(1.0E-2,1.0E-2),这个先验分布接近 Jeffeys 先验分布(无信息先验分布).

(1) 控制组,OpenBUGS 代码如下:

```
model
{
for (i in 1:n){
time[i]~dexp(lambda)
}
lambda~dgamma(1.0E-2,1.0E-2)
}
data
list(time=c(1,1,2,2,3,4,4,5,5,8,8,8,8,11,11,12,12,15,17,
22,23),n=21)
```

运行结果见表 5-18.

表 5-18　计算结果

参数	mean	sd	MC-error	val2.5pc	median	val97.5pc	start	sample
lambda	0.115 3	0.025 41	2.584E-4	0.071 7	0.113 4	0.170 8	1 001	9 000

(2) 处理组,OpenBUGS 代码如下:

```
model
{
for (i in 1:n){
time[i]~dexp(lambda)C(lower[i],)
}
lambda~dgamma(1.0E-2,1.0E-2)
}
data
list(time=c(6,6,6,7,10,13,16,22,23,NA,NA,NA,NA,NA,NA,
NA,NA,NA,NA,NA),lower=c(6,6,6,7,10,13,16,22,23,6,9,10,
11,17,19,20,25,32,32,34,35),n=21)
list(lambda=0.02)
list(lambda=0.03)
```

运行结果见表 5-19.

表 5-19　计算结果

参数	mean	sd	MC-error	val2.5pc	median	val97.5pc	start	sample
lambda	0.025 07	0.008 312	1.085E-4	0.011 52	0.024 26	0.043 6	1 001	18 000

说明:由于控制组的数据是完全数据,处理方法相对简单.但由于处理组的数据是删失

数据(也称截尾数据),处理方法要复杂一些.对于处理组的代码中,要用到 OpenBUGS 中的一个函数 C(lower,upper),在本例中 lower=删失时间,upper=NA.关于删失数据(或截尾数据)的处理,在后面的第 12 章中还会介绍.

在控制组和处理组两种情况,根据上述结果可以得到 λ 的贝叶斯估计(表 5-18 和表 5-19 中的 mean)分别为 0.115 3 和 0.025 07.这个结果与 λ 的极大似然估计分别为 0.115 和 0.025 非常接近.

5.4 威布尔分布

以下首先介绍威布尔分布,然后给出一些应用案例.

5.4.1 威布尔分布概述

威布尔分布,其概率密度函数为

$$f(t) = \begin{cases} \dfrac{\beta}{\alpha}\left(\dfrac{t}{\alpha}\right)^{\beta-1} \exp\left[-\left(\dfrac{t}{\alpha}\right)^{\beta}\right], & t > 0, \\ 0, & \text{其他}, \end{cases}$$

其中 $\alpha > 0, \beta > 0$, α 称为尺度参数, β 称为形状参数.

如果 $\beta = 1$,则威布尔分布退化为指数分布.

令 $\lambda = \alpha^{-\beta}$,则威布尔分布的密度函数和分布函数分别为

$$f(t) = \beta \lambda t^{\beta-1} \exp(-\lambda t^{\beta}), \quad t > 0,$$
$$F(t) = 1 - \exp(-\lambda t^{\beta}), \quad t > 0.$$

对威布尔分布,其参数的经典估计(极大似然估计)比较复杂,参数的极大似然估计(MLE)不能写成解析形式,只能是数值形式,而求置信区间就更为棘手.

5.4.2 应用案例

例 5.4.1(续例 5.3.2) 在例 5.3.2 中,设电网故障时间服从威布尔分布 $W(\beta, \lambda)$.以下对参数 β, λ 进行估计.

(1) 参数的极大似然估计(MLE)(过程从略)为 $\hat{\beta}_{\text{MLE}} = 0.84, \hat{\lambda}_{\text{MLE}} = 1.01$.

(2) 若 lambda 和 beta 的先验分布都是 $Ga(0.01, 0.01)$,以下用 OpenBUGS 来计算.

```
model
{
for ( i in 1:n) {
time[i]~dweib(beta,lambda)
}
lambda~dgamma(0.01, 0.01)
beta~dgamma(0.01, 0.01)
```

}
data
list(time = c(0.1, 0.133, 0.183, 0.25, 0.3, 0.333, 0.333, 0.55, 0.667, 0.917, 1.5, 1.517, 2.083, 6.467), n = 14)
list(beta = 0.5, lambda = 1)

运行结果见表 5-20.

表 5-20 计算结果

参数	mean	sd	MC-error	val2.5pc	median	val97.5pc	start	sample
beta	0.830 3	0.161 1	0.001 974	0.536 6	0.822 4	1.163	1 001	9 000
lambda	1.012	0.290 3	0.003 055	0.530 3	0.984 9	1.655	1 001	9 000

从表 5-20 可以看出，beta 的后验均值为 0.830 3，中位数为 0.822 4，可信水平为 0.95 的可信区间为 (0.536 6, 1.163).

从表 5-20 还可以看出，lambda 的后验均值为 1.012，中位数为 0.984 9，可信水平为 0.95 的可信区间为 (0.530 3, 1.655).

5.5　对数正态分布

以下首先叙述对数正态分布，然后给出一些应用案例.

5.5.1　对数正态分布概述

对数正态分布，其概率密度函数为

$$f(t) = \frac{1}{t\sqrt{2\pi}\sigma} \exp\left\{-\frac{(\ln t - \mu)^2}{2\sigma^2}\right\}, \quad t > 0,$$

其中 $\mu, \sigma > 0$，μ 称为位置参数，σ 称为尺度参数.

5.5.2　应用案例

例 5.5.1(续例 5.3.2)　在例 5.3.2 中，设电网故障时间服从对数正态分布 $lN(\mu, \tau)$. 以下对参数 μ, τ 进行估计.

(1) 参数的极大似然估计(过程从略)为 $\hat{\mu}_{MLE} = -0.605$，$\hat{\sigma}_{MLE} = 1.13$.

(2) 若 mu 和 tau 的先验分布分别为 $U(-1.3, 0)$ 和 $U(1, 1.5)$，以下用 OpenBUGS 来计算.

model
{
for (i in 1:n) {
time[i]~dlnorm(mu, tau)
}

```
mu~dunif(-1.3, 0)
tau~dunif(1, 1.5)
}
data
list(time = c(0.1, 0.133, 0.183, 0.25, 0.3, 0.333, 0.333, 0.55, 0.667, 0.917, 1.5, 1.517, 2.083,
6.467), n = 14)
lits(mu = -0.5, sigma = 1.2)
```

运行结果见表 5-21.

表 5-21　计算结果

参数	mean	sd	MC-error	val2.5pc	median	val97.5pc	start	sample
mu	−0.602	0.235 8	0.002 587	−1.067	−0.599 8	−0.137 3	1 001	9 000
tau	1.18	0.130 1	0.001 262	1.007	1.156	1.463	1 001	9 000

从表 5-21 可以看出，mu 的后验均值为 −0.602，中位数为 −0.599 8，可信水平为 0.95 的可信区间为 (−1.067, −0.137 3).

从表 5-21 还可以看出，tau 的后验均值为 1.18，中位数为 1.156，可信水平为 0.95 的可信区间为 (1.007, 1.463).

5.6　Gamma 分布

以下首先叙述 Gamma 分布，然后给出一些应用案例.

5.6.1　Gamma 分布概述

对 Gamma 分布，其概率密度函数为

$$f(t) = \frac{\beta^{\alpha}}{\Gamma(\alpha)} t^{\alpha-1} \exp(-t^{\beta}), \quad t > 0,$$

其中 $\alpha > 0, \beta > 0$，α 称为形状参数，β 称为尺度参数.

如果 $\alpha = 1$，则 Gamma 分布退化为指数分布.

对 Gamma 分布，其参数的经典估计比较复杂，参数的极大似然估计（MLE）不能写成解析形式，只能是数值形式，而求置信区间就更为棘手.

5.6.2　应用案例

例 5.6.1(续例 5.3.2)　在例 5.3.2 中，设电网故障时间服从 Gamma 分布 $Ga(\alpha, \beta)$. 以下对参数 α, β 进行估计.

(1) 参数的极大似然估计（MLE）(过程从略) 为 $\hat{\alpha}_{\text{MLE}} = 0.85, \hat{\beta}_{\text{MLE}} = 0.77$.

(2) 若 alpha 和 beta 的先验分布分别是 $U(0, 1.25)$ 和 $U(0, 1.15)$，以下用 OpenBUGS 来计算.

```
model
{
for ( i in 1:n) {
time[i]~dgamma(alpha, beta)
}
alpha~dunif(0, 1.25)
beta~dunif(0, 1.15)
}
data
list(time = c(0.1, 0.133, 0.183, 0.25, 0.3, 0.333, 0.333, 0.55, 0.667, 0.917, 1.5, 1.517, 2.083,
6.467), n = 14)
list(alpha = 1, beta = 0.5)
```

运行结果见表 5-22.

表 5-22 计算结果

参数	mean	sd	MC-error	val2.5pc	median	val97.5pc	start	sample
alpha	0.843 3	0.197 3	0.002 805	0.465 3	0.842 6	1.204	1 001	9 000
beta	0.768 5	0.215 7	0.002 889	0.334 5	0.779 2	1.124	1 001	9 000

从表 5-22 可以看出，alpha 的后验均值为 0.843 3，中位数为 0.842 6，可信水平为 0.95 的可信区间为(0.465 3, 1.204)。

从表 5-22 还可以看出，beta 的后验均值为 0.768 5，中位数为 0.779 2，可信水平为 0.95 的可信区间为(0.334 5, 1.124)。

思考与练习题 5

5.1 设启动水泵时 450 次中故障 18 次，水泵成功启动的概率至少为 0.95。设水泵成功启动 450 次中的故障次数服从二项分布，求启动故障概率 p 的后验均值和 0.95 的可信区间。

5.2 设 x 服从 Poisson(mu)，其中 mu = lambda * t，已知 $x = 3$, $t = 15$ 天，如 lambda 的先验分布为 $Ga(1, 20)$，求 lambda 的后验均值和 0.95 的可信区间。

5.3 设某年中 8 个厂报告 32 次安全阀故障，每个厂有 210 个安全阀，且全年工作。
(1) 可用于描述安全阀故障数量的最简单模型是什么？模型中的未知参数的意义是什么？
(2) 在如下先验分布下分别求参数的后验均值和 0.95 的可信区间：
① $N(0, 1.0E-2)$;
② $Ga(2.5, 183)$.

5.4 设下列 10 个数据(单位:min)来自指数分布：
1.7, 1.8, 1.9, 5.8, 10, 11.3, 14.3, 16.6, 19.4, 54.8.
在如下先验分布下分别求参数的后验均值和 0.95 的可信区间：
(1) $U(0, 12)$;
(2) $Ga(1, 5)$.

5.5 以下是应急柴油发电机(EDC)的维修时间(单位:h)：
50, 4, 2, 56, 4.7, 3.7, 33, 1.1, 3.1, 13, 2.6, 12, 11, 51, 17, 28, 29, 49.

设以上数据来自威布尔分布,其中形状参数为 beta,尺度参数为 lambda,若 beta 服从 $Ga(1.0E-2,1.0E-2)$,lambda 服从 $Ga(1,1.0E4)$ 时,求两个分布参数的后验均值和 0.95 的可信区间(参数的初值为 beta=2,lambda=1.0E-3).

5.6 观察炼油厂换热器的 9 个故障时间(单位:年):

0.41,0.58,0.75,0.83,1.00,1.08,1.17,1.25,1.35.

(1) 若以上数据来自威布尔分布,其中形状参数为 beta,尺度参数为 lambda,若 beta 服从 $Ga(1.0E-2,1.0E-2)$,lambda 服从 $Ga(1,1.0E5)$ 时,求这个分布参数的后验均值和 0.95 的可信区间(参数的初值为 beta=2,lambda=1.0E-3).

(2) 若以上数据来自 Gamma 分布 $Ga(a,b)$,且 a 服从 $U(0,1.0E-2)$,b 服从 $Ga(1,1.0E4)$ 时(参数的初值为 $a=1$,$b=1.0E-2$),求两个分布参数的后验均值和 0.95 的可信区间.

第 6 章 基于 OpenBUGS 的模型检验与模型选择

在第 5 章我们对同一组数据:厂外电网故障后修复外置电源的时间数据,分别用指数分布,威布尔分布,对数正态分布和 Gamma 分布进行了参数估计,但没有讨论究竟用哪个模型更合适,因为这要涉及模型检验与模型选择问题.本章将根据"厂外电网故障后修复外置电源的时间数据"讨论模型检验与模型选择问题.

6.1 模型的检验

使用 Cramervon Mises 统计量,可以计算每个模型的贝叶斯 p 值,该值在 0.5 附近最为理想.这个统计量使用了排序的复现和观察时间的累积分布函数.以下用 OpenBUGS 来计算四个模型(指数分布,威布尔分布,对数正态分布和 Gamma 分布)的 Cramervon Mises 统计量,用函数 cumulative( )计算累积分布函数,并计算上述四个模型的贝叶斯 p 值(四个模型中参数的先验分布与第 5 章相同).

6.1.1 指数分布情形

以下对指数分布,根据"厂外电网故障后修复外置电源的时间数据",用 OpenBUGS 来计算模型的 Cramervon Mises 统计量,用函数 cumulative( )计算累积分布函数,并计算模型的贝叶斯 p 值.

```
model
{
for ( i in 1:n) {
time[i]~dexp(lambda)
time.rep[i]~dexp(lambda)
time.ranked[i]<-ranked(time[ ], i)
time.rep.ranked[i]<-ranked(time.rep[ ], i)
F.obs[i]<-cumulative(time[i], time.ranked[i])
F.rep[i]<-cumulative(time.rep[i], time.rep.ranked[i])
diff.obs[i]<-pow(F.obs[i]-(2*i-1)/(2*n), 2)
diff.rep[i]<-pow(F.rep[i]-(2*i-1)/(2*n), 2)
```

}
lambda~dgamma(0.01, 0.01)
CVM.obs<- sum(diff.obs[ ])
CVM.rep<- sum(diff.rep[ ])
p.value<- step(CVM.rep-CVM.obs)
}
data
list(time = c(0.1, 0.133, 0.183, 0.25, 0.3, 0.333, 0.333, 0.55, 0.667, 0.917, 1.5, 1.517, 2.083, 6.467), n = 14)
list(lambda = 1)
```

由此得到 $p$ 值的后验均值为 p.value＝0.429 3.

## 6.1.2 威布尔分布情形

以下对威布尔分布分布，根据"厂外电网故障后修复外置电源的时间数据"，用 OpenBUGS 来计算模型的 Cramervon Mises 统计量，用函数 cumulative( ) 计算累积分布函数，并计算模型的贝叶斯 $p$ 值.

```
model
{
for (i in 1:n) {
time[i]~dweib(beta, lambda)
time.rep[i]~dweib(beta, lambda)
time.ranked[i]<- ranked(time[ ], i)
time.rep.ranked[i]<- ranked(time.rep[ ], i)
F.obs[i]<- cumulative(time[i], time.ranked[i])
F.rep[i]<- cumulative(time.rep[i], time.rep.ranked[i])
diff.obs[i]<- pow(F.obs[i]-(2*i-1)/(2*n), 2)
diff.rep[i]<- pow(F.rep[i]-(2*i-1)/(2*n), 2)
}
lambda~dgamma(0.01, 0.01)
beta~dgamma(0.01, 0.01)
CVM.obs<- sum(diff.obs[ ])
CVM.rep<- sum(diff.rep[ ])
p.value<- step(CVM.rep- CVM.obs)
}
data
list(time = c(0.1, 0.133, 0.183, 0.25, 0.3, 0.333, 0.333, 0.55, 0.667, 0.917, 1.5, 1.517, 2.083, 6.467), n = 14)
list(beta = 0.5, lambda = 1)
```

由此得到 p 值的后验均值为 p.value＝0.442 7.
```

6.1.3 对数正态分布情形

以下对于对数正态分布,根据"厂外电网故障后修复外置电源的时间数据",用 OpenBUGS 来计算模型的 Cramervon Mises 统计量,用函数 cumulative( ) 计算累积分布函数,并计算模型的贝叶斯 p 值.

```
model
{
for (i in 1:n) {
time[i]~dlnorm(mu, tau)
time.rep[i]~dlnorm(mu, tau)
time.ranked[i]<-ranked(time[ ], i)
time.rep.ranked[i]<-ranked(time.rep[ ], i)
F.obs[i]<-cumulative(time[i], time.ranked[i])
F.rep[i]<-cumulative(time.rep[i], time.rep.ranked[i])
diff.obs[i]<-pow(F.obs[i]-(2*i-1)/(2*n), 2)
diff.rep[i]<-pow(F.rep[i]-(2*i-1)/(2*n), 2)
}
mu~dunif(-1.3, 0)
tau~dunif(1, 1.5)
CVM.obs<-sum(diff.obs[ ])
CVM.rep<-sum(diff.rep[ ])
p.value<-step(CVM.rep-CVM.obs)
}
data
list(time=c(0.1, 0.133, 0.183, 0.25, 0.3, 0.333, 0.333, 0.55, 0.667, 0.917, 1.5, 1.517, 2.083, 6.467), n=14)
list(mu=-0.5, sigma=1.2)
```

由此得到 p 值的后验均值为 p.value=0.537.

6.1.4 Gamma 分布情形

以下对 Gamma 分布,根据"厂外电网故障后修复外置电源的时间数据",用 OpenBUGS 来计算模型的 Cramervon Mises 统计量,用函数 cumulative( ) 计算累积分布函数,并计算模型的贝叶斯 p 值.

```
model
{
for (i in 1:n) {
time[i]~dgamma(alpha, beta)
time.rep[i]~dgamma(alpha, beta)
time.ranked[i]<-ranked(time[ ], i)
time.rep.ranked[i]<-ranked(time.rep[ ], i)
```

```
F.obs[i]<-cumulative(time[i], time.ranked[i])
F.rep[i]<-cumulative(time.rep[i], time.rep.ranked[i])
diff.obs[i]<-pow(F.obs[i]-(2*i-1)/(2*n), 2)
diff.rep[i]<-pow(F.rep[i]-(2*i-1)/(2*n), 2)
}
alpha~dunif(0, 1.25)
beta~dunif(0, 1.15)
CVM.obs<-sum(diff.obs[ ])
CVM.rep<-sum(diff.rep[ ])
p.value<-step(CVM.rep-CVM.obs)
}
data
list(time=c(0.1, 0.133, 0.183, 0.25, 0.3, 0.333, 0.333, 0.55, 0.667, 0.917, 1.5, 1.517, 2.083,
6.467), n=14)
list(alpha=1, beta=0.5)
```

由此得到 p 值的后验均值为 p.value=0.438 2.

6.1.5 四个模型的检验

经过前面的计算,我们得到了前述四个模型的贝叶斯 p 值(后验均值),计算结果见表 6-1.

表 6-1 四个模型的贝叶斯 p 值的计算结果

模型	指数分布	威布尔分布	对数正态分布	Gamma 分布
贝叶斯 p 值	0.429 3	0.442 7	0.537	0.438 2

根据表 6-1 的结果,我们可以得到上述四个模型的贝叶斯 p 值,它们都在 0.5 附近,因此从这个标准来看,这四个模型都是合理的. 其中指数分布,威布尔分布,Gamma 分布稍微低估了一些,而对数正态分布稍微高估了一些.

6.2 模型的选择

以下我们用贝叶斯信息准则(Bayesian Information Criterions,简称 BIC)进行模型的选择. 对 BIC,有

$$BIC = -2 \times \log(likelihoog) + k\log(n), \tag{6.2.1}$$

式中,k 是模型中未知参数的数量,n 是数据的数量(例如在例 5.3.2 中 $n=14$),$\log(likelihoog)$ 为对数似然(函数).

BIC 最小的模型是首选.需要注意的是:一些文献中交换了式(6.2.1)中的"+"和"-"的位置,此时应该选择 BIC 最大的模型.

下面用 OpenBUGS 计算前述面四个模型的 BIC(四个模型中参数的先验分布与第 5 章相同).

6.2.1 指数分布情形

以下对指数分布,根据"厂外电网故障后修复外置电源的时间数据",用 OpenBUGS 来计算 BIC.

```
model
{
for (i in 1:n) {
time[i]~dexp(lambda)
log.like[i]<-log(lambda)-lambda*time[i]
}
log.like.tot<-sum(log.like[ ])
BIC<--2*log.like.tot+log(n)
lambda~dgamma(0.01, 0.01)
}
data
list(time=c(0.1, 0.133, 0.183, 0.25, 0.3, 0.333, 0.333, 0.55, 0.667, 0.917, 1.5, 1.517, 2.083, 6.467), n=14)
list(lambda=1)
```

运行结果见表 6-2.

表 6-2 计算结果

参数	mean	sd	MC-error	val2.5pc	median	val97.5pc	start	sample
BIC	34.21	1.427	0.01461	33.19	33.66	38.22	1 001	9 000

从表 6-2 可以看出,BIC 的后验均值为 34.21.

6.2.2 威布尔分布情形

以下对威布尔分布分布,根据"厂外电网故障后修复外置电源的时间数据",用 OpenBUGS 来计算 BIC.

```
model
{
for (i in 1:n) {
time[i]~dweib(beta, lambda)
log.like[i]<-log(lambda)+log(beta)+(beta-1)*log(time[i])-lambda*pow(time[i], beta)
}
log.like.tot<-sum(log.like[ ])
BIC<--2*log.like.tot+2*log(n)
lambda~dgamma(0.01, 0.01)
```

```
beta~dgamma(0.01,0.01)
}
data
list(time = c(0.1, 0.133, 0.183, 0.25, 0.3, 0.333, 0.333, 0.55, 0.667, 0.917, 1.5, 1.517, 2.083,
6.467), n = 14)
list(beta = 0.5, lambda = 1)
```

运行结果见表 6-3。

表 6-3 计算结果

参数	mean	sd	MC-error	val2.5pc	median	val97.5pc	start	sample
BIC	37.01	2.005	0.025 06	35.01	36.4	42.41	1 001	9 000

从表 6-3 可以看出,BIC 的后验均值为 37.01。

6.2.3 对数正态分布情形

以下对于对数正态分布,根据"厂外电网故障后修复外置电源的时间数据",用 OpenBUGS 来计算 BIC。

```
model
{
for (i in 1:n) {
time[i]~dlnorm(mu, tau)
log.like[i]<- -0.5 * (log(2) + log(3.13159)) - log(sigma) - log(time[i]) - pow(log(time[i]) - mu,
2)/(2 * tau)
}
log.like.tot<- sum(log.like[ ])
BIC<- -2 * log.like.tot + log(n) * 2
sigma~dgamma(0.01, 0.01)
mu~dunif(-1.3, 0)
tau<- pow(sigma, 2)
}
data
list(time = c(0.1, 0.133, 0.183, 0.25, 0.3, 0.333, 0.333, 0.55, 0.667, 0.917, 1.5, 1.517, 2.083,
6.467), n = 14)
list(mu = -0.5, sigma = 1)
```

运行结果见表 6-4。

表 6-4 计算结果

参数	mean	sd	MC-error	val2.5pc	median	val97.5pc	start	sample
BIC	38.81	9.105	0.102 2	31.52	35.91	63.69	1 001	9 000

从表 6-4 可以看出,BIC 的后验均值为 38.81。

6.2.4 Gamma 分布情形

以下对 Gamma 分布,根据"厂外电网故障后修复外置电源的时间数据",用 OpenBUGS 来计算 BIC.

```
model
{
for ( i in 1:n) {
time[i]~dgamma(alpha,beta)
log.like[i]<- alpha * log(beta) + (alpha-1) * log(time[i]) - beta * time[i] - loggam(alpha)
}
log.like.tot<- sum(log.like[ ])
BIC<- -2 * log.like.tot + 2 * log(n)
alpha~dunif(0, 1.25)
beta~dunif(0, 1.15)
}
data
list(time = c(0.1, 0.133, 0.183, 0.25, 0.3, 0.333, 0.333, 0.55, 0.667, 0.917, 1.5, 1.517, 2.083, 6.467), n = 14)
list(alpha = 0.5, beta = 1)
```

运行结果见表 6-5.

表 6-5 计算结果

参数	mean	sd	MC-error	val2.5pc	median	val97.5pc	start	sample
BIC	36.86	1.412	0.017 32	35.59	36.43	40.97	1 001	9 000

从表 6-5 可以看出,BIC 的后验均值为 36.86.

6.2.5 四个模型的选择

经过前面的计算,我们得到了前述四个模型的 BIC(后验均值),计算结果见表 6-6.

表 6-6 计算结果

模型	指数分布	威布尔分布	对数正态分布	Gamma 分布
BIC	34.21	37.01	38.81	36.86

根据表 6-6 的结果,我们可以得到上述四个模型的 BIC,它们相差不大.其中指数分布的 BIC 最小,因此根据贝叶斯信息准则(BIC)进行模型选择,应该首选指数分布.但由于在前面的参数估计中我们已经得到了威布尔分布的形状参数非常接近于 1(1.012),即此时的威布尔分布与指数分布也非常接近.

思考与练习题 6

6.1 观察炼油厂换热器的 9 个故障时间(单位:年):

0.41，0.58，0.75，0.83，1.00，1.08，1.17，1.25，1.35.

(1) 若以上数据来自威布尔分布，且该分布的形状参数服从 $U(0,1.0E\text{-}3)$ 和尺度参数服从 $Ga(1,1.0E4)$ 时，求这个分布参数的后验均值和 0.95 的可信区间；

(2) 若以上数据来自 Gamma 分布 $Ga(a,b)$，且 a 服从 $U(0,1.0E\text{-}2)$，b 服从 $Ga(1,1.0E3)$ 时，求这个分布参数的后验均值和 0.95 的可信区间；

(3) 根据以上数据，计算来自威布尔分布和 Gamma 分布的贝叶斯 p 值，通过比较给出你的结论；

(4) 根据以上数据，计算来自威布尔分布和 Gamma 分布的 BIC，通过比较给出你的结论.

6.2　以下是应急柴油发电机(EDC)的维修时间(单位：h)：

50，4，2，56，4.7，3.7，33，1.1，3.1，13，2.6，12，11，51，17，28，29，49.

设以上数据来自威布尔分布，在该分布的形状参数服从 $U(0,1.0E\text{-}3)$ 和尺度参数服从 $Ga(1,1.0E4)$ 时，求两个分布参数的后验均值和 0.95 的可信区间.

(1) 若以上数据来自指数分布，且该分布的参数服从 $Ga(1,1.0E3)$ 时，求该模型的贝叶斯 p 值和 BIC；

(2) 若以上数据来自威布尔分布，在该分布的形状参数服从 $U(0,1.0E\text{-}3)$ 和尺度参数服从 $Ga(1,1.0E4)$ 时，求该模型的贝叶斯 p 值和 BIC；

(3) 根据(1)和(2)你能得到什么结论？

6.3　考虑如下防控导弹系统某部件的故障时间(单位：1 000 h)

14.4，2.1，0.4，18.6，1.2，3.6，11.5，18.4，14.0，2.8，7.6，2.7，35.4，10.4，19.8，11.3，2.6，1.8，11.3，5.4.

请结合指数分布，威布尔分布，对数正态分布和 Gamma 分布，在每种分布中参数的先验分布根据自己的理解选定两种，并计算 BIC，然后进行简要分析.

第 7 章 贝叶斯回归分析

在本章中,我们将主要介绍:经典方法中多元线性回归的回顾,模型中参数的贝叶斯估计,基于 OpenBUGS 航天飞机 O 形环损坏模型,随机模拟方法与应用案例.

7.1 经典方法中多元线性回归的回顾

为了介绍贝叶斯回归分析,以下首先简要回顾经典方法中多元线性回归模型及其参数估计(韩明,2013,2014b).

7.1.1 多元线性回归模型

设变量 y 与变量 $x_1, x_2, \cdots, x_m$ 之间有线性关系

$$y = \beta_0 + \beta_1 x_1 + \cdots + \beta_m x_m + \varepsilon, \quad \varepsilon \sim N(0, \sigma^2),$$

其中 $\beta_0, \beta_1, \cdots, \beta_m (m \geqslant 2)$ 和 σ^2 均未知.

若 $(x_{i1}, x_{i2}, \cdots, x_{im}, y_i)(i=1,2,\cdots,n)$ 是 $(x_1, x_2, \cdots, x_m, y)$ 的一组 $n(n > m+1)$ 次独立观测值,则多元线性回归模型可以表示为

$$y_i = \beta_0 + \beta_1 x_{i1} + \cdots + \beta_m x_{im} + \varepsilon_i, \varepsilon_i \sim N(0, \sigma^2), \quad i=1,2,\cdots,n. \quad (7.1.1)$$

其中各 ε_i 相互独立.

以下用矩阵的形式来描述多元线性回归模型.

记

$$\boldsymbol{X} = \begin{pmatrix} 1 & x_{11} & \cdots & x_{1m} \\ 1 & x_{21} & \cdots & x_{2m} \\ \vdots & \vdots & & \vdots \\ 1 & x_{n1} & \cdots & x_{nm} \end{pmatrix}, \quad \boldsymbol{Y} = \begin{pmatrix} y_1 \\ y_2 \\ \vdots \\ y_n \end{pmatrix}, \quad \boldsymbol{\beta} = \begin{pmatrix} \beta_0 \\ \beta_1 \\ \vdots \\ \beta_m \end{pmatrix}, \quad \boldsymbol{\varepsilon} = \begin{pmatrix} \varepsilon_1 \\ \varepsilon_2 \\ \vdots \\ \varepsilon_n \end{pmatrix}.$$

式(7.1.1)可以表示为

$$\boldsymbol{Y} = \boldsymbol{X}\boldsymbol{\beta} + \boldsymbol{\varepsilon}, \quad (7.1.2)$$

其中 $\text{rank}(\boldsymbol{X}) = m+1$, $\boldsymbol{\varepsilon}$ 为 n 维误差向量,且 $\boldsymbol{\varepsilon} \sim N_n(0, \sigma^2 \boldsymbol{I}_n)$, $\boldsymbol{I}_n$ 是 n 阶单位矩阵,于是

$Y \sim N_n(X\beta, \sigma^2 I_n).$

7.1.2 回归参数的估计

与一元线性回归模型类似,求参数 β 的估计 $\hat{\beta}$ 就是最小二乘问题

$$Q(\beta) = \sum_{i=1}^{n} \varepsilon^2 = (Y - X\beta)^T(Y - X\beta)$$

的最小值点 $\hat{\beta}$.

可以证明 β 的最小二乘估计为

$$\hat{\beta} = (X^T X)^{-1} X^T Y.$$

从而得经验回归方程为

$$\hat{Y} = X\hat{\beta} = \hat{\beta}_0 + \hat{\beta}_1 x_1 + \cdots + \hat{\beta}_m x_m.$$

称 $\hat{\varepsilon} = Y - X\hat{\beta}$ 为残差向量.

在经典统计中,σ^2 的极大似然估计为

$$\hat{\sigma}^2 = \frac{\hat{\varepsilon}^T \hat{\varepsilon}}{n}.$$

但上式中的 $\hat{\sigma}^2$ 不是 σ^2 的无偏估计.

通常取

$$\hat{\sigma}^2 = \frac{\hat{\varepsilon}^T \hat{\varepsilon}}{n - m - 1}$$

为 σ^2 的估计. 可以证明:

(1) $\hat{\sigma}^2 = \dfrac{\hat{\varepsilon}^T \hat{\varepsilon}}{n - m - 1}$ 是 σ^2 的无偏估计.

(2) 协方差矩阵为 $\text{Cov}(\beta) = \sigma^2 (X^T X)^{-1}$.

β 的各分量的标准差为 $\sqrt{\text{Var}(\beta_i)} = \hat{\sigma}\sqrt{c_{ii}}$ $(i=1,2,\cdots,m)$. 其中 c_{ii} 为 $C = (X^T X)^{-1}$ 对角线上的第 i 个元素.

7.2 模型中参数的贝叶斯估计

在式(7.1.2)中,由于 $Y \sim N_n(X\beta, \sigma^2 I_n)$,所以似然函数为

$$\begin{aligned} L(\beta, \sigma \mid X, Y) &= \left(\frac{1}{2\pi\sigma^2}\right)^{\frac{n}{2}} \exp\left\{-\frac{1}{2\sigma^2}(Y - X\beta)^T(Y - X\beta)\right\} \\ &\propto \frac{1}{\sigma^n} \exp\left\{-\frac{1}{2\sigma^2}[S_n^2 + (\beta - \hat{\beta})^T X^T X (\beta - \hat{\beta})]\right\}. \end{aligned} \quad (7.2.1)$$

其中 $\hat{\beta} = (X^T X)^{-1} X^T Y$,$S_n^2 = (Y - X\hat{\beta})^T(Y - X\hat{\beta})$.

如果取 $(\boldsymbol{\beta}, \sigma)$ 的先验分布为无信息先验分布,按 Jeffreys 准则,则有

$$\pi(\boldsymbol{\beta} \mid \sigma) \propto 1, \quad \pi(\sigma) \propto \frac{1}{\sigma}. \tag{7.2.2}$$

因此参数 $(\boldsymbol{\beta}, \sigma)$ 的先验分布为

$$\pi(\boldsymbol{\beta}, \sigma) \propto \frac{1}{\sigma}, \quad \boldsymbol{\beta} \in \mathbf{R}^{m+1}, \sigma > 0. \tag{7.2.3}$$

根据贝叶斯定理,$(\boldsymbol{\beta}, \sigma)$ 的联合后验密度函数为(朱慧明,韩玉启,2006)

$$\pi(\boldsymbol{\beta}, \sigma \mid \boldsymbol{X}, \boldsymbol{Y}) \propto L(\boldsymbol{\beta}, \sigma \mid \boldsymbol{X}, \boldsymbol{Y}) \pi(\boldsymbol{\beta}, \sigma)$$
$$\propto \frac{1}{\sigma^{n+1}} \exp\left\{-\frac{1}{2\sigma^2}\left[S_n^2 + (\boldsymbol{\beta} - \hat{\boldsymbol{\beta}})^\mathrm{T} \boldsymbol{X}^\mathrm{T} \boldsymbol{X} (\boldsymbol{\beta} - \hat{\boldsymbol{\beta}})\right]\right\}. \tag{7.2.4}$$

7.2.1 回归系数的贝叶斯估计

根据式(7.2.4),由 $\pi(\boldsymbol{\beta}, \sigma \mid \boldsymbol{X}, \boldsymbol{Y})$ 对 σ 进行积分,便得到参数 $\boldsymbol{\beta}$ 的后验边缘密度函数为

$$\pi(\boldsymbol{\beta} \mid \boldsymbol{X}, \boldsymbol{Y}) = \int_0^\infty \pi(\boldsymbol{\beta}, \sigma \mid \boldsymbol{X}, \boldsymbol{Y}) \mathrm{d}\sigma \propto \frac{1}{\left[S_n^2 + (\boldsymbol{\beta} - \hat{\boldsymbol{\beta}})^\mathrm{T} \boldsymbol{X}^\mathrm{T} \boldsymbol{X} (\boldsymbol{\beta} - \hat{\boldsymbol{\beta}})\right]^{\frac{n}{2}}}. \tag{7.2.5}$$

式(7.2.5)的最后一项是自由度为 $n+m-1$,位置参数为 $\hat{\boldsymbol{\beta}}$,精度矩阵为 $\dfrac{\boldsymbol{X}^\mathrm{T} \boldsymbol{X}}{S_n^2}$ 的 $m+1$ 维 t 分布密度函数的核,因此参数 $\boldsymbol{\beta}$ 的后验分布为多元 t 分布,即

$$(\boldsymbol{\beta} \mid \boldsymbol{X}, \boldsymbol{Y}) \sim Mt_{m+1}\left(n - m - 2, \hat{\boldsymbol{\beta}}, \frac{\boldsymbol{X}^\mathrm{T} \boldsymbol{X}}{S_n^2}\right). \tag{7.2.6}$$

根据多元 t 分布的性质,参数 $\boldsymbol{\beta}$ 的后验期望为 $E(\boldsymbol{\beta} \mid \boldsymbol{X}, \boldsymbol{Y}) = \hat{\boldsymbol{\beta}}$,因此在向量损失函数下,参数 $\boldsymbol{\beta}$ 的贝叶斯估计为(朱慧明,韩玉启,2006) $\hat{\boldsymbol{\beta}}_B = \hat{\boldsymbol{\beta}}$,即

$$\hat{\boldsymbol{\beta}}_B = (\boldsymbol{X}^\mathrm{T} \boldsymbol{X})^{-1} \boldsymbol{X}^\mathrm{T} \boldsymbol{Y}.$$

从以上结果的形式上看,参数 $\boldsymbol{\beta}$ 的贝叶斯估计与经典方法的结果——最小二乘估计完全相同,但二者有着本质的不同的含义:此处的 $\boldsymbol{\beta}$ 是随机变量,其后验期望 $\hat{\boldsymbol{\beta}}$ 是一个具体的数;而在经典统计推断体系中,$\boldsymbol{\beta}$ 只是未知参数,不具有随机性.

7.2.2 方差 σ^2 的贝叶斯估计

根据式(7.2.4),由 $\pi(\boldsymbol{\beta}, \sigma \mid \boldsymbol{X}, \boldsymbol{Y})$ 对 $\boldsymbol{\beta}$ 进行积分,便得到参数 σ 的后验边缘密度函数(朱慧明,韩玉启,2006)

$$\pi(\sigma \mid \boldsymbol{X}, \boldsymbol{Y}) = \int_{\mathbf{R}^{m+1}} \pi(\boldsymbol{\beta}, \sigma \mid \boldsymbol{X}, \boldsymbol{Y}) \mathrm{d}\boldsymbol{\beta} \propto \frac{1}{\sigma^{n-m-1}} \exp\left\{-\frac{(n-m-2)S_n^2}{2\sigma^2}\right\}.$$

根据 σ 的后验边缘密度函数,可得 σ^2 的后验边缘密度函数为

$$\pi(\sigma^2 \mid \boldsymbol{X}, \boldsymbol{Y}) \propto \frac{1}{\sigma^{n-m}} \exp\left\{-\frac{(n-m-2)S_n^2}{2\sigma^2}\right\}. \tag{7.2.7}$$

式(7.2.7)是倒 Gamma 分布密度函数的核,因此 σ^2 的后验期望为 $E(\sigma^2 \mid \boldsymbol{X}, \boldsymbol{Y}) = \frac{S_n^2}{(n-m-2)}$,于是在平方损失函数下,$\sigma^2$ 的贝叶斯估计为(朱慧明,韩玉启,2006)

$$\hat{\sigma}_B^2 = \frac{S_n^2}{n-m-2}. \tag{7.2.8}$$

回顾前面在经典统计推断体系中,σ^2 的无偏估计为

$$\hat{\sigma}^2 = \frac{\hat{\varepsilon}^{\mathrm{T}}\hat{\varepsilon}}{n-m-1} = \frac{S_n^2}{n-m-1}. \tag{7.2.9}$$

从式(7.2.8)和式(7.2.9)可以看出,σ^2 的贝叶斯估计与经典估计,略有不同.

对更深入相关问题的讨论,可参考:Zellner(1971),张尧庭,陈汉峰(1991),朱慧明,韩玉启(2006)等.

7.2.3 应用案例

工薪阶层普遍关心年薪与哪些因素有关,由此可以制订自己的奋斗目标. 表 7-1 所列是调查的 24 名从业人员的指标数据. x_1:从业人员的成果(论文、专著等)的指标,x_2:从事工作的时间(单位:年)的指标,x_3:能成功获得资助的指标,y:从业人员的年薪(单位:万元)的指标.

表 7-1 某从业人员的指标数据

i	x_{1i}	x_{2i}	x_{3i}	y_i	i	x_{1i}	x_{2i}	x_{3i}	y_i
1	3.5	9	6.1	11.1	13	8	23	7.6	14.4
2	5.3	20	6.4	13.4	14	6.5	35	7	14.7
3	5.1	18	7.4	12.9	15	6.6	39	5	14.2
4	5.8	33	6.7	15.6	16	3.7	21	4.4	11.2
5	4.2	31	7.5	13.8	17	6.2	7	5.5	11.4
6	6	13	5.9	12.5	18	7	40	7	16
7	6.8	25	6	13	19	4	35	6	12.7
8	5.5	30	4	13.6	20	4.5	23	3.5	12
9	3.1	5	5.8	10	21	5.9	33	4.9	13.5
10	7.2	47	8.3	17.6	22	5.6	27	4.3	12.3
11	4.5	25	5	12.7	23	4.8	34	7	15.1
12	4.9	11	6.4	10.6	24	3.9	15	5.8	11.7

1. 经典多元线性回归分析结果

建立 y 与 x_1, x_2, x_3 的回归模型,其 R 代码如下:

```
x1<-c(3.5, 5.3, 5.1, 5.8, 4.2, 6.0, 6.8, 5.5, 3.1, 7.2, 4.5, 4.9, 8.0, 6.5, 6.6, 3.7, 6.2, 7.0,
4.0, 4.5, 5.9, 5.6, 4.8, 3.9)
x2<-c(9, 20, 18, 33, 31, 13, 25, 30, 5, 47, 25, 11, 23, 35, 39, 21, 7, 40, 35, 23, 33, 27, 34, 15)
x3<-c(6.1, 6.4, 7.4, 6.7, 7.5, 5.9, 6.0, 4.0, 5.8, 8.3, 5.0, 6.4, 7.6, 7.0, 5.0, 4.4, 5.5, 7.0,
6.0, 3.5, 4.9, 4.3, 8.0, 5.8)
```

```
y<-c(11.1, 13.4, 12.9, 15.6, 13.8, 12.5, 13.0, 13.6, 10.0, 17.6, 12.7, 10.6, 14.4, 14.7, 14.2,
11.2, 11.4, 16.0, 12.7, 12.0, 13.5, 12.3, 15.1, 11.7)
A<-data.frame(y, x1, x2, x3)
B<-lm(y~x1+x2+x3, data=A)
summary(B)
```

运行结果为

```
Call:
lm(formula = y ~ x1 + x2 + x3, data = A)
Residuals:
    Min       1Q   Median       3Q      Max
-1.05467 -0.28507  0.03479  0.32627  1.10556
Coefficients:
            Estimate  Std.Error  t value  Pr(>|t|)
(Intercept) 5.86955   0.66574    8.817    2.52e-08 ***
x1          0.36891   0.10693    3.450    0.002531 **
x2          0.10805   0.01208    8.941    2.01e-08 ***
x3          0.43578   0.09753    4.468    0.000236 ***
...
Signif. codes: 0 '***' 0.001 '**' 0.01 '*' 0.05 '.' 0.1 ' ' 1
Residual standard error: 0.5715 on 20 degrees of freedom
Multiple R-squared: 0.9142, Adjusted R-squared: 0.9013
F-statistic: 71.05 on 3 and 20 DF, p-value: 7.667e-11
```

从以上结果可以看出，所求回归方程为

$$\hat{y} = 5.86955 + 0.36891x_1 + 0.10805x_2 + 0.43578x_3.$$

2. 贝叶斯回归分析结果

R 代码如下：

```
>install.packages('MCMCpack')
>library('MCMCpack')
>C<-MCMCregress(y~x1+x2+x3, data=A)
>summary(C)
```

运行结果为

```
Iterations = 1001:11000
Thinning interval = 1
Number of chains = 1
Sample size per chain = 10000
```

1. Empirical mean and standard deviation for each variable,
   plus standard error of the mean:

```
        Mean    SD    Naive SE    Time-series SE
```

(Intercept)	5.8670	0.70770	0.0070770	0.007077
x1	0.3694	0.11430	0.0011430	0.001143
x2	0.1080	0.01245	0.0001245	0.000120
x3	0.4361	0.10277	0.0010277	0.001028
sigma2	0.3613	0.12709	0.0012709	0.001473

2. Quantiles for each variable:

	2.5%	25%	50%	75%	97.5%
(Intercept)	4.50073	5.40663	5.8657	6.3184	7.2917
x1	0.14219	0.29467	0.3696	0.4447	0.5938
x2	0.08324	0.09996	0.1080	0.1162	0.1325
x3	0.23226	0.36887	0.4359	0.5038	0.6397
sigma2	0.18994	0.27261	0.3368	0.4218	0.6735

从以上结果可以看出,所求回归方程为

$$\hat{y} = 5.8670 + 0.3694 x_1 + 0.1080 x_2 + 0.4361 x_3.$$

对模型意义的解释:从业人员的年薪与他(她)们的成果(论文、专著等)之间是正相关的. 由于从业人员的成果(论文、专著等)越多,他(她)们的年薪越高,由此 x_1 在模型中的系数为正;同理,从事工作的时间(单位:年)和能成功获得资助两个指标都与从业人员的年薪之间为正相关, x_2, x_3 在模型中的系数也为正.

从以上两种回归分析结果看,虽然两种方法有着各自的不同之处,但从结果来看它们非常接近.

7.3 基于 OpenBUGS 航天飞机 O 形环损坏模型

在 1986 年挑战者号航天飞机升空前的各次发射期间,收集到的导致 O 形环灾难性失效的热应力数据,见表 7-2(Kelly & Smith, 2011). 每个航天飞机有 3 个主要的和 3 个次要的辅助 O 形环,其中的任何一个失效(或故障)都将造成像"挑战者号"一样的灾难.

表 7-2 挑战者号航天飞机升空前的 O 形环的数据

航天飞机	损坏	温度/°F	压力/(lb/in²)	航天飞机	损坏	温度/°F	压力/(lb/in²)
1	0	66	50	41-B	1	57	200
2	1	70	50	41-C	1	63	200
3	0	69	50	41-D	1	70	200
5	0	68	50	41-G	0	78	200
6	0	67	50	51-A	0	67	200
7	0	72	50	51-C	2	53	200
8	0	73	100	51-D	0	67	200
9	0	70	100	51-B	0	75	200

(续表)

航天飞机	损坏	温度/°F	压力/(lb/in²)	航天飞机	损坏	温度/°F	压力/(lb/in²)
51-G	0	70	200	61-A	2	75	200
51-F	0	81	200	61-B	0	76	200
51-I	0	76	200	61-C	1	58	200
51-J	0	79	200	—	—	—	—

每个航天飞机有 6 个 O 形环(3 个主要的和 3 个次要的),在每个发射过程中 O 形环损坏(腐蚀或漏气)的数量服从参数为 p 和 $n=6$ 的二项分布,即 $X\sim B(p,6)$. 在这个模型中,参数 p 是温度和施加的泄漏试验压力的函数. 连接函数为

$$\text{logit}(p)=\ln\left(\frac{p}{1-p}\right). \tag{7.3.1}$$

根据工程经验可知,参数 p 随压力 P 和温度 T 的变化而变化,因此我们构建模型时考虑模型:

$$\text{logit}(p)=a+bT, \tag{7.3.2}$$

$$\text{logit}(p)=a+bT+cP. \tag{7.3.3}$$

根据工程经验,还可以考虑温度二次方的模型. 设 $\bar{t}$ 为温度数据的均值,则考虑温度二次方的模型为

$$\text{logit}(p)=a+b(t-\bar{t})+c(t-\bar{t})^2. \tag{7.3.4}$$

7.3.1 只考虑温度的模型

如果考虑导致 O 形环灾难性失效的原因只有温度,则此时的模型由式(7.3.2)给出. 以下分别用经典方法和贝叶斯方法来求模型(7.3.2)的参数估计.

首先用经典方法来求模型(7.3.2)的参数估计,其 R 代码如下:

```
norell<-data.frame(
temp=c(66,70,69,68,67,72,73,70,57,63,70,78,67,53,67,75,70,81,76,79,75,76,58),
n=rep(6,23),distress=c(0,1,0,0,0,0,0,0,1,1,1,0,0,2,0,0,0,0,0,0,2,0,1)
)
norell$Y<-cbind(norell$distress,norell$n-norell$distress)
glm.sol<-glm(Y~temp,family=binomial,data=norell)
summary(glm.sol)
```

运行结果为

```
Call:
glm(formula=Y~temp,family=binomial,data=norell)

Deviance Residuals:
```

```
        Min       1Q    Median      3Q      Max
     -0.95227  -0.78299  -0.54117  -0.04379  2.65152
Coefficients:
              Estimate  Std.Error  z value  Pr(>|z|)
(Intercept)   5.08498   3.05247    1.666    0.0957 .
temp         -0.11560   0.04702   -2.458    0.0140 *
...
Signif. codes: 0 '***' 0.001 '**' 0.01 '*' 0.05 '.' 0.1 ' ' 1
(Dispersion parameter for binomial family taken to be 1)
    Null deviance: 24.230 on 22 degrees of freedom
Residual deviance: 18.086 on 21 degrees of freedom
AIC: 35.647
Number of Fisher Scoring iterations: 5
```

从上述结果得到式(7.3.2)中参数 a 和 b 的经典估计分别为 5.084 98 和 -0.115 60,因此回归方程为

$$\text{logit}(p) = 5.08498 - 0.11560\, T. \tag{7.3.5}$$

根据工程经验参数 a 和 b 的先验分布见下面的代码,以下用 OpenBUGS 来进行有关计算.

```
model
{
for( i in 1: n)
{
distress[i]~dbin(p[i],6)
logit(p[i])<-a+b*temp[i]
}
distress.31~dbin(p.31,6)
logit(p.31)<-a+b*31
a~dunif(0, 10)
b~dnorm(0, 0.001)
}
data
list(distress = c(0, 1,0, 0, 0, 0, 0, 0, 1, 1, 1, 0, 0, 2, 0, 0, 0, 0, 0, 0, 2, 0, 1),
temp = c(66, 70, 69, 68, 67, 72, 73,70, 57, 63, 70, 78, 67, 53, 67, 75, 70, 81, 76, 79,
75, 76, 58), n = 23)
list(a = 1, b = 0.1)
list(a = 10, b = 0.1)
```

运行结果见表 7-3.

表 7-3 计算结果

参数	mean	sd	MC-error	val2.5pc	median	val97.5pc	start	sample
a	5.124	2.383	0.127 9	0.704 5	5.066	9.516	1 001	18 000
b	-0.117 5	0.036 91	0.001 983	-0.186 1	-0.116 3	-0.049 83	1 001	18 000

根据表 7-3 可以参数 a 和 b 的贝叶斯估计分别为 $\hat{a} = 5.124$, $\hat{b} = -0.1175$, 因此回归方程为

$$\text{logit}(p) = 5.124 - 0.1175T. \tag{7.3.6}$$

从式(7.3.5)和式(7.3.6)可以看出,模型(7.3.2)中参数 a 和 b 的经典估计和贝叶斯估计比较接近.

7.3.2 考虑温度和压力的模型

如果考虑导致 O 形环灾难性失效的原因有温度和压力,则此时的模型由式(7.3.3)给出. 以下用 OpenBUGS 来进行有关计算(根据工程经验,先验分布见下面的代码).

```
model
{
for( i in 1: n)
{
distress[i]~dbin(p[i],6)
logit(p[i])<-a+b*temp[i]+c*press[i]
}
distress.31~dbin(p.31,6)
logit(p.31)<-a+b*31+c*200
a~dunif(0, 4.5)
b~dnorm(0, 0.001)
c~dnorm(0, 0.001)
}
data
list(distress=c(0,1,0,0,0,0,0,0,1,1,1,0,0,2,0,0,0,0,0,0,2,0,1),
temp=c(66, 70, 69, 68, 67, 72, 73, 70, 57, 63, 70,78, 67, 53, 67, 75, 70, 81, 76, 79, 75, 76, 58),
press=c(50, 50, 50, 50, 50, 50, 100, 100, 200, 200, 200, 200, 200, 200, 200, 200,
200, 200, 200, 200, 200, 200, 200), n=23)
list(a=1, b=0, c=0)
list(a=10, b=-0.1, c=0.1)
```

运行结果见表 7-4.

表 7-4 计算结果

参数	mean	sd	MC-error	val2.5pc	median	val97.5pc	start	sample
a	2.272	1.261	0.06028	0.1285	2.276	4.388	1001	18000
b	−0.1018	0.02402	8.845E-4	−0.1498	−0.1014	−0.05687	1001	18000
c	0.01044	0.007019	1.784E-4	−0.002	0.009848	0.02522	1001	18000

根据表 7-4,参数 a, b 和 c 的贝叶斯估计分别为 $\hat{a} = 2.272$, $\hat{b} = -0.1018$, $\hat{c} =$

0.010 44，因此回归方程为

$$\text{logit}(p) = 2.272 - 0.101\,8T + 0.010\,44P. \tag{7.3.7}$$

7.3.3 考虑温度二次方的模型

如果考虑导致 O 形环灾难性失效的原因有温度二次方，则此时的模型由式(7.3.4)给出. 以下用 OpenBUGS 来进行有关计算(根据工程经验，先验分布见下面的代码).

```
model
{
for( i in 1: n)
{
distress[i]~dbin(p[i],6)
logit(p[i])<-a+b*(temp[i]-time.mean)+c*pow(temp[i]-time.mean,2)
}
time.mean<- mean(temp[ ])
a~dnorm(0, 1.0E-1)
b~dnorm(0, 1.0E-2)
c~dnorm(0, 1.0E-2)
}
data
list(distress = c(0, 1, 0, 0, 0, 0, 0, 0, 1, 1, 1, 0, 0, 2, 0, 0, 0, 0, 0, 2, 0, 1),
temp = c(66, 70, 69, 68, 67, 72, 73, 70, 57, 63, 70, 78, 67, 53, 67, 75, 70, 81, 76, 79, 75, 76, 58),
n = 23)
list(a = 3, b = 0.05, c = 0.005)
list(a = -3, b = -0.05, c = -0.005)
```

运行结果见表 7-5.

表 7-5 计算结果

参数	mean	sd	MC-error	val2.5pc	median	val97.5pc	start	sample
a	−3.151	0.488 8	0.009 615	−4.21	−3.126	−2.27	1 001	18 000
b	−0.096 43	0.073 92	0.001 855	−0.265 2	−0.089 65	0.029 15	1 001	18 000
c	0.002 365	0.006 057	1.455E-4	−0.010 78	0.002 689	0.013 28	1001	18 000

根据表 7-5，参数 a, b 和 c 的贝叶斯估计分别为 $\hat{a} = -3.151$, $\hat{b} = -0.096\,43$, $\hat{c} = 0.002\,365$，因此回归方程为

$$\text{logit}(p) = -3.151 - 0.096\,43(t-\bar{t}) + 0.002\,365(t-\bar{t})^2. \tag{7.3.8}$$

7.3.4 模型检验和模型选择

以上关于 O 形环损坏，我们建立了三个贝叶斯回归模型，分别由式(7.3.6)，式(7.3.7)

和式(7.3.8)给出.以下对以上建立的三个贝叶斯回归模型,进行模型检验和模型选择.首先计算三个模型的贝叶斯 p 值,然后计算三个模型的 BIC.

1. 计算三个模型的贝叶斯 p 值

以下用 OpenBUGS 计算三个模型的贝叶斯 p 值.

```
model
{
for( i in 1: n)
{
distress[i]~dbin(p[i], 6)
logit(p[i])<-a+b*temp[i]
distress.rep[i]~dbin(p[i], 6)
diff.obs[i]<-pow(distress [i]-6*p[i], 2)/(6*p[i]*(1-p[i]))
diff.rep[i]<-pow(distress.rep[i] -6*p[i], 2)/(6*p[i]*(1-p[i]))
}
a~dunif(0, 10)
b~dnorm(0, 0.001)
chisq.obs<- sum(diff.obs[ ])
chisq.rep<- sum(diff.rep[ ])
p.value<- step(chisq.rep-chisq.obs)
}
data
list(distress = c(0, 1,0, 0, 0, 0, 0, 0, 1, 1, 1, 0, 0, 2, 0, 0, 0, 0, 0, 0, 2, 0, 1),
temp = c(66, 70, 69, 68, 67, 72, 73, 70, 57, 63, 70,78, 67, 53, 67, 75, 70, 81, 76, 79, 75, 76, 58),
n = 23)
list(a = 1, b = 0.1)
list(a = 10, b = 0.1)
```

运行结果为 p.value＝0.224 6.

```
model
{
for( i in 1: n)
{
distress[i]~dbin(p[i], 6)
logit(p[i])<-a+b*temp[i]+c*press[i]
distress.rep[i]~dbin(p[i], 6)
diff.obs[i]<-pow(distress [i]-6*p[i], 2)/(6*p[i]*(1-p[i]))
diff.rep[i]<-pow(distress.rep[i] -6*p[i], 2)/(6*p[i]*(1-p[i]))
}
chisq.obs<- sum(diff.obs[ ])
chisq.rep<- sum(diff.rep[ ])
p.value<- step(chisq.rep-chisq.obs)
distress.31~dbin(p.31, 6)
```

```
logit(p.31)<-a+b*31+c*200
a~dunif(0, 4.5)
b~dnorm(0, 0.001)
c~dnorm(0, 0.001)
}
data
list(distress = c(0, 1, 0, 0, 0, 0, 0, 0, 1, 1, 1, 0, 0, 2, 0, 0, 0, 0, 0, 2, 0, 1),
temp = c(66, 70, 69, 68, 67, 72, 73, 70, 57, 63, 70,78, 67, 53, 67, 75, 70, 81, 76, 79, 75, 76, 58),
press = c(50, 50, 50, 50, 50, 50, 100, 100, 200, 200, 200, 200, 200, 200, 200, 200, 200, 200, 200,
200, 200, 200, 200), n = 23)
list(a = 1, b = 0, c = 0)
list(a = 10, b = -0.1, c = 0.1)
```

运行结果为 p. value＝0.247 5.

```
model
{
for( i in 1: n)
{
distress[i]~dbin(p[i], 6)
logit(p[i])<-a+b*(temp[i]-time.mean)+c*pow(temp[i]-time.mean, 2)
distress.rep[i]~dbin(p[i], 6)
diff.obs[i]<-pow(distress[i]-6*p[i], 2)/(6*p[i]*(1-p[i]))
diff.rep[i]<-pow(distress.rep[i]-6*p[i], 2)/(6*p[i]*(1-p[i]))
}
time.mean<-mean(temp[ ])
chisq.obs<-sum(diff.obs[ ])
chisq.rep<-sum(diff.rep[ ])
p.value<-step(chisq.rep-chisq.obs)
a~dnorm(0, 1.0E-1)
b~dnorm(0, 1.0E-2)
c~dnorm(0, 1.0E-2)
}
data
list(distress = c(0, 1, 0, 0, 0, 0, 0, 0, 1, 1, 1, 0, 0, 2, 0, 0, 0, 0, 0, 2, 0, 1),
temp = c(66, 70, 69, 68, 67, 72, 73, 70, 57, 63, 70,78, 67, 53, 67, 75, 70, 81, 76, 79, 75, 76, 58),
n = 23)
list(a = 3, b = 0.05, c = 0.005)
list(a = -3, b = -0.05, c = -0.005)
```

运行结果为 p. value＝0.221 6

2. 计算三个模型的 BIC

以下用 OpenBUGS 计算三个模型的 BIC.

```
model
{
for( i in 1: n)
{
distress[i]~dbin(p[i], 6)
logit(p[i])<-a+b*temp[i]
log.like[i]<--log(p[i])
}
log.like.tot<-sum(log.like[ ])
BIC<--2*log.like.tot+log(n)
a~dunif(0, 10)
b~dnorm(0, 0.001)
}
data
list(distress = c(0, 1, 0, 0, 0, 0, 0, 0, 1, 1, 1, 0, 0, 2, 0, 0, 0, 0, 0, 0, 2, 0, 1),
temp = c(66, 70, 69, 68, 67, 72, 73, 70, 57, 63, 70, 78, 67, 53, 67, 75, 70, 81, 76, 79, 75, 76, 58),
n = 23)
list(a = 1, b = 0.1)
list(a = 10, b = 0.1)
```

运行结果见表 7-6.

表 7-6 计算结果

参数	mean	sd	MC-error	val2.5pc	median	val97.5pc	start	sample
BIC	145.8	18.59	0.490 2	113.1	144.5	185.7	1 001	18 000

```
model
{
for( i in 1: n)
{
distress[i]~dbin(p[i], 6)
logit(p[i])<-a+b*temp[i]+c*press[i]
log.like[i]<--log(p[i])
}
log.like.tot<-sum(log.like[ ])
BIC<--2*log.like.tot+log(n)
a~dunif(0, 4.5)
b~dnorm(0, 0.001)
c~dnorm(0, 0.001)
}
data
list(distress = c(0, 1, 0, 0, 0, 0, 0, 0, 1, 1, 1, 0, 0, 2, 0, 0, 0, 0, 0, 0, 2, 0, 1),
temp = c(66, 70, 69, 68, 67, 72, 73, 70, 57, 63, 70, 78, 67, 53, 67, 75, 70, 81, 76, 79, 75, 76, 58),
```

```
press = c(50, 50, 50, 50, 50, 50, 100, 100, 200, 200, 200, 200, 200, 200, 200, 200, 200, 200,
200, 200, 200, 200), n = 23)
list(a = 1, b = 0, c = 0)
list(a = 10, b = -0.1, c = 0.1)
```

运行结果见表 7-7.

表 7-7 计算结果

参数	mean	sd	MC-error	val2.5pc	median	val97.5pc	start	sample
BIC	154.1	21.22	0.4677	117.4	152.5	200.5	1 001	18 000

```
model
{
for( i in 1: n)
{
distress[i]~dbin(p[i], 6)
logit(p[i])<- a + b * (temp[i] - time.mean) + c * pow(temp[i] - time.mean, 2)
log.like[i]<- log(p[i])
}
log.like.tot<- sum(log.like[ ])
BIC<- -2 * log.like.tot + log(n)
time.mean<- mean(temp[ ])
a~dnorm(0, 1.0E-1)
b~dnorm(0, 1.0E-2)
c~dnorm(0, 1.0E-2)
}
data
list(distress = c(0, 1, 0, 0, 0, 0, 0, 0, 1, 1, 1, 0, 0, 2, 0, 0, 0, 0, 0, 2, 0, 1),
temp = c(66, 70, 69, 68, 67, 72, 73, 70, 57, 63, 70, 78, 67, 53, 67, 75, 70, 81, 76, 79, 75, 76, 58),
n = 23)
list(a = 3, b = 0.05, c = 0.005)
list(a = -3, b = -0.05, c = -0.005)
```

运行结果见表 7-8.

表 7-8 计算结果

参数	mean	sd	MC-error	val2.5pc	median	val97.5pc	start	sample
BIC	146.4	19.14	0.4291	112.8	145.1	189.2	1 001	18 000

根据上述计算结果,我们得到 O 形环损坏三个回归模型[分别由式(7.3.6),式(7.3.7)和式(7.3.8)给出]的贝叶斯 p 值和 BIC 见表 7-9.

表 7-9 三个回归模型的贝叶斯 p 值和 BIC

回归模型的解释变量	贝叶斯 p 值	BIC
温度[模型由式(7.3.6)给出]	0.224 6	145.8
温度和压力[模型由式(7.3.7)给出]	0.247 5	154.1
温度的平方[模型由式(7.3.8)给出]	0.221 6	146.4

从表 7-9 的计算结果看,三个回归模型的贝叶斯 p 值比较接近,其中模型(7.3.6)和模型(7.3.8)的贝叶斯 p 值非常接近,模型(7.3.7)的贝叶斯 p 值比其他两个模型的贝叶斯 p 值略大;三个回归模型的 BIC 相差不大,其中模型(7.3.6)和模型(7.3.8)的 BIC 非常接近,模型(7.3.7)的 BIC 比其他两个模型的 BIC 略大.

7.4 随机模拟方法与应用案例

7.4.1 随机模拟方法

按随机模拟的方法,先由 $\pi(\sigma^2 \mid y)$ 抽取 σ^2,再从 $\pi(\beta \mid \sigma^2, y)$ 中抽取 β,便能得到未知参数以及其函数的后验模拟值. 这可根据多元正态分布和逆伽玛分布自行编程获得 (β, σ^2) 的后验样本. 但是在无信息先验假设下我们也可直接利用 R 中的 LearnBayes 程序包(可在 R 社区下载)内的函数函数 blinreg( )完成 (β, σ^2) 的后验抽样.

有了 (β, σ^2) 的后验样本,就可得到 β 的贝叶斯估计(如后验样本众数或后验样本均值),记为 $\hat{\beta}$,由此可得给定预测变量 x^* 处响应变量 y 的值 $\hat{y} = x^* \hat{\beta}$.

如果 β^* 为 β 的后验抽样,则 $x^* \beta^*$ 就是 $x^* \beta$ 的边缘后验的抽样. LearnBayes 程序包中的函数 blinregexpected( )可以用于获得这样的样本.

由多参数贝叶斯模型知,给定预测变量 x^* 处,y 的后验预测分布为(汤银才,2008)

$$\pi(\hat{y} \mid y) = \int \pi(\hat{y} \mid \beta, \sigma^2) \pi(\beta, \sigma^2 \mid y) d\beta d\sigma^2.$$

因此,y 的后验预测样本可在上面获得的 (β, σ^2) 的后验样本的基础上,再从正态分布 $N(x^* \beta, \sigma^2)$ 抽取 $\tilde{y}$ 得到. LearnBayes 程序包中的函数 blinregpred( )可以用于获得这样的后验预测样本. 显然,x^* 处,y 的回归拟合均值与预测均值都为 $x^* \beta$.

7.4.2 应用案例

LearnBayes 程序包中的 birdextinct 数据集为过去几十年中在英国周围的 16 个岛屿上收集的 62 种鸟的四类数据(Ramsey & Schafer, 1997):

(1) 在岛上的平均灭绝时间(TIME);

(2) 平均筑巢数(NESTING);

(3) 种群规模(SIZE),分为"大"(用 1 表示)与"小"(用 0 表示)两类;

(4) 栖息状态(STATUS),分为"迁徙"(用 1 表示)与"久居"(用 0 表示)两类.

由 R 代码：

```
> data(birdextinct)
> attach(birdextinct)
> birdextict
```

得到数据（仅前后一部分）：

	species	time	nesting	size	status
1	Sparrowhawk	3.030	1.000	0	1
2	Buzzard	5.464	2.000	0	1
3	Kestrel	4.098	1.210	0	1
4	Peregrine	1.681	1.125	0	1
...	...	...	...	...	...
60	Starling	41.667	11.620	1	1
61	Pied_flycatcher	1.000	1.000	1	0
62	Siskin	1.000	1.000	1	1

研究目的是找出该地区鸟类的灭种时间与其余三个量之间的关系．

(1) 预测变量的显著性：按习惯，用 y 表示响应变量 TIME，x_1 表示预测变量 NESTING，x_2 表示预测变量 SIZE，x_3 表示预测变量 STATUS．由于前期分析中发现变量 y 严重右偏，因此对其进行对数处理．最终将此问题归为线性回归模型问题

$$\log(y_i) = \beta_0 + \beta_1 x_{i1} + \beta_2 x_{i2} + \beta_3 x_{i3} + \varepsilon_i, \quad \varepsilon_i \overset{iid}{\sim} N(0, \sigma^2).$$

首先用函数 lm( ) 进行最小二乘拟合．R 代码如下：

```
> logtime = log(time)
> fit = lm(logtime ~ nesting + size + status,
         data = birdextinct, x = TRUE, y = TRUE)
> summary(fit)
```

其中 x=TRUE，y=TRUE 是为了让设计矩阵和响应变量成为 fit 这个结构的一部分，便于在后面的函数中引用．输出的主要结果为

```
Coefficients：
              Estimate   Std. Error   t value   Pr(>|t|)
(Intercept)    0.43087    0.20706      2.081    0.041870 *
nesting        0.26501    0.03679      7.203    1.33e-09 ***
size          -0.65220    0.16667     -3.913    0.000242 ***
status         0.50417    0.18263      2.761    0.007712 **
...
Signif. codes：0'***'0.001'**'0.01'*'0.05'.'0.1' '1
Residual standard error：0.6524 on 58 degrees of freedom
Multiple R-Squared：0.5982, Adjusted R-squared：0.5775
F-statistic：28.79 on 3 and 58 DF, p-value：1.577e-11
```

得到的回归方程为

$$y = 0.43087 + 0.26501x_1 - 0.65220x_2 + 0.50417x_3.$$

且筑巢数 NESTING (x_1) 是高度显著的, 表明筑巢数越多, 种类灭绝的时间越长; 种群规模 SIZE (x_2) 和栖息状态 STATUS (x_3) 也显著, 但稍差一点, 表明种群规模大的鸟类其灭绝的时间短; 而迁徙的鸟类其灭绝的时间长.

(2) 产生 $\theta = (\beta, \sigma)$ 的后验样本, R 代码如下:

```
> theta.sample <- blinreg(fit$y, fit$x, 5000)
```

得到 β, σ 的 5 000 个后验样本.

说明: 函数 blinregp(y, X, m) 所需输入的变量为: 观测向量 y, 结构矩阵 X 以及样本量 m. 此函数的返回值分为两部分: 第一部分为 β 的 $m \times k$ 矩阵样本, 其每一行分别代表该次抽样的 β_i 值 ($i = 0, 1, 2, \cdots, k$), 第二部分则为 m 个 σ 的样本值, 且这两部分的值被赋予变量名 beta 和 sigma. 在此 $m = 5000, k = 3$.

R 代码如下:

```
> par(mfrow = c(2, 2))
> hist(theta.sample beta[,2], main = "NESTING",
xlab = expression(beta[1]))
> hist(theta.sample beta[,3], main = "SIZE",
xlab = expression(beta[2]))
> hist(theta.sample beta[,4], main = "STATUS",
xlab = expression(beta[3]))
> hist(theta.sample$sigma, main = "ERROR SD",
xlab = expression(sigma))
```

运行以上程序, 得到 $\beta_1, \beta_2, \beta_3$ 和 σ 的后验频数直方图, 分别如图 7-1—图 7-4 所示.

图 7-1 β_1 的后验频数直方图

图 7-2 β_2 的后验频数直方图

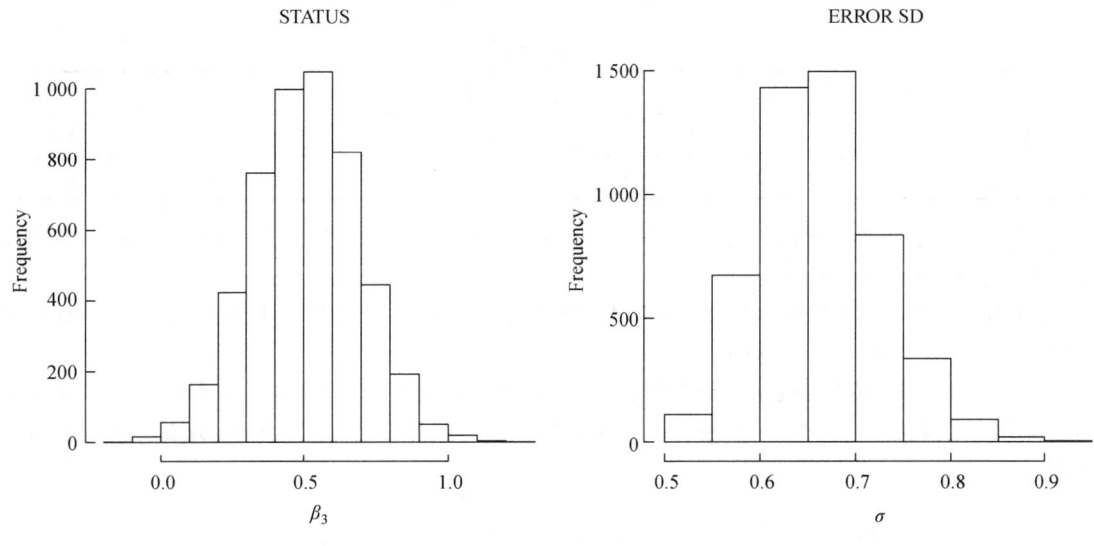

图 7-3 β_3 的后验频数直方图　　　　图 7-4 σ 的后验频数直方图

（3）对参数的概括：根据需要我们可以用后验样本对未知参数作出推断，例如使用函数 apply( ) 及 quantile( ) 计算 β 和 σ 的后验样本的 5%，50%，95% 分位数. R 代码与结果如下：

```
> apply(theta.sample beta,2, quantile, c(.05,.5,.95))
        X(Intercept)    Xnesting      Xsize        Xstatus
  5%    0.07936835    0.2044492    -0.9306160    0.2030306
 50%    0.42590263    0.2654152    -0.6486577    0.5066345
 95%    0.76124480    0.3267070    -0.3705037    0.8058440
> quantile(theta.sample $ sigma,c(.05,.5,.95))
       5%         50%         95%
  0.5682681  0.6578906  0.7744675
```

若用 summery 命令观察最小二乘估计的结果不难发现，各未知参数的后验中位数与该结果基本一致，其原因在于，本例的贝叶斯推断采用了无信息先验.

在例 3.6.1 中（新药开发中动物试验的实例），我们已经遇到过贝叶斯回归问题.

另一个应用案例，将在本书的第 13 章中介绍（13.4.2 使用 R 包解决 MCMC 计算问题），在那里将介绍来自 R 包 dataset 的数据集 swiss（这个数据集是 1888 年对瑞士的 47 个法语地区的社会经济指标的调查）的贝叶斯线性回归.

思考与练习题 7

7.1　请简要说明：经典统计和贝叶斯统计在处理多元线性回归问题的思路、结果的异同.

7.2　基于 7.2.3 的"应用案例"，根据式（7.2.8）和式（7.2.9），

（1）计算 $\hat{\sigma}_B^2$ 和 $\hat{\sigma}^2$；

（2）比较 $\hat{\sigma}_B^2$ 和 $\hat{\sigma}^2$.

7.3 基于7.4.2目的"应用案例",取如下4组预测变量(协变量):

4组预测变量

编号	x_1	x_2	x_3	编号	x_1	x_2	x_3
A	4	0	0	C	4	0	1
B	4	1	0	D	4	1	1

(1) 对于4组协变量分别得到回归均值 $x^*\beta$ 的样本,并在同一个图中绘制它们的直方图[可使用R语言中的命令 blinregexpected( )].

(2) 对于4组协变量分别得到预测响应变量的预测值 $\tilde{y}$ 的样本,并在同一个图中绘制它们的直方图[可使用R语言中的命令 blinregpred( )].

7.4 金属材料的持久强度是指在给定温度和规定时间内,使材料发生断裂的应力值. 根据专业知识和经验,认为断裂发生的时刻 y 与环境的绝对温度 $T(T=$工作温度$+273℃)$ 和持久强度 x 之间有如下关系:

$$\ln y = \beta_0 + \beta_1 \ln x + \beta_2 (\ln x)^2 + \beta_3 (\ln x)^3 + \beta_4 \frac{1}{2.3RT} + \varepsilon,$$

其中 R 是一个常数,$R=1.986/$克分子·度.

显然,上式是多对一的回归问题. 令 $w=\ln y$,且 $z_1=\ln x$,$z_2=(\ln x)^2$,$z_3=(\ln x)^3$,$z_4=\frac{1}{2.3RT}$,则有

$$w = \beta_0 + \beta_1 z_1 + \beta_2 z_2 + \beta_3 z_3 + \beta_4 z_4 + \varepsilon,$$

它是四个自变量对一个因变量的线性回归问题.

具体的27次试验数据见下表(张尧庭,陈汉峰,1991):

试验数据表

序号	绝对温度 $T/℃$	应力 x	断裂时间 y	$\ln x$	$\ln y$
1	550+273=823	40	113.5	1.602 06	2.056 90
2	550+273=823	38	163.5	1.579 38	2.214 84
3	550+273=823	37	340.6	1.568 20	2.532 75
4	550+273=823	36	561.0	1.556 30	2.748 96
5	550+273=823	35	953.8	1.544 07	2.979 55
6	550+273=823	35	1 263.8	1.544 07	3.100 37
7	550+273=823	33	1 902.3	1.518 51	3.278 75
8	550+273=823	31	2 271.3	1.491 36	3.356 03
9	550+273=823	31	2 466.5	1.491 36	3.392 70
10	550+273=823	27	3 674.8	1.431 36	3.564 67
11	550+273=823	25	6 368.7	1.397 94	3.804 14
12	550+273=823	20	13 862.0	1.301 03	4.143 01
13	580+273=853	35	207.7	1.544 07	2.318 06
14	580+273=853	30	621.9	1.477 12	2.793 79
15	580+273=853	27	937.0	1.431 36	2.971 74

(续表)

序号	绝对温度 T/℃	应力 x	断裂时间 y	$\ln x$	$\ln y$
16	580+273=853	25	1 206.7	1.397 94	3.082 79
17	580+273=853	20	2 044.6	1.301 03	3.309 63
18	600+273=873	30	182.2	1.477 12	2.260 07
19	600+273=873	27	350.7	1.431 36	2.545 31
20	600+273=873	25	489.0	1.397 94	2.689 31
21	600+273=873	20	958.7	1.301 03	2.981 82
22	620+273=893	27	79.4	1.431 36	1.899 82
23	620+273=893	25	150.4	1.397 94	2.176 09
24	620+273=893	20	411.0	1.301 03	2.613 84
25	620+273=893	15	1 001.8	1.176 09	3.000 00
26	620+273=893	12	1 544.0	1.079 18	3.187 52
27	620+273=893	11	1 795.0	1.041 39	3.255 27

现在分几种不同的情况来求回归方程:

$$\hat{w} = \hat{\beta}_0 + \hat{\beta}_1 z_1 + \hat{\beta}_2 z_2 + \hat{\beta}_3 z_3 + \hat{\beta}_4 z_4$$

中的 5 个系数 $\hat{\beta}_0, \hat{\beta}_1, \hat{\beta}_2, \hat{\beta}_3, \hat{\beta}_4$.

(1) 用全部 27 个试验数据.

(2) 只用其中前 13 组数据、只用其中后 14 组数据分别计算. 计算后既可以把前 13 组数据的分析结果作为先验信息,后 14 组数据作为试验数据来用前面的公式计算;也可以把后 14 组数据的分析结果作为先验信息,前 13 组数据作为试验数据来用前面的公式计算. 将这两种情况得到的结果与全部 27 个试验结果用最小二乘法得到的结果进行比较,你会发现什么? 从中你可以具体地感受贝叶斯方法的什么特点?

7.5 在 7.3 节航天飞机 O 形环损坏模型中,对模型(7.3.2)用 R 软件给出了模型参数经典估计. 请对模型(7.3.3)和模型(7.3.4)用 R 软件给出模型参数经典估计.

7.6 在 7.3 节航天飞机 O 形环损坏模型中,在每个发射过程中 O 形环损坏(腐蚀或漏气)的数量服从二项分布,在此种情况下建立回归模型并进行分析. 请读者考虑:如果在每个发射过程中 O 形环损坏(腐蚀或漏气)的数量服从泊松分布,请在此种情况下建立回归模型并进行分析.

第 8 章 贝叶斯统计在证券投资预测中的应用

韩明,徐波(1995)给出了贝叶斯方法在股市预测中的应用. 韩明(2001)给出了证券投资预测中的多层贝叶斯方法的应用. 韩明(2005a)提出了证券投资的 E-Bayes 估计法. 韩明(2007)给出了证券投资预测的马氏链法和 E-Bayes 法,对同一组数据,预测的结果是一致的. 王珊珊,刘龙(2007)给出了证券投资风险预测的 E-Bayes 估计法和灰色预测法,对同一组数据,预测的结果比较接近,并且 E-Bayes 预测方法的精度更高,适合对股票价格进行预测. 关于 E-Bayes 估计法在股票预测中的其他应用,见 Cai & Xu(2011),徐伟卿(2012),李聪,朱复康,赖民(2013)等. E-Bayes 估计法不但可以用于股票预测,还可以用于其他领域,相关研究见 Han(2007,2009,2011,2017),韩明(2017)等. 关于贝叶斯统计在股票研究中的其他应用,见田志伟(2011),刘淳,刘庆,张晗(2011)等.

本章主要介绍:证券投资预测中的 E-Bayes 方法及其应用,证券投资预测的马氏链法和 E-Bayes 方法,证券投资风险预测的 E-Bayes 法与灰色预测法.

8.1 证券投资预测中的 E-Bayes 方法及其应用

韩明(2005a)提出证券投资的一个预测方法——E-Bayes 方法,不仅能预测证券价格的走势,而且还能更进一步地指出证券价格的范围. 以下首先把数据进行分组,给出预测对象的状态划分,然后在此基础上给出状态概率的 E-Bayes 估计的定义和 E-Bayes 估计,并根据状态概率进行预测,最后给出预测实例.

近些年来随着我国证券市场的开放,越来越多的投资者转向了证券市场. 证券价格忽高忽低似乎难以捉摸,但在政治形势比较平稳的情况下,它的变化是由其基本因素的变化决定的. 由于证券投资的高效率,这些因素的变化会立即从证券的价格上反映出来,便产生了因素分析法. 因素分析法是根据在一定的时期、一定的环境下,用影响证券价格变化的因素来预测价格走势的一种方法. 然而因素分析法还存在着一定的局限性,如难以分辨哪些是主导因素,哪些是次要因素,证券价格的波动受到心理因素与信息的局限等,这些都使因素分析法无法发挥出其重要作用. 技术分析法应运而生,其应用历史价格通过各种图像及曲线来预测证券价格. 技术分析法近些年来发展很快,特别是随着计算机的普及,各种分析方法越来越多. 总的来说,技术分析法可以分为图像分析法和统计分析法,图像分析法以图表为分析工具,统计分析法是对价格、交易量等市场指标进行一定的统计处理. 目前,关于证券投资分析方面的文献越来越多. 欧阳光中,李敬湖(1997)介绍了1990年诺贝尔经济学奖三位得主(Harry Markowitz, William Sharpe 和 Merton Miller)在证券投资方面的主要工作,很有参考价值.

8.1.1 预测对象的状态划分

设 $x_1, x_2, \cdots, x_n$ 是来自同一个总体的 n 个观察值,根据需要把它们进行统计分组,并划分对象所处的状态,即把 n 个观察值按一定的间距进行分组,分成 k 组($1<k<n$),相应地把预测对象划分为 k 个状态,第 i 个状态记作 $E_i(i=1,2,\cdots,k)$. 若第 i 组中有 r_i 个观察值($i=1,2,\cdots,k$),则 r_i 个观察值落入第 i 组的频率为 $\lambda_i = \dfrac{r_i}{n}(i=1,2,\cdots,k)$.

8.1.2 状态概率的 E-Bayes 估计的定义

根据对预测对象的状态划分可知,第 i 个状态 E_i 有 r_i 个观察值落入第 i 组($i=1,2,\cdots,k$). 记预测对象落入状态 E_i 的概率为 $p_i(i=1,2,\cdots,k)$,则 $0<p_i<1(i=1,2,\cdots,k)$.

设预测对象是否落入状态 E_i 是独立的,则对证券价格的预测可以看作 n 重伯努利(Bernoulli)试验问题,于是可以用二项分布来描述. 由于 Beta 分布是二项分布的共轭先验分布,因此取 p_i 的先验分布为 Beta 分布,又由于 $0<p_i<1(i=1,2,\cdots,k)$,其密度函数为

$$\pi(p_i \mid a,b) = \frac{p_i^{a-1}(1-p_i)^{b-1}}{B(a,b)},$$

其中 $0<p_i<1$, $B(a,b) = \int_0^1 t^{a-1}(1-t)^{b-1}dt$ 为 Bata 函数.

由于 n 个观察值按一定的间距(一般取等间距)分成 k 组($1<k<n$),预测对象落入状态 E_i 个概率 p_i 不会很大,即 p_i 大的可能性小、而小的可能性大. 根据韩明(1997),应选择 a 和 b 使 $\pi(p_i \mid a,b)$ 为 p_i 的减函数,当 $0<a\leqslant 1, b>1$ 时,$\pi(p_i \mid a,b)$ 为 p_i 的减函数. 当 $a=1, b>1$ 时,$\pi(p_i \mid a,b)$ 仍为 p_i 的减函数.

从 Bayes 估计的稳健性看,尾部越细的先验分布会使 Bayes 估计的稳健性越差,因此在 $a=1$ 时,b 不宜过大. 设 b 的上界为 $C(C>1$ 为常数),这样可以确定超参数 b 的范围为 $1<b<C$.

若超参数 b 的先验分布取 $(1,C)$ 上的均匀分布,这里 $C>1$ 为常数,其先验密度函数分别为

$$\pi(b) = \frac{1}{(C-1)}, \quad 1<b<C.$$

在 $a=1$ 时,p_i 的密度函数为

$$\pi(p_i \mid b) = b(1-p_i)^{b-1}, \quad 0<p_i<1. \tag{8.1.1}$$

定义 8.1.1 对 $b \in D$，若 $\hat{p}_{iB}(b)$ 是连续的，称

$$\hat{p}_{iEB} = \int_D \hat{p}_{iB}(b)\pi(b)\mathrm{d}b$$

是 p_i 的 **E-Bayes 估计**（expected Bayesian estimation）($i=1, 2, \cdots, k$). 其中 $\int_D \hat{p}_{iEB}(a)\pi(b)\mathrm{d}b$ 是存在的, $D = \{b : 1 < b < c, b \in \mathbf{R}\}$，$C > 1$ 为常数，$\pi(b)$ 为 b 在区间 D 上的密度函数, $\hat{p}_{iEB}(b)$ 为 p_i 的 Bayes 估计（用超参数 b 表示）($i=1, 2, \cdots, k$).

从定义 8.1.1 可以看出, p_i 的 E-Bayes 估计

$$\hat{p}_{iEB} = \int_D \hat{p}_{iB}(b)\pi(b)\mathrm{d}b = E[\hat{p}_{iB}(b)]$$

是 $\hat{p}_{iB}(b)$ 对超参数 b 的数学期望，即 p_i 的 E-Bayes 估计是 p_i 的 Bayes 估计对超参数的数学期望.

8.1.3 状态概率的 E-Bayes 估计

以上给出了 p_i 的 E-Bayes 估计的定义, 在此基础上以下给出 p_i 的 E-Bayes 估计（韩明, 2005a）.

定理 8.1.1 若 $x_1, x_2, \cdots, x_n$ 是来自同一个总体的 n 个观察值, $p_i(i=1, 2, \cdots, k)$ 的先验密度函数 $\pi(p_i)$ 由式(8.1.1)给出, 则有

(1) 在平方损失下, p_i 的 Bayes 估计为 $\hat{p}_{iB}(b) = \dfrac{r_i+1}{n+b+1}$;

(2) p_i 的 E-Bayes 估计为

$$\hat{p}_{iEB} = \frac{r_i+1}{c-1}\ln\left(\frac{n+c+1}{n+2}\right).$$

定理 8.1.1 的证明, 见韩明(2005a).

根据定理 8.1.1 可以得到 p_i 的 E-Bayes 估计 $\hat{p}_i(i=1, 2, \cdots, k)$, 然后就可以预测证券价格所在的范围. 若记 $p^* = \max\{\hat{p}_1, \hat{p}_2, \cdots, \hat{p}_k\}$, 则 p^* 所对应的状态所在区间, 就是所预测的证券价格所在的范围.

8.1.4 预测实例

深圳证券交易所某股票"今天"及以前共 31 个连续交易日的价格（收盘价, 单位:元/股）分别为

9.51, 10.43, 10.63, 10.95, 10.80, 10.41, 10.44, 10.76, 10.60, 11.35, 11.35, 11.89, 12.74, 13.23, 11.87, 12.24, 11.83, 11.12, 10.22, 12.00, 11.16, 11.12, 10.72, 10.98, 11.16, 10.67, 10.69, 11.15, 11.17, 11.17, 10.91.

请用以上介绍的 E-Bayes 方法预测"明天"该股票的价格.

首先进行统计分组, 并进行状态划分. 这里给出两种统计分组, 相对应的给出两种状态划分, 即第一状态划分和第二状态划分, 并根据定理 8.1.1 计算相对应的 $\hat{p}_i(C=2, 3, 4,$

5,6),其结果列于表 8-1(对应第一状态划分)和表 8-2(对应第二状态划分).

表 8-1 第一状态划分与 $\hat{p}_i(C=2,3,4,5,6)$

i	E_i	状态范围	r_i	$\hat{p}_i(C=2)$	$\hat{p}_i(C=3)$	$\hat{p}_i(C=4)$	$\hat{p}_i(C=5)$	$\hat{p}_i(C=6)$
1	E_1	≤10.0	1	0.059 706	0.058 841	0.058 008	0.057 205	0.056 431 1
2	E_2	(10.0, 10.5]	4	0.149 265	0.147 101	0.145 019	0.143 013	0.141 078 6
3	E_3	(10.5, 11.0]	10	0.328 383	0.323 623	0.319 042	0.314 628	0.310 372 9
4	E_4	(11.0, 11.5]	9	0.298 529	0.294 202	0.290 038	0.286 026	0.282 157 2
5	E_5	(11.5, 12.0]	4	0.149 265	0.147 101	0.145 019	0.143 013	0.141 078 6
6	E_6	(12.0, 12.5]	1	0.059 706	0.058 841	0.058 008	0.057 205	0.056 431 4
7	E_7	>12.5	2	0.089 559	0.088 261	0.087 011	0.085 808	0.084 647 2

表 8-2 第二状态划分与 $\hat{p}_i(C=2,3,4,5,6)$

i	E_i	状态范围	r_i	$\hat{p}_i(C=2)$	$\hat{p}_i(C=3)$	$\hat{p}_i(C=4)$	$\hat{p}_i(C=5)$	$\hat{p}_i(C=6)$
1	E_1	≤9.9	1	0.059 706	0.058 841	0.058 008	0.057 205	0.056 431
2	E_2	(9.9, 10.2]	1	0.059 706	0.058 841	0.058 008	0.057 205	0.056 431
3	E_3	(10.2, 10.5]	3	0.119 412	0.117 681	0.116 015	0.114 410	0.112 863
4	E_4	(10.5, 10.8]	5	0.179 118	0.176 522	0.176 522	0.174 023	0.169 294
5	E_5	(10.8, 11.1]	7	0.268 677	0.264 782	0.261 034	0.257 423	0.253 941
6	E_6	(11.1, 11.4]	6	0.208 971	0.205 942	0.203 027	0.200 218	0.197 510
7	E_7	(11.4, 11.7]	0	0.029 853	0.029 420	0.029 004	0.028 603	0.028 216
8	E_8	(11.7, 12.0]	4	0.149 265	0.147 101	0.145 019	0.143 013	0.141 079
9	E_9	>12.0	3	0.119 412	0.117 681	0.116 015	0.114 410	0.112 863

从表 8-1 和表 8-2 可以看出,C 的变化对 $\hat{p}_i(i=1,2,\cdots,k)$,对于第一状态划分 ($k=7$),对于第二状态划分 ($k=9$) 的估计是稳健的.

从表 8-1 和表 8-2 可以看出,不论 C 取 2,3,4,5,6 中的哪个值,对于第一状态划分 $p^* = \max\{\hat{p}_1, \hat{p}_2, \cdots, \hat{p}_7\} = \hat{p}_3$,据此可以预测:该股票"明天"的价格在区间(10.5,11.0]内. 对于第二状态划分 $p^* = \max\{\hat{p}_1, \hat{p}_2, \cdots, \hat{p}_9\} = \hat{p}_5$,据此可以预测:该股票"明天"的价格在区间(10.8,11.1]内. 实际上,该股票"明天"的价格(收盘价)为 10.9 元/股. 对于第一状态划分,有 10.9 ∈ (10.5,11.0];对于第二状态划分,10.9 ∈ (10.8,11.1].

从预测实例的两种状态划分可以看出,当状态划分可进一步加密时,预测对象所在的区间长度进一步缩小,因此预测的结果更好. 当然在预测时也可以根据交易日的收盘价为基础,然后根据每日的涨跌幅来进行预测. 应该注意的是,状态划分并不一定是越细越好,而应该在掌握充分的资料,并在对其进行分析的基础上对预测对象进行状态划分.

8.2 证券投资预测的马氏链法和 E-Bayes 方法

在考虑随机因素影响的动态系统中,常常遇到这种情况:系统在每个时期所处的状态是随机的. 从这个时期到下一个时期的状态按照一定的概率进行转移,并且下一个时期的状态只取决于这个时期的状态和转移概率,与以前各时期状态无关. 这种情况称为无后效性,或马尔科夫性,通俗地说就是:已知现在、将来与历史无关. 具有无后效性的时间、状态均为离散的随机转移过程通常用马氏链(Markov Chain)模型描述.

8.2.1 证券投资预测的马氏链法

马氏链模型在经济、社会、生态、遗传等许多领域中有着广泛的应用. 以下建立马氏链预测模型,并对证券投资进行预测,从而为证券投资预测提供一种技术分析方法. 以下给出证券投资预测的马氏链法(韩明,2007).

马氏链法的最简单类型是预测下一期最可能出现的状态,可按以下几个步骤进行:

(1) 划分预测对象所出现的状态——把数据进行分组.

从预测的目的出发,并考虑决策者的需要来划分所出现的状态,同时把数据进行分组.

(2) 计算初始概率.

在实际问题中,分析历史资料所得到的状态概率,称为初始概率. 设有 n 个状态 E_1, $E_2,\cdots,E_n$,观察 M 个时期,其中状态 $E_i(i=1,2,\cdots,n)$ 共出现了 r_i 次. 于是 $f_i = \dfrac{r_i}{M}$ 就是 E_i 出现的频率,我们用它来近似表示 E_i 出现的概率,即 $f_i \approx p_i (i=1,2,\cdots,n)$.

(3) 计算状态的一重转移概率.

首先计算状态 i 到状态 j 的频率 f_{ij}. 从第(2)步知道 $E_i(i=1,2,\cdots,n)$ 共出现了 r_i 次,接着从 r_i 个 E_i 出发,计算下一步转移状态 E_j 的个数 M_{ij}(只要具体数一下所给数据就可以算出 M_{ij};或根据所给数据作出散点图,再根据散点图就可以算出 M_{ij}),于是用状态 i 到状态 j 的频率 f_{ij} 来近似表示它的概率,即 $f_{ij} = \dfrac{M_{ij}}{r_i} \approx p_{ij}$.

(4) 根据状态的一重转移概率进行预测.

根据第(3)步可以得到转移概率矩阵 $P=(p_{ij})$. 如果目前预测处于状态 E_i,这时 p_{ij} 就描述了目前状态 E_i 在未来将转向状态 E_j 的可能性. 按最大可能性作为选择的原则,我们选择 $\max\{p_{i1}, p_{i2},\cdots, p_{in}\}$ 作为预测的结果. 如果 $p_{i1}, p_{i2},\cdots, p_{in}$ 相差不大,就要根据数据提供的信息进一步计算二重转移概率,然后在此基础上再进行预测.

8.2.2 证券投资预测的 E-Bayes 法

设 $x_1, x_2,\cdots, x_n$ 是来自同一个总体的 n 个观察值,根据需要把它们进行统计分组,并划分对象所处的状态,即把 n 个观察值按一定的间距进行分组,分成 k 组 $(1<k<n)$,相应地把预测对象划分为 k 个状态,第 i 个状态记作 $E_i(i=1,2,\cdots,k)$.

根据定理 8.1.1 可以得到 p_i 的 E-Bayes 估计 $\hat{p}_i (i=1, 2, \cdots, k)$，然后就可以预测证券价格所在的范围。若记 $p^* = \max\{\hat{p}_1, \hat{p}_2, \cdots, \hat{p}_k\}$，则 p^* 所对应的状态所在区间，就是所预测的证券价格所在的范围。

8.2.3 预测实例

深圳证券交易所某股票"今天"及以前共 31 个连续交易日的价格（收盘价，单位：元/股）如 8.1.4 中的"预测实例"。以下用上面介绍的马氏链法和 E-Bayes 法预测"明天"该股票的价格。

1. 马氏链预测法

首先根据 31 个数据，划分预测对象所出现的状态——把数据进行分组。这里给出两种状态划分，即第一状态划分和第二状态划分，分别列在表 8-3（对应第一状态划分）和表 8-4（对应第二状态划分）。

表 8-3 第一状态划分（7 个状态）

i	E_i	状态范围	r_i	初始概率 p_i	i	E_i	状态范围	r_i	初始概率 p_i
1	E_1	≤ 10.0	1	$\frac{1}{31}$	5	E_5	(11.5, 12.0]	4	$\frac{4}{31}$
2	E_2	(10.0, 10.5]	4	$\frac{4}{31}$	6	E_6	(12.0, 12.5]	1	$\frac{1}{31}$
3	E_3	(10.5, 11.0]	10	$\frac{10}{31}$	7	E_7	> 12.5	2	$\frac{1}{31}$
4	E_4	(11.0, 11.5]	9	$\frac{9}{31}$	—	—	—	—	—

表 8-4 第二状态划分（9 个状态）

i	E_i	状态范围	r_i	初始概率 p_i	i	E_i	状态范围	r_i	初始概率 p_i
1	E_1	≤ 9.9	1	$\frac{1}{31}$	6	E_6	(11.1, 11.4]	6	$\frac{6}{31}$
2	E_2	(9.9, 10.2]	1	$\frac{1}{31}$	7	E_7	(11.4, 11.7]	0	0
3	E_3	(10.2, 10.5]	3	$\frac{3}{31}$	8	E_8	(11.7, 12.0]	4	$\frac{4}{31}$
4	E_4	(10.5, 10.8]	5	$\frac{5}{31}$	9	E_9	> 12.0	3	$\frac{3}{31}$
5	E_5	(10.8, 11.1]	8	$\frac{8}{31}$					

以下计算状态转移概率。在计算状态转移概率时，最后一个数据不参加计算，因为它究竟转向哪个状态还不清楚。基于第一状态划分（7 个状态），得到 M_{ij}，见表 8-5。

表 8-5 基于第一状态划分（7 个状态）的 M_{ij}

M_{ij}	1	2	3	4	5	6	7	M_{ij}	1	2	3	4	5	6	7
1	0	1	0	0	0	0	0	5	0	0	0	2	0	1	1
2	0	0	2	0	1	0	0	6	0	0	0	0	1	0	0
3	0	1	5	3	0	0	0	7	0	0	0	0	0	1	1
4	0	1	3	4	1	0	0	—	—	—	—	—	—	—	—

根据 $p_{ij}=\dfrac{M_{ij}}{r_i}$,得转移概率矩阵:

$$P=\begin{pmatrix} 0 & 1 & 0 & 0 & 0 & 0 & 0 \\ 0 & \dfrac{1}{4} & \dfrac{1}{2} & 0 & \dfrac{1}{4} & 0 & 0 \\ 0 & \dfrac{1}{9} & \dfrac{5}{9} & \dfrac{3}{9} & 0 & 0 & 0 \\ 0 & \dfrac{1}{9} & \dfrac{1}{3} & \dfrac{4}{9} & \dfrac{1}{9} & 0 & 0 \\ 0 & 0 & 0 & \dfrac{1}{2} & 0 & \dfrac{1}{4} & \dfrac{1}{4} \\ 0 & 0 & 0 & 0 & 1 & 0 & 0 \\ 0 & 0 & 0 & 0 & \dfrac{1}{2} & 0 & \dfrac{1}{2} \end{pmatrix}.$$

同样,基于第二状态划分(9 个状态),得转移概率矩阵:

$$P=\begin{pmatrix} 0 & 0 & 1 & 0 & 0 & 0 & 0 & 0 & 0 \\ 0 & 0 & 0 & 0 & 0 & 0 & 0 & 1 & 0 \\ 0 & 0 & \dfrac{1}{3} & \dfrac{2}{3} & 0 & 0 & 0 & 0 & 0 \\ 0 & 0 & \dfrac{1}{5} & \dfrac{1}{5} & \dfrac{2}{5} & \dfrac{1}{5} & 0 & 0 & 0 \\ 0 & \dfrac{1}{7} & 0 & \dfrac{1}{7} & \dfrac{4}{7} & \dfrac{1}{7} & 0 & 0 & 0 \\ 0 & 0 & 0 & \dfrac{1}{6} & \dfrac{1}{3} & \dfrac{1}{3} & 0 & 0 & \dfrac{1}{6} \\ 0 & 0 & 0 & 0 & 0 & 0 & 0 & 0 & 0 \\ 0 & 0 & 0 & 0 & \dfrac{1}{4} & \dfrac{1}{4} & 0 & 0 & \dfrac{1}{2} \\ 0 & 0 & 0 & 0 & 0 & 0 & 0 & \dfrac{1}{2} & \dfrac{1}{2} \end{pmatrix}.$$

说明:对于第二状态划分(9 个状态),由于 $r_7=0$,所以不能按 $p_{7j}=\dfrac{M_{7j}}{r_7}$ 计算 p_{7j},我们规定 $p_{7j}=0(j=1,2,\cdots,9)$.

以下根据转移概率矩阵进行预测. 对于第一状态划分(7 个状态),由于 $p_{33}=\dfrac{5}{9}=\max(p_{3j})$ 显著大于 $p_{3j}(j=1,2,4,5,6,7)$,因此预测"明天"该股票的价格在 E_3 所对应的范围(10.5,11.0]的可能性最大.

对于第二状态划分(9 个状态),由于 $p_{55}=\dfrac{4}{7}=\max(p_{5j})$ 显著大于 $p_{5j}(j=1,2,3,4,6,7,8,9)$,因此预测"明天"该股票的价格在 E_5 所对应的范围(10.8,11.1)的可能性

最大.

事实上该股票"明天"的价格(收盘价)为 10.9 元/股. 对于第一状态划分(7 个状态),有 $10.9 \in (10.5, 11.0]$;对于第二状态划分(9 个状态),有 $10.9 \in (10.8, 11.1]$.

2. E-Bayes 预测法

根据前面的定理 8.1.1,基于第一状态划分(7 个状态)和第二状态划分(9 个状态),得到 p_i 的 E-Bayes 估计,其计算结果见表 8-1 和表 8-2.

从表 8-1 和表 8-2 可以看出,不论 C 取 2,3,4,5,6 中的哪个值,对于第一状态划分 $p^* = \max\{\hat{p}_1, \hat{p}_2, \cdots, \hat{p}_7\} = \hat{p}_3$,据此可以预测:该股票"明天"的价格在区间(10.5, 11.0]内. 对于第二状态划分 $p^* = \max\{\hat{p}_1, \hat{p}_2, \cdots, \hat{p}_9\} = \hat{p}_5$,据此可以预测:该股票"明天"的价格在区间(10.8, 11.1]内. 实际上,该股票"明天"的价格(收盘价)为 10.9 元/股. 对于第一状态划分,有 $10.9 \in (10.5, 11.0]$;对于第二状态划分,$10.9 \in (10.8, 11.1]$.

以上结果说明:E-Bayes 预测法与马氏链法的预测结果是一致的.

8.3 证券投资风险预测的 E-Bayes 法与灰色预测法

王珊珊,刘龙(2007)以上海证券个股"五粮液"52 个连续交易日的收盘价格为例,用 E-Bayes 方法建立数学模型进行分析和预测,预测结果与市场实际值相当吻合. 与灰色系统理论中的 GM(1,1)预测模型相比,E-Bayes 方法预测的精度更高,计算量小,不仅适用于经济系统的分析与预测,也适用于其他系统的分析与预测.

E-Bayes 方法,不仅能预测股票价格的走势,而且能更进一步预测出股票价格的范围. 首先应用 GM(1,1)预测模型进行预测,然后再与 E-Bayes 方法相比较,最后以上海证券交易所个股五粮液为实例分析预测效果.

8.3.1 GM(1,1)预测模型

灰色预测是根据过去及现在已知的或非确知的信息,建立一个以过去引申到将来的 GM 模型(即灰色动态模型),GM(1,1)模型的微分方程为

$$\frac{dX^{(1)}}{dt} + aX^{(1)} = u.$$

原始数据列为

$$X^{(0)}(T) = (x^{(0)}(1), x^{(0)}(2), \cdots, x^{(0)}(n)).$$

运用 GM(1,1)建模方法的生成模型:
利用还原模型求得预测值:

$$\hat{x}^{(1)}(k) = \left[x^{(0)}(1) - \frac{b}{a}\right] e^{-a(k-1)} + \frac{b}{a}.$$

利用还原模型求得预测值：
$$\hat{x}^{(0)}(k) = \hat{x}^{(1)}(k) - \hat{x}^{(0)}(k-1).$$

具体的预测、检验过程，见施久玉，胡程鹏(2004)．

8.3.2 E-Bayes 预测法

首先把数据进行适当的统计分组，给出预测对象的状态划分，然后在此基础上给出状态概率的 E-Bayes 估计，并根据状态概率进行预测．

设 $x_1, x_2, \cdots, x_n$ 是来自同一个总体的 n 个观察值，根据需要把它们进行统计分组，并划分对象所处的状态，即把 n 个观察值按一定的间距进行分组，分成 k 组 $(1 < k < n)$，相应地把预测对象划分为 k 个状态，第 i 个状态记作 $E_i (i = 1, 2, \cdots, k)$．

王珊珊，刘龙(2007)根据定理 8.1.1(韩明，2005a)可以得到 p_i 的 E-Bayes 估计 $\hat{p}_i (i = 1, 2, \cdots, k)$，然后就可以预测证券价格所在的范围．若记 $p^* = \max\{\hat{p}_1, \hat{p}_2, \cdots, \hat{p}_k\}$，则 p^* 所对应的状态所在区间，就是所预测的证券价格所在的范围．

8.3.3 实例分析

选取上海证券交易所个股"五粮液"2006 年 7 月 3 日至 9 月 12 日连续 52 个交易日的收盘价格(单位：元/股)，见表 8-6．

表 8-6 原始数据

序号	1	2	3	4	5	6	7	8	9	10	11
价格	14.56	14.24	14.09	14.35	14.35	14.14	14.33	14.11	13.41	13.48	13.35
序号	12	13	14	15	16	17	18	19	20	21	22
价格	13.48	12.91	13.10	13.00	14.21	14.21	14.24	13.84	13.64	13.65	13.50
序号	23	24	25	26	27	28	29	30	31	32	33
价格	13.38	13.10	12.76	12.76	13.43	13.35	13.10	13.78	12.67	12.70	12.74
序号	34	35	36	37	38	39	40	41	42	43	44
价格	12.56	12.55	12.45	12.70	12.69	12.59	12.36	12.64	12.90	13.00	13.21
序号	45	46	47	48	49	50	51	52	—	—	—
价格	12.94	13.03	12.88	12.87	12.60	12.57	12.57	12.86	—	—	—

1. 运用灰色 GM(1，1)模型预测

表 8-6 所列作为原始数据，建立 GM(1，1)模型预测，预测还原模型为
$$x(t+1) = -31\,968.15\exp(-0.000\,397t) + 31\,981.03.$$

残差修正后的模型为
$$x(t+1) = -0.976\,2\exp(-0.417\,6t) + 1.152\,332,$$

预测结果见表 8-7．

表 8-7 预测值

No.	观察值	预测值	残差	误差
...	...	...	...	...
$x(48)$	12.87	12.861 4	0.008 6	0.067 1%
$x(49)$	12.60	12.576 6	0.023 4	0.185 9%
$x(50)$	12.57	12.596 5	−0.025 6	−0.203 7%
$x(51)$	12.57	12.665 2	−0.095 2	−0.757 3%
$x(52)$	12.86	12.746 6	0.113 40	0.881 8%

由后验差检验得:

$C=0.467\,1<0.5$, $p=0.803\,0>0.8$; 相对误差的均值: $q=0.419\,2\%<5\%$, 故预测精度合格, 可以进行预测. 下一个时刻的收盘价格的预测值为 $x(53)=12.544\,07$, 与股票 9 月 13 日收盘价格的实际值 12.60 的误差仅为 3.613 5%, 预测的效果良好.

2. 运用 E-Bayes 方法预测

把 52 个数据进行分组, 并进行状态划分. 给出两种分组方法以及相应的状态划分, 第一状态划分对应表 8-8, 第二状态划分对应表 8-9, 根据定理 8.1.1 得到 p_i 的 E-Bayes 估计 $\hat{p}_i$ 见表 8-8 和表 8-9.

表 8-8 (状态划分一) p_i 的 E-Bayes 估计

i	状态范围	r_i	$\hat{p}_i(C=2)$	$\hat{p}_i(C=3)$	$\hat{p}_i(C=4)$	$\hat{p}_i(C=5)$	$\hat{p}_i(C=6)$	$\hat{p}_i(C=7)$
1	<12.6	8	0.146 8	0.145 5	0.144 2	0.142 9	0.141 7	0.140 5
2	[12.60, 12.9]	12	0.220 2	0.218 2	0.216 3	0.214 4	0.212 5	0.210 7
3	(12.91, 13.2]	8	0.146 8	0.145 5	0.144 2	0.142 9	0.141 7	0.140 5
4	(13.21, 13.5]	9	0.165 1	0.163 7	0.162 2	0.160 8	0.159 4	0.158 0
5	(13.51, 13.8]	3	0.055 0	0.054 6	0.054 1	0.053 6	0.053 1	0.052 7
6	(13.81, 14.1]	2	0.036 7	0.036 4	0.036 0	0.035 7	0.035 4	0.035 1
7	(14.11, 14.4]	9	0.165 1	0.163 7	0.162 2	0.160 8	0.159 4	0.158 0
8	>14.41	1	0.018 3	0.018 2	0.018 0	0.017 9	0.017 7	0.017 6

表 8-9 (状态划分二) p_i 的 E-Bayes 估计

i	状态范围	r_i	$\hat{p}_i(C=2)$	$\hat{p}_i(C=3)$	$\hat{p}_i(C=4)$	$\hat{p}_i(C=5)$	$\hat{p}_i(C=6)$	$\hat{p}_i(C=7)$
1	<12.5	2	0.036 7	0.036 4	0.036 0	0.035 7	0.035 4	0.035 1
2	[12.51, 12.7]	11	0.201 8	0.200 0	0.198 2	0.196 5	0.194 8	0.193 2
3	(12.71, 12.9]	7	0.128 4	0.127 3	0.126 2	0.125 1	0.124 0	0.122 9
4	(12.91, 13.1]	8	0.146 8	0.145 5	0.144 2	0.142 9	0.141 7	0.140 5
5	(13.11, 13.5]	9	0.165 1	0.163 7	0.162 2	0.160 8	0.159 4	0.158 0
6	(13.51, 13.7]	2	0.036 7	0.036 4	0.036 0	0.035 7	0.035 4	0.035 1
7	(13.71, 13.9]	2	0.036 7	0.036 4	0.036 0	0.035 7	0.035 4	0.035 1

(续表)

i	状态范围	r_i	$\hat{p}_i(C=2)$	$\hat{p}_i(C=3)$	$\hat{p}_i(C=4)$	$\hat{p}_i(C=5)$	$\hat{p}_i(C=6)$	$\hat{p}_i(C=7)$
8	(13.91, 14.1]	1	0.0183	0.0182	0.0180	0.0179	0.0177	0.0176
9	(14.11, 14.3]	6	0.0550	0.0546	0.0541	0.0536	0.0531	0.0527
10	(14.31, 14.5]	3	0.1101	0.1091	0.1081	0.1072	0.1063	0.1054
11	>14.51	1	0.0183	0.0182	0.0180	0.0179	0.0177	0.0176

从表 8-8 和表 8-9 可以看出，$C(C=2,3,\cdots,7)$ 的变化对 $\hat{p}_i(i=1,2,\cdots,m)$ 的波动影响很小，即对于第一状态划分(8 组)，第二状态划分(11 组)，p_i 是稳健的. 不论 C 取 2，3，4，5，6，7 中的哪个值，对于第一状态总有 $p^* = \max\{\hat{p}_1, \hat{p}_2, \cdots, \hat{p}_8\} = \hat{p}_2$，据此可以预测明天股票的收盘价格区间为 $[12.60, 12.9]$. 对于第二状态，$p^* = \max\{\hat{p}_1, \hat{p}_2, \cdots, \hat{p}_{11}\} = \hat{p}_2$，据此可以预测明天股票的收盘价格区间为 $[12.51, 12.7]$. 股票 9 月 13 日的实际收盘价格为 12.60 元/股. 对于第一状态划分有 $12.60 \in [12.60, 12.9]$，第二状态划分有 $12.60 \in [12.51, 12.7]$. 区间相对误差(区间长度与实际值的比值)分别为 2.3810% 和 1.5079%，均小于用灰色模型预测的平均相对误差 3.6135%，说明采用 E-Bayes 预测方法精度更高，适合对股票价格进行预测，其预测的效果与实际的走势相当吻合.

从实例预测的两种状态划分可以看出，当划分的区间长度进一步缩小时，预测结果的精度会更好，但这并不意味着状态的划分越细越好，需要在掌握数据资料的基础上进行分析，确定合适的状态划分标准. 预测的时候也可以根据交易日的最高、最低价格或每日的涨跌幅度对股票的价格变化进行预测，分析股票的价格走势，为实际的股票投资提供技术分析. 本节方法以股票市场的预测为例，既适用于经济系统分析与预测，也适用于其他系统的分析与预测，并且能得到良好的预测效果.

思考与练习题 8

8.1 请结合本章的内容，简要叙述证券投资预测的 E-Bayes 方法的基本思想，并说明证券投资预测的多层贝叶斯方法与 E-Bayes 方法的区别和联系.

8.2 请结合本章的内容，简要叙述证券投资预测的马氏链法的基本思想.

8.3 请结合本章的内容，简要叙述证券投资预测的灰色预测法的基本思想.

8.4 请收集自己感兴趣的某股票"今天"及以前(若干天)的数据(价格)，用 E-Bayes 方法，马氏链法，或灰色预测法，预测该股票明天的价格.

8.5 请根据表 8-6 中的数据，对不同的状态划分(例如把数据分别分为 7 组、10 组等)，分别计算状态概率，并说明不同的状态划分对预测结果的影响. 请结合你的体会，说明如何进行状态划分(数据分组).

8.6 本章用 E-Bayes 方法，马氏链法，灰色预测法对股票进行了预测. 其实，E-Bayes 方法，马氏链法，灰色预测法不但可以用于股票进行预测，还可以用于其他问题的预测. 请收集自己感兴趣的问题中的数据，分别用 E-Bayes 方法，马氏链法，灰色预测法进行预测，并对三种预测方法的预测精度进行比较.

第 9 章　贝叶斯统计在计量经济学和金融中的应用

随着贝叶斯统计的发展和计算机模拟等数值计算技术的提高,贝叶斯统计已大量应用在各领域中,而把贝叶斯理论应用到计量经济学,是 20 世纪 60 年代以来在一大批统计学家和计量经济学家的共同努力下,迅速发展起来的.

作为一种能利用各种信息的贝叶斯方法,在金融领域已经得到越来越重要的应用.自 20 世纪 90 年代的一系列金融危机和美国次贷危机以来,金融机构越来越重视对信用风险的测度和管理.许多金融机构投入大量资源开发金融风险管理技术,特别是作为风险管理核心和基础的风险测量技术近年来取得许多重要进展,其中 VaR(Value at Risk)成为金融市场风险测量的主流模型.

9.1　贝叶斯计量经济学概述

泽尔纳的书 *An Introduction to Bayesian Inference in Econometrics*(Zellner,1971)的出版标志着贝叶斯计量经济学的诞生.该书较为全面地阐述了贝叶斯计量经济学的大多数专题,其中包括回归模型中的大多数问题、联立方程模型和时间序列模型等贝叶斯计量方法.此后,研究贝叶斯计量经济学的文献开始大量出现.当代许多杰出的计量经济学家都应用贝叶斯计量经济学解决经济问题,Qin(1996)对贝叶斯计量经济学理论发展进行了回顾.Poirier(2006)对国外 1970—2000 年间几种重要的期刊在经济和计量经济学文章中使用的贝叶斯方法数量发展速度进行了回顾.朱慧明,林静(2009)研究了贝叶斯计量经济学的几个重要专题,并对一些问题深入地进行了讨论.贝叶斯计量经济学的其他研究,见 Koop(2003),Lancaster(2004),Geweke(2005),朱慧明,韩玉启(2006),孙瑞博(2007),李小胜,夏玉华(2007),李小胜(2010)等.

关于贝叶斯经济计量学的发展前景,我们引用泽尔纳的一段话:"Qin(1996)在讨论贝叶斯经济计量学的前 20 年这样写道,'贝叶斯经济计量学在经济计量技术的发展中一直是一个充满争议的领域.尽管贝叶斯方法由于其主观性而一直被主流经济计量学家所拒绝,但贝叶斯方法还是广泛地应用到了当前的经济计量学研究中',这是十几年前的评价.现在已经有更多的主流经济计量学家利用贝叶斯方法来解决广泛的经济计量问题.正像我本人(1974)预言的那样,随着许多新问题和应用研究的深入,我们一定要认识到贝叶斯方法正处于一个快速发展阶段.而一旦认识到这一点,我们就可以有把握地说,已经对经济计量工作产生影响的贝叶斯方法,在未来的若干年中将爆发出更为巨大的影响力."(于忠义,王宏炜,2009).

正如 Zellner(1997)所说:在计量经济学中,经典学派不用先验信息是很难让人相信的,他们常在想误差项是个什么分布,有无自相关,建立怎样的模型(是参数的,还是非参数模型),选择一个什么样的显著性水平,检验的势如何?例如,经典学派在假设随机系数模型和时变参数模型,那么他们对参数分布作出的假定就相当于贝叶斯学派,给出参数的具体分布一样.当然贝叶斯学派的先验信息有时也是有很大局限性的,受个人知识和经验的影响,先验分布的选择带有人为的主观性等,这也是经典学派不用贝叶斯方法的原因.总之,从上述分析可以看出,如果贝叶斯方法使用的恰当会使推断更为精确.

随着计算机的快速发展和普及,贝叶斯统计方法的研究日益深入,发展极为迅速,越来越广泛地应用到社会经济等领域.经典计量经济学中,使用最广泛的是最小二乘、广义矩估计和极大似然方法.但这些经典方法在多年的发展和应用中逐渐暴露出一些问题和缺陷,研究者逐渐发现贝叶斯方法在不少方面比经典方法更合理,更具优势.20世纪60年代初,国外已有人把贝叶斯方法用于分析经济问题.1971年美国著名计量经济学家泽尔纳出版了第一部贝叶斯计量经济学方面的专著.近年来贝叶斯方法的研究主要集中在贝叶斯方法的实现,即后验模拟和计算.随着 MCMC 计算方法研究的深入和计算机的快速发展,用贝叶斯方法研究经济学的文章迅速增多.

美国经济学联合会将 2002 年度"杰出资深会员奖"(Distingu ished Fellow Award)授予了芝加哥大学泽尔纳教授,以表彰他在"贝叶斯方法"方面对计量经济学所作出的杰出贡献.1971 年泽尔纳的书 *An Introduction to Bayesian Inference in Econometrics* 的问世,在贝叶斯计量经济学的发展史上具有里程碑的意义.1985 年,泽尔纳教授在 *Econometrica* 上发表论文——*Bayesian Econometrics*,再次引发了贝叶斯计量经济学研究的热潮(Zellner,1985).近些年来,Koop(2003)的 *Bayesian Econometrics*,Lancaster(2004)的 *An Introduction to Modern Bayesian Econometrics* 和 Geweke(2005)的 *Contemporary Bayesian Econometrics and Statistics* 等的出版,加上大量出现在各种计量经济学重要期刊上的文献,以及欧美一些高校的经济学院、商学院中陆续开设的贝叶斯计量经济学的相关课程,无疑已逐渐形成了现代计量经济学研究的一个重要方向——贝叶斯计量经济学(Bayesian Econometrics).

什么是贝叶斯计量经济学?从贝叶斯计量经济学的英文——Bayesian Econometrics 可以看出,贝叶斯计量经济学不能简单理解为仅仅是在经典计量经济学的参数估计中使用贝叶斯估计或检验中使用贝叶斯检验(否则可用 Bayesian Inference in Econometrics),它的定义应是以贝叶斯统计思想为基础,运用贝叶斯统计理论、方法和计算机程序,对经济问题进行计量研究的学科.贝叶斯计量经济学不仅在模型参数估计和模型检验中使用贝叶斯方法,更重要的是在模型的构建中也使用了贝叶斯思想.

9.2 贝叶斯统计与计量经济学

统计学在计量经济学中的作用不言而喻,从 1969 年首届诺贝尔经济学奖获得者之一拉格纳·弗里希(Ragnar Friseh)教授在 Econometrica 1933 年创刊号上对计量经济学下的定义中就可见一斑."计量经济学是统计学、经济学理论和数学的统一"(Econometrics is the unification of Statistics, Economie Theory and Mathematies). 而现代贝叶斯统计学的发展又给计量经济学应用方法的研究开辟了一个新天地. 贝叶斯统计学在统计学中的作用可用陈希孺教授的一段话来形容:"托马斯·贝叶斯……这个生性孤僻,哲学气味重于数学气味的学术怪杰,以其一篇遗作的思想重大地影响了两个世纪以后的统计学术界,顶住了统计学的半边天."目前以 MCMC 方法为代表的现代贝叶斯统计学已广泛应用于几乎所有的学科,并取得了显著的成果.

将现代贝叶斯理论应用于计量经济学的杰出代表,首推荣获 2002 年度美国经济学联合会杰出资深会员奖的著名的计量经济学家,美国芝加哥大学教授泽尔纳,他 1971 年的著作 *An Introduetion to Bayesian Inference in Econometrics* 的出版,在贝叶斯计量经济学的发展史上具有里程碑的意义. 2005 年,张尧庭教授将该著作翻译成中文,该书的翻译出版,必将引导国人更进一步地了解贝叶斯方法的本质.

1985 年泽尔纳在 *Econometrica* 上发表的论文 *Bayesian Econometrics*,随后逐渐形成贝叶斯计量经济学这一方向. 在贝叶斯领域,泽尔纳至今仍是保有较高的影响力的学者之一.

贝叶斯理论为计量经济学的研究方法打开了一片新的天地,它不仅为计量经济学中许多重要的估计问题提供了贝叶斯解,而且更重要的是为经济学的研究提出了重要的科学哲学思想和新的假设检验方法. 曾有人预测泽尔纳教授将非常可能荣获诺贝尔经济学奖,那将再一次为计量经济学时代的经济学花园内增添一朵绚丽的奇葩!(令人遗憾的是泽尔纳教授已于 2010 年 8 月 11 日逝世).

泽尔纳在学术研究中始终坚持"简单实用"的科学哲学观,他强调简单模型在科学推断中的作用,在研究中经常采用的是"成熟简单"(Sophisticatedly simple)的模型.

他将贝叶斯的思想应用到经济理论的检验中去,他认为,可用的统计数据越多,经济理论的检验越容易进行. 但事实上,由于经济活动的特殊性,很多情况下无法设计试验或者试验成本太高,故统计数据的收集非常艰难,对于用来检验经济理论的统计数据不足的情况,关键是事先精确量化可选经济理论的不确定性,并计算出这些理论的先验可信度和后验可信度的差额. 他认为:"不是缺少数据,而是缺少发现."

泽尔纳对贝叶斯统计学的贡献主要分成两类:一是对已知的经典问题提供了新的贝叶斯解法;二是在贝叶斯理论中的先验分布的确定方面取得了显著的成绩.

贝叶斯矩法(Bayesian Method of Moments, BMOM)是泽尔纳在 20 世纪 90 年代提出的贝叶斯分析方法. 泽尔纳成功地将它用于统计分析的经典问题,并获得了与原有的结论相同的结果,但所需要的条件要宽松的多,而且证明非常简单,统计思想也非常明确. 泽尔纳教授认为,贝叶斯分析是科学地从数据和经验中学习的一种方法. 这一观点对我们如何看待贝叶斯分析有很大的启示,使人感到焕然一新,与信息时代的需求很是合拍. 他特别强调科学地学习,强调应该好好读杰弗里斯的著作.

线性模型的各类问题在统计中是非常典型和重要的,它既包含了独立同分布的类型,又可以将过程资料所看到的有限片段作为它的特例来处理,只是协方差阵的结构有一些不同. 广义线性模型、列联表等不少统计模型,所处理的问题往往可以还原到线性模型、回归分析上来.

在我们的研究中存在许许多多不确定性问题. 一般不确定性问题所包含"不确定"的程度是否可以用数学来定量地描述呢? 20 世纪 40 年代末,由于信息理论(Information Theory)的需要而首次出现的 Shannon 熵(Entropy), 20 世纪 50 年代末以解决遍历理论(Ergodic Theory)经典问题而崭露头角的 Kolmogorov 熵, 以及 20 世纪 60 年代中期,为研究拓扑动力系统(Topological Dynamical System)而产生的拓扑熵(Topological Entropy)等概念,都是关于不确定性的数学度量. 它们在现代动力系统和遍历理论中,扮演着十分重要的角色,在自然科学和社会科学中的应用也日趋广泛.

最大熵先验是指常常有部分先验信息可资利用,而除此之外的部分要求尽可能采用无信息先验. 例如,假设先验均值已被指明,在以此值为均值的一些先验分布中,寻找最小信息的分布. 泽尔纳将最大熵理论成功应用于线性模型的研究. 在计量经济学应用方面,泽尔纳用西方国家的年产出增长率(abbual output growth rates)作为时间序列分析的对象,选择了 18 个国家,作了各种分析来比较,他将这一方法用于宏观经济的预测,经济发展转折点的预测,都得到了很好的效果.

9.3 贝叶斯计量经济学的基本思想、方法和内容

贝叶斯计量经济学中,对各类经济问题和模型都采用贝叶斯方法进行分析.

经典计量经济学的基本估计方法是最小二乘、广义矩估计和极大似然估计,其基本的理论框架是未知参数(或其函数)的点估计、区间估计、假设检验、变量选择、模型比较和预测等内容; 在此框架下, 研究各种模型, 如线性回归模型、非线性回归模型、联立方程组模型, panel data 模型、状态空间模型、时间序列模型、定性和受限因变量模型、动态模型等.

贝叶斯计量经济学则应用贝叶斯方法,研究各种模型的与经典计量经济相对应的一套内容, 如估计、检验和模型比较等. 贝叶斯分析一般要给出以下重要内容:

(1) 根据经济理论,对假定的随机模型的一个详细讨论;
(2) 对参数先验假设给一个充分的讨论;
(3) 样本信息;
(4) 所关注的参数的后验分布的信息.

9.3.1 贝叶斯模型比较和选择

这部分内容非常丰富,这里只是简要地概括介绍. 若待比较的模型是嵌套模型,当先验分布满足一定条件时,可以使用 Savage-Dickey 密度比方法计算贝叶斯因子,它是计算贝叶斯因子广泛使用的强有力工具. 更一般的是 Gelfand-Dey 方法,理论上可以计算任何模型的边际似然以进行模型比较,只是计算上比 Savage-Dickey 密度比方法要复杂; 但若模型的未知参数空间维数较高,它也难以使用,这时可以采用 Chib 方法,对高维参数问题, Chib 方法大大简化了计算. 关于用贝叶斯因子进行模型选择的例子,见本书第 3 章的

例 3.3.8. 关于模型的选择,见本书第 6 章.

先验分布采用无信息先验. 此时模型的边际似然根本不存在,所以无法计算后验似然比或贝叶斯因子,Savage-Dickey 密度比、Gelfand-Dey 和 Chib 方法也都用不上. 这种情况下有两种方法可供选择,一是最高后验密度区间或区域(HPDI),可用于嵌套的模型比较;只要后验分布存在,最高后验密度区间就存在;当然它的作用不只是这一点. 二是计算后验预测 p 值,常用的准则是若模型的后验预测 p 值小于 0.05 或 0.01,则不接受该模型;它也是模型拟合度的一种测度.

信息准则. 采用信息准则进行模型比较,计算简单,它不依赖于先验信息,只提供偏爱某个模型的数据信息,可以用于任何模型,不论采用有信息还是无信息先验;贝叶斯计量经济学者使用最多的是 BIC(Bayesian Information Criterion),BIC$(\theta) = 2\ln[f(y|\theta)] - p\ln(N)$,具有最大 BIC 的模型就是最后要选择的模型. 其他常用的信息准则还有 AIC(Akaike Information Criterion)、HQC (Hannan-Quinn Criterion) 和 DIC (Deviance Information Criterion),若模型中涉及隐藏数据和分层先验,使用 DIC 效果较好.

9.3.2 贝叶斯预测

计量经济学中一项很重要的课题是如何根据所研究的模型和现有的数据对正在研究的问题进行预测. 一旦经过模型比较和其他考虑确定了研究问题的模型,并求出模型中的未知参数的估计值,就可以根据现有数据 y 预测将来的数据 y^*. 贝叶斯学派的做法是基于预测密度 $p(y^*|y) = \int_\Theta p(y^*, \theta|y)d\theta$,一般情况下,$(y^*, \theta)$ 的联合后验分布 $p(y^*, \theta|y)$ 并不易求出,预测密度可以转化为 $p(y^*|y) = \int_\Theta p(y^*|y, \theta)p(\theta|y)d\theta$,这个积分的计算也要从分布 $p(y^*|y, \theta)$ 和后验分布 $p(\theta|y)$ 中抽样. 不同的计量经济模型的 $p(y^*|y, \theta)$ 和 $p(\theta|y)$ 是不同的,这里只是给出了一般的思路方法. 贝叶斯点预测和区间预测都是在预测密度的基础上进行的.

9.3.3 贝叶斯计量经济学中的计算

计量经济模型所有的贝叶斯推断都是基于后验分布,因此,如何得到未知参数复杂的后验分布对贝叶斯方法的实现和应用来说至关重要. 极少数非常简单的情形,未知参数的后验分布是常见的概率分布,但在绝大多数情况下,后验分布常常并没有显式表达式,也不是常见的分布,这些复杂的非标准形式的后验分布往往维数都很高. 计量经济学的各种贝叶斯推断大多可以归结为计算后验分布的各阶矩(如后验均值、后验方差)等.

在国际上,计量经济领域使用较多的贝叶斯计算工具包是 BACC(Bayesian Analysis, Computation and Communication),分别有 Matlab、S-Plus 和 R 版本,最方便的使用方式就是把 BACC 作为这些软件的动态链接库.

关于 MCMC 方法最重要的软件包是 BUGS 和 WinBUGS. BUGS 是 Bayesian Inference Using Gibbs Sampling 的缩写. 关于 WinBUGS 软件及其基本使用介绍,见本书的附录 B.

9.4 公司信用风险研究的贝叶斯方法

作为一种充分利用各种信息的贝叶斯方法,其在金融领域已经得到越来越重要的应用,包括了样本和非样本信息的统计方法.钱正培、贺学强(2010)在结构模型框架下,应用贝叶斯方法考虑违约风险的先验信息和专家信息,估计 Morton 信用风险结构模型的参数,求出违约概率的后验估计,最后给出一个经验应用.

信用风险是指金融协议中一方不能履行其本金或利息支付承诺而造成另一方的损失.自 20 世纪 90 年代的一系列金融危机和美国次贷危机以来,金融机构越来越重视对信用风险的测度和管理.对信用风险精确评估需求的不断增加,促使金融从业人员和学术研究者构建了一系列信用风险模型.

一类在业界和学术界广泛采用的信用风险模型,即所谓的结构信用风险模型,最先由布莱克(Black)和斯科尔斯(Scholes)引入.该方法首先设定公司资产价值是动态变化的,当资产价值低于某一门槛水平,这一水平通常假定为公司债务的一定比例,那么该公司将发生违约.

由于公司资产价值并不能为研究者直接观测到,对该模型的计量估计也就不是一件简单的事情.一般来说,估计该模型有四种方法.第一种方法是使用递推程序,见 Vassalou & Xing(2002),该方法首先假定一个公司资产波动性的初始值,由股票价格逆推得到公司资产价值,然后得到资产波动性的第二个取值,不断迭代直至收敛.第二种方法使用连接股票价格和资产价值及连接股票波动性和资产波动性的两个方程,求得两个未知参数,即资产的单位回报率和波动性.第三种方法使用最大似然估计(MLE),该方法通过一个概率转换技术由资产价值的分布得到股票价值的分布,然后得到似然函数,再求得参数估计.第四种方法,使用 MCMC 方法,将资产价值看作潜变量,股票价格存在一个微观噪声,然后使用 Gibbs 抽样得到各参数估计值,见 Huang & Yu(2008)以及 Liu(2008).

在信用风险领域,只有综合各种信息,才能对信用风险作出比较合理的评估.Liu(2008)通过对各种信用风险模型应用贝叶斯方法,综合各种数据来估计公司的违约概率.在我国,由于各种评级和违约数据缺失,而结构模型仅使用公司的股票价值和债券价值等财务数据,使该模型在研究我国上市公司的信用风险领域具有重要的应用价值.数据的缺失,一方面限制了模型的选择,另一方面则使专家信息的作用更加突出.单纯使用结构模型或其他可应用模型,往往难以合理的估计我国公司的违约概率,只有综合考虑各种先验信息和专家意见,才能对我国公司违约概率作出一个比较合理的估计.由于贝叶斯方法考虑了信用风险的先验信息和专家信息,其估计结果往往更合理,更能反映公司的实际信用风险状况.

在 Morton 模型框架下,使用贝叶斯方法,通过加进专家判断作为先验信息,分析公司的违约概率,既能估计 Morton 模型的参数,又能对公司的信用风险作出比较合乎实际的判断.在当前中国不完善的金融市场和数据缺失条件下,公司信用风险的分析具有重要的理论意义和实际意义.首先,Morton 的结构信用风险模型,在进行估计和分析时,仅需要几个基本的财务数据和股票价格数据,这使该模型易于应用,特别是在我国等新兴金融市场国家. 其次,由于我国等各新兴金融市场国家,对信用风险的管理才刚刚引起足够的重视,信用评级公司等专业信用风险评估企业兴起时间太短,无法获得能反映公司和企业信用风险变动的足够数据,一方面限制了其他信用风险模型的应用,另一方面,这使专家判断的作用更为突出. 最后,在结构模型中结合专家信息,这使得对公司信用风险的分析更为合理,所得到的分析结果也就会更接近公司的实际信用风险状况.

9.5 基于贝叶斯 MCMC 方法的 VaR 估计

本节中作为贝叶斯 MCMC 方法的 VaR 估计,运用极值理论对 VaR 估计通常是用极大似然估计法,研究利用贝叶斯 MCMC 方法来估计极值理论中 POT 模型的参数,从而求得 VaR. 首先阐述对样本值建立 POT 模型,给出常用的阈值选取方法;然后使用 MCMC 方法中的 Gibbs 抽样对参数进行估计;最后利用上证综合指数对其进行了实证分析(赵岩,李宏伟,彭石坚,2010).

近年来,随着经济全球化和金融自由化,金融市场的波动性不断加剧,金融工具所蕴含的风险结构越来越复杂,对金融风险的评估和测量水平相应提出了更高的要求. 现在风险价值已成为市场风险测量的主流方法. 一般地,它被定义为在一定概率水平下,某一资产或投资组合在未来一段时间内的最大可能损失,其定义为

$$\mathrm{Prob}(\Delta P \geqslant -\mathrm{VaR}) = 1 - \alpha.$$

其中,ΔP 表示在 Δt 时间内,某资产或资产组合的损失,$1-\alpha$ 为给定的置信(可信)水平.

VaR 是指在特定的持有期及置信(可信)水平内,由于市场的负面波动而导致的证券组合的最大潜在损失. 例如,某公司年报披露,该年该公司一天的 95% VaR 值为 1 500 万美元. 其含义是指,该公司可以以 95% 的可能性保证,该年每一特定时点上的证券组合在未来 24 小时之内,由于市场价格变动而带来的损失不会超过 1 500 万美元.

目前,对 VaR 的应用和理论研究大多是局限于经典统计学中的推断理论. 这些方法都是根据样本数据,常利用矩估计、极大似然法(Maximum Likelihood Method)等估计出收益率分布的未知参数,然后把参数的估计值当作真值代入到假定的分布中,进而计算出 VaR. 但是极值风险是一类低频高损的风险,因而在小样本情况下,通常的估计方法可能不太可靠. 以下将贝叶斯估计与极值理论相结合,将未知参数看作随机变量,将其先验信息与样本信息结合起来,得到未知参数的后验分布,再利用蒙特卡洛马尔科夫链(Markov Chain Monte Carlo,MCMC)方法对参数进行估计,以期克服样本数据匮乏的困难.

9.5.1 基于 POT 模型的 VaR

极值理论(Extreme Value Theory,EVT)是专门研究次序统计量极端值分布特征的理论,它只考虑分布的尾部,可以比正态分布更准确地刻画出分布的尾部特征. 极值理论中的超阈值(Peaks Over Threshold,POT)模型仅考虑分布尾部,而不是对整个分布进行建模,这就避开了分布假设难题. 并且极值理论可以准确地描述分布尾部的分位数,这有助于处理风险度量中的厚尾问题.

POT 模型是极值理论中最有用的模型之一,它对所有超过某一充分大阈值的样本数据进行建模. 本节首先给出基于 POT 模型的 VaR 参数表达式.

假设序列 Z_t 的分布函数为 $F(x)$,定义 $F_u(y)$ 为随机变量 Z 超过阈值 u 的条件分布函数,它可以表示为

$$F_u(y) = P(Z - u \leqslant y \mid Z > u), \quad y \geqslant 0.$$

则有

$$F_u(y) = \frac{F(u+y) - F(u)}{1 - F(u)} = \frac{F(z) - F(u)}{1 - F(u)}, \quad z \geqslant u,$$

于是

$$F(z) = F_u(y)[1 - F(u)] + F(u).$$

对于一大类分布(几乎包括所有的常用分布)条件超量分布函数 $F_u(y)$,存在一个 $G_{\xi,\sigma}(y)$,使得当 $u \to \infty$ 时,有

$$G_{\xi,\sigma}(y) = \begin{cases} 1 - \left(1 + \dfrac{\xi}{\sigma} y\right)^{-\frac{1}{\xi}}, & \xi \neq 0, \\ 1 - e^{-\frac{y}{\sigma}}, & \xi = 0. \end{cases}$$

当 $\xi \geqslant 0$ 时,$y \in [0, \infty)$;当 $\xi < 0$ 时,$y \in \left[0, -\dfrac{\xi}{\sigma}\right)$. 分布 $G_{\xi,\sigma}(y)$ 被称作广义 Pareto 分布.

对阈值的估计方法,一般有两种:

一是根据 Hill 图,令 $X_{(1)} > X_{(2)} > \cdots > X_{(n)}$ 表示独立同分布的顺序统计量. 尾部指数的 Hill 统计量定义为

$$H_{k,n} = \frac{1}{k} \sum_{i=1}^{n} \ln \frac{X_{(i)}}{X_{(k)}}.$$

Hill 图定义为点 $(k, H_{k,n}^{-1})$ 构成的曲线,选取 Hill 图形中尾部指数的稳定区域的起始点的横坐标 k 所对应的数据 X_k 作为阈值 u.

二是根据样本的超额限望图(MEF),令 $X_{(1)} > X_{(2)} > \cdots > X_{(n)}$,样本的超限期望函数定义为

$$e(u) = \frac{\sum_{i=k}^{n}(X_{(i)} - u)}{n - k - 1}, \quad k = \min\{i \mid X_{(i)} > u\}.$$

超限期望图为点 $(u, e(u))$ 构成的曲线,选取充分大的 u 作为阈值,它使得当 $x \geqslant u$ 时 $e(x)$ 为近似线性函数. 这一判断方法是根据广义 Pareto 分布在参数 $\xi < 1$ 的时候,它超限期望函数 $e(m)$ 是一个线性函数:

$$e(m) = E(X - m \mid X > m) = \frac{\sigma + \xi m}{1 + \xi}, \quad \sigma + \xi m > 0.$$

当 u 确定以后,将 Z_t 的观测值中比阈值 u 大的个数记为 N_u,$F(z)$ 在 $z>u$ 时为

$$F(z)=F_u(y)[1-F(u)]+F(u)=\begin{cases}1-\dfrac{N_u}{N}\left[1+\dfrac{\xi}{\sigma}(z-u)\right]^{-\frac{1}{\xi}}, & \xi\neq 0,\\ 1-\dfrac{N_u}{N}\mathrm{e}^{-\frac{z-u}{\sigma}}, & \xi=0.\end{cases}$$

对于给定某个置信(可信)水平 p,由上式的分布函数得到

$$\mathrm{VaR}_p=\begin{cases}u+\dfrac{\sigma}{\xi}\left\{\left[\dfrac{N_u}{N}(1-p)^{-\xi}\right]-1\right\}, & \xi\neq 0,\\ u-\sigma\ln\left[\dfrac{N_u}{N}(1-p)\right], & \xi=0.\end{cases} \qquad (9.5.1)$$

从上式看出,要计算 VaR 值,必须要先估计出参数 (ξ,σ),目前极大似然法使用最为广泛,但在小样本情况下表现不太理想. 下面讨论利用 MCMC 方法估计参数 (ξ,σ).

9.5.2 模型的贝叶斯 MCMC 估计

利用 MCMC 方法(本书的第 13 章将专门介绍),首先应选取合适的先验分布,若先 ξ 与 σ 具有以下先验分布:

$$\xi\sim N(\mu,\tau^2),\quad \sigma\sim r(a,b), a>0, b>0.$$

ξ 与 σ 的密度函数分别为

$$\pi(\xi)=\dfrac{1}{\sqrt{2\pi}\tau}\mathrm{e}^{-\dfrac{(\xi-\mu)^2}{2\tau^2}},$$

$$\pi(\sigma)=\dfrac{b^a}{\Gamma(a)}\sigma^{a-1}\exp(-b\sigma).$$

令超阈值量 Y 的观测样本为 $y=(y_1,y_2,\cdots,y_n)$,于是参数 ξ 与 σ 的联合后验分布为

$$\pi(\xi,\sigma\mid y)\propto L(y\mid \xi,\sigma)\pi(\xi)\pi(\sigma).$$

其中

$$L(y\mid \xi,\sigma)=\dfrac{1}{\sigma^n}\prod_{i=1}^n\left(1+\dfrac{\xi}{\sigma}y_i\right)^{-(1+\frac{1}{\xi})},$$

则有

$$\pi(\xi,\sigma\mid y)\propto \sigma^{a-1-n}\exp\left[-b\sigma-\dfrac{(\xi-\mu)^2}{2\tau^2}\right]\prod_{i=1}^n\left(1+\dfrac{\xi}{\sigma}y_i\right)^{-(1+\frac{1}{\xi})}. \qquad (9.5.2)$$

从式(9.5.2)看到,参数的后验分布是一个复杂的二维非标准形式的分布,无法直接计算其均值,但我们可以借助 MCMC 方法实现模拟计算. MCMC 方法主要应用在多变量,非标准形式分布的模拟,它由 Metropolis-Hastings 或 Gibbs 抽样组成. 基本思想是模拟一条

马尔科夫链的样本路径,链的状态空间是被估计参数的值,链的极限分布为被估计参数的贝叶斯后验分布. 在充分迭代后,马尔科夫链收敛于一个平稳的目标分布,而不依赖于原始状态. 将前面测试期阶段的若干个状态滤去,剩下的链将作为目标后验分布的样本. 基于这些样本再作各种统计推断,例如计算后验均值、方差等.

在实际应用中,基于 MCMC 方法的 Gibbs 抽样使用最广泛的,要进行 Gibbs 抽样先要知道后验分布的条件分布. 由式(9.5.2),得到 $\pi(\xi,\sigma\mid y)$ 的条件分布分别为

$$\pi(\xi\mid\sigma,y)\propto\exp\left[-\frac{(\xi-\mu)^2}{2\tau^2}\right]\prod_{i=1}^{n}\left(1+\frac{\xi}{\sigma}y_i\right)^{-(1+\frac{1}{\xi})},$$

$$\pi(\sigma\mid\xi,y)\propto\sigma^{a-1-n}\exp(-b\sigma)\prod_{i=1}^{n}\left(1+\frac{\xi}{\sigma}y_i\right)^{-(1+\frac{1}{\xi})}.$$

因此,我们给出 Gibbs 抽样的具体步骤,首先给定初始点 $(\xi^{(0)},\sigma^{(0)})$,假定第 t 次迭代开始时的估计值为 $(\xi^{(t-1)},\sigma^{(t-1)})$,则第 t 次迭代分为两个步骤实施:

(1) 将 $\sigma^{(t-1)}$ 代入满条件分布 $\pi(\xi\mid\sigma^{(t-1)},y)$ 抽取 $\xi^{(t)}$;

(2) 将 $\xi^{(t-1)}$ 代入满条件分布 $\pi(\sigma\mid\xi^{(t-1)},y)$ 抽取 $\sigma^{(t)}$.

我们在对条件分布进行抽样时,由于其分布的复杂性,难以直接抽取,故采取筛选抽样法(acceptance-rejectionsampler), $(\xi^{(0)},\sigma^{(0)}),(\xi^{(1)},\sigma^{(1)}),\cdots,(\xi^{(t)},\sigma^{(t)}),\cdots$ 为平稳分布式(9.5.2)的马尔科夫链的实现值.

由不同的 $(\xi^{(0)},\sigma^{(0)})$,马尔科夫链经过一段时间的迭代后,可以认为各时刻 (ξ,σ) 的边际分布为平稳分布,此时它收敛. 而在收敛出现前的 m 次迭代中,各状态的边际分布还不能认为是 $\pi(\xi,\sigma\mid y)$,因此在估计时应将前 m 次迭代去掉. 假设我们进行了 n 次迭代,前 m 次迭代的数据去掉,得到参数 ξ,σ 的估计值为

$$\hat{\xi}=\frac{1}{n-m}\sum_{t=m+1}^{n}\xi^{(t)},\quad\hat{\sigma}=\frac{1}{n-m}\sum_{t=m+1}^{n}\sigma^{(t)}.$$

将 ξ,σ 的估计值代入式(9.5.1),就可以得到不同置信(可信)水平下的 VaR 值.

9.5.3 应用案例

本案例以上证综合指数日收盘价为研究对象,选取 2000 年 1 月 4 日—2007 年 7 月 20 日共 1 805 天的日收盘价格作为样本数据进行建模,计算其 VaR 值. 日收益率的公式为 $R_t=(\ln P_t-\ln P_{t-1})\times 100$,其中 P_{t-1} 和 P_t 分别为前后两个交易日股票收盘价.

样本的直方图和对指数分布的 QQ 图如图 9-1 和图 9-2 所示.

根据图 9-1,JB 统计量显示拒绝分布为正态分布的假设,样本的峰度远大于 3 以及图 9-2 的上凸下凹的特性,判断样本具有厚尾的特性. 因此对样本使用 POT 模型的适合的. 根据样本的 MEF 图(图 9-3)以及 Hill 图(图 9-4)选取阈值 $u=2.6640$,则超过样本阈值的个数为 55.

样本的核密度以及马尔科夫链如图 9-5 和图 9-6 所示. 图 9-7 超阈值样本的广义 Pareto 拟合图,从图 9-7 可以看出拟合效果较好.

图 9-1 样本的直方图

图 9-2 样本 QQ 图

图 9-3 MEF 图

图 9-4 Hill 图

图 9-5 样本的核密度图

图 9-6 马尔科夫链

图 9-7 GPD 拟合图

在得到 55 个超阈值的极值样本后,我们利用如前所述的 Gibbs 抽样,得到参数的贝叶斯估计值 $\hat{\xi}$, $\hat{\sigma}$. 迭代进行了 $n=10\,000$ 次,前 $m=2\,000$ 个值除掉,参数的基本统计性质见表 9-1.

表 9-1 参数的基本统计性质

node	mean	sd	error	2.5%	median	97.5%	start	sample
$\hat{\xi}$	0.283 8	0.038 43	5.103E-4	0.212 6	0.282 1	0.365 0	2 001	8 000
$\hat{\sigma}$	0.015 98	9.764E-4	1.583E-5	0.013 35	0.016 27	0.016 97	2 001	8 000

把估计值 $(\hat{\xi}, \hat{\sigma}) = (0.283\,8, 0.015\,98)$ 代入式(9.5.1)可以得到可信(置信)水平为 p 的 VaR_p 值. 表 9-2 分别给出了用贝叶斯方法和极大似然(ML)估计法的估计值和 VaR_p 的比较.

表 9-2 贝叶斯方法和 ML 方法的比较

方法类型	$\hat{\xi}$	$\hat{\sigma}$	$\text{VaR}_{0.95}$	$\text{VaR}_{0.99}$
贝叶斯	0.283 8	0.015 98	2.656 7	2.885 0
ML	0.188 5	0.967 8	2.206 4	2.864 0

从表 9-2 可以看出,基于贝叶斯方法和极大似然(ML)估计法的各水平下的 VaR 值.

9.6 基于 MCMC 的金融市场风险 VaR 的估计

近年来由于受经济全球化与金融自由化、现代金融理论及信息技术进步、金融创新等因素的影响,金融市场呈现出前所未有的波动性,金融市场风险成为全球金融机构和监管当局关注的焦点. 许多金融机构投入大量资源开发金融风险管理技术,特别是作为风险管理核心和基础的风险测量技术近年来取得许多重要进展,其中 VaR 成为金融市场风险测量的主流模型.

9.6.1 金融市场风险与 VaR

与传统的风险测量相比,VaR 的优点在于其简明且具有综合性,它将市场风险概括为一个简单的数字,便于高层管理者和监管机构理解. 20 世纪 80 年代,VaR 首次被一些金融公司用于测量交易性证券的市场风险,目前 VaR 已成为商业银行、投资银行、非金融公司、机构投资者测量市场风险的主流技术,大量基于 VaR 的风险测量软件,如 J. P. Morgan 公司的 Risk Metrics 系统,已广泛投入应用;监管机构则利用 VaR 技术作为金融监管的工具,如《巴塞尔银行业有效监管核心原则》及欧盟的资本充足度法令中,VaR 被用于确定银行的风险资本金. 此外,VaR 还被金融机构用于确定市场风险的限额及评价绩效等方面.

然而,VaR 实施中存在许多严重问题,主要表现在 VaR 的计算方面. VaR 计算的关键在于确定证券组合价值变化的概率分布,而这个分布主要由两个假定决定:一是证券组合的价值函数与市场因子间呈线性还是非线性关系;二是市场因子呈正态还是非正态分布. 不同的假定,导致不同的计算方法. 目前常用的方法有历史模拟法、分析方法和蒙特卡洛模拟法.

历史模拟法直接根据市场因子的历史数据对证券组合的未来收益进行模拟,在给定置信度下计算潜在损失. 它不需要对市场因子的统计分布作出假设,但历史模拟法必须保留市场因子过去某个时期所有的历史数据,而且必须对证券组合中每一个金融工具进行估价,计算量大.

分析方法是一种利用证券组合的价值函数与市场因子间的近似关系、市场因子的统计分布(方差-协方差矩阵)来简化计算的方法. 分析模型可分为两大类: delta 类和 gamma 类. 在 delta 类中,证券组合的价值函数均取一阶近似,但不同模型中市场因子的统计分布假定不同. 分析方法简化了 VaR 的计算,但它要求市场因子必须服从正态分布、价值函数非线性程度低,而现实中经常无法满足这两个假定.

针对分析方法在处理非线性证券组合时的缺陷,近年来蒙特卡洛模拟法成为学术界研究 VaR 计算的主流方法. 但蒙特卡洛模拟法存在两个重要缺陷:其一是计算效率低,近年来许多工作集中在提高蒙特卡洛模拟法的计算效率方面;其二是维数高、静态性的缺陷. 传统的蒙特卡洛模拟法由于采用抽样方法产生随机序列,均值和协方差矩阵不变,而经济问题中的变量都具有时变性,用静态的方法处理时变变量时必然会产生一定的偏差;而且传统蒙特卡洛方法难于从高维的概率分布函数中抽样.

9.6.2 实证分析及评价

以下以美元国债为例,将 MCMC 方法应用于 VaR 的计算,并与传统的蒙特卡洛模拟法的结果作比较,以考察 MCMC 的优劣(王春峰,万海辉,李刚,2000).

1. 实证分析

具体步骤如下:首先识别基础的市场因子,并用市场因子表示出证券组合中各个金融工具的盯市价值;假设市场因子的变化服从的分布(如多元正态分布),运用 MCMC 方法估计分布的参数(如均值向量和协方差矩阵);根据参数模拟市场因子未来变化的情景,用定价公式计算证券组合未来的盯市价值及未来的潜在损益;根据潜在损益的分布,在给定置信度下计算 VaR 值.

假设持有的证券组合包括 6 个月、1 年和 2 年期的零息美国国债,则基础的市场因子就是 6 个月、1 年和 2 年的利率. 所要做的第一步就是根据利率的历史数据,运用 MCMC 方法估计分布的参数,即均值向量和协方差矩阵,这是问题的关键之所在.

我们的数据集合取为 1996 年 1 月 2 日至 1996 年 5 月 22 日共 100 个交易日利率的历史数据. 由于 VaR 考察的是证券组合的收益(或损失),因此应通过资产回报来衡量. 在给定第 t 天利率 i_t 的条件下,定义日回报为

$$r_t = \ln \frac{i_t}{i_{t-1}}.$$

实际上 r_t 是连续复利条件下的相对回报,又称为对数回报. 首先需要进行的是正态性检验,这是使用蒙特卡洛模拟法和 MCMC 方法的前提. 经检验,本节所采用的从 1996 年 1 月 2 日至 5 月 22 日共 100 天的 6 个月、1 年和 2 年期利率回报的历史数据,近似服从多元正态分布. 同时根据利率的历史数据还可以得到有关统计量的值,具体见表 9-3.

表 9-3 利率的统计量的值

统计量	$r^{(0.5)}$	$r^{(1)}$	$r^{(2)}$
均 值	0.000 096	0.000 214	0.000 459
方 差	0.000 052	0.000 080	0.000 130
标准差	0.007 193	0.008 952	0.011 394
偏 度	0.441 010	1.265 536	1.199 261
峰 度	4.130 653	6.898 694	5.933 821

协方差矩阵

$$\boldsymbol{\Sigma} = \begin{pmatrix} 0.000\ 052 & 0.000\ 054 & 0.000\ 065 \\ 0.000\ 054 & 0.000\ 080 & 0.000\ 095 \\ 0.000\ 065 & 0.000\ 095 & 0.000\ 130 \end{pmatrix}.$$

相关系数矩阵

$$\boldsymbol{R} = \begin{pmatrix} 1.000\ 0 & 0.849\ 1 & 0.800\ 8 \\ 0.849\ 1 & 1.000\ 0 & 0.937\ 4 \\ 0.800\ 8 & 0.937\ 4 & 1.000\ 0 \end{pmatrix}.$$

可以看出,6 个月、1 年和 2 年期利率回报的相关性非常大.

鉴于 MCMC 方法已经广泛应用,在此使用一种成熟的软件包 WinBUGS 进行 MCMC 方法的计算. WinBUGS 可以利用一种被称作 DoodleBUGS 的图形界面来构造模型,同时还具有多种分析工具用来监测模拟的收敛状况. 下面建立 DoodleBUGS 模型,如图 9-8 所示.

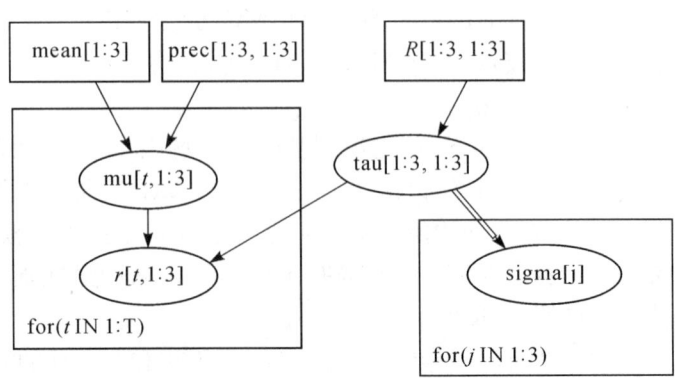

图 9-8 DoodleBUGS 模型

通过计算,得到关于 $r[t,1:3]$ 的一些统计量的值,部分计算结果见表 9-4.

表 9-4 计算得到的统计量的值

节点	均值	标准差	MC 误差	5%	中值	95%	开始	抽样
$r[1,1]$	0.004 436	0.007 720	0.000 451	−0.014 5	0.004 446	0.025 97	501	1 500
$r[1,2]$	0.000 291	0.009 307	0.000 340	−0.014 97	0.000 432	0.014 40	501	1 500
$r[1,3]$	0.000 459	0.013 360	0.000 474	−0.021 73	0.000 233	0.022 64	501	1 500
$r[2,1]$	0.004 987	0.008 050	0.000 391	−0.013 71	0.004 505	0.027 09	501	1 500
$r[2,2]$	0.001 737	0.008 963	0.000 236	−0.015 78	−0.000 149	0.014 00	501	1 500
$r[2,3]$	−0.001 128	0.013 900	0.000 403	−0.023 28	−0.001 727	0.022 68	501	1 500
$r[3,1]$	0.002 078	0.008 330	0.000 479	−0.019 74	0.002 004	0.024 00	501	1 500
$r[3,2]$	0.004 173	0.009 602	0.000 382	−0.011 25	0.004 186	0.019 85	501	1 500
$r[3,3]$	0.000 038	0.014 650	0.000 580	−0.024 36	0.000 337	0.022 53	501	1500
⋮	⋮	⋮	⋮	⋮	⋮	⋮	⋮	⋮
$r[99,1]$	−0.000 163	0.007 690	0.000 403	−0.020 19	0.000 165	0.020 56	501	1 500
$r[99,2]$	−0.002 055	0.008 762	0.000 305	−0.016 13	−0.002 048	0.012 36	501	1 500
$r[99,3]$	−0.000 292	0.013 040	0.000 403	−0.021 13	−0.000 027	0.020 65	501	1 500
$r[100,1]$	0.002 263	0.007 840	0.000 436	−0.020 35	0.001 927	0.026 56	501	1 500
$r[100,2]$	−0.003 901	0.009 047	0.000 267	−0.018 47	−0.000 400	0.010 04	501	1 500
$r[100,3]$	−0.006 756	0.014 160	0.000 444	−0.031 68	−0.006 281	0.018 00	501	1 500

则 $r[100,1:3]$ 服从均值为 $(0.002\,263, -0.003\,901, -0.006\,756)^{-1}$、协方差矩阵

$$\boldsymbol{R} = \begin{pmatrix} 0.000\,061 & 0.000\,060 & 0.000\,089 \\ 0.000\,060 & 0.000\,082 & 0.000\,120 \\ 0.000\,089 & 0.000\,120 & 0.000\,201 \end{pmatrix}$$

的多元正态分布. 假设 $r[101,1:3]$ 也服从这个分布. 在此条件下,模拟出 5 000 个 $r[101,1:3]$ 的值,并且根据 5 月 22 日的利率,可以计算得到 5 000 个 5 月 23 日的模拟利率 $i[101,1:3]$.

而根据蒙特卡洛模拟法,$r[101,1:3]$ 服从均值为 $(0.000\,096, 0.000\,214, 0.000\,459)^{-1}$、协方差矩阵为

$$\boldsymbol{R} = \begin{pmatrix} 0.000\,052 & 0.000\,054 & 0.000\,065 \\ 0.000\,054 & 0.000\,080 & 0.000\,095 \\ 0.000\,065 & 0.000\,095 & 0.000\,130 \end{pmatrix}$$

的多元正态分布.

同样模拟出 5 000 个 $r[101,1:3]$ 的值,并计算出 5 000 个模拟利率 $i'[101,1:3]$.

下一步将根据这些模拟值计算证券组合的价值,得到其分布,最终计算出 VaR.

由于以下的重点在于引入 MCMC 这种方法计算 VaR,因而在金融工具中只涉及债券这种最基本的金融工具,所以其定价过程比较简单. 这三种不同期限的零息美国国债的现

值分别只受各自利率的影响. 采用连续复利的方法计息,零息债券的现值就是未来所收到报酬的贴现,其定价公式为

$$PV = M\,e^{-in}.$$

其中,PV 为债券的现值,M 为债券的面值或到期值,i 为年利率,n 为以年计的到期.

假设现持有期限为 6 个月的零息债券的面值为 300 万美元,到期为 1996 年 6 月 30 日;期限为 1 年的面值为 300 万美元,到期为 1996 年 12 月 31 日;期限为 2 年的面值为 400 万美元,到期为 1997 年 12 月 31 日.

1996 年 5 月 22 日这一天证券组合的现值为

$$PV = 300e^{-5.11\%\times\frac{26}{250}} + 300e^{-5.25\%\times\frac{152}{250}} + 400e^{-6.03\%\times\frac{402}{250}} = 952.021.$$

将根据 MCMC 方法模拟出的 5 月 23 日的利率分别代入式中,得到 5 000 个证券组合的价值,分别减去 5 月 22 日的现值 952.021 万美元后得到证券组合的收益(或损失),按照 VaR 的定义,计算左方 5% 的分位数得到 VaR 值为 6.28 万美元.

按照同样的方法,可以计算出根据蒙特卡洛模拟法得到的 VaR 值为 5.87 万美元.

2. 模型的评价

下面使用置信区间法对两种模型进行比较分析. 假定 VaR 的计算是在 $1-p^*$ 的置信水平上,比较 T 天的预测的 VaR 和实际损失,损失超过 VaR 的天数为 N. 因此,损失超过 VaR 的频率为 $\frac{N}{T}$. 我们要考察的是这个频率是否显著的不同于预测值 p^*. 样本 T 中的 N 次失败预测的概率为

$$(1-p)^{T-N} p^N.$$

对于零假设 $p = p^*$,其更加合适的测试为可能性比率(LR),即

$$-2\ln[(1-p^*)^{T-N} p^{*N}] + 2\ln\left[\left(1-\frac{N}{T}\right)^{T-N}\left(\frac{N}{T}\right)^N\right].$$

在零假设成立的条件下,它服从自由度为 1 的 χ^2 分布.

表 9-5 显示了测试的置信区间. 当样本包括一年的数据($T=255$)时,N 的期望值为 $pT = 5\% \times 255 = 13$. 但只要 N 在区间 $[6, 21]$ 中,就不能拒绝零假设. N 值大于或等于 21,表明 VaR 低估了最大损失;N 值小于或等于 6,表明 VaR 的估计过于保守.

表 9-5 评价 VaR 模型的置信(可信)区间

T(天数)	0.99 的下限	0.99 的上限	0.95 的下限	0.95 的上限
100	—	—	1(1%)	10(10%)
255	—	7(2.75%)	6(2.35%)	21(8.24%)
300	1(0.33%)	11(3.67%)	8(2.7%)	23(7.7%)
510	1(0.2%)	11(2.16%)	16(3.14%)	36(7.06%)
1 000	4(0.4%)	17(1.7%)	37(3.7%)	64(6.4%)

当样本的数据个数 T 增加时,测试更加准确、有效. 例如,从 $T=255$ 时的 $(2.35\%, 8.24\%)$ 到 $T=510$ 时的 $(3.14\%, 7.06\%)$. 数据越多,则更加易于拒绝预测效果不好的

模型.

为了使用上面的方法验证这两种模型所计算的 VaR 的准确性,可以根据 5 月 23 日的数据来进行检验. 当天证券组合的现值为

$$PV = 300e^{-5.13\% \times \frac{26}{250}} + 300e^{-5.29\% \times \frac{152}{250}} + 400e^{-6.05\% \times \frac{402}{250}} = 951.828.$$

实际上,我们所持有的这个证券组合发生了 952.021−951.828=0.193 万美元的损失,这个损失同时小于这两种方法所计算出来的 VaR 值. 在某种意义上,它也验证了 VaR 的涵义,即证券组合在未来 24 小时内由于市场价格变动而带来的损失不会超过 VaR 的值.

将移动窗口挪后一天,按照同样的方法计算 VaR 的值并与证券组合的实际损益相比较. 使用从 1996 年 5 月 23 日到 10 月 16 日、到 1997 年 5 月 30 日和到 1998 年 6 月 8 日的数据,将这样的过程分别重复 100 次、255 次(1 年)和 510(2 年)次之后发现,大部分时候损失都不会超过 VaR 的值,但是也有例外. 当利率突然上升时,债券价格就会骤然下跌,导致严重损失. 用 MCMC 方法计算 VaR 时,这样的情况分别发生了 6 次、14 次和 27 次,例如 5 月 29 日、6 月 7 日、7 月 5 日、8 月 26 日等;而用蒙特卡洛模拟法计算 VaR 时,这样的情况分别发生了 7 次、17 次和 33 次,例如 5 月 29 日、6 月 7 日、7 月 2 日、7 月 5 日等. 不同之处在于,有的时候如 7 月 2 日,实际损失超过了用蒙特卡洛模拟法计算的 VaR 值,而并没有超过用 MCMC 方法计算的 VaR 值. 这样一来,实际情况见表 9-6. 误差的产生一方面是由于数据集合较小,可能导致误差;另一方面,1996 年正是发生东南亚经济危机之前的最后一年,世界经济特别是美国经济十分繁荣,从而导致利率过度上扬,造成债券价格下跌.

表 9-6 MCMC 和 MC 的误差比较

方法	MCMC			MC		
	$T=100$	$T=255$	$T=510$	$T=100$	$T=255$	$T=510$
95% 置信(可信)水平上的 VaR	6(6%)	14(5.49%)	27(5.29%)	7(6%)	17(6.67%)	33(6.47%)

从表 9-5 与表 9-6 比较可以看出,虽然两种方法的误差都在 95% 的置信(可信)区间内(即都不能拒绝这两种方法),但对于同样大小的数据集合,MCMC 法的预测效果明显优于蒙特卡洛模拟法. 而且,随着数据集合的增大,MCMC 法比蒙特卡洛模拟法能更快地降低误差.

由于金融市场的波动性增加,金融机构需要更加准确的测量其市场风险. 本节给出的 MCMC 方法有效克服了传统蒙特卡洛模拟方法的缺陷,提高了测量精度. 虽然 MCMC 方法计算量大,但随着计算机硬件、软件技术的飞速发展,MCMC 方法将会表现出巨大的应用优势.

9.7 本章结束语

简单的贝叶斯定理有着巨大的魅力,它应用于分析各种计量经济模型生成参数的后验分布,形成一套比经典的抽样理论更具灵活性、更合理、更优越的方法和体系. 贝叶斯方法就是运用贝叶斯原理把原来的初始信念和融入似然函数的数据信息综合在一起,产生后验

概率,从而改变、调整初始信念,这是一种有着巨大价值的学习模型,可以很好地达到科学的主要目标——从经验中学习.在估计方面,贝叶斯的准则是极小化期望损失,当风险存在时,它是可采纳的最小平均风险;在小样本情况下,点估计和区间估计贝叶斯方法比经典方法有更好的表现;就预测问题而言,贝叶斯方法简单、操作性强,不论什么模型,都可导出预测分布密度,可以对预测值给出概率的陈述;对模型中的冗余参数问题,则直接从后验分布中将其积分,从而得到感兴趣参数的边缘后验分布.贝叶斯方法对广泛的问题和模型,无论大样本还是小样本,都能很好地加以处理.

我国计量经济领域对贝叶斯方法的研究比较晚,现在的进展也很迟缓,究其原因,主要有以下两点:一是贝叶斯方法对数学的要求较高,后验分布的推导,先验分布的选取都有一定难度;二是这种方法的实现和应用涉及后验分布的计算,这种计算比较复杂.到目前为止,世界范围内还没有哪个软件包可以像很多软件包中的最小二乘或极大似然方法那样用于各种模型,即使 WinBUGS 和 BACC 软件包也不能用于所有模型,这就需要针对不同的模型编写相应的程序进行计算,这种计算上的困难阻碍了贝叶斯方法在计量经济学中的应用.

关于贝叶斯计量经济模型的其他研究与应用情况,见 Zellner(1971,1985),Koop(2003),Lancaster(2004),Geweke(2005),朱慧明,林静(2009)等.

9.8 本章附录:从诺贝尔经济学奖看计量经济学的发展

从诺贝尔经济学奖得主的工作可以看出经济科学的发展趋势:日益朝着用数学表达经济内容和统计定量的方向——计量经济学发展.

说明:此部分内容选自:韩明(2005b)(有删改).

9.8.1 引言

获得当今世界上最具影响力的经济学奖项——诺贝尔经济学奖,几乎是每个经济学家的梦想.从 1969 年诺贝尔经济学奖第一次颁奖到现在,可以看出计量经济学得到了诺贝尔经济学奖的青睐.尽管计量经济学到底是一门学科,还是一个学派,或是一个分支,目前仍然存在着争议,但这丝毫不影响计量经济学在经济学中的地位和重要作用,也不妨碍计量经济学家受到社会的尊敬.

从 1969 年诺贝尔经济学奖第一次颁奖到 2004 年,已经有 55 人获此殊荣(同时获奖的人数最多不超过 3 人).1969 年首届授予计量经济学的奠基人拉格纳·弗里希(Regnar Frisch,挪威,1895—1979)和简·丁伯根(Jan Tinbergen,荷兰,1903—1994).正如著名经济学家、后来的瑞典皇家科学院院长埃里克·伦德伯格(Erik Lundberg)在首届颁奖仪式上的讲话所说:"过去 40 年中,经济科学在经济行为的数学规范化和统计定量化的方向上已经越来越发展.沿着这样的路线的科学分析,通常用来解释诸如经济增长、商情周期波动以及为各种目的来对经济资源重新配置那样的复杂经济现象…….然而,经济学家对有关战略性的经济关系构造数学模型的企图,以至借助于时间序列的统计分析来定量地阐明它们,事实上已经被证实是成功的. 经济研究的这条路线, 也就是数理经济学和计量经济学, 已经在最近几十年里刻画了这一宗旨的发展……". "近 20 年来, 弗里希教授和丁伯根教授正在沿着本质上是同样的路线在进行研究. 他们的目的是对经济理论赋予数学上的严谨性, 并使它具有允许经验定量和统计假设检验的形式. 其本质目标之一是要使经济学摆脱模糊的、较为'文学'的类型. 例如在弗里希教授和丁伯根的著作中, 商情周期波动的原因的任意'命名'已经被抛弃, 代之以陈述经济变量之间相互关系的数学系统."

次年获第二届诺贝尔经济学奖的美国的保罗·萨缪尔森、埃里克·伦德伯格再次致辞: "在过去几十年中, 经济学发展的鲜明特点是分析技巧的形式化程度日益增长, 它部分地借助数学方法所带来的. 我们大概可以把这一发展区分为两个不同的分支." "一个分支是计量经济学, 它为直接的统计估计和经验应用所设计的, 其先驱者例如拉格纳·弗里希和简·丁伯根, 他们在去年共同获得基于瑞典银行捐赠奖金的纪念阿尔弗雷德·诺贝尔的首届诺贝尔经济学奖." "第二个分支定位于更加基础的理论研究, 其中没有任何直接面对统计经验数据的目的. 正是在这后一领域中, 美国麻省理工学院的保罗·萨缪尔森教授已经做出了他的伟大贡献, 因而他被授予诺贝尔经济学奖."

9.8.2　与计量经济学有关的诺贝尔经济学奖得主的工作介绍

以下简要地介绍与计量经济学有关的诺贝尔经济学奖得主的主要工作, 它从一个侧面向人们展示了计量经济学发展的情况.

1. 弗里希的经济周期模型和丁伯根的经济政策模型

1969 年诺贝尔经济学奖授予了简·丁伯根和拉格纳·弗里希, 以奖励他们对经济过程的分析发展和应用动态过程. 他们发展了用动态模型来分析经济进程, 他们是经济计量学的奠基人.

2. 克莱因的宏观经济模型

1980 年, 诺贝尔经济学奖授予了劳伦斯·R. 克莱因(Lawrence R. Klein, 美国, 1920—2013), 以奖励他创立的宏观经济模型, 并将其应用于经济波动和经济政策的分析. 克莱因与戈德伯格(Arthur Goldberger)两人合作完成了一套新的美国经济模型, 称为克莱因-戈德伯格模型(Klein-Goldberger model).

克莱因依据的是 1921—1941 年的美国数据. 克莱因早期的论文主要是方法论性质的, 例如他的第一个美国经济模型, 只有六个变量, 而后来又提出的模型中变量个数就不止六个变量了. 克莱因在 1980 年和中国社会科学院合办了一次计量经济的暑期研习会. 1984 年, 克莱因再度造访中国, 继续讲授计量经济方法.

3. 托宾的实在资产模型

1981 年诺贝尔经济学奖授予了詹姆斯·托宾(James Tobin, 美国, 1918—2002), 以奖励他对金融市场及其与支出决策、就业、生产和价格的关系的分析. 托宾阐述和发展了凯恩斯的系列理论及财政与货币政策的宏观模型. 在金融市场及相关的支出决定、就业、产品和价格等方面的分析做出了重要贡献.

4. 考虑技术进步的生产函数

1987 年的诺贝尔经济学奖授予了罗伯特·M. 索洛(Robert M. Solow, 美国, 1924—

2023),以奖励他对经济增长理论的贡献.索洛提出了考虑技术进步的生产函数,其观点是长期的经济增长主要依靠技术进步,而不是依靠资本和劳动力的投入.索洛于1969年出版了他的专著.

5. 蒙代尔的固定汇率和浮动汇率的货币动力学模型

1999年的诺贝尔经济学奖授予了罗伯特·A. 蒙代尔(Robert A. Mundell,加拿大出生的美国人,1932—2021),以奖励他对不同汇率体制下的货币政策和财政政策的分析,以及对最优货币流通区域的研究.蒙代尔具有革新意义的研究为欧元汇率奠定了理性基础,对不同汇率体制下货币与财政政策以及最适宜的货币流通区域所做的分析使他获得这一殊荣.蒙代尔提出了"固定汇率和浮动汇率的货币动力学模型".

蒙代尔对经济学的伟大贡献主要有两个:一是经济稳定政策;二是最优货币区域理论.瑞典皇家科学院在授奖公告中称:"蒙代尔教授奠定了开放经济中货币与财政政策理论的基石……尽管几十年过去了,蒙代尔教授的贡献仍显得十分突出,并构成了国际宏观经济学教学的核心内容."

6. 恩格尔的 ARCH 模型和格兰杰的协整理论

2003年诺贝尔经济学奖授予了罗伯特·F. 恩格尔(Robert F. Engle,美国,1942—)和克莱夫·W. J. 格兰杰(Clive W. J. Grager,英国,1934—2009),以奖励他们分别用"随时间变化的变动性"(time-varying volatility)和"共同趋势"(common trends)这两种新方法分析经济时间序列.

在金融理论中,对收益的风险和价格的不确定性的度量通常是采用方差(或标准差)来描述.由于传统线性回归模型中关于独立同方差的假设并不使用于描述金融市场中的价格与收益行为,所以许多计量经济学家和金融学家都开始尝试用改进的方法来更好地定量描述各种金融市场活动.在这些模型中,恩格尔提出的"有条件的异方差自回归模型(ARCH模型)"能够有效地预测经济数据从一个时期到另一个时期的变化,因而被广泛应用于金融数据的时间序列问题上. ARCH 模型不仅具有很高的理论价值,而且还具有广泛的应用价值.恩格尔在与他人的合作中,把 ARCH 模型进一步扩展为 GARCH 模型,其应用范围得到了更大的拓展.

格兰杰于1980年提出了"协整(cointegration)理论",发现把两个或两个以上非平稳的时间序列进行特殊组合后可能呈现出平稳性.该理论的主要研究对象是在两个(或多个)非平稳时间序列中寻找一种均衡关系,这个理论对于用非平稳的经济变量建立计量经济模型,以及检验这些变量之间的长期均衡关系具有非常重要的意义.格兰杰在学术界的建树几乎包括了近40年来计量经济学在时间序列方面的所有重大发展.格兰杰提出了关于经济变量的"经典波谱理论",并与奥斯卡·摩根斯坦(IOscar Morgenstern)一起对纽约股票市场价格进行了相关分析.在对非线性问题的研究上,他和 Joyeux R 于1980年发表的论文 *An int roduction to long-memory time series models and fractional di f ferencing*,对长期记忆时间序列理论作出了很大贡献.近年来,格兰杰又把注意力转移到面板数据(panel data)的研究上,他认为这种由相同截面数据构成的时间序列数据,有助于把数学、统计学和经济学更加紧密地结合起来,将成为未来计量经济学的发展方向.

9.8.3 其他几位获奖者的工作简介

1989年的诺贝尔经济学奖授予了特里夫·哈维默(Trygve Haavelmo,挪威,1911—1999),以奖励他澄清了计量经济学的概率基础以及他的联立经济结构分析.哈维默提出了"Haavelmo平稳人口模型"(Haavelmo,1954).

1995年诺贝尔经济学奖授予了罗伯特·卢卡斯(Robert Lucas,美国,1937—2023),以奖励他发展和应用理性预期假设,从而改造了宏观经济分析及加深了人们对经济政策的理解,并对经济周期理论提出了独到的见解.卢卡斯提出了"理性预期周期和Lucas纯货币经济模型".

2000年诺贝尔经济学奖授予了詹姆斯·赫克曼(James Heckman,美国,1944—)和丹尼尔·麦克法登(Daniel McFaggen,美国,1937—),以奖励他们发展广泛应用在经济学及其他社会科学中对个人和住户的行为进行统计分析的理论和方法.这两位经济学家所从事的科学领域为"微观计量经济学".尤其奖励了麦克法登对离散抉择的理论和方法的发展,奖励了赫克曼对分析和选择性样本的理论和方法的发展.

9.8.4 结束语

克莱因(1980年诺贝尔经济学奖得主)和蒙代尔(1999年诺贝尔经济学奖得主)等诺贝尔经济学奖得主,数次来中国访问、讲学,在很大程度上推动了中国经济科学研究的发展.

介绍诺贝尔奖的文献越来越多.史树中(2002),主要是从"诺贝尔经济学奖与数学的关系"的角度,简要介绍了1969—2001年诺贝尔经济学奖得主的主要工作.韩平,韩明(2003),简要地介绍了"诺贝尔经济学奖与数学中的大奖".介绍诺贝尔奖有关内容的网站也有很多(如诺贝尔基金会的官方网站http://www.nobel.se等),这些都为人们了解诺贝尔奖的有关情况提供了方便.

这里应该说明,诺贝尔经济学奖得主的计量经济模型的发表时间,相对于其获奖时间都是早期的(研究成果),这些成果在历史上对世界经济的研究起到了非常巨大的作用.然而,这些计量经济模型也在承受着未来的挑战.关于诺贝尔经济学奖得主中还有一些计量经济学方面的工作,限于篇幅只能在此从略.

思考与练习题9

9.1 本章的部分内容是对贝叶斯统计在计量经济学中应用的综述,请收集其中某个感兴趣的部分作更详细的综述.

9.2 请简要叙述贝叶斯计量经济学的基本思想.

9.3 贝叶斯计量经济学与经典计量经济学的基本方法有哪些异同?

9.4 请结合本章的有关内容,说明什么是VaR?在金融领域中计算它有什么意义?

9.5 请模仿本章的有关内容,收集感兴趣问题中的数据计算VaR.

9.6 请自己收集金融领域中某感兴趣问题的数据,并用贝叶斯MCMC方法对VaR进行估计.

9.7 收集感兴趣的问题的数据,建立POT模型和SV(随机波动率)模型,并用贝叶斯MCMC方法对该问题进行实证分析.

第 10 章 贝叶斯统计在保险、精算中的应用

随着我国经济的发展及保险制度的日益完善,保险业也有了快速发展,保险业中有关经验费率、损失储备金及生命表等的研究就十分必要.作为风险估计和规定保费过程的一部分,尤其在可信性理论中所采用的贝叶斯统计方法在保险行业中已经被应用了很长一段时间.刘乐平,袁卫(2002)综述了现代贝叶斯方法在精算学中的应用情况并进行了展望.岳金凤(2009)在综述了诸多学者的研究成果的基础上,总结了保险精算中的贝叶斯模型及贝叶斯方法的应用,对这些贝叶斯方法的在保险、精算中的应用做了系统的概括总结.

理查德·普莱斯(Richard Price,1723—1791)是 18 世纪欧洲启蒙运动有影响的人物.从职业上来说虽然是个牧师,但他作为一个学者对哲学、统计学、公共财政、政治学和精算学都有一定的影响.他的精算学专著是 18 世纪指导精算学教科书的准则,被本杰明·富兰克林(Benjamin Franklin)赞赏为 18 世纪关于人类思维的最重要的作品(Makov,2001).

贝叶斯思想和方法被大量地引入精算学中,应归功于 Buhlmann & Straub 发表在 *ASTIN Bulletin* 上的经典论文(Buhlmann,1967,1969).Buhlmann & Straub(1970)为经验贝叶斯信用方法(empirical Bayes credibility approach)奠定了基础,这一方法现在仍然被广泛地使用在精算学的各个领域中.

近年来,以色列 Haifa 大学统计系精算部主任乌迪·马克夫(Udi E. Makov)博士在精算学关于贝叶斯方面的研究论著颇丰,2001 年他在 *North American Actuarial Journal* 上发表了一篇论文,对精算学中贝叶斯方法的应用做了回顾.在这篇文献的基础上,参考国内外相关文献,本章将贝叶斯方法在保险、精算中的应用研究分为以下几个问题来分别叙述,并在后面给出应用案例.

10.1 经验费率的估计

在经验费率(experience rating)的估计中,设风险参数(risk parameter) θ_{ij} ($i=1, 2, \cdots, I, j=1, 2, \cdots, J$) 表示保单(constract) i 在 j 时刻的风险总特征.给定 θ_{ij},对应于保单 i 的实际索赔(actual claims) $X_{i1}, X_{i2}, \cdots$ 为服从分布 $f(x_{ij} \mid \theta_{ij})$ 的独立随机变量,θ 为服从先验分布 $U(\cdot)$[一般称为结构分布(structure distribution)]的 i.i.d. 样本.公平保费(fair premium)由 $\mu(\theta_{ij}) = E[X_{ij} \mid \theta_{ij}]$ 表示,然后通过 $E[X_{i,J+1} \mid D] = E[\mu(\theta_{ij}) \mid D]$ 可计算出实际保费(actual premium),其中 D 表示可利用的数据.D 为 X_{ij} ($i=1, 2, \cdots, I; j=1, 2, \cdots, J$).因为完全可信性(exact credibility) $E[\mu(\theta_{ij}) \mid D]$ 的计算非常困难,所以

利用经验贝叶斯方法可以给出完全可信性的估计,即利用著名的公式 $zx_i+(1-z)m$ 得出估计,其中 m 为 $U(\cdot)$ 的均值,x_i 为对应于第 i 个保单索赔的均值;可信性因子 z 的确定,采用完全信用的最佳(MSE 意义下)线性经验贝叶斯估计. 特别地,取 $z=\dfrac{aJ}{(aJ+s^2)}$,其中未知量 $a=\operatorname{Var}[\mu(\theta_{ij})]$ 和 $s^2=E\{\operatorname{Var}[X_{ij}\mid\theta_{ij}]\}$ 可从数据中估计. 信用模型(credibility model)已发展了许多年,但在大多数情形下仍然保持简单的线性公式和经验贝叶斯特点. Makov et al. (1996) 给出了多种信用模型的详细讨论,有兴趣的研究者可参看上述文献.

从某种意义上来说,传统信用模型方法的使用均与分布无关(distribution-free). 但它对特定的索赔分布精确度有多高呢? Herzog(1990) 对贝叶斯模型和 Buhlmann 模型的一致性作了比较,得出结论:在公平保费(fair premium)情形下,Buhlmann 可信性估计是贝叶斯估计的最佳线性近似.

许多年以来,贝叶斯模型的使用仅仅适用于简单的低维问题. 然而,在最近些年内,通过模拟方法,特别是 MCMC 方法的运用,研究人员越来越认识到,完全贝叶斯分析所要求的计算可以由模拟方法有效地解决. 实际上,以上讨论的经验费率问题,只要保险业务量的数据足够大,完全可以在 PC 上通过多层贝叶斯(hierarchical Bayes)模型解决.

10.2 损失储备金与复合损失模型

损失储备金包括未决赔款准备金. 未决赔款准备金是指在会计年度计算时,已发生的赔案但尚未处理、赔付,因而需提存的准备金,主要包括是针对索赔发生尚未报告的未决赔款(Incurred But Noty yet Reported,IBNR)和已报告尚未处理的未决赔款(Reported But Not yet Settled,RBNS)两种情况.

设随机变量 $X_{ij}(i=1,2,\cdots,I;j=1,2,\cdots,I-i+1)$ 表示在起始年(accident year) i 发生的至支付年(devlopment year) j 的索赔数[或损失率(loss ratios),索赔频率等]. 这些数据组成一个三角形[精算学中称为流量三角形(runoff triangle)],其中流量三角形的主对角线以上的数据是已知的,而主对角线以下的各量是未知的,它们分别是未来发生的各个系列的索赔数,是我们要估计的量. 由于此问题对保险公司非常关键,很多研究者已经对估计方法有效性的改进作了深入的研究. 然而,按照贝叶斯的观点研究相对较少. 对链梯模型(Chain Ladder Modle)进行了贝叶斯分析,此模型可以用以下二维模型进行解释:

$$\log(X_{ij})=\mu+\alpha_1+\beta_J+\varepsilon_{ij}.$$

但对于方差未知的情况,还没有用完全贝叶斯方式进行研究.

对完全的多层贝叶斯模型,使用 MCMC 方法估计了以下两个模型的参数:链梯模型和变点回归模型(Switching Regression Modle),这两个模型研究的是当延期索赔数增加到某一变点然后减少的情形. 贝叶斯方法同样被用来估计索赔次数. 状态空间模型(State-space Models 或 Kalman 滤波)属于动态贝叶斯模型,用它来研究损失储备的建模.

贝叶斯方法的优点在于,它可以通过利用后验预测分布,为流量三角形下三角部分的每一个值进行推断. 后验分布不仅可以从对未来索赔数超过一给定值可能性大小的点估计角度来确定储备金,而且还可以从贝叶斯可信区间和概率表示方面去估计储备.

累计索赔的一般风险模型 $S=Y_1+Y_2+\cdots+Y_n$ 为服从索赔分布 $f(y|\theta)$ 和计数分布(count distribution) $g(n|\varphi)$ 的对偶随机过程(dual stochastic process),其中,Y_1,Y_2,$\cdots$,Y_n 表示连续索赔的数量(假设 i.i.d). 传统的研究是先拟合 N 和 Y 的分布,然后利用递归算法得出 S 的复合分布. 正如 Dickson 等(1998)指出的那样,上述方法的缺点就是拟合分布需要事先假设部分为已知的,所以,参数估计的误差难以研究.

贝叶斯模型主要是需要在不同时期的索赔总数和索赔历史数据给定的条件下,估计 θ,φ 以及 S 预测分布的后验分布. 完全贝叶斯方法的运用中,主要是应用 MCMC 方法.

10.3 健康保险和生命表

从健康经济学角度,利用贝叶斯方法模拟可接受成本效率的上升曲线,依此确定两种治疗方法的相对成本效率,其中研究的成本和效率数据来源于临床实验的有效数据. 从医院医疗条件的总体水平和个体水平两个方面,对重复检查过程的假阳性(False-positive)与累计风险的关系进行了定量研究,他们改进了关于生命表数据的精算模型,并且在个体水平模型中增加了 Cox 回归方法.

贝叶斯修匀方法(Bayesian Graduation)多年以前就已研究,但直到近期才在 MCMC 和其他模拟方法中使用. 贝叶斯方法在生命表编制中的使用,最早与 Whittaker 修匀法有关,它不是贝叶斯方法,但用贝叶斯原理进行解释. 这种关系一直持续到关于共轭多元正态模型的进一步研究,这个模型除了 Beta-二项分布分析的差别外,就被当作贝叶斯修匀模型.

值得注意的是,在通常的精算实践中,人们感兴趣的研究主要集中于对真实死亡率的估计. 所以,大多数贝叶斯修匀方法的应用都是得出真实死亡率的估计值,从而用来编制生命表.

10.4 保险公司未决赔款准备金的稳健贝叶斯估计

未决赔款准备金的谨慎提取对保险公司的稳健经营具有非常重要的意义,从分层贝叶斯分析和 BMOM 方法入手研究最大熵先验分布问题,给出保险公司未决赔款准备金的稳健贝叶斯估计,然后通过一具体实例说明方法的有效性,最后将未决赔款准备金的稳健贝叶斯估计同经典估计进行了比较(刘乐平,袁卫,张琅,2006).

Buhlmann(1967)将贝叶斯思想和方法引入到精算学的研究中. Buhlmann & Straub(1970)为经验贝叶斯信用方法奠定了基础. 为了充分利用历史数据中的信息,提高未决赔款准备金估计的预测精度,Scollinik(2001),Ioannis Ntzoufras(2002)等将现代贝叶斯理论和 MCMC 方法引入到未决赔款准备金的估计中. Verrall(2004)将广义线性模型与贝叶斯分析结合,对准备金进行估计.

国内学者从 1994 年开始对未决赔款准备金估计问题进行研究,主要侧重于制度建设方面. 刘乐平和袁卫(2002)综述了未决赔款准备金估计方法的国内外最新进展.

10.5　动态死亡率建模与年金产品长寿风险的度量

金博轶(2012)使用贝叶斯方法通过 MCMC 抽样对 Currie 模型的参数进行估计,在此基础上,运用该模型对我国人口未来死亡率进行预测,最后对年金产品的长寿风险进行度量.研究表明,贝叶斯方法能够更好地拟合我国人口死亡统计数据.如果不考虑人口死亡率的变化,而只使用现有的生命表为年金产品定价,保险公司将会面临较大的承保风险.由于死亡率变化的不确定性,保险公司为年金持有的长寿风险偿付能力资本要求为其年金均值的 2.3%.

长寿风险是指由于未来死亡率的实际值与预期值不一致而给保险公司和养老金机构带来的可能损失.随着我国人口死亡率的不断下降(特别是高年龄段)和预期寿命的不断增加,长寿风险已成为保险公司和养老金机构面临的主要风险之一,也成为理论和实务研究的重点.

祝伟等(2009)利用 Lee-Carter 模型对中国人口死亡率建模并对未来死亡率进行预测.韩猛和王晓军(2010)对 Lee-Carter 模型进行改进,通过一个双随机过程对 Lee-Carter 模型中的时间项进行建模,此外还研究了预期寿命变化对我国养老金个人账户的影响.王晓军和黄顺林(2010)根据贝叶斯准则与似然比检验,在几个广泛使用的随机死亡率模型中,比较和选择了最适合中国男性人口死亡率经验数据的模型,并在此模型基础上对未来死亡率进行预测,对年金支付受死亡率改善的影响做了测算.

上述文献的共同缺陷在于未考虑到我国人口统计数据的具体特征.与国外大样本长期限的统计数据相比,我国人口统计数据相对匮乏,主要表现在以下两点:首先,我国有人口死亡统计数据的年限只有短短 17 年(1995—2011 年),而国外的人口统计数据短则几十年,长则数百年.较短的数据年限不仅制约了模型参数估计结果的准确性,而且影响了模型预测的精度;其次,除 2000 年外,我国人口死亡状况的统计数据均来源于抽样数据,存在风险暴露不足的问题.例如在 2002 年的人口死亡统计数据中,男性样本风险暴露总数为 619 164,而 40 岁及以上各年龄段的风险暴露数均不足 10 000(长寿风险主要来源于高年龄人群死亡率的下降),风险暴露不足导致相同年龄段的人口死亡率在不同年度出现较大的波动,而死亡率的不规则波动降低了模型参数估计及预测结果的可信度.相比之下,国外(特别是发达国家)人口统计数据的风险暴露充分,以美国为例,2002 年男性人口风险暴露总数为 141 436 513,是我国的 228 倍,各年龄段的风险暴露以百万计.较高的风险暴露数降低了相同年龄段人口的死亡率在不同年度的非规则波动,提高了模型估计结果的可信度.与美国相比,我国人口死亡率在不同年龄的波动性较大,而这种不规则波动主要是由于风险暴露不足造成的.

使用贝叶斯马尔科夫过程蒙特卡洛模拟(简称贝叶斯 MCMC)方法通过构建先验假设来弥补样本数据不足的缺陷.使用贝叶斯 MCMC 方法的优点在于:首先,贝叶斯方法利用先验假设来弥补样本数据不足的问题;其次,该方法不需要模型似然函数的可导性,它通过模拟参数的形成,使参数收敛,进而对模拟参数的均值进行估计,无须求导就能得到很好的估计结果,也不存在收敛到局部极值的情况;最后,有别于传统的二阶段参数估计方法,贝叶斯方法通过MCMC抽样一次性估计出所有参数的值,从而很好地避免了二阶段方法参数估计的不连贯性问题.

首先,使用贝叶斯方法通过MCMC抽样对模型的参数进行估计,贝叶斯方法避免了由于数据不足而导致的参数估计结果可信性不高的问题;其次,使用The Human Mortality Database数据库中27个国家的人口死亡数据对先验分布的参数值进行估计,避免了先验分布参数值设定的随意性问题,进一步增强了模型估计结果的可信性;最后,通过一个简单的年金产品度量未来死亡率变化对该年金现值的影响,从而度量长寿风险.

可以得到以下三点结论:首先观察年龄效应,非贝叶斯方法得到的年龄效应几乎完全重合,而贝叶斯方法得到的年龄效应小于非贝叶斯方法.这表明,与贝叶斯方法相比,非贝叶斯方法会高估死亡率变化的年龄效应.其次,考虑时间效应,非贝叶斯方法得到的时间效应非常相似,呈现出总体的下降趋势,只是下降呈一定的波动性和不规则特征.国外的大量研究表明,除非发生特殊的自然灾害(例如地震、洪水等)和人为灾害(例如战争),相同年龄段人口死亡率随时间的变化具有一定的稳健性,而代表死亡率改进的时间效应应该具有较为平滑的特征,造成上述波动不规则特性的主要原因在于风险暴露不足.贝叶斯方法得到的时间效应具有较好的光滑性,满足人口死亡率变化的稳健性要求.最后,考虑队列效应,除Lee-Cartie模型没有考虑到队列效应外,其他三种方法得到的队列效应值都呈不规则的波动特征,只是贝叶斯方法得到的队列效应波动幅度较小,这表明,贝叶斯方法降低了队列效应的波动性.

使用贝叶斯方法通过MCMC抽样对Currie死亡率模型的参数进行了估计.为此,我们首先对模型参数的先验分布进行假设,并使用MCMC技术下的M-H抽样和Gibbs抽样对参数的后验分布进行循环抽样.在此基础上,使用我国男性人口死亡数据对上述模型进行求解,并将求解得到的结果与非贝叶斯方法得到的结果进行了比较和检验.金博轶(2012)通过生成未来死亡率的情景对年金产品的长寿风险进行了度量,结论主要有以下几点:首先,在人口死亡统计数据不足的情况下,贝叶斯方法能够更好地拟合我国人口死亡率状况.通过比较后发现,贝叶斯方法得到的参数值满足时间效应的光滑性以及残差项的正态性要求,在样本区间发生变化的情况下具有较好的稳健型,且BIC值最大.因此,使用贝叶斯方法对我国人口死亡率进行建模有很大的优越性.其次,如果保险公司只用现有生命表计算年金产品的现值而不考虑死亡率在未来的变化,其将会面临较为严重的长寿风险.长寿风险主要来自于未来死亡率的趋势变化(未来死亡率情景的均值)和趋势变化的不确定性两方面因素,通过计算发现,使用贝叶斯方法得到的年金现值的均值比生命表计算得到的年金现值高3.1%.另外,由于死亡率趋势变化的不确定性,保险公司为长寿风险持有的偿付能力额度资本要求约为年金均值的2.3%.最后,非贝叶斯方法得到的年金均值和风险度量水平(VaR和CVaR)均高于贝叶斯方法得到的结果,可见,非贝叶斯方法可能会高估长寿风险.

10.6 贝叶斯方法估计极端损失再保险纯保费

为了提高预测极端损失的精确性,吴永,王晓园(2011)采用贝叶斯方法并利用

WinBUGS 软件计算极端事件发生的概率及条件期望,得到极端损失的后验经验分布和一个精确的区间估计,基于此,保险公司可以估计出更加公平的再保险纯保费.

近年来随着保险公司业务的拓展,突发性极端事件在保险公司业务中出现的频率越来越高,使保险行业受到了一些巨大的损失,这些事件的一个最显著的特点就是发生的概率比较小,但是一旦发生,由此引起的索赔损失在总索赔损失中占相当大的比例. 通常情况下,保险公司为了减轻自身运营的风险,采用再保险策略来应对这些大的个体索赔. 再保险也称为分保,是指保险人将其承担的保险业务,以承保形式,部分转移给其他保险人. 进行再保险,可以分散保险人的风险,有利于其控制损失,稳定经营. 这种突发性极端事件在我们的生活中并不少见,例如,飓风,地震,恐怖事件,海啸,极端天气等. 尤其是近几年来我国发生的几次特大型地震,对当地经济发展造成了很大影响. 我国保险业的发展相对欧美国家来说比较落后,我国再保险业务主要由国外几家保险公司承保,而我国保险公司基本没有开展这方面的业务,为了促进我国保险公司业务进一步完善和全面发展,提高预测风险的能力,保障我国经济又好又快的发展,使得对这一类问题的研究更加具有现实性意义.

利用贝叶斯方法基于 MCMC 方法对于风险估计存在许多潜在优点,这种方法不但能给出一个精确的区间估计,而且能提高估计的保守程度,这些都是频率方法很难做到的;像这种情况还有 2003 年亚洲爆发的禽流感等,对这种区域性突发极端事件,采取什么样的方法处理这些数据能得到更加合理的风险评估及其再保险纯保费的估计,还需进一步研究.

关于贝叶斯方法估计极端损失再保险纯保费的其他研究、贝叶斯方法在保险精算中的应用等,见王晓园(2011).

10.7 准备金发展年相关的贝叶斯估计

基于广义线性混合模型对准备金运用贝叶斯原理进行预测,该预测模型有三个特点:一是使得各个发展年的赔付之间具有相关性;二是各个事故年的期望总赔付是随机变量;三是在已知其他参数的条件下,各个事故年的后验期望总赔付是先验期望和实际数据的加权平均,且随发展年增长实际数据被赋予更多权重. 最后用 MCMC 方法给出了参数值.

由于保险赔付滞后的原因,准备金预测是精算学的重要研究领域之一. 基于广义线性混合模型,使用贝叶斯原理建立了同一事故年下不同发展年的赔付之间的相关性,并且各个事故年的后验期望总赔付是先验期望和实际数据的加权平均.

陈明镜(2011)运用贝叶斯原理对准备金预测建模,分析了模型的三个特点,从这些特点可以看出,该模型具有良好的性质. 并且最后使用 MCMC 方法给出了参数估计.

10.8 贝叶斯方法在调整保险费率中的应用

根据市场经营情况适时调整保险费系统对保险公司至关重要. 对贝叶斯调整保险费方法进行阐述,运用实例分析说明贝叶斯调整保险费方法估计保险费率的可行性. 陈正,汪飞飞(2012)的方法和结论可运用于非寿险实务中小样本数据的保险费估计工作.

在保险公司开业经营或新险种开始销售的初期,由于缺乏必要的经验数据,所以常常是根据整体险种或整个行业的以往经营情况收取保险费的.这实际上正符合贝叶斯统计方法中的先验统计理论思想,即根据同行业经验甚至仅仅是出于精算师的主观判断来厘定经营初期的保险费.现实中,没有一家保险公司的保险费率体系是与所承保的对象风险性质完全一致的,即使刚开始的时候保险费率体系可以较好地反映承保对象的风险状况,但随着时间的推移,社会环境变迁、经济发展、公司经营策略的转变,必然会出现保险费率体系与实际承保风险状况存在差异的情况.在这种情况下,风险状况较好、从而发生赔款较少或者没有赔款的承保对象就会要求减少被收取的保险费,而那些风险状况较差的承保对象虽然不会主动要求增加保险费,但如果保险公司不及时对他们的保险费进行调整,将会造成保险公司偿付能力的急剧下降.由此可见,根据市场经营情况适时调整保险费系对保险公司至关重要,而贝叶斯保险费是其中运用较多的一种方法.

目前,非寿险精算中经常利用贝叶斯理论对保险费进行调整,常用的方法有贝叶斯保险费法、信度理论和信度保费法.贝叶斯修正法主要是通过贝叶斯方法实现先验信息、后验信息的转换,回避了我们无法准确认知的先验条件的限制,利用可以观察到的样本信息作为条件,进而得到调整后保险费的一种方法.信度理论的核心思想就是在不能完全获知事件的风险水平的前提下拥有一组样本数据,如何通过一个信度因子来平衡先验信息和样本信息,从而得到一个更优的结论.信度保费法则是保险精算学中,通过信度因子来调整行业或险种平均风险水平和公司历史经营数据得到修正后的保险费,为保险公司的保险费调整工作提供指导.

国内学者从1994年开始对未决赔款准备金进行研究.关于责任准备金提取的研究成果较多,但将贝叶斯方法应用于准备金研究的相关文献较少.刘乐平,袁卫,张琅(2006)进一步发展了贝叶斯统计预测方法的稳健性估计理论,运用分层贝叶斯分析和BMOM方法,给出了保险公司未决赔款准备金的稳健贝叶斯估计,并以希腊保险公司的经营数据为例,进行了实证研究,最后将结果与传统估计结果进行了比较.郭涛(2008)将贝叶斯方法引入未决赔款预测中,在未决赔款准备金的估计过程中,不仅考虑利用历史经验数据所预测的准备金估计值,还引入了专家的事先经验信息,提高了准备金预测的准确性,并就此进行了实证研究,将贝叶斯方法调整后的准备金预测值与传统方法的预测值进行了比较,得出把贝叶斯方法引入未决赔款准备金的预测中可以得到更优估计的结论.陈明镜(2011)改变了以往准备金估计模型中同一事故年下不同发展年赔款相互独立的假设,利用贝叶斯方法考虑了不同发展年之间的赔款相关性因素,改进了赔款准备金的估计方法.保险公司在经营一段时间以后,必须基于其经营中获取的可靠信息,对与其经营相关的各类数据资料进行更新,实务中这样的更新往往是运用贝叶斯方法或基于贝叶斯理论解释的.精算学者在很多年前就开始研究贝叶斯修匀方法,但直到最近才逐渐被使用.

贝叶斯保险费从理论上看是十分完美的,它较好地结合了保险经营中精算师经验判断的信息和历史经营中所获取的数据信息,完全符合贝叶斯理论所论述的概率意义.然而就像古希腊神话中的战神阿喀琉斯,贝叶斯保险费也有其致命伤,理论上的完美解决不了现实应用过程中太复杂的缺点.我们可以从前文的例子中看到,贝叶斯保费法的计算过程是比较复杂的,甚至有时可能因运算过于复杂而无法得出直观的结果.此外,由于现实情况的复杂性,有时候可能无法用我们已知的分布类型来对损失数据进行拟合,更加限制了贝叶斯修正保险费的应用. 随着计算机技术的发展和新方法的出现,比如马尔科夫链蒙特卡罗模拟方法给贝叶斯保险费的应用提供了新的空间,这将是贝叶斯保险费研究的一个广阔领域. 最后,我们必须清楚贝叶斯保险费的测算主要仍然是属于技术层面的范畴,在市场经济中保险公司的经营者需要综合考虑公司所处的经济环境、竞争对手、客户受众等多方面的因素,不能完全仅从技术层面对保险产品进行定价决策.

10.9 非寿险精算中的贝叶斯信用模型分析

针对传统 Buhlmann-Straub 信用模型不能有效地解决缺失数据信息处理问题,朱慧明,郝立亚(2007)利用贝叶斯统计方法,构造了一类新的贝叶斯信用分析模型,引入基于吉布斯抽样的马尔科夫链蒙特卡洛方法进行数值计算,建立了一个索赔后验分层正态模型进行实证分析,证明模型的有效性. 研究结果表明,基于 MCMC 的贝叶斯信用模型能够动态模拟模型参数的后验分布,提高模型估计的精度,对保险公司经验费率厘定方法的改进具有重要的现实意义.

信用理论产生于 20 世纪 20 年代,1914 年 11 月美国灾害保险统计学会界定了信用的基本概念,信用模型主要用于精算师计算劳工赔偿保险费率. 保险费分为净保险费和附加保险费,其中净保险费指承保风险赔款的支出,它是确定保险公司厘定保险费额的关键问题. 在保险实务分析中,保费厘定采用的是自上而下的途径,既要保证征收足够的保费以覆盖其全部责任,又要在投保人之间公平地分担保费,并根据投保人的索赔经验来确定保险费额. 各险种在给定期内的索赔总金额是一个随机变量,由于它具有不确定性,保险人不得不保留巨额责任准备金静待应变,所以它直接关系到保险公司财务状况的稳定. 一般地说,索赔总金额的研究分为两个部分:一是给定期内的索赔次数;二是每次事故损失的金额,即索赔额. 这两个变量也都是随机变量,前者刻画了风险的可能性,后者反映了风险的严重性程度.

信用模型的建模过程就是保险公司根据过去的风险发生情况确定未来保费的一种费率计算过程,其在经验费率的厘定过程中发挥了重要作用. 依据经验数据在费率厘定过程中的应用方式,信用模型区分为有限波动信用模型和最大精度信用模型,其中 Buhlmann-Straub 模型是目前应用最为广泛的精度信用模型,它在均方误差最小的意义下导出信用保费的计算公式,在某种意义上是一种最接近真实风险保费的估计. 但是该模型对结构参数的估计依赖于现有的历史数据,在数据资料不足的情况下很难得到结构参数的无偏后验估计,并且高维数值计算的困难也成为该模型应用的一个重大缺陷.

20 世纪 90 年代,随着贝叶斯统计推断技术与方法的发展,特别是 MCMC 方法的应用,解决了原先异常复杂的高维数值计算问题,参数后验分布的模拟也更为方便,现代贝叶斯方法及其应用日趋成熟,许多学者开始尝试利用 MCMC 方法解决精算学中的有关问题,其中 Carlin(1992)将 MCMC 方法应用到未标准化的保险时间序列模型中,Scollink(2000)则完成了三层信用模型中费率的计算和预测分析,其他的研究成果基于 MCMC 的信用模型逐渐显现出其相对于传统模型的优势,在费率厘定方面具有重要的意义.

保险是通过收取保险费来聚集保险基金,因此保险费额确定得是否恰当直接关系到保险公司的经营盈亏,如何合理地厘定保险费是所有信用模型所要共同解决的问题.本文建立的贝叶斯信用模型在样本数据不完备的情形下,依据经验数据,运用贝叶斯分析方法,提供了一种计算下一年保费的方法.并且针对高维计算比较困难这样一个问题,引入了基于Gibbs抽样的MCMC方法,利用计算机仿真模拟方便地得到结构参数的各项估计指标,取得了较为理想的效果.

朱慧明,郝立亚(2007)所建立的基于MCMC的贝叶斯信用模型相对于传统的Buhlmann-Straub模型具有如下的优势:其一,能够在样本数据缺失的情况下方便地对结构参数进行估计,并且能够对下一时段的观测值进行预测;其二,能够直观地表示各参数的后验分布情况,并据此进行区间估计,相对于传统模型只能进行点估计更为科学实用;其三,能够较为容易地对各保单的风险状况进行评估,以作为厘定保单组合费率的依据.总之,该模型为保险费率的厘定提供了新的思路,结论直观,对保险公司经验费率厘定方法的改进具有现实意义.

10.10 医疗保险参保人数的贝叶斯预测分析

医疗保险基金的收支是医疗保险改革能否持续健康发展的关键,在医疗保险基金的收支的影响因素中,参保人数是一个重要的参数,王连连(2011)采用贝叶斯方法估计了城镇职工参保人数,并通过其他模型来进行循环预测.

10.10.1 贝叶斯常均值折扣模型

贝叶斯常均值折扣模型对于预测随机波动、变化相对稳定的数据是比较精确的,与传统的预测方法相比有明显优势.通过数据搜集,我们发现,从西安市人口现状、人口老龄化进一步加剧、多种大病年轻化、经济发展对医保参保企业影响等因素考虑,西安市城镇职工参保人数处于一个相对稳定、随机波动的状态,适合采用常均值折扣贝叶斯模型来进行预测.对于每一时刻 t,贝叶斯动态线性模型 $DLM\{1,1,V_t,W_t\}$,

定义如下:

观测方程 $y_t = \mu_t + \nu_t$, $\nu_t \sim N(0, V_t)$;

状态方程 $\mu_t = \mu_{t-1} + \omega_t$, $\omega_t \sim N(0, W_t)$;

初始信息 $\mu_0 \mid D_0 \sim N(m_0, C_0)$.

其中,μ_t 是 t 时刻序列的水平,ν_t 是观测误差项或噪声项,是状态误差项.

对于每一时刻 t,假定 μ_{t-1} 的后验分布 $\mu_{t-1} \mid D_{t-1} \sim N(m_{t-1}, C_{t-1})$,则 μ_t 的先验分布 $\mu_t \mid D_{t-1} \sim N(m_{t-1}, R_t)$,其中 $R_t = C_{t-1} + W_t$. 而在实践中,V_t 和 W_t 一般未知,因此在模型中引进了折扣因子 δ,通常 $0 < \delta < 1$,并且有 $R_t^{-1} = \delta C_{t-1}^{-1}$,以及令 $\varphi = V^{-1}$. 则

$$\varphi \mid D_0 \sim \Gamma\left(\frac{n_0}{2}, \frac{d_0}{2}\right).$$

方差未知的模型是基于 t 分布的,有

$$\mu_{t-1} \mid D_{t-1} \sim t_{n_0}(m_{t-1}, C_{t-1}),$$
$$\mu_t \mid D_{t-1} \sim t_{n_0}(m_{t-1}, R_t),$$
$$y_t \mid D_{t-1} \sim t_{n_0}(f_t, Q_t),$$
$$\mu_t \mid D_t \sim t_{n_0}(m_t, C_t).$$

一般将带有折扣因子的常均值动态模型,称为常均值折扣贝叶斯模型,并通过上述分布得到其修正递推算法:

(1) $R_t = \dfrac{C_t}{\delta}$;

(2) $Q_t = R_t + S_{t-1}$;

(3) $A_t = \dfrac{R_t}{Q_t}$;

(4) $n_t = n_{t-1} + 1$;

(5) $d_t = d_{t-1} + S_{t-1}\dfrac{e_t^2}{Q_t}$;

(6) $S_t = \dfrac{d_t}{n_{t-1}}$;

(7) $f_t = m_{t-1}$;

(8) $e_t = y_t - f_t$;

(9) $C_t = A_t + S_t$;

(10) $m_t = m_{t-1} + A_t e_t$.

10.10.2 利用贝叶斯模型的预测

利用上述递推算法和已有数据,计算结果见表 10-1 和表 10-2,预测 2010 年的参保人数.

表 10-1 2001 年至 2009 年的西安市城镇职工参保人数(单位:万)

年份	2001	2002	2003	2004	2005	2006	2007	2008	2009
人数	14.7	107	123.4	130.5	144.8	155.72	167.57	182.43	165.3

资料来源:西安市统计局,西安市国民经济和发展统计公报.

根据运行结果,y 的对数预测模型对时间变量 t 的 R^2 最大,为 0.919 8,拟合度均符合要求,因此参保人数 y 关于时间预测模型如下:$y = 66.84\ln(t) + 37.305$.

表 10-2 贝叶斯常均值折扣预测递推表

序号 t	预测分布		修正系数 A_t	观测值 y_t	误差 e_t	后验分布		先验分布
	方差 Q_t	均值 f_t				均值 m_t	方差 C_t	方差 R_t
0	—	—	—	—		170	700	—
1	7 000.010	170.000	0.999 999	14.700	−155.300	14.700	0.022	7 000.000
2	0.244	14.700	0.909 091	107.000	92.300	98.609	234.704	0.222
3	2 605.212	98.609	0.900 901	123.400	24.791	120.943	188.159	2 347.038
4	2 090.451	120.943	0.900 09	130.500	9.557	129.545	152.035	1 881.594

（续表）

序号 t	预测分布		修正系数 A_t	观测值 y_t	误差 e_t	后验分布		先验分布
	方差 Q_t	均值 f_t				均值 m_t	方差 C_t	方差 R_t
5	1 689.258	129.545	0.900 009	144.800	15.255	143.275	130.175	1 520.347
6	1 446.382	143.275	0.900 001	155.720	12.445	154.475	113.569	1 301.745
7	1 261.873	154.475	0.9	167.570	13.095	166.261	101.301	1 135.686
8	1 125.571	166.261	0.9	182.430	16.169	180.813	92.660	1 013.014
9	1 029.558	180.813	0.9	165.300	−15.513	166.851	85.560	926.602
10	950.667	166.851	0.9	—	—	—	—	855.601

注：初始信息由专家给出大概值，不影响之后预测，假设 $m_0 = 170$，$C_0 = 700$，$n_0 = 1$，$d_0 = 0.01$，$\delta = 0.1$.

为使预测值更加准确，我们决定采用另外一种模型来预测，最后，用两个预测值的算术平均值作为最后的预测估计值. 参保人数作为一个时间序列，我们可以对其做关于时间变量 T 的趋势预测. 运用 Excel，做线性和非线性拟合，如一元线性回归、对数、二次多项式（即抛物线）、乘幂式、指数，根据 R^2 选取拟合度最佳的预测模型. 图 10-1 为参保人数对时间变量 t 的曲线拟合图.

图 10-1 参保人数对时间 t 的几种曲线拟合图

注：y 为参保人数，t 为时间变量，依次用序号表示其变化，2001 年赋值为 1，2002 年赋值为 2，……，以此类推.

当 $t = 10, 11, 12, 13, 14$ 时，其预测出来的数分别为 191.210，197.580，203.396，208.746，213.700.

这样，2010 年的参保人数为 $\frac{166.851 + 191.210}{2} = 179.031$，然后可以以此作为贝叶斯常均值模型中的观测值 y_t，来循环推测出之后几年的预测值，即 2010 年至 2014 年的参保人数预测值分别为 179.031，187.696，195.052，201.482，207.228，见表 10-3.

表 10-3 贝叶斯常均值折扣模型和对数预测模型相结合的递推表

序号 t	预测分布		修正系数 A_t	观测值 y_t	误差 e_t	后验分布		先验分布
	方差 Q_t	均值 f_t				均值 m_t	方差 C_t	方差 R_t
10	950.667	166.851	0.9	179.031	12.179	177.813	78.996	855.601
11	877.728	177.813	0.9	187.696	9.884	186.708	73.145	789.955

(续表)

序号t	预测分布		修正系数A_t	观测值y_t	误差e_t	后验分布		先验分布
	方差Q_t	均值f_t				均值m_t	方差C_t	方差R_t
12	812.725	186.708	0.9	195.052	8.344	194.218	68.001	731.452
13	755.563	194.218	0.9	201.482	7.264	200.756	63.483	680.007
14	705.364	200.756	0.9	207.228	6.472	206.580	59.502	634.827

贝叶斯模型可以应用的范围很广,只要是一列在时间上有规律的时间序列值,我们都可以利用贝叶斯常均值折扣模型来进行预测,并且由于模型在循环预测中不断地矫正模型的预测值,初始值不会影响后续的值的预测,从而保证了预测的准确性.

10.11 WinBUGS在非寿险费率分析中的应用

吕定海,王晔(2013)分析了贝叶斯视角下的广义线性模型,并通过WinBUGS建立分析损失频率的广义泊松模型.考虑到WinBUGS对数据初处理功能的不足,使用R2WinBUGS包交互使用R和WinBUGS.通过一个数值例子,对比说明贝叶斯方法与广义线性模型结果的区别,并指出实际应用中可能遇到的困惑.

10.11.1 引言

国内限于非寿险定价制度的束缚,一直使用传统的定价方法.实际的情况是,在得到一个简单的费率结构时无法继续深入分析费率估计值的波动性,单项分析法和最小偏差法即是如此.在国内车险市场不断改革的背景下,这些传统定价方法的实用性值得怀疑.直到1992年才系统地将广义线性模型引入非寿险精算定价中.之后的20多年,由于各国费率市场化改革的不断推进使得广义线性模型逐渐流行起来,并成为很多公司的标准分析方法.

相比传统方法,广义线性模型可以提供完整的统计分析框架且能考虑很多实际定价问题.然而,指数族分布的类型依然有限.在分析某些损失类型时,很难在指数族分布中找到合适的分布.Katsis & Ntzoufras(2005)讨论了到底如何选择合适的分布类型,并使用Gibbs抽样方法结合WinBUGS软件解决了分布类型选择的假设检验问题.传统定价方法及通常的广义线性模型可以归结为频率学派精算定价法,因为这些方法并不涉及先验分布和后验分布.

考虑更为复杂的分布带来了大量的数值问题,此时模型很难找到解析解.与其使用近似解,不如考虑贝叶斯方法.对实际应用而言,贝叶斯方法的优越性更为突出.将贝叶斯方法与WinBUGS结合可以解决任何知道概率函数的分布.Ntzoufras(2009)详细介绍了WinBUGS中如何建立模型,还特别分析了贝叶斯角度下的广义线性模型.

本节的分析方法,整体上属于广义线性模型的分析框架,不同之处在于我们考虑了更为复杂的分布类型并使用了MCMC方法来抽样.贝叶斯方法应用于精算定价,可称之为贝叶斯学派精算定价法.正如自助法(Bootstrap)在精算中的流行一样,贝叶斯方法与WinBUGS的结合运用也会显示其解决实际问题的强大之处.贝叶斯方法的优点主要体现在:提供了数据分析并结合实际经验的整体分析框架;整体分析框架仅依赖于数据和先验假设,不需要渐近分布的有关理论;如果不同的试验设计仅导致样本似然函数相差一个倍数,那么后验分布相同;可以回答一些实际问题,比如索赔额在某区间的概率;可以分析更为复杂的模型,如分层模型、混合模型等.而其缺点主要表现在:很难确定先验分布,如何将实际经验通过先验分布表达并不容易;模型结果对先验分布假设高度敏感;需要大量的时间完成计算.

10.11.2 贝叶斯视角下的广义线性模型

贝叶斯方法中的待估参数均视为随机变量,这样可以将指数族密度函数表示为

$$f(y_i \mid \theta_i, \varphi) = \exp\left\{\frac{y_i\theta_i - b(\theta_i)}{a(\varphi)} + c(y_i, \theta_i)\right\}. \tag{10.11.1}$$

根据广义线性模型的一般理论,有

$$\mu_i = E[Y_i \mid \theta_i, \varphi] = b(\theta_i),$$
$$g(\mu_i) = \eta_i = X_i\beta,$$
$$\theta_i = (b')^{-1}(\mu_i) = (b')^{-1}[g^{-1}(X_i\beta)].$$

将 θ_i 代入式(10.11.1)得到

$$f(y_i \mid \beta, \varphi) = \exp\left\{\frac{[y_i b^{-1}[g^{-1}(X_i\beta)] - b[(b')^{-1}(g^{-1}(X_i\beta))]}{a(\varphi)} + c(y_i, \theta_i)\right\}.$$

根据贝叶斯定理有

$$f(\beta, \varphi \mid y_i) \propto f(y_i \mid \beta, \varphi)f(\beta, \varphi) = f(y_i \mid \beta, \varphi)f(\beta \mid \varphi)f(\varphi).$$

进一步假设模型参数的先验分布为多元正态分布,即

$$\beta \mid \varphi \sim N(\mu_\beta, \Sigma_\beta).$$

在得到观测值 $\{y_i, i = 1, 2, \cdots, n\}$ 后,模型参数后验分布的密度函数为

$$f(\beta, \varphi \mid y_i) \propto \exp\left\{\frac{[y_i b^{-1}[g^{-1}(X_i\beta)] - b[(b')^{-1}(g^{-1}(X_i\beta))]}{a(\varphi)} + c(y_i, \theta_i)\right\} \cdot$$
$$\exp\left[-\frac{1}{2}\log|\Sigma_\beta| - \frac{1}{2}(\beta - \mu_\beta)^T \Sigma_\beta^{-1}(\beta - \mu_\beta)\right]f(\varphi).$$

只有在非常特殊的情况下,上式后面一部分在模型参数取值空间的积分才能计算出来.虽可以使用一些近似计算技术,但从实际应用的角度讲,MCMC方法可以很方便地完成抽样并估计后验分布,且可以通过WinBUGS实现.

对于保险数据的分析而言,最重要的是选择合适的分布.简单的分布可以简化模型且参数估计值也能容易找到,但在预测的准确性和有效性上不能满足实际需要.而一些复杂的分布往往导致大量的数值问题,且模型整个估计过程很难理解.接下来,本节分析适合保险数据的分布类型及如何通过软件完成模型估计.

10.11.3 损失频率模型

对保险数据的分析一般分为损失频率分析和损失强度分析,这种分法可以更为细致地

分析数据,也因为损失频率和损失强度具有不同的特点,同时在保险实务中各保险公司也是如此做的. 我们先分析损失频率.

指数族分布中可用来分析赔案数目的分布并不多. 泊松分布往往不能刻画保险数据"过度分散"的特点;负二项分布的方差虽然大于均值,但也经常不能很好地吻合数据. 为了刻画保险数据过度分散的特点,分析可选用拉格朗日泊松分布(Lagrangian Poisson Distribution,LPD),也称广义泊松分布,还有精算模型中经常使用的堆积类分布,如 ZIP(Zero-Inflated Poisson)分布. 因此,在分析实际保险数据时可考虑选用负二项分布、广义泊松分布、ZIP 分布.

1. 广义泊松分布

广义泊松分布的密度函数如下:

$$f(y \mid \zeta, \omega) = \frac{\zeta(\zeta+\omega y)^{y-1}}{y!} e^{-(\zeta+\omega)}.$$

很明显,当 $\omega = 0$ 时即为泊松分布,则有

$$\lambda = E(Y) = \zeta(\zeta+\omega)^{-1}, \quad \mathrm{Var}(Y) = \zeta(\zeta+\omega)^{-3}.$$

那么分散指标(Dispersion Index,DI)为

$$DI = \frac{\mathrm{Var}(Y)}{E(Y)} = (\zeta+\omega)^{-2}.$$

对保险数据的分析而言,一般假设 $\omega \in [0, 1]$. 正如广义线性模型框架下分布的参数化方式,该密度函数一般表示为

$$f(y \mid \lambda, \omega) = (1-\omega)\lambda \frac{[(1-\omega)\lambda+\omega y]^{y-1}}{y!} e^{-[(1-\omega)\lambda+\omega]}.$$

如果数据的方差明显大于均值,可使用此分布来拟合模型. 在 R 软件中 VGAM 包可以使用此分布拟合数据;WinBUGS 软件中也能很方便地实现.

2. ZIP 分布

大量的保单才会导致并不多的赔案,即对很多保单而言基本不会发生理赔. 通常的离散型分布在零点处的概率过小并不适合保险数据. 常用的一种技巧是增加相应分布在零点处的概率值. 此处着重考虑可应用于实际定价的 ZIP 分布. 密度函数如下:

$$f_{\mathrm{ZIP}}(y) = \alpha I(y=0) + (1-\alpha)f_p(y, \mu).$$

其中 $f_p(y, \mu)$ 为泊松分布的概率函数,$\alpha \in (0, 1)$. 很明显,

$$f_{\mathrm{ZIP}}(0) = \alpha + (1-\alpha)f_p(0, \mu)$$

且

$$f_{\mathrm{ZIP}}(y) = (1-\alpha)f_p(y, \mu), \quad y > 0.$$

当然还有其他各种复杂分布,但大多是针对具体问题而言的,并不一定适合分析保险数据,故不再深入讨论. 实际上,负二项分布、广义泊松分布、ZIP 分布是分析赔案数目的可选分布. 在实际的定价中,推荐使用此三种分布.

10.11.4 损失强度模型

保险数据往往具有右偏性,因此在选择分布时要考虑这个特征.指数族分布中的 Gamma 分布、逆高斯分布均具有一定的右偏性.对数正态分布也能在广义线性模型的框架下分析,只是对数正态分布的右偏性大于逆高斯分布和伽玛分布.在实际的定价分析中,针对数据的不同特点可酌情考虑使用这三种分布中的一种,或者同时使用以选择最合适的分布.对数正态分布比较适合分析碰撞、火灾引起的损失.

连续型分布还有很多种,但是这些特殊的分布都是为了某一具体问题的分析而提出来的.理论上,只要知道其概率密度函数就可以完成模型的估计.下面介绍如何通过已有的分布来分析其他的分布(Ntzoufras,2009).

设某分布的对数似然函数为 $l_i = \log f(y_i \mid \theta)$,则抽样之后样本联合概率函数可表示为

$$f(y \mid \theta) = \prod_{i=1}^{n} e^{l_i} = \prod_{i=1}^{n} \frac{e^{-(-l_i)}(-l_i)^0}{0!} = \prod_{i=1}^{n} f_p(0, -l_i).$$

即可以将抽样结果看成来自泊松分布的一组样本,且取值都为零,参数分别为 $-l_i$. 为了处理 $-l_i$ 为负数的情况,将上式中的 $-l_i$ 换成 $-l_i + C$,其中 C 满足 $-l_i + C > 0$,$\forall i$. 这种处理方式并不会影响模型参数的后验分布,只相当于在下式的分子、分母中乘以 e^C:

$$f(\theta \mid y) = \frac{f(y_i \mid \theta) f(\theta)}{\int_\Theta f(y_i \mid \theta) f(\theta) d\theta}.$$

还可以通过 Bernoulli 分布来完成分析,只是对样本联合函数的变形处理方式不一样.通过上述技巧就可以分析其他各种已知概率函数的分布.在后面分析保险数据时,将使用此技巧建立广义泊松模型.

10.11.5 通过 R 调用 WinBUGS

任何贝叶斯模型,通过 WinBUGS 都可以产生近似服从后验分布的随机变量.只需要正确地建立模型,给定数据和初值就可以监测我们感兴趣的参数.MCMC 方法通过产生马尔科夫链,且使得该链的平稳分布为参数的后验分布,就能得到服从某分布的随机变量.在去掉开始产生的一部分值,并经过相关性调整(即取链中不相关的的值)后,能确保产生的样本独立并近似服从后验分布.

然而对保险数据而言,样本量较大,此时使用 WinBUGS 来写数据非常繁琐,需要花费大量的时间.好在我们可以通过 R 软件中的 R2WinBUGS 包来调用 WinBUGS,这样可以借助 R 的数据处理功能以得到我们需要的数据并完成分析.Sturtz 等(2005)详细介绍了如何通过 R 调用 WinBUGS 完成模型的建立,并给出了两个具体实例.虽然 R 和 WinBUGS 结合可以解决很多问题,但当实际数据量大到一定程度时,需要借助其他技术手段对数据作初步处理.因此当运用本节同样的方法来解决实际定价问题时,需要辅以其他技术手段.本节并不打算系统介绍 R 和 WinBUGS 的语法规则,但是要理解后面的分析需要熟练使用

R 和 WinBUGS. 关于 R 软件的书以及与数据分析、统计分析结合的书,近几年来越来越多. 关于 WinBUGS 软件及其基本使用介绍,见本书的附录 B.

10.11.6 应用案例

以下使用的数据是欧洲一家保险公司 1994—1998 年的车险数据(Ohlsson & Johansson, 2010),其中给出了变量名的含义,可访问 http://www2mathsuse/~esbj/GLMbook/mccase.txt 得到这些数据. 对变量名重新命名,使其更加直观. 共有 64 548 条记录,9 个变量,其中有些观测值的保单持有期为零. 在实际定价过程中,如果保单持有期为零可以忽略此观测值(后面的分析剔除了此部分观测值). 同时本节采用该保险公司 1995 年费率因子水平的划分办法,在建立模型时也仅仅考虑地区(zon)、MC 类别(mcclass)、车龄(vehicleage)、折扣级别(bonusclass)四个费率因子. 在分析损失频率时,采用广义泊松分布;分析损失强度时,采用逆高斯分布. 这种选择更关注保险数据的厚尾性. 即便有时这种选择并不能很好地拟合数据,但从风险管理的角度讲,这种选择更关注大额索赔的发生,有利于公司稳健经营.

1. 损失频率分析

此处使用广义泊松分布拟合赔案数目数据,并通过 R2WinBUGS 包交互使用 R 和 WinBUGS. 此部分的模型代码见本节附录 1、附录 2,只需简单修改即能在计算机上运行. 2 万个样本中包含 1 万的燃烧期,并且考虑到相关性调整,每 10 个中取一个,故每个参数的样本量为 1 000. 如图 10-2 所示迹图(Trace Plot)代表了 17 个参数中的三种不同形状,其余参数的迹图类似图中 mcclass1 对应的迹图. 这说明,即便增加样本量,模型参数的改变将很小,故此处不再继续增加样本量,也不打算进一步使用其他 R 程序包(如 CODA, BOA)来完成下一小节中介绍的四种检验方法.

图 10-2 迹图

估计的损失频率相对值列于表 10-4(3)列中的括号内. 从最终的结果来看,相比传统方法,贝叶斯方法给出了更具波动性的费率结构. 比如车龄的水平 2 是水平 3 的近 1 000 倍. 在实际应用时,这种结果不可能被消费者理解,甚至精算师自己也怀疑模型是否出错了. 无论如何,这至少说明我们需要更为细致地划分车龄这一定价因子,并使得模型的最后结果具有稳定性.

表 10-4 模型结果

费率因子(1)	水平(2)	频率相对值(3)	强度相对值(4)	估计相对费率(5)	实际相对费率(6)
zon	1	5.154 1(16.445)	1.311 4(1.711 0)	6 758 8(28.137)	7.678
	2	2.722 2(11.023)	1.403 4(2.008 5)	3 820 2(22.14)	4.227
	3	1.703 1(99.484 3)	0.898 9(1.195 1)	1.530 8(118.9)	1.336
	4	1.000 0(1.000 0)	1.000 0(1.000 0)	1.000 0(1.000 0)	1.000
	5	0.911 3(3.669)	0.970 2(8.710 2)	0.884 1(31.958)	1.734
	6	1.040 6(8.166 2)	0.834 9(5.548 9)	0.868 8(45.313)	1.402
	7	0.731 8(0.182 7)	0.018 7(0.038 9)	0.013 6(0.007)	1.402
mcclass	1	1.489 4(12.182 5)	0.813 1(39.905)	1.210 9(486.14)	0.625
	2	2.081 2(90.017 1)	0.716 1(2.443 4)	1.490 4(219.95)	0.769
	3	1.000 0(1.000 0)	1.000 0(1.000 0)	1.000 0(1.000 0)	1.000
	4	2.058 7(4.055 2)	0.849 5(4.724 7)	1.118 1(19.16)	1.406
	5	3.984 7(12.182 5)	0.877 5(0.694 1)	1.806 6(8.455 9)	1.875
	6	3.335 4(29.964 1)	0.109 1(1.415 1)	4.419 3(42.402)	4.062
	7	1.316 1(2.225 5)	1.820 7(186.9)	6.072 6(415.95)	6.873
vehicleage	1	3.241 7(9.025)	2.513 3(4.281 1)	8.147 5(38.637)	2.000
	2	1.909 2(270.426)	2.366 8(3.407 6)	4.518 6(921.51)	1.200
	3	1.000 0(1.000 0)	1.000 0(1.000 0)	1.000 0(1.000 0)	1.000
bonusclass	1	1.272 4(24.532 5)	0.831 5(0.713 6)	1.057 9(17.533)	1.250
	2	1.452 0(27.112 6)	1.016 5(0.935 8)	1.476 0(27.56)	1.125
	3	1.000 0(1.000 0)	1.000 0(1.000 0)	1.000 0(1.000 0)	1.000

2. 损失强度分析

损失强度衡量每次赔付的大小,是发生赔付情况下的案均赔款. 因此没有发生保险事故的保单不在分析范围. 本节选用逆高斯分布初步分析损失强度. 如果在 WinBUGS 中完成模型估计,需要使用前文介绍的技巧,因为在 WinBUGS 中不能直接使用逆高斯分布. 在 SAS 中的 GENMOD 过程中,可以直接使用逆高斯分布来完成贝叶斯分析,故此处使用该过程完成模型估计. 逆高斯分布记为 $IG(\mu, \sigma^2)$,且其均值、方差分别为 μ, $\sigma^2\mu^3$. 由于很难获得公司内部数据,此处假设模型参数的先验分布为均匀分布,而 σ^{-2} 的先验分布为 Gamma 分布(参数为 GENMOD 过程默认值).

只有产生的马尔科夫链收敛于参数的后验分布,才能据此作统计推断,因此链的收敛性至关重要. 只有当所有参数的样本均通过收敛性检验,所作的统计推断才有意义. 最开始,产生链的长度为 70 000,前 20 000 个样本为燃烧期(Burning),即对每个模型参数都使用

50 000 个样本. 模型所有参数都通过了检验, 我们的样本量并不足以保证所有参数收敛, 因此通过此检验并考虑到运行时间, 我们认为 16 万的样本量(包括 2 万的烧热期)是合适的.

对比本节的结果与伽玛模型的结果[表 10-4(4) 列中的值]发现, 参数 zon5、mcclass1、mcclass7 分别达到伽玛模型结果的近 10 倍、50 倍、100 倍! 在实际使用中, 如此大的差异必然带来异议. 此时需要从实际情况出发, 仔细分析不同 mcclass 类别车的风险差异, 并据此调整模型. 如果发现 mcclass7 类别的车辆, 风险状况显著不同, 应考虑单独分析这一类别. 在车险实务中, 比如公交车和私家车风险状况明显不同, 若将他们的赔付数据一起分析极有可能出现这种情况. 此时应单独分析公交车的赔付规律, 这样能对不同业务单元制定较合理的费率结构. 另外, 由于此处赔付记录仅有 666 条, 贝叶斯方法得到的结果与传统方法相差较大也就不足为奇. 估计的费率结构为(5)列括号内的值.

从实用的角度讲, 本节介绍的方法仅能作为发现问题的工具. 保险数据的分析建立在大量数据的基础上, 而复杂模型的运行时间会显著增加. 即便是本节看似简单的程序, 如果要得到结果也需要 24 小时以上. 同时, 模型的有效与否与数据的质量有关. 对不同险种, 其数据差异性较大, 也就很难找到一个模型适合所有数据. 虽然我们得到了一个并不适合本节数据的模型, 但并不是说这种模型对任何数据都会如此表现. 我们只是想介绍这种方法, 以便今后分析其他数据. 从商用的角度讲, 有时贝叶斯方法需要借助大型服务器的运算能力, 单独使用个人计算机计算效率低下.

传统的广义线性模型无法考虑精算师的实际经验, 本节介绍的方法可以将精算师的定价经验纳入模型中来, 这是本节最为重要的一点. 如何将精算师的实际经验通过先验分布表达出来是一个需要继续深入研究的主题. 如果有有效的方法解决此问题, 那么对于精算定价而言, 方法也不再局限于传统的广义线性模型. 综合使用各种模型以更好地把握风险的数量关系是精算师所追求的!

10.11.7 附录: 模型代码(R, WinBUGS)

1. 模型代码(R)

```
library(R2WinBUGS)
    vmccase<-read.csv("vmccase.csv",header=T)
    vmccase<-as.data.frame(vmccase)
    init<-function(){
      init<-function(){
      list(beta=c(-6,1.6,1,0.5,-0.09,0.03,-0.3,0.4,0.7,0.3,0.7,1.4,1.2,1.2,0.6,
0.2,0.4))}
    claimcount.GP<-bugs(data=vmccase,inits=init,model.file="C:/Documents and Settings/
lunwen04/sunshi.bug",parameters=c("beta"),n.chains=1,n.iter=20000,
debug=TRUE,bugs.directory="E:/tongji/WinBUGS14/")
```

2. 模型代码(WinBUGS)

```
model{
c<-10000000
omega<-0.2
```

```
for( i in 1:62474){
x[i,1]<- 1
x[i,2]<- equals(zon[i],1)
x[i,3]<- equals(zon[i],2)
x[i,4]<- equals(zon[i],3)
x[i,5]<- equals(zon[i],5)
x[i,6]<- equals(zon[i],6)
x[i,7]<- equals(zon[i],7)
x[i,8]<- equals(mcclass[i],1)
x[i,9]<- equals(mcclass[i],2)
x[i,10]<- equals(mcclass[i],4)
x[i,11]<- equals(mcclass[i],5)
x[i,12]<- equals(mcclass[i],6)
x[i,13]<- equals(mcclass[i],7)
x[i,14]<- equals(vehicleage[i],1)
x[i,15]<- equals(vehicleage[i],2)
x[i,16]<- equals(bonusclass[i],1)
x[i,17]<- equals(bonusclass[i],2)
}
for(i in 1:62474){
zero[i]<- 0
zero[i]~dpois(zero.mean[i])
zero.mean[i]<- -l[i]+c
lamda.change[i]<-(1-omega)*lamda[i]+omega*claimsnumber[i]
l[i]<- -log(1-omega)+log(lamda[i])+(claimsnumber[i]-1)*log(lamda.change[i])-
lamda.change[i]-loggam(claimsnumber[i]+1)
log(lamda[i])<- inprod(x[i,],beta[])+log(duration[i])
}
for(i in 1:17){beta[i]~ dnorm(0,1.0E-04)}}
```

10.12 贝叶斯方法在保险、精算中的应用展望

近年来,贝叶斯方法在保险、精算中的应用尝试被实践证明是非常有前途的.因为贝叶斯方法的研究范例提供了一个更加完整的分析问题框架,例如允许将误差估计的不确定性融入研究过程中,所以贝叶斯方法得到了许多研究者的肯定.刘乐平,袁卫(2002)对现代贝叶斯方法在精算学中的应用情况进行了展望.

贝叶斯的数值计算方面的研究非常多,在精算学方面的一篇文献是 Scollnik(2001).这篇文献通过使用 BUGS 软件,利用 MCMC 方法讨论了一大类精算模型. BUGS(Bayesian inference Using Gibbs Sampling)是一种特别的软件包,它可利用 MCMC 方法来分析将未知量当作随机变量处理的完全概率模型.

MCMC 方法,可以称得上是对贝叶斯统计的一次革命. 它在保险、精算中的使用越来越广泛. 随着新问题的不断出现, MCMC 方法的研究日益增多. 另外, 在 MCMC 的基础上, 贝叶斯广义线性模型方面的研究也是一个值得关注的方向.

欧阳资生, 谢赤, 谢小良(2005)给出了 Paretian 型超出损失再保险纯保费的贝叶斯极值估计, 导出全 Paretian 模型的参数的贝叶斯估计式, 并将参数估计式应用于纯保费的估计, 得到了超出损失再保险保单的纯保费的贝叶斯估计公式. 作为一个应用, 将所得到的估计结果应用于火灾保险和汽车保险数据. 最后通过 MC 模拟说明所构造的模型的稳健性.

高海清(2012)给出了贝叶斯方法在金融保证保险模型中的应用. 主要介绍了 Hamilton 模型和转换函数模型, 说明了贝叶斯方法在金融保证保险模型中的应用, 将模型中的参数作为具有先验分布的随机变量, 然后根据贝叶斯定理, 得出后验分布, 以此为基础利用 WinBUGS 软件对模型参数进行估计, 最后对纯保费和所需的风险资本总量进行预测.

先验分布研究遗留下的问题, 也许可以通过采用现有的无信息先验分布理论, 或者对先验分布选择的敏感性, 进行稳健贝叶斯分析加以解决. 在研究中引进效应函数的概率模型, 可以扩大贝叶斯方法的研究范围. 与之相对应, 研究的结论不再仅仅是后验分布的估计(或者模型参数的估计), 而可能是作出期望效用最大的决策. 这种新的研究方法同时要求对先验分布和效用函数进行估计, 这方面的研究今后将非常活跃.

思考与练习题 10

10.1 请结合本章的有关内容, 简要说明贝叶斯统计在保险、精算中的应用的意义.

10.2 本章部分内容是对贝叶斯统计在保险、精算中应用的综述, 请收集其中某个感兴趣的部分作更详细的综述.

10.3 收集感兴趣的问题的数据, 模仿本章中应用案例进行计算和分析.

10.4 收集感兴趣的问题的数据, 并用贝叶斯 MCMC 方法对该问题进行实证分析.

第 11 章 贝叶斯时间序列及其应用

在本章中,我们先介绍贝叶斯时间序列方法研究与应用评述,内容包括一元时间序列、多元时间序列及模型识别三个方面,以期为该方面的研究与应用者提供参考;然后介绍基于 MCMC 方法的贝叶斯 AR(p) 模型分析,并给出应用实例.

11.1 贝叶斯时间序列方法研究与应用评述

樊重俊,姚莎(2009)给出了贝叶斯时间序列方法研究与应用评述. 贝叶斯时间序列分析与预测方法是最近几十年才发展起来的系统建模方法,其基本思想是,将人们的经验知识作为先验信息结合到实际模型中,即综合利用模型信息、数据信息及先验信息来进行分析与预测. 相对于传统的回归分析、Box-Jenkins 方法,贝叶斯时间序列方法尚不很成熟. 但由于其实际应用价值,特别是在社会经济领域中的应用,使这一方面研究进展很快.

贝叶斯学派和经典学派间争论已久,至今尚无定论. 然而两个学派学者都认为这场争论对现代统计理论的发展起到了积极促进作用. 贝叶斯方法与经典方法在基本思想和推断方法上存在着本质的差异,贝叶斯方法针对某些应用领域有其显然优点(朱慧明,韩玉启,2006);与经典方法比较贝叶斯方法充分利用了样本信息和参数的先验信息,在进行参数估计时,通常贝叶斯估计量具有更小的方差或均方误差,能够得到更精确的预测结果;贝叶可信区间比不考虑参数先验信息的频率置信区间短;贝叶斯方法能对假设检验或估计问题所做出的判断结果进行量化评价,而不是频率统计理论中的接受、拒绝的简单判断;基于无失效数据的分析工作,贝叶斯统计有着更大的优点.

先验分布是贝叶斯统计推断方法的基础和出发点,但目前还没有统一的先验分布构造法,一般的讨论分为无信息先验分布和共轭先验分布两大类. 贝叶斯假设是一种常见的参数先验分布选取方法. 为克服贝叶斯假设均匀分布变化后不是均匀分布的矛盾,Jeffreys(1957)根据不变性要求,提出了一种基于信息函数的扩散先验分布选择方法,另外还有参照先验分布、概率匹配先验分布、最大熵原则方法、Monte Carlo 法、随机加权法和 Harr 不变测度法等(朱慧明,韩玉启,2006). 张尧庭,陈汉峰(1991)认为"无信息先验分布的确定是贝叶斯理论的一大难点""我们应把重点放在怎样使用先验信息的一面,真正发挥贝叶斯方法长处". 尽管贝叶斯分析在理论上比较完美,但由于其实际计算过程中需要进行从一维甚至到多维的积分计算阻碍了贝叶斯方法的广泛应用. 贝叶斯计算主要集中在二次损失函数设定下后验期望的估计上. 20 世纪 90 年代以前,一些学者提出了数值和解析近似的方法来计算后验分布期望,但这些方法均需要复杂数值和解析近似技术及相应的软件支撑. 近年来,MCMC 方法已经成为处理复杂统计问题的特别流行工具,它可以计算维数很大的问题,并且有很高的计算精度. MCMC 方法主要有两种:Gibbs 抽样方法和 Metroplis-Hasting 方法. 尽管 MCMC 法应用广泛,但很难判断何时马尔科夫链已经渐近收敛于平稳分布,另外并不能说明此法已经完全代替了传统方法. 在一些特别的场合,传统方法仍有其优势. MCMC 法是目前贝叶斯推断理论体系中的重点研究问题之一. 目前已有的研究成果中先验分布选择的随意性大,缺乏程式化的分析方法. 值得高兴的是,目前已有进行贝叶斯推断的专用软件包 WinBUGS 和 OpenBUGS 等.

11.1.1 贝叶斯时间序列方法与应用

与基于经典统计理论的时间序列模型相比,用贝叶斯方法进行时间序列分析具有其独到特点:第一,它的方法更为普遍,能运用到更加广泛的统计领域中;第二,它允许合理地利用先验信息,更利于直接明确地分析具体问题;第三,这种方法得到的结果不仅仅是一个预测值,而是一个完整的未来经济结果的概率分布,这种预测方法比其他预测方法产生的结果更加有用;第四,它相对于传统的统计方法能更明确合理地处理不确定因素问题. 然而在实际问题运用中,运用贝叶斯分析方法估计模型参数还是有限制的,这种限制是由于估计参数的增加带来的计算困难,而不是传统方法的自由度不足. 贝叶斯时序预测模型主要有贝叶斯 AR 模型、MA 模型及 ARMA 模型. 其中 AR 模型和 MA 模型可以看作是 ARMA 模型的特例.

11.1.2 一元 ARMA 模型的贝叶斯方法

樊重俊,吴可法(1995)讨论了一元 ARMA 模型的贝叶斯方法. 关于一元时间序列贝叶斯方法的研究,最早见 Box & Jenkins (1970) *Time Series Analysis, Forecasting and Contro*(《时间序列分析:预测和控制》),但他们所给的方法和结果离实际应用还有相当的差距. 美国著名的统计学家 Zellner(1971)系统地研究了计量经济学中的贝叶斯理论,包括回归模型、完全递归模型和分布滞后模型的贝叶斯方法,使其在理论、方法、程序、应用方面都有了很大发展. 泽尔纳的奠基性论文,在 Jeffreys 广义先验密度下导出了一阶、二阶 AR 模型参数的后验分布,以及一步预测值的分布(Zellner, 1987,1995,1997).

勃朗梅林(Broemeling)和兰德(Land)对 AR 模型把 Jeffreys 广义先验密度扩大为共轭型正态—Gamma 分布的情形,在条件似然函数的意义下,得到系数参数的后验分布为多元 t-分布,随机误差项方差的后验分布为逆 Gamma 分布,一步预测值分布为一元 t 分布. 随后,勃朗梅林和沙拉维(Shaarawy)合作分别在 1984 年、1985 年发表的两篇论文中对 MA 和 ARMA 模型得到了类似结果. 然而他们的方法也存在两个不足,一个是推断中使用条件似然函数而不是完全似然函数,另一个是仍借助 Box-Jenkins 方法来估计随机误差序列,而不是从贝叶斯方法本身来估计. 现有的时间序列模型理论体系中,AR 模型参数估计方法主要有 LS 估计和 Yule-Walker 估计,这些方法仍存在没有考虑模型参数本身信息的缺点,值得进一步探讨和研究. 随着 MCMC 方法在贝叶斯分析上的应用,许多学者开始利用 MCMC 方法解决 ARMA 模型参数的估计问题. 麦克洛奇(Mculloch)和巴奈特(Barnett)用基于

Gibbs 抽样的贝叶斯方法分别估计了同时考虑异常点的 AR 模型和 ARMA 模型中的参数,但是由于它们复杂的理论推导和缺乏容易操作的软件支持,这种方法一直没有得到广泛使用.

在时间序列模型体系中,AR 模型的应用最为成熟与广泛. 时间序列 MA 模型的贝叶斯分析,由于在似然函数的构造上在形式上比时间序列 AR 模型的贝叶斯分析复杂很多,在用贝叶斯方法分析时间序列 MA 模型过程中,并没有经典的先验分布族,这使参数边缘后验分布难以计算和解释.

时间序列 ARMA 模型在形式和方法上与 MA 模型的贝叶斯分析有许多相似之处. 在推导参数的边缘后验密度过程中,遇到 MA 模型分析中类似的问题,即参数的边缘后验密度并不属于标准的分布族,这使得参数的贝叶斯估计难以计算和分析解释,成为继续研究的一个难点和重点.

在经济应用领域,上述三类常用时间序列模型所反映的自相关函数呈指数率迅速衰减,属于线性平稳统计模型,它们是建立在随机平稳性假设条件下的,一般称为短记忆过程. 但是,在许多经济时间序列中存在着一种现象,其数据时间序列中远距离观测值的相关性尽管很小,但不能被忽视,其自相关函数呈双曲率缓慢下降,这种现象称为长记忆过程.

11.1.3 多元 AR 模型的贝叶斯方法

20 世纪 80 年代,将贝叶斯方法引进时间序列预测模型分析,且完整地建立了贝叶斯向量自回归(BVAR)模型,极大地推动了贝叶斯时序预测理论的应用和发展. 多元 AR 模型又称向量 AR 模型(Vector Auto Regressions, VAR). VAR 模型最初是在 20 世纪 70 年代末提出来的,主要用于替代联立方程结构模型,提高经济预测的准确性,尤其是在宏观经济和商业金融预测领域. 但 VAR 模型的主要缺点是参数太多,对数据序列样本长度的要求过大.

与传统的经济计量分析方法不同,贝叶斯推断理论为解决 VAR 模型参数过多时的估计问题提供一种便利的分析框架,这主要得益于 1986 年美国学者莱特曼(Litterman)的开创性研究工作. 他利用贝叶斯方法对 Minnesota 州的生产总值等七个指标进行预测,并取得良好效果. 樊重俊,张尧庭(1991)在条件似然意义下,利用矩阵正态—Wishart 共轭先验分布,得到了系数参数的后验分布为为矩阵 t-分布,另外还给出了分量方程的结果,随机误差项的协方差阵已知时的结果和模型的推断方法.

11.1.4 模型识别

贝叶斯时间序列建模分析是统计学中具有重要理论意义,其模型优于非贝叶斯模型,因此,贝叶斯方法获得越来越多专家学者尤其是应用工作者的认同.

在国内,我国学者对贝叶斯时间序列建模分析、模型识别的研究相对较晚,但也取得了一系列成果(张思齐,2001;朱慧明,刘智伟,2004). 但是从总的情况来看,尤其是与西方国家相比,贝叶斯时间序列建模分析、模型识别在我国的应用与发展尚属于起步阶段. 这主要有两个方面原因:目前绝大多数的统计专著或学术论文大多采用频率学派的观点,严密系统地论述贝叶斯方法的文献很少,贝叶斯方法还不为大家所熟悉;计算复杂,特别是在高维数据分析问题中尤其如此,缺乏相应的软件支撑,这妨碍了贝叶斯方法在实际问题中的应用.

11.2 基于 MCMC 方法的贝叶斯 AR(p)模型分析

郑进城,朱慧明(2005)提出运用 Gibbs 抽样的 MCMC 方法,解决时间序列 AR(p)模型贝叶斯分析过程中所遇到的复杂的数值计算问题,借数据仿真分析来说明运用 WinBUGS 软件建模的分析过程,得出以 MCMC 为基础的 WinBUGS 软件简便了贝叶斯 AR(p)模型的实际应用的结论.

运用贝叶斯方法进行经济时间序列分析,不仅充分利用了模型信息和样本数据信息,而且也融合了模型总体分布中未知参数的信息.它克服了传统的静态模型难以处理突发事件的缺陷,具有灵活、易于适应外部变化的特点,可以很好地解决传统统计方法的样本不足及样本质量不佳的问题,更适合进行模型的预测,更能反映现实问题.

但正如运用贝叶斯方法分析其他统计模型一样,在时间序列模型的贝叶斯分析过程,对总体参数的统计推断,同样会遇到对高维概率分布作积分的复杂问题,这使贝叶斯方法的应用受到了极大的限制.随着计算机技术的发展和贝叶斯方法的改进,特别是 MCMC 方法以及 WinBUGS 软件的发展和应用,原先异常复杂的高维计算问题随之迎刃而解,很大程度上方便了参数的后验推断问题,这使现代贝叶斯理论日趋势成熟,也极大地促进了贝叶斯理论的推广应用.

运用贝叶斯方法进行 AR(p)分析,已经有不少的文章做过专门的介绍.以下基于 Gibbs 抽样的 MCMC 方法,通过实证数据利用 WinBUGS 软件进行贝叶斯 AR(p)的建模分析.

11.2.1 贝叶斯 AR(p)模型

设模型中的随机变量设为 Y_t,则它的 AR(p)模型为

$$\theta(B)Y_t = \varepsilon_t, \quad t=1,2,\cdots,n.$$

此处随机误差项 $\varepsilon_1,\varepsilon_2,\cdots,\varepsilon_n$ 相互独立,并且均服从正态分布 $N(0,\tau^{-1})$,$\tau>0$ 为模型误差项 ε_t 的精度,即方差的逆为

$$\theta(B) = 1 - \theta_1 B - \theta_2 B^2 - \cdots - \theta_p B^p.$$

其中,$\theta_1,\theta_2,\cdots,\theta_p$ 为模型的自回归系数,p 为模型的阶,$B^K Y_t = Y_{t-K}$. 如果多项式 $\theta(B)=0$ 的根都落在单位圆外,则称该 AR(p)模型为平稳过程. 假设本节所分析的 AR(p)模型为平衡过程,若给定时间序列的初始值 $y_0,y_1,\cdots,y_{1-p}$,设 $\theta = (\theta_1,\theta_2,\cdots,\theta_p)^T$,此时随机变量 Y_t 服从正态分布,即

$$(y_t \mid y_{t-1},y_{t-2},\cdots,y_{t-p}) \sim N(\theta_1 y_{t-1} + \theta_2 y_{t-2} + \cdots + \theta_p y_{t-p}, \tau^{-1}),$$

则模型的似然函数为

$$L(\theta,\tau) = f(y_1,y_2,\cdots,y_n \mid \theta,\tau)$$
$$\propto \left(\frac{\tau}{2\pi}\right)^{\frac{n}{2}} \exp\left\{-\frac{\tau}{2}\sum_{t=1}^{n}[y_t - (\theta_1 y_{t-1} + \theta_2 y_{t-2} + \cdots + \theta_p y_{t-p})]^2\right\}.$$

模型未知参数的先验分布采用正态-Gamma 分布族,即对于给定的 τ,参数 θ 的先验分布为正态分布,而精度参数 τ 的先验分布为 Gamma 分布,即

$$\pi(\theta,\tau)=\pi(\theta\mid\tau)\pi(\tau).$$

其中

$$\pi(\theta\mid\tau)\propto \tau^{\frac{p}{2}}\exp\left\{-\frac{\tau}{2}(\theta-\mu)^{\mathrm{T}}\boldsymbol{Q}(\theta-\mu)\right\},$$

$$\pi(\tau)\propto \tau^{\alpha-1}\mathrm{e}^{-\tau\beta}.$$

此处超参数 $\mu\in R^p$,$\alpha>0$,$\beta>0$. $\boldsymbol{Q}$ 是 p 阶正定矩阵. 若记 $Y=(y_1,y_2,\cdots,y_n)^{\mathrm{T}}$,根据贝叶斯定理,参数 (θ,τ) 的联合后验分布密度函数与参数先验分布密度函数、模型拟合函数二者的乘积成正比,即

$$\pi(\theta,\tau\mid Y)\propto L(\theta,\tau)\pi(\theta,\tau).$$

由参数的联合后验分布密度函数 $\pi(\theta,\tau\mid Y)$ 在区间 $(0,\infty)$ 上进行积分,便得模型自回归系数 θ 的边缘后验分布密度

$$\pi(\theta\mid Y)=\int_{\tau>0}\pi(\theta,\tau\mid Y)\mathrm{d}\tau.$$

类似地,由 $\pi(\theta,\tau\mid Y)$ 对 θ 进行积分,便得到参数 τ 的边缘后验分布密度

$$\pi(\tau\mid Y)=\int_{\theta\in R^p}\pi(\theta,\tau\mid Y)\mathrm{d}\theta.$$

由于上述的贝叶斯推断中,涉及到高维积分,计算十分复杂. 以下通过运用 MCMC 仿真的方法来进行上述的贝叶斯统计推断,借助 WinBUGS 软件,使得运用贝叶斯方法进行时间序列更加简便可行.

11.2.2 MCMC 法与 Gibbs 抽样

MCMC 是在贝叶斯理论框架下,通过计算机进行模拟的方法. 它提供了从待估参数的后验分布抽样的方法,从而使我们获得对待估参数或其函值及其分布的估计. 马尔科夫链蒙特卡罗方法是与统计物理有关的一类重要随机方法,广泛使用在贝叶斯推断和机器学习中.

在 WinBUGS 中可以使用有向图模型方式对模型进行直观的描述,也可以直接编写模型程序,并给出参数的 Gibbs 抽样动态图、用 Smoothing 方法得到的后验分布的核密度估计图、抽样值的自相关图及均数和置信区间的变化图等,使抽样结果更直观、可靠. Gibbs 抽样收敛后,可以得到参数的后验分布的均数、标准差、0.95% 置信区间和中位数等信息.

11.2.3 应用实例

1. 数据

对某市 1985—1993 年各月工业生产总值的时间序列(表 11-1)进行平稳化;消除周期

性做一阶差分,即 $Y_t = Z_t - Z_{t-12}$,得到平稳化后的序列 $\{Y_t\}$,求 $\{Y_t\}$ 的均值为 $\bar{Y} = 1.509$,得到 $\{Y_t\}$ 的零均值化序列(即 $X_t = Y_t - \bar{Y}$).

表 11-1 某市 1985—1993 年各月工业生产总值(单位:万元)

年\月	1	2	3	4	5	6	7	8	9	10	11	12
1985 年	10.93	9.34	11.00	10.98	11.29	11.84	10.62	10.90	12.77	12.15	12.24	12.30
1986 年	9.91	10.24	10.41	10.47	11.51	12.45	11.32	11.73	12.61	13.04	13.14	14.15
1987 年	10.85	10.30	12.47	12.73	13.08	14.27	13.18	13.75	14.42	13.95	14.53	14.91
1988 年	12.94	11.43	14.36	14.57	14.25	15.65	15.15	15.94	16.54	16.90	16.88	18.10
1989 年	13.70	10.88	15.79	16.36	17.22	17.75	16.62	16.96	17.69	16.40	17.51	19.73
1990 年	13.73	12.85	15.68	16.79	17.59	18.51	16.08	17.27	20.83	19.18	21.40	13.76
1991 年	15.73	13.14	17.24	17.93	18.82	19.12	17.70	19.87	21.17	21.44	22.14	22.45
1992 年	17.88	16.00	20.29	21.03	21.78	22.51	21.55	22.01	22.68	23.03	24.55	24.67
1993 年	19.61	17.15	22.46	13.19	23.40	26.26	22.91	24.03	23.94	24.12	25.87	28.25

用 Box-Jenkins 方法得到适应的模型为 AR(p),即

$$y_t = \beta_0 y_{t-1} + \beta_1 y_{t-2}.$$

2. 建模过程分析

WinBUGS 中的分析过程主要包括:模型的构建,数据的导入,参数初始值的设定,迭代及数据的分析.其中参数初始值赋以无信息先验分布,即当参数被断定在某一值(如零值)时,使模型参数趋近于这一取向而不是锁定确定值,只要有必要的数据支持,那么这种方法就可以得到更为精确的估计值.本节参数初始值的先验分布采用前面所述的正态-Gamma 分布形式,参数的先验分布如下: $\beta_0 \sim N(0.1, 1.0E-6)$,$\beta_1 \sim N(0.1, 1.0E-6)$,$\tau \sim Ga(0.1E-6, 1.0E-3)$,其中 $\tau = \sigma^{-1}$.

本节在模型运行的过程中,先进行 1 000 次 Gibbs 预迭代,以确保参数的收敛性.然后丢弃最初的预迭代,再进行 10 000 次 Gibbs 迭代.Doodle 图如图 11-1 所示.

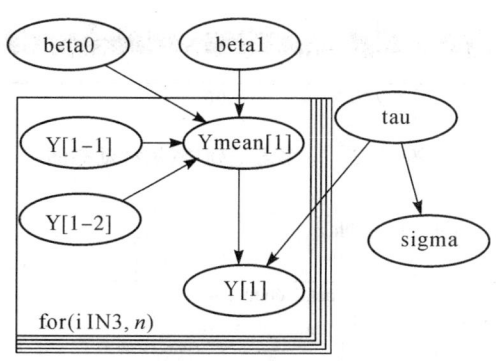

图 11-1 Doodle 图

迭代从第 1 001 次开始至 10 000 的 WinBUGS 运行结果见表 11-2,不难得到 β_0 的均值为 0.400 9,95% 可信(置信)区间为 (0.196 1, 0.609 6),β_1 的均值为 0.068 3,95% 可信(置信)区

间为$(-0.1371, 0.2733)$，τ 的均值为 1.077，95%可信（置信）区间为$(0.7812, 1.4200)$.

表 11-2　WinBUGS 运行结果

参数	均值	方差	MC 误差	2.5%	中位数	97.5%	开始	样本
β_0	0.400 9	0.105 1	0.001 016	0.196 1	0.400 2	0.609 6	1 001	9 000
β_1	0.068 3	0.103 5	9.422E-04	-0.137 1	0.068 5	0.273 3	1 001	9 000
sigma	0.971 7	0.074 9	7.788E-04	0.839 4	0.967 7	1.132 0	1 001	9 000
tau	1.077 0	0.164 1	0.001 683	0.781 2	1.068 0	1.420 0	1 001	9 000

后验分布的核密度估计如图 11-2—图 11-4 所示.

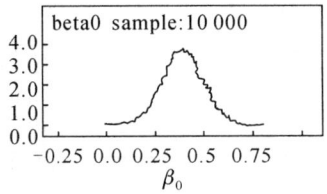

图 11-2　β_0 后验分布的核密度估计　　图 11-3　β_1 后验分布的核密度估计

在模型的分析过程中，MCMC 收敛性诊断是很重要的，模拟时绝不能简单通过大量迭代作为预迭代. 在检验模型参数的收敛性方面，WinBUGS 可对参数进行多层链式迭代分析，即输入多组初始值，形成多层迭代链，当参数模型收敛，则迭代图形结果趋于重合. 本例中输入两组初始值分别进行 1 000 次迭代分析，可以看出两组初始值的迭代形成两条链的轨迹以及在收敛性诊断图中趋于重合. τ 多层迭轨迹（抽样动态图），如图 11-5 所示［β_0 和 β_1 多层迭轨迹（抽样动态图）从略］.

图 11-4　τ 后验分布的核密度估计

图 11-5　τ 多层迭轨迹（抽样动态图）

收敛诊断如图 11-6—图 11-8 所示.

图 11-6　β_0 收敛诊断　　图 11-7　β_1 收敛诊断　　图 11-8　τ 收敛诊断

MCMC技术为贝叶斯统计的理论发展和实际应用带来了革命性的突破,特别是WinBUGS软件的推广应用,使贝叶斯方法的实际应用更加简便可行.在AR(p)时间序列模型贝叶斯推断过程中,基于MCMC方法的WinBUGS软件的应用,使模型参数的贝叶斯推断摆脱了繁琐的高维积分计算,程序化了贝叶斯方法的分析应用.然而,在应用WinBUGS对AR(p)时间序列模型贝叶斯分析过程中,还需继续在以下三个问题进行发展完善:

(1)模型参数先验信息的设定合理与否仍有争论;

(2)MCMC方法依赖于模拟的收敛性,而收敛性的判断是困难的,至今没有得到完全可靠的诊断方法;

(3)需补充贝叶斯时间序列AR(p)模型的预报分析方法的构建.

以上研究为贝叶斯方法分析其他时间序列模型提供了模型参考和研究思路.

思考与练习题 11

11.1 请结合本章的有关内容,简要说明贝叶斯时间序列方法研究与应用的意义.

11.2 本章部分内容是对贝叶斯时间序列方法研究与应用的评述,请收集其中某个感兴趣的部分作更详细的综述.

11.3 收集感兴趣的问题的数据,请模仿本章中应用案例进行计算和分析.

11.4 收集感兴趣的问题的时间序列数据,并用贝叶斯MCMC方法对该问题进行实证分析.

第 12 章 贝叶斯可靠性统计分析

早在 20 世纪 60 年代,就已有将贝叶斯方法用于可靠性统计分析. 到了 20 世纪 80 年代,在美国已有这方面的专著,Martz & Waller(1982)系统地介绍了这方面的工作. 由于可靠性统计分析的对象大多是比较精密、昂贵的设备,能做试验的量少,数据来得不易,而贝叶斯方法正好可以利用先验信息减少试验量,这就使得在可靠性统计分析中越来越多的人对贝叶斯方法产生了兴趣.

12.1 可靠性统计分析概述

可靠性是从提高军工产品的质量中提出的. 在第二次世界大战之后,局部战争不断发生,为了提高武器装备的性能,采用新技术、新材料越来越多. 特别是使用了大量的电子元器件,从而使武器装备日益复杂,再加上装备使用环境的严酷,使当时的武器装备故障频出. 在朝鲜战争中,美国的军用电子装备故障最为严重,雷达有 84% 的时间是处于故障维修状态. 美国在 1952 年成立了"电子设备可靠性咨询组"(AGREE),经过五年的研究,该组于 1957 年发表了《军用电子设备可靠性》的研究报告. 该报告首次给出了可靠性的定义、多种可靠性指标及其评估方法等一套系统的概念与方法,为可靠性的发展奠定了基础.

可靠性的发展很快,经历了 20 世纪三四十年代的萌芽阶段,50 年代的起步阶段,70 年代的基本成熟阶段,到 90 年代进入了向综合化、智能化、自动化的发展阶段,使可靠性成为一门综合性的可靠性工程技术学科. 其研究对象也不断扩大,从电子产品到机械产品,从小的零部件到大的设备或系统,从软件到硬件,从军工产品到民用产品. 特别是进入 21 世纪以来,由于核能的开发和应用日益受到重视,航天、航空工业的竞争更加激烈,高技术、智能制造等越来越受到重视,……,这些都更加突显了可靠性的重要性.

产品在规定的条件下和规定的时间内,完成规定的功能的能力,称为**产品的可靠性**. 这是 1957 年美国"电子设备可靠性咨询组"的研究报告中给出的"产品的可靠性"的定义,至今一字未改.

可靠性就是在上述三个规定下,研究产品发生失效的统计规律性,从而为排除故障、提高质量提供依据.

可靠性统计分析提出了不少统计学中的新问题,它的主要特点有两个,一个是数据少,因为数据是要通过试验获得,而可靠性试验费用较大(一般可靠性寿命试验具有破坏性);另一个是数据不完全,因为可靠性试验往往与时间有关,不大可能长期进行试验而不结束,这就给数据分析带来了困难.

从统计学观点来看可靠性试验,可以分为两类:成败型试验与连续型试验. 成败型试验,就是每次试验只有两个可能结果——成功或失败. 例如,卫星发射试验,只有成功与失败两个可能结果,打靶只有命中与不命中两个可能结果. 连续型试验往往与寿命试验相联系,试验的结果是样品的失效时刻,即样品使用了多长时间失效,因此观察到的 n 个样品中第 i 个失效时刻 t_i,显然有如下关系:

$$t_1 \leqslant t_2 \leqslant \cdots \leqslant t_r, \quad r \leqslant n.$$

成败型试验往往与二项分布、负二项分布等有关,连续型试验往往与指数分布、对数正态分布、威布尔分布等有关.

寿命试验的一般情况是把同一个总体的 n 个样品同时进行试验,记第 i 个失效时刻为 $t_i(i=1,2,\cdots,r)$,由于第一个失效的是这 n 个样品中寿命最短的,所以它是最小值. 若 x_i 表示样品中第 i 个失效时刻,于是有 $t_i = x_1, x_2, \cdots, x_n$ 中第 i 小的,即

$$t_1 = \min\{x_1, x_2, \cdots, x_n\},$$
$$t_2 = x_1, x_2, \cdots, x_n \text{ 中第二小的值},$$
$$\vdots$$
$$t_n = \max\{x_1, x_2, \cdots, x_n\}.$$

其中,$t_1, t_2, \cdots, t_n$ 称为 $x_1, x_2, \cdots, x_n$ 的次序统计量.

在实际可靠性试验中,一般我们并不能获得全部 $t_1, t_2, \cdots, t_n$,只能获得前面的 r 个值 $t_1 \leqslant t_2 \leqslant \cdots \leqslant t_r, r \leqslant n$. 由于获得前面 r 个失效时刻的方式不同,可分为如下两种情况(更为复杂的问题还有其他截尾方式):

(1) 定数截尾——试验到出现第 r 个失效为止,此时 r 是事先指定的常数.

(2) 定时截尾——试验到时间 T 为止,在 $(0, T)$ 这段时间内失效的个数为 r,相应的失效时刻为 $t_1 \leqslant t_2 \leqslant \cdots \leqslant t_r$,此时 r 是一个随机变量.

需要说明,可靠性统计分析方法也随截尾方式不同而不同.

12.2 成败型试验——二项分布

成败型试验中最常遇到的是二项分布. 如果我们进行 n 次独立试验,每次试验的结果只有成功与失败两个可能结果,成功的概率不随试验次数改变,是一个参数,设它为 p(也称为可靠度),于是 n 次独立试验中恰有 X 次成功,则 $X \sim B(n, p)$,即

$$P(X=k) = C_n^k p^k (1-p)^{n-k}, \quad k=0, 1, \cdots, n.$$

若取 p 的先验分布为共轭分布——Beta 分布 $Be(a, b)$,根据例 2.3.1,则 p 的后验分布为 Beta 分布 $Be(a+k, n-k+b)$,其中 k 为 n 次试验中成功的次数.

当 $a=b=1$ 时,根据例 3.1.1,在平方损失下 p 的贝叶斯估计(后验期望)为 $\hat{p} = \dfrac{k+1}{n+2}$. 根据例 3.1.2,$p$ 的最大后验估计 $\hat{p}_{MD}$ 与经典估计为 $\hat{p}_C$(它是 p 的极大似然估计)相同,

即 $\hat{p}_C = \hat{p}_{MD} = \dfrac{k}{n}$.

可靠性统计分析需要给出点估计,也需要给出置信(可信)区间、置信(可信)限. 由于 Beta 分布与 F 分布有密切关系,我们可以利用 F 分布给出二项分布中参数 p 的可信限. 我们需要引入一个定理,这里只叙述,其证明,见张尧庭等(1991).

定理 12.2.1 设 $\beta \sim Be(a, b)$,其中 a, b 均为自然数,则 $F = \dfrac{b}{a} \dfrac{\beta}{1-\beta} \sim F(2a, 2b)$.

在二项分布 $B(n, p)$ 中,若 p 的先验分布为共轭分布——Beta 分布 $Be(k_0, n_0 - k_0)$,这里 $k_0, n_0 - k_0$ 均为自然数,则 p 的后验分布为 Beta 分布 $Be(k+k_0, n+n_0-(k+k_0))$. 因此可以得到如下结果[其证明,见张尧庭等(1991)]:

(1) p 的可信水平为 $1-\alpha(0<\alpha<1)$ 的双侧可信区间为 (p_L, p_U),其中

$$p_L = \dfrac{n_1 F_{\frac{\alpha}{2}}(n_1, n_2)}{n_2 + n_1 F_{\frac{\alpha}{2}}(n_1, n_2)}, \tag{12.2.1}$$

$$p_U = \dfrac{n_1 F_{1-\frac{\alpha}{2}}(n_1, n_2)}{n_2 + n_1 F_{1-\frac{\alpha}{2}}(n_1, n_2)}, \tag{12.2.2}$$

这里 $n_1 = 2(k+k_0)$, $n_2 = 2(n+n_0-k-k_0)$.

(2) p 的可信水平为 $1-\alpha(0<\alpha<1)$ 的单侧可信下限、单侧可信上限分别为 p_L 和 p_U,其中

$$p_L = \dfrac{n_1 F_\alpha(n_1, n_2)}{n_2 + n_1 F_\alpha(n_1, n_2)}, \tag{12.2.3}$$

$$p_U = \dfrac{n_1 F_{1-\alpha}(n_1, n_2)}{n_2 + n_1 F_{1-\alpha}(n_1, n_2)}. \tag{12.2.4}$$

例 12.2.1 对一批产品进行随机抽样,共抽取 5 件产品,结果是 3 件合格,2 件不合格;即 $n=5, k=3$. 另外,从生产该批产品的工厂中,获得近期抽查过 10 件该产品,结果是 9 件合格,1 件不合格,即 $n_0=10, k_0=9$. 于是得到 p 的先验分布为 Beta 分布 $Be(k_0, n_0-k_0)=Be(9,1)$,p 的后验分布为 Beta 分布 $Be(k+k_0, n+n_0-(k+k_0))=Be(12,3)$,为了利用上述的式(12.2.1)—式(12.2.4)计算 p 的双侧可信区间、单侧可信下限、单侧可信上限,先计算 $n_1=2(k+k_0)=24$, $n_2=2(n+n_0-k-k_0)=6$,查表并计算得到

$$F_{0.90}(24, 6) = 2.82, \quad F_{0.95}(24, 6) = 3.84,$$

$$F_{0.10}(24, 6) = \dfrac{1}{F_{0.90}(6, 24)} = \dfrac{1}{2.82}, \quad F_{0.05}(24, 6) = \dfrac{1}{F_{0.95}(6, 24)} = \dfrac{1}{3.84}.$$

对于给定的可信水平为 $1-\alpha=0.9$,则有

(1) 根据式(12.2.1)和式(12.2.2),p 的双侧可信区间为 (p_L, p_U),其中

$$p_L = \dfrac{24 \times \dfrac{1}{3.84}}{6 + 24 \times \dfrac{1}{3.84}} = 0.510\,2,$$

$$p_U = \frac{24 \times 3.84}{6 + 24 \times 3.84} = 0.9389.$$

（2）根据式(12.2.3)和式(12.2.4)，p 的单侧可信下限、单侧可信上限分别为 p_L 和 p_U，其中

$$p_L = \frac{24 \times \dfrac{1}{2.82}}{6 + 24 \times \dfrac{1}{2.82}} = 0.5301,$$

$$p_U = \frac{24 \times 2.82}{6 + 24 \times 2.82} = 0.9185.$$

当然，在成败型试验中，并不是只有二项分布，还有负二项分布和泊松分布需要考虑，此种情形的讨论，见张尧庭等(1991).

12.3 连续型试验——指数分布

设产品的寿命 T 服从指数分布，其密度函数为

$$f(t) = \lambda e^{-\lambda t}, \quad t \geq 0. \tag{12.3.1}$$

其中 $\lambda > 0$ 称为产品的**失效率**.

对指数分布(12.3.1)，它的分布函数和可靠度函数分别为

$$F(t) = 1 - e^{-\lambda t}, \quad t \geq 0, \tag{12.3.2}$$

$$R(t) = e^{-\lambda t}, \quad t \geq 0. \tag{12.3.3}$$

12.3.1 定数截尾寿命试验

现在取 n 个产品进行试验，直到出现 r 个失效停止试验，此时，前 r 个失效产品的失效时间为

$$t_1 \leq t_2 \leq \cdots \leq t_r, \quad r \leq n.$$

此时似然函数为

$$L(\lambda; t_1, t_2, \cdots, t_r) = C \lambda^r \exp[-\lambda S(t_r)],$$

其中 C 为常数，$S(t_r)$ 称为总试验时间：

$$S(t_r) = \begin{cases} \sum_{i=1}^{r} t_i + (n-r)t_r, & \text{无替换截尾试验}, \\ n t_r, & \text{有替换截尾试验}. \end{cases}$$

如果对产品没有先验信息，则可用参数 λ 的无信息先验分布作为其先验分布. 对于失效

率 λ，根据 Jeffreys 准则，λ 的无信息先验分布为 $\pi(\lambda) \propto \lambda^{-1}$.

根据贝叶斯定理，λ 的后验分布为

$$\pi(\lambda \mid r) = \frac{\pi(\lambda)L(\lambda; t_1, t_2, \cdots, t_r)}{\int_0^\infty \pi(\lambda)L(\lambda; t_1, t_2, \cdots, t_r)d\lambda} = \frac{[S(t_r)]^r}{\Gamma(r)} \lambda^{r-1} \exp[-\lambda S(t_r)],$$

其中 $0 < \lambda < \infty$.

此分布恰好是 Gamma 分布 $Ga(r, S(t_r))$.

如果取平方损失函数，则 λ 的贝叶斯估计为其后验均值，即

$$\hat{\lambda} = \int_0^\infty \lambda \pi(\lambda \mid r) d\lambda = \frac{r}{S(t_r)}.$$

这个结果与经典统计方法得到的结果是相同的.

以下引入一个定理，这里只叙述，其证明见周源泉等(1990).

定理 12.3.1 对指数分布(12.3.1)，在无替换定数截尾寿命试验中，其总试验时间 $S(t_r) = \sum_{i=1}^{r} t_i + (n-r)t_r$，或在有替换定数截尾寿命试验中，其总试验时间 $S(t_r) = nt_r$，都有 $2\lambda S(t_r) \sim \chi^2(2r)$.

根据定理 12.3.1 可以得到：对于置信水平为 $1-\alpha (0<\alpha<1)$，指数分布定数截尾寿命试验中 λ 的经典置信上限为

$$\lambda_{UC} = \frac{\chi_\alpha^2(2r)}{2S(t_r)}.$$

于是平均寿命 $\theta = \frac{1}{\lambda}$ 的置信水平为 $1-\alpha (0<\alpha<1)$ 的经典置信下限为

$$\theta_{LC} = \frac{2S(t_r)}{\chi_\alpha^2(2r)}.$$

根据前面的结果，若 λ 的无信息先验分布为 $\pi(\lambda) \propto \lambda^{-1}$，则 λ 的后验分布为 Gamma 分布 $Ga(r, S(t_r))$. 根据周源泉等(1990)，有：

对于可信水平为 $1-\alpha (0<\alpha<1)$，指数分布定数截尾寿命试验中 λ 的贝叶斯可信上限为

$$\lambda_{UB} = \frac{\chi_\alpha^2(2r)}{2S(t_r)}.$$

于是平均寿命 $\theta = \frac{1}{\lambda}$ 的可信水平为 $1-\alpha (0<\alpha<1)$ 的贝叶斯可信下限为

$$\theta_{LB} = \frac{2S(t_r)}{\chi_\alpha^2(2r)}.$$

这些结果与经典统计方法得到的结果也是相同的.

若 λ 的先验分布取共轭先验分布——Gamma 分布 $Ga(a, b)$，则 λ 的后验分布为 Gamma 分布 $Ga(a+r, b+S(t_r))$. 于是有：

(1) 在平方损失下，λ 的贝叶斯估计为其后验均值，即

$$\hat{\lambda} = \frac{a+r}{b+S(t_r)}.$$

(2) 对于可信水平为 $1-\alpha (0<\alpha<1)$，指数分布定数截尾寿命试验中 λ 的贝叶斯可信上限 λ_{UB} 满足：

$$1-\alpha = \int_0^{\lambda_{UB}} \pi(\lambda \mid r, S(t_r)) \mathrm{d}\lambda.$$

当 $2(a+r)$ 为自然数时，有

$$\lambda_{UB} = \frac{\chi_\alpha^2[2(a+r)]}{2[b+S(t_r)]}.$$

此时，平均寿命 $\theta = \dfrac{1}{\lambda}$ 的可信水平为 $1-\alpha (0<\alpha<1)$ 的贝叶斯可信下限为

$$\theta_{LB} = \frac{2[b+S(t_r)]}{\chi_\alpha^2[2(a+r)]}.$$

例 12.3.1 在指数分布定数截尾寿命试验中，试验的结果为 $r=1, S(t_r)=100$.

(1) 在可信水平为 0.90 时，求 $\lambda_{UC}, \theta_{LC}, R_{LC}(10)$，在 $t \in [0, 20]$ 时，绘制函数 $R_{LC}(t)$ 的图形；

(2) 若 λ 的先验分布取共轭先验分布——Gamma 分布 $Ga(2, 200)$，求 $\lambda_{UB}, \theta_{LB}, R_{LB}(10)$，在 $t \in [0, 20]$ 时，绘制函数 $R_{LB}(t)$ 的图形.

解 (1) 在可信水平为 0.90, $r=1, S(t_r)=100$ 时，有

$$\lambda_{UC} = \frac{\chi_\alpha^2(2r)}{2S(t_r)} = \frac{\chi_{0.1}^2(2)}{200} = \frac{4.605}{200} = 2.303 \times 10^{-2},$$

$$\theta_{LC} = \frac{2S(t_r)}{\chi_\alpha^2(2r)} = 43.43.$$

$$R_{LC}(10) = \exp(-10\lambda_{UC}) = \exp(-2.303 \times 10^{-1}) = 0.794\,3.$$

(2) 若 λ 的先验分布取共轭先验分布——Gamma 分布 $Ga(2, 200)$，$r=1, S(t_r)=100$，则有

$$\lambda_{UB} = \frac{\chi_\alpha^2[2(a+r)]}{2[b+S(t_r)]} = \frac{\chi_{0.1}^2(6)}{600} = \frac{10.645}{600} = 1.774 \times 10^{-2},$$

$$\theta_{LB} = \frac{2[b+S(t_r)]}{\chi_\alpha^2[2(a+r)]} = 56.37.$$

$$R_{LB}(10) = \exp(-10\lambda_{UB}) = \exp(-1.774 \times 10^{-1}) = 0.837\,4.$$

在 $t \in [0, 20]$ 时 $R_{LC}(t)$ 和 $R_{LB}(t)$ 的图形，如图 12-1 所示.

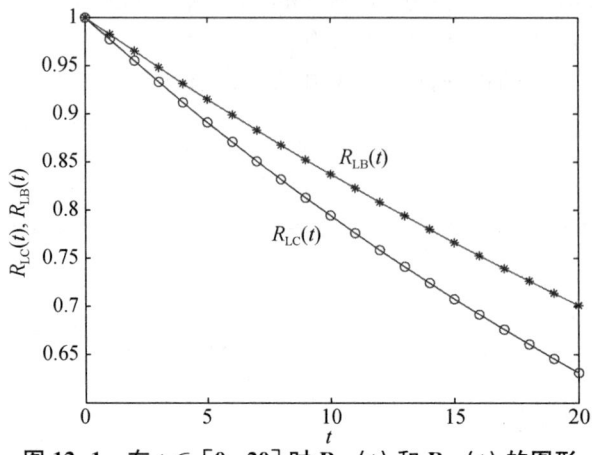

图 12-1 在 $t \in [0, 20]$ 时 $R_{LC}(t)$ 和 $R_{LB}(t)$ 的图形

说明：○表示 $R_{LC}(t)$ 的计算结果，* 表示 $R_{LB}(t)$ 的计算结果．

12.3.2 定时截尾寿命试验

现在取 n 个产品进行试验，事先规定的停止时间为 t_0，若在 t_0 前有 r 个失效，此时，前 r 个失效产品的失效时间为

$$t_1 \leqslant t_2 \leqslant \cdots \leqslant t_r \leqslant t_0, \quad r < n,$$

此时似然函数为

$$L(\lambda; t_1, t_2, \cdots, t_r, t_0) = C \lambda^r \exp[-\lambda S(t_0)],$$

其中，C 为常数，$S(t_0)$ 为总试验时间：

$$S(t_0) = \begin{cases} \sum_{i=1}^{r} t_i + (n-r)t_0, & \text{无替换截尾试验}, \\ nt_0, & \text{有替换截尾试验}. \end{cases}$$

对有替换截尾试验，此时，与定数截尾试验情形有类似的结果，但总试验时间有所不同．

例 12.3.2 在指数分布定时截尾有替换寿命试验中，试验的结果为 $r = 1$, $S(t_0) = 200$.

（1）在可信水平为 0.90 时，求 λ_{UC}, θ_{LC}, $R_{LC}(10)$，在 $t \in [0, 50]$ 时，绘制函数 $R_{LC}(t)$ 的图形；

（2）若 λ 的先验分布取共轭先验分布——Gamma 分布 $Ga(0.5, 100)$，求 λ_{UB}, θ_{LB}, $R_{LB}(10)$，在 $t \in [0, 50]$ 时，绘制函数 $R_{LB}(t)$ 的图形．

解 （1）在可信水平为 0.90，$r = 1$, $S(t_0) = 200$ 时，有

$$\lambda_{UC} = \frac{\chi_\alpha^2(2r)}{2S(t_0)} = \frac{\chi_{0.1}^2(2)}{400} = \frac{4.605}{400} = 1.1513 \times 10^{-2},$$

$$\theta_{\mathrm{LC}} = \frac{2S(t_0)}{\chi_\alpha^2(2r)} = 86.86.$$

$$R_{\mathrm{LC}}(10) = \exp(-10\lambda_{\mathrm{UC}}) = \exp(-1.1513 \times 10^{-1}) = 0.8915.$$

（2）若 λ 的先验分布取共轭先验分布——Gamma 分布 $Ga(0.5, 100)$，$r=1$，$S(t_0)=200$，则有

$$\lambda_{\mathrm{UB}} = \frac{\chi_\alpha^2[2(a+r)]}{2[b+S(t_0)]} = \frac{\chi_{0.1}^2(3)}{600} = \frac{6.251}{600} = 1.0418 \times 10^{-2},$$

$$\theta_{\mathrm{LB}} = \frac{2[b+S(t_0)]}{\chi_\alpha^2[2(a+r)]} = 95.98.$$

$$R_{\mathrm{LB}}(10) = \exp(-10\lambda_{\mathrm{UB}}) = \exp(-1.0418 \times 10^{-1}) = 0.9011.$$

在 $t \in [0, 50]$ 时，$R_{\mathrm{LC}}(t)$ 和 $R_{\mathrm{LB}}(t)$ 的图形，如图 12-2 所示.

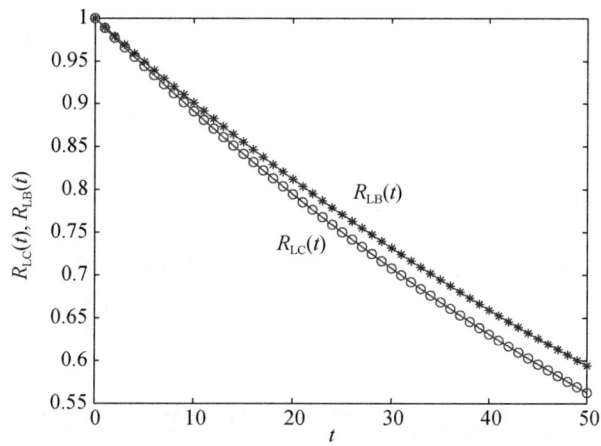

图 12-2 在 $t \in [0, 50]$ 时 $R_{\mathrm{LC}}(t)$ 和 $R_{\mathrm{LB}}(t)$ 的图形

说明：。表示 $R_{\mathrm{LC}}(t)$ 的计算结果，∗ 表示 $R_{\mathrm{LB}}(t)$ 的计算结果.

对无替换截尾试验，此时，Cox(1953)给出的结果：

对无替换截尾试验，对于置信水平为 $1-\alpha(0 < \alpha < 1)$，指数分布定时截尾寿命试验中 λ 的经典置信上限为

$$\lambda_{\mathrm{UC}} \doteq \frac{\chi_\alpha^2(2r+1)}{2S(t_0)}.$$

例 12.3.3 在指数分布定时截尾无替换寿命试验中，试验的结果为 $r=1$，$S(t_0)=200$.

（1）在可信水平为 0.90 时，求 λ_{UC}，θ_{LC}，$R_{\mathrm{LC}}(10)$，在 $t \in [0, 50]$ 时，绘制函数 $R_{\mathrm{LC}}(t)$ 的图形；

（2）若 λ 的先验分布取共轭先验分布——Gamma 分布 $Ga(0.5, 100)$，求 λ_{UB}，θ_{LB}，$R_{\mathrm{LB}}(10)$，在 $t \in [0, 50]$ 时，绘制函数 $R_{\mathrm{LB}}(t)$ 的图形.

解 （1）在可信水平为 0.90 时，把 $r=1$，$S(t_0)=200$ 代入

$$\lambda_{\mathrm{UC}} \doteq \frac{\chi_\alpha^2(2r+1)}{2S(t_0)} = \frac{\chi_{0.1}^2(3)}{400} = \frac{6.251}{400} = 1.5628 \times 10^{-2},$$

$$\theta_{\mathrm{LC}} \doteq \frac{2S(t_0)}{\chi_\alpha^2(2r+1)} = 63.99.$$

$$R_{\mathrm{LC}}(10) = \exp(-10\lambda_{\mathrm{UC}}) = \exp(-1.5628 \times 10^{-1}) = 0.8553.$$

(2) 与例 12.3.2 的(2)相同(从略).

在 $t \in [0, 50]$ 时，$R_{\mathrm{LC}}(t)$ 和 $R_{\mathrm{LB}}(t)$ 的图形，如图 12-3 所示.

图 12-3　在 $t \in [0, 50]$ 时 $R_{\mathrm{LC}}(t)$ 和 $R_{\mathrm{LB}}(t)$ 的图形

说明：。表示 $R_{\mathrm{LC}}(t)$ 的计算结果，* 表示 $R_{\mathrm{LB}}(t)$ 的计算结果.

12.4　基于 OpenBUGS 的完全样本的贝叶斯分析

最常见可靠性数据是故障时间数据,在可靠性中故障时间数据也称为寿命数据. 所谓完全样本数据,就是观察到的数据都是故障数据.

LCD 投影灯的故障数据的可靠性评估问题. 现有的计算机投影仪大多是液晶显示器(LCD),这些投影仪最常见的故障模式是投影灯的故障. 以下是某大学 31 个 LCD 投影灯故障事件(单位:h):

387, 182, 244, 600, 627, 332, 418, 300, 798, 584, 660, 39, 274, 174, 50, 34, 1 895, 158, 974, 345, 1 755, 1752, 473, 81, 954, 1 407, 230, 464, 380, 131, 1 205 (Michael 等，2008).

以下结合上述 LCD 投影灯的故障数据,分别用指数分布和威布尔分布研究可靠性评估问题.将涉及参数估计,模型拟合检验,模型选择等问题. 前面在第 5 章和第 6 章中曾讨论过指数分布,威布尔分布参数的估计,模型检验和模型选择问题,但在那里未涉及可靠性问题.

以下首先结合上述 LCD 投影灯的故障数据,给出指数分布和威布尔分布参数的估计,然后对这两种模型进行检验和选择.

12.4.1 指数分布情形的参数估计

对指数分布,若根据先验信息可以给出 lambda 的先验分布为 Gamma 分布 $Ga(2.5, 2350)$,以下给出参数 lambda 和在 $t=100(h)$ 时可靠度的估计.

以下用 OpenBUGS 软件来计算.

```
model
{
for ( i in 1:n) {
time[i]~dexp(lambda)
}
lambda~ dgamma(2.5, 2350)
r.100<- exp(- lambda * 100)
}
data
list(time = c(387, 182, 244, 600, 627, 332, 418, 300, 798, 584, 660, 39, 274, 174, 50, 34, 1895, 158, 974, 345, 1755, 1752, 473, 81, 954, 1407, 230, 464, 380, 131, 1205), n = 31)
list(lambda = 0.01)
list(lambda = 0.001)
```

运行结果见表 12-1.

表 12-1 计算结果

参数	mean	sd	MC-error	val2.5pc	median	val97.5pc	start	sample
lambda	0.001 653	2.862E-4	1.836E-6	0.001 143	0.001 635	0.002 259	1 001	18 000
r.100	0.848	0.024 15	1.555E-4	0.797 8	0.849 2	0.892	1 001	18 000

从表 12-1 可以看出,lambda 的后验均值为 0.001 653,标准差 2.862E-4,MC 误差为 1.836E-6,中位数为 0.001 635,可信水平为 0.95 的可信区间为 (0.001 143, 0.002 259).

在 $t=100(h)$ 时,可靠度的后验均值为 0.848,标准差 0.024 15,MC 误差为 1.555E-4,中位数为 0.849 2,可信水平为 0.95 的可信区间为 (0.797 8, 0.892).

12.4.2 威布尔分布情形的参数估计

对威布尔分布,其概率密度函数为

$$f(t) = \begin{cases} \dfrac{\beta}{\alpha} \left(\dfrac{t}{\alpha}\right)^{\beta-1} \exp\left[-\left(\dfrac{t}{\alpha}\right)^{\beta}\right], & t > 0, \\ 0, & \text{其他}, \end{cases}$$

其中,$\alpha > 0$,$\beta > 0$,α 称为尺度参数,β 称为形状参数.

如果 $\beta = 1$,则威布尔分布退化为指数分布.

令 $\lambda = \alpha^{-\beta}$,则威布尔分布的密度函数,分布函数和可靠度函数分别为

$$f(t) = \beta\lambda t^{\beta-1}\exp(-\lambda t^\beta), \quad t > 0,$$
$$F(t) = 1 - \exp(-\lambda t^\beta), \quad t > 0,$$
$$R(t) = \exp(-\lambda t^\beta), \quad t > 0.$$

对威布尔分布,若根据先验信息可以给出 lambda 和 Beta 先验分布分别为 $Ga(2.5, 2350)$ 和 $Ga(1,1)$,以下给出参数 lambda,Beta 和在 $t=100$(h)时可靠度的估计.

以下用 OpenBUGS 软件来计算.

```
model
{
for ( i in 1:n) {
time[i]~dweib(beta,lambda)
}
lambda~ dgamma(2.5, 2350)
beta~ dgamma(1, 1)
r.100<- exp( - lambda * pow(100, beta))
}
data
list(time = c(387, 182, 244, 600, 627, 332, 418, 300, 798, 584, 660, 39, 274, 174, 50, 34, 1895, 158, 974, 345, 1755, 1752, 473, 81, 954, 1407, 230, 464, 380, 131, 1205), n = 31)
list(beta = 1, lambda = 0.01)
```

运行结果见表 12-2.

表 12-2 计算结果

参数	mean	sd	MC-error	val2.5pc	median	val97.5pc	start	sample
beta	1.094	0.084 39	0.003 439	0.942 5	1.09	1.271	1 001	9 000
lambda	0.001 044	5.649E-4	2.208E-5	2.767E-4	9.407E-4	0.002 444	1 001	9 000
r.100	0.867 5	0.027 17	8.326E-4	0.811	0.869	0.916 9	1 001	9 000

12.4.3 两种模型贝叶斯 p 值的计算

1. 对指数分布贝叶斯 p 值的计算

```
model
{
for ( i in 1:n) {
time[i]~dexp(lambda)
time.rep[i]~dexp(lambda)
time.ranked[i]<- ranked(time[ ], i)
time.rep.ranked[i]<- ranked(time.rep[ ], i)
F.obs[i]<- cumulative(time[i], time.ranked[i])
F.rep[i]<- cumulative(time.rep[i], time.rep.ranked[i])
diff.obs[i]<- pow(F.obs[i]-(2*i-1)/(2*n), 2)
diff.rep[i]<- pow(F.rep[i]-(2*i-1)/(2*n), 2)
}
```

```
lambda~ dgamma(2.5, 2350)
CVM.obs<- sum(diff.obs[ ])
CVM.rep<- sum(diff.rep[ ])
p.value<- step(CVM.rep- CVM.obs)
}
data
list(time = c(387, 182, 244, 600, 627, 332, 418, 300, 798, 584, 660, 39, 274, 174, 50, 34, 1895, 158, 974, 345, 1755, 1752, 473, 81, 954, 1407, 230, 464, 380, 131, 1205), n = 31)
list(lambda = 0.01)
list(lambda = 0.001)
```

由此得到贝叶斯 p 值(后验均值)为 p.value＝0.684 9.

2. 对威布尔分布贝叶斯 p 值的计算

```
model
{
for (i in 1:n) {
time[i]~dweib(beta, lambda)
time.rep[i]~dweib(beta, lambda)
time.ranked[i]<- ranked(time[ ], i)
time.rep.ranked[i]<- ranked(time.rep[ ], i)
F.obs[i]<- cumulative(time[i], time.ranked[i])
F.rep[i]<- cumulative(time.rep[i], time.rep.ranked[i])
diff.obs[i]<- pow(F.obs[i]-(2*i-1)/(2*n), 2)
diff.rep[i]<- pow(F.rep[i]-(2*i-1)/(2*n), 2)
}
lambda~ dgamma(2.5, 2350)
beta~ dgamma(1, 1)
CVM.obs<- sum(diff.obs[ ])
CVM.rep<- sum(diff.rep[ ])
p.value<- step(CVM.rep- CVM.obs)
}
data
list(time = c(387, 182, 244, 600, 627, 332, 418, 300, 798, 584, 660, 39, 274, 174, 50, 34, 1895, 158, 974, 345, 1755, 1752, 473, 81, 954, 1407, 230, 464, 380, 131, 1205), n = 31)
list(beta = 0.01, lambda = 1)
```

由此得到贝叶斯 p 值(后验均值)为 p.value＝0.715.

12.4.4 两种模型 BIC 的计算

1. 对指数分布 BIC 的计算

```
model
{
```

```
for (i in 1:n) {
time[i]~dexp(lambda)
log.like[i]<-log(lambda) - lambda * time[i]
}
log.like.tot<-sum(log.like[ ])
BIC<- -2 * log.like.tot + log(n)
lambda~ dgamma(2.5, 2350)
}
data
list(time = c(387, 182, 244, 600, 627, 332, 418, 300, 798, 584, 660, 39, 274, 174, 50, 34, 1895, 158, 974, 345, 1755, 1752, 473, 81, 954, 1407, 230, 464, 380, 131, 1205), n = 31)
list(lambda = 0.01)
list(lambda = 0.001)
```

运行结果见表 12-3.

表 12-3 计算结果

参数	mean	sd	MC-error	val2.5pc	median	val97.5pc	start	sample
BIC	460.7	1.384	0.011 68	459.7	460.2	464.6	1 001	18 000

2. 对威布尔分布 BIC 的计算

```
model
{
for (i in 1:n) {
time[i]~dweib(beta, lambda)
log.like[i]<-log(lambda) + log(beta) + (beta-1) * log(time[i]) - lambda * pow(time[i], beta)
}
log.like.tot<-sum(log.like[ ])
BIC<- -2 * log.like.tot + 2 * log(n)
lambda~ dgamma(2.5, 2350)
beta~dgamma(1, 1)
}
data
list(time = c(387, 182, 244, 600, 627, 332, 418, 300, 798, 584, 660, 39, 274, 174, 50, 34, 1895, 158, 974, 345, 1755, 1752, 473, 81, 954, 1407, 230, 464, 380, 131, 1205), n = 31)
list(beta = 0.01, lambda = 1)
```

运行结果见表 12-4.

表 12-4 计算结果

参数	mean	sd	MC-error	val2.5pc	median	val97.5pc	start	sample
BIC	463.8	1.451	0.022 43	462.5	463.3	467.9	1 001	9 000

12.4.5 两种模型检验和模型选择

根据前面的计算得到两种模型的贝叶斯 p 值和 BIC, 其计算结果见表 12-5.

表 12-5 计算结果

模型	指数分布	威布尔分布	模型	指数分布	威布尔分布
贝叶斯 p 值	0.684 9	0.715	BIC	460.7	463.8

根据贝叶斯 p 值越接近 0.5 越好的要求,从上表可以看出指数分布更适合. 根据 BIC 越小越好的要求,从上表可以看出指数分布更适合. 其实两个模型的贝叶斯 p 值和 BIC 的差别并不大,而且从威布尔分布形状参数的估计结果看 beta=1.094,与 1 也很接近(当威布尔分布形状参数为 1 时,它退化为指数分布).

当然对 LCD 投影灯的故障数据的可靠性问题,还可以结合对数正态分布和 Gamma 分布情形来讨论参数估计,模型拟合检验和模型选择问题,并可以把指数分布,威布尔分布,对数正态分布和 Gamma 分布进行比较.

12.5 基于 OpenBUGS 的截尾样本的贝叶斯分析

以下分为定时截尾和定数截尾数据情形分别讨论.

12.5.1 定时截尾数据情形——指数分布

对可编程控制器(PLC)进行测试. 10 个 PLC 参与测试,每个运行 1 000 h. 如果有 1 个 PLC 在测试结束前故障,则记录其故障时间. 结果在测试中 2 个 PLC 分别在第 395 小时和第 982 小时故障[Kelly & Smith(2011)],测试终止时另外 8 个 PLC 仍在工作(在一些文献中称为定时截尾). 如果故障时间服参数服从指数分布,如何利用这些信息对 PLC 的故障率进行贝叶斯推断?

截尾数据的经典方法相当复杂. 处理截尾时间的关键是 OpenBUGS 的 C(lower, upper)结构. 如果没记录下故障时间,OpenBUGS 将从 lower 和 upper 给定上下界的分布中抽取故障时间. 在本例中,lower=1 000,upper=NA. 对于指数模型,定时截尾的似然函数为

$$f(t_1, t_2, \cdots, t_r \mid \lambda) = \lambda^r \exp\left\{-\lambda\left[\sum_{i=1}^{r} t_i + (n-r)t\right]\right\}.$$

上式中,观察到 n 个元件中有 r 个的故障时间,还有 $n-r$ 个截尾时间,t 为截尾时间(即试验结束时间).

为在 OpenBUGS 中处理截尾数据,数据部分加入空值 NA,表示截尾时间. 由于 lower 是向量,相应的在数据部分如果观察到故障时间,那么输入故障时间,否则输入空值 NA.

```
model
{
for (i in 1:n){
time[i]~dexp(lambda)C(lower[i],)
}
lambda~dgamma(0.01, 0.01)
```

}
data
list(time = c(395, 982, NA, NA, NA, NA, NA, NA, NA, NA), lower = c(395, 982, 1000, 1000, 1000, 1000, 1000, 1000, 1000, 1000), n = 10)
list(lambda = 0.001)

运行结果见表 12-6.

表 12-6 计算结果

参数	mean	sd	MC-error	val2.5pc	median	val97.5pc	start	sample
lambda	2.108E-4	1.506E-4	4.689E-6	2.403E-5	1.76E-4	5.958E-4	1 001	9 000

从表 12-6 可以看出，lambda 的后验均值为 2.108E-4，中位数为 1.76E-4，0.95 的可信区间为 (2.403E-5, 5.958E-4).

12.5.2 定数截尾数据情形——指数分布和威布尔分布

另一类截尾方式是固定数量元件发生故障后终止试验. 因此，剩余元件的故障时间没有观测到. 此时，总的观测期是随机的，这种截尾称为定数截尾(也称为第二类截尾). 此类截尾中，我们按顺序观察到前 r 个故障时间. 如果是参数为 λ 的指数模型，此类截尾的似然函数为

$$f(t_1, t_2, \cdots, t_r \mid \lambda) = \lambda^r \exp\left\{-\lambda\left[\sum_{i=1}^{r} t_i + (n-r)t_r\right]\right\}.$$

考虑第二类截尾的例子. 观察 30 个元件并记录前 20 个故障时间(单位：天)：

1, 3, 5, 7, 11, 11, 11, 12, 14, 14, 14, 16, 16, 20, 21, 23, 42, 47, 52, 62(Kelly & Smith, 2011).

如果这些故障时间服从指数分布，计算故障率的估计.

尽管观察到 20 个故障时间，但共有 30 个元件参加试验，由于有 10 个元件正常工作到 62 天之后，这对 λ 而言是重要信息，所以直接用观察到的故障时间估计参数 λ 是错误的.

由于总试验时间为

$$\begin{aligned} T &= \sum_{i=1}^{20} t_i + (30-20)t_{20} \\ &= 1+3+5+7+11+11+11+12+14+14+14+16+16+20+21+23+ \\ &\quad 42+47+52+62+10\times 62 \\ &= 1\,022, \end{aligned}$$

则参数 lambda 的极大似然估计为 $\hat{\lambda}_{\text{MLE}} = \dfrac{r}{T} = \dfrac{20}{1\,022} = 0.019\,569\,47.$

```
model
{
for(i in 1:20){
time[i]~dexp(lambda)
```

```
}
for (j in 21:n) {
time[j]~dexp(lambda) C(time[20], )
}
lambda~dgamma(0.01, 0.01)
}
data
list(time = c(1, 3, 5, 7, 11, 11, 11, 12, 14, 14, 14, 16, 16, 20, 21, 23, 42, 47, 52, 62, NA, NA, NA, NA, NA, NA, NA, NA, NA, NA), n = 30)
list(lambda = 0.0001)
```

运行结果见表 12-7.

表 12-7 计算结果

参数	mean	sd	MC-error	val2.5pc	median	val97.5pc	start	sample
lambda	0.019 58	0.004 357	6.552E-5	0.011 95	0.019 24	0.029	1001	9 000

从表 12-7 可以看出,lambda 的后验均值为 0.019 58,中位数为 0.019 24,0.95 的可信区间为 (0.011 95, 0.029).

因为 lambda 的先验分布为 $Ga(0.01, 0.01)$,与 Jeffreys 先验分布接近,所以 lambda 的后验均值为 0.019 58 与 lambda 的极大似然估计 0.019 569 47 非常接近.

如果截尾模型不是指数分布,截尾数据的经典估计十分困难,且需要用近似值简化分析计算. 但 OpenBUGS 的 C(,)结构使得分析变得直接明了. 为了说明这一点,考虑下面的例子.

考虑下列故障间隔时间数据(单位:天):<1, 5, <10, 15, 4, 20-30, 3, 30-60, 25. 设故障时间的随机模型服从威布尔分布,计算元件工作超过 20 天的概率.

我们此时观察到的故障时间是区间截尾的,在上述故障间隔时间数据中,我们只知道第 1 个元件在 1 天内故障,第 3 个元件在 10 天前故障.

```
model
{
for (i in 1:n) {
time.fail[i]~dweib(a, b) C(lower[i], upper[i])
}
a~dgamma(0.1, 0.1)
b~dgamma(0.1, 0.1)
prob.surv<-exp(-b*pow(time.crit, a))
time.crit<-20
}
data
list(time.fail = c(NA, 5, NA, 15, 4, NA, 3, NA, 25), lower = c(0, 5, 0, 15, 4, 20, 3, 30, 25),
upper = c(1, 5, 10, 15, 4, 30, 3, 60, 25), n = 9)
list(a = 1, b = 10)
```

运行结果见表 12-8.

表 12-8 计算结果

参数	mean	sd	MC-error	val2.5pc	median	val97.5pc	start	sample
prob.surv	0.253 2	0.113 9	0.001 168	0.072 13	0.24	0.508 9	501	9 500

从表 12-8 可以看出，prob.surv 的后验均值为 0.253 2，中位数为 0.24，0.95 的可信区间为 (0.072 13, 0.508 9)。

思考与练习题 12

12.1 设 θ 为一批产品的不合格率，已知它只取 0.05 和 0.10，且其先验分布为 $\pi(0.05) = 0.7$，$\pi(0.10) = 0.3$。假设从这批产品中随机取出 8 个进行检验，结果发现 2 个是不合格品，求 θ 的后验分布和贝叶斯估计。

12.2 设 θ 为一批产品的不合格率，从这批产品中随机取出 8 个进行检验，结果发现 3 个是不合格品，假设 θ 的先验分布为

(1) $\theta \sim U(0, 1)$；

(2) $\theta \sim \pi(\theta) = \begin{cases} 2(1-\theta), & 0 < \theta < 1, \\ 0, & \text{其他}. \end{cases}$

分别求 θ 的后验分布和贝叶斯估计。

12.3 设 θ 为一批产品的不合格率，从这批产品中随机取出 100 个进行检验，结果发现 5 个是不合格品，若 θ 的先验分布为 $Be(2, 100)$，求 θ 的后验分布和贝叶斯估计。

12.4 设某产品的寿命服从指数分布 $\text{Exp}(\lambda)$，$\theta = \dfrac{1}{\lambda}$（其中 λ 为失效率，θ 为平均寿命），从中抽取 n 个产品进行定时截尾寿命试验，$t_1 \leqslant t_2 \leqslant \cdots \leqslant t_r \leqslant \tau (r \leqslant n)$ 为失效数据，分别从 λ 和 θ 的共轭先验分布出发求平均寿命 θ 的贝叶斯估计，二者是否相同？

12.5 从寿命服从指数分布 $\text{Exp}(\lambda)$ 的产品中抽取 30 个产品进行定时截尾寿命试验（其中 $\lambda = 0.01$ 为失效率），截尾时间为 100 h，失效时间（单位:h）为

4.50, 5.10, 7.79, 8.35, 9.50, 12.02, 13.88, 22.51, 32.18, 32.65, 38.31, 50.62, 57.26, 72.82, 73.53, 78.95, 79.95, 84.02, 90.80, 97.88.

若失效率 λ 先验分布为 Gamma 分布 $Ga(8, 0.01)$，求：

(1) λ 和 θ 的贝叶斯估计（θ 为平均寿命）；

(2) 产品工作到 t 时，计算可靠度 $R(t)$ 的贝叶斯估计[这里 $t = 10, 50, 100, 200(h)$].

12.5 对 12.4 节中的 LCD 投影灯的故障数据的可靠性问题，请结合对数正态分布和 Gamma 分布情形，讨论参数估计，模型拟合检验和模型选择，并把得到的结果与 12.4 节中指数分布和威布尔分布情形进行比较。

第 13 章　贝叶斯计算方法及有关软件

现代统计分析涉及大量的模拟计算、数值积分、非线性方程的迭代求解等. 贝叶斯分析更是如此,还有一些问题需要借助 MCMC 方法完成有关计算.

贝叶斯定理简捷直观,贝叶斯推断清晰自然. 由于应用领域广泛,受到了众多学者的青睐. 除了先验分布的选择之外,贝叶斯分析在发展过程中遭遇最大的瓶颈就是后验分布的计算,特别是面对复杂高维的问题时,难以用解析的方法求得明确的后验分布.

13.1　MCMC 方法概述

计算技术的进步和 MCMC 方法的发展,重新唤醒了人们对贝叶斯分析这个古典统计思想的认识. 梅特罗波利斯(Metropolis)等学者另辟蹊径,没有沿用先通过复杂的数学分析方法积分得到后验分布,再求其期望值、中位数和可信区间这些统计特征值的传统方法,而是充分利用现代计算技术,基于马尔科夫理论,使用蒙特卡洛模拟方法,回避后验分布表达式复杂的计算,创造性地使用 MCMC 方法,直接对后验分布的独立随机样本进行模拟,再通过分析模拟样本来获得相关统计特征值信息. MCMC 方法的发展,解开了贝叶斯分析计算的"紧箍咒",现代贝叶斯分析重获春天,再次生机勃发.

MCMC 方法的发展,对现代贝叶斯分析的复兴起着至关重要的作用. MCMC 方法和现代贝叶斯统计二者的发展和兴起,不仅给出了解决问题的方法,更重要的是改变了考虑问题的思路(刘乐平,高磊,杨娜,2014).

一系列以 MCMC 方法和贝叶斯为主题的学术会议,展示了 Gibbs 抽样爆炸式的发展过程. 1986 年夏,阿德里安·史密斯(Adrian Smith)做了关于分层模型(Hierarchical models)的系列学术演讲;1989 年 6 月,在魁北克省舍布鲁克市(Sherbrooke, Quebec)举行的贝叶斯学术会议上,阿德里安·史密斯第一次详细阐释了 Gibbs 抽样的本质,这种方法的广度与深度震撼了与会者. 1990 年,盖尔芬德(Gelfand)和史密斯(Smith)发表论文 *Sampling—based approaches to Calculating Marginal Densities*(基于抽样的边际密度计算方法),将这种思想阐述得更为深刻和完整,成为主流统计学界大规模使用 MCMC 方法的真正起点.

20 世纪 90 年代,是 MCMC 方法发展的黄金时期,并在理论研究方面获得了很多突破:1991 年,盖尔芬德,伯娜丁·歌尔(Prenatal Goel)和史密斯在俄亥俄州立大学(Ohio State University)举办了 MCMC 方法会议,相关讨论成果都已成为 MCMC 领域非常有影响力的论文. 1992 年的 5 月,皇家统计学会(Royal Statistical Society)召开了关于"Gibbs 抽样与其他 MCMC 方法"的会议,有四篇论文得到了众多学者的重视,并发表在 *Journal of the Royal Statistical Society* 1993 年的第一期上.

13.2 MCMC 方法简介

在贝叶斯分析中,一个统计模型可以概括为:先验分布 $\pi(\theta)$ 和似然函数 $L(x|\theta)$,其中 $x=(x_1, x_2, \cdots, x_n)$ 为容量为 n 样本,$\theta=(\theta_1, \theta_2, \cdots, \theta_k)$ 为参数,样本和参数都是随机的.

在第 2 章中我们已经介绍过,贝叶斯统计分析的基本框架就是综合先验信息、总体信息与样本信息为后验信息. 为叙述方便,这里我们仅考虑先验分布和样本分布都是连续的情形. 根据贝叶斯定理,则 θ 的后验分布的密度函数为

$$\pi(\theta|x) = \frac{L(x|\theta)\pi(\theta)}{\int_\Theta L(x|\theta)\pi(\theta)d\theta} \propto L(x|\theta)\pi(\theta). \tag{13.1.1}$$

其中,$\pi(\theta)$ 为 θ 的先验密度函数,$L(x|\theta)$ 为似然函数,$\theta \in \Theta$.

在平方损失函数下,参数 θ 的贝叶斯估计为

$$\hat{\theta} = \frac{\int_\Theta \theta L(x|\theta)\pi(\theta)d\theta}{\int_\Theta L(x|\theta)\pi(\theta)d\theta} = \int_\Theta \theta\pi(\theta|x)d\theta = E(\theta|x). \tag{13.1.2}$$

各种贝叶斯统计推断大多可以归结为计算后验分布的各阶矩(如后验均值、后验方差)等.

设 $g(\theta)$ 为参数 θ 的函数,则 $g(\theta)$ 的贝叶斯估计为

$$g(\hat{\theta}) = \frac{\int_\Theta g(\theta) L(x|\theta)\pi(\theta)d\theta}{\int_\Theta L(x|\theta)\pi(\theta)d\theta}. \tag{13.1.3}$$

当 $g(\theta) = \theta$ 时,就是后验均值,若 $g(\theta) = [\theta - E(\theta)]^2$,则得到后验方差.

要得到参数 θ 或其函数 $g(\theta)$ 的估计,或更为一般地,它们的后验分布,需要求得上述公式中的积分. 除一些简单的情形外,对于实际问题,通常采用数值积分等近似方法. 但在参数的维数较大时,这些方法也很难实现. 随着计算机计算速度的不断提高,统计计算理论与方法也不断发展,特别是高效快速抽样方法的出现,贝叶斯分析中涉及的大量复杂的计算问题已不再成为解决实际问题的障碍.

以下通过 $g(\theta)$ 在平方损失函数下的贝叶斯估计[由式(13.1.3)表示]来说明贝叶斯分析中一个积分计算问题. 式(13.1.3)可用后验分布来表示为

$$g(\hat{\theta}) = \int_\Theta g(\theta)\pi(\theta|x)d\theta = E[g(\theta)|x]. \tag{13.1.4}$$

式(13.1.4)表明，$g(\theta)$ 的贝叶斯估计 $g(\hat{\theta})$ 即为后验均值 $E[g(\theta)|x]$，它可以用下面的平均值近似求得

$$\bar{g} = \frac{1}{s}\sum_{i=1}^{s} g(\theta^{(i)}), \tag{13.1.5}$$

其中 $\theta^{(1)}, \theta^{(2)}, \cdots, \theta^{(s)}$ 为来自后验分布 $\pi(\theta|x)$ 的容量为 s 的样本.

如果此样本为独立的，则根据大数定律，样本均值 $\bar{g}$ 依概率收敛于 $E[g(\theta)|x]$. 只要样本容量 s 足够大，此估计的精度可以达到任意所需要的精度. 这样的估计称为蒙特卡洛(Monte Carlo)估计(注：Monte Carlo，简记为 MC，它是"MCMC"中后面的 MC)，它已经成为最为常用的近似计算方法.

蒙特卡洛方法是一种随机模拟方法，随机模拟的思想由来已久(参见下面的蒲丰投针的例子)，但是由于难于取得随机数，随机模拟的方法一直发展缓慢，而蒙特卡洛方法的出现得益于现代电子计算机的诞生.

例如(蒲丰投针)，1777 年，法国学者蒲丰提出的一种用随机试验来求圆周率 π 的方法.

以下用蒙特卡洛方法来求圆周率 π 的近似值，其 R 代码如下：

```
l<-0.8 # 针的长度
n<-100000 # 重复 100000 次
u1<-runif(n) # 取随机数
x<-1/2 * u1 # x 是针中心到最近的线的距离
u2<-runif(n)
y<-1/2*sin(u2*2*pi)
z<-as.numeric(x<=y) # 相交的充要条件是 x<=y
pi.e<-n*l/sum(z) # π 的估计式
pi.e
```

运行结果为

3.141 443

但是在有些问题中，从 $\pi(\theta|x)$ 中抽取独立样本是非常困难的. 如果通过某种方法可以获得从 $\pi(\theta|x)$ 的一个非独立"样本"(严格地讲它是一条链在一些状态下的值)，但具有一些好的性质，且与从 $\pi(\theta|x)$ 中抽取独立样本的作用是一样的，那么上述的蒙特卡洛方法仍然是可以使用的，这就是马尔科夫链(Markov Chain)所做的工作(注：Markov Chain，简记为 MC，它是"MCMC"中前面的 MC). 因此，这里的蒙特卡洛方法就是用平均值[式(13.1.5)]估计积分[式(13.1.4)]，而马尔科夫链提供从目标分布 $\pi(\theta|x)$ 中抽取随机"样本"的方法. 这样的链 $\{\theta^{(0)}, \theta^{(1)}, \theta^{(2)}, \cdots\}$ 需要满足一些基本的要求才可以使用，这些要求包括：马氏性、不可约性、非周期性、遍历性等.

MCMC 方法的研究对推广贝叶斯统计推断理论和应用开辟了广阔的前景，使贝叶斯方法的研究与应用得到了再度复兴. 目前 MCMC 已经成为一种处理复杂统计问题特别流行的工具，尤其是在经常需要复杂的高维积分运算的贝叶斯分析领域更是如此.

本章以下只简要地介绍 MCMC 的一些基本内容，更深入的研究见 Given & Hoeting

(2005):*Computational Statistics* 的第七章"MCMC 方法"、第八章"MCMC 中的深入论题";Albert(2009):*Bayesian Computation with R* 的第六章"Markov chain Monte Carlo Methods"、第十章"Gibbs Sampling"、第十一章"Using R to Interface with WinBUGS". 关于 MCMC 方法研究综述,见朱新玲(2009),刘乐平,高磊,杨娜(2014). 刘金山,夏强(2016)介绍了基于 MCMC 算法的贝叶斯统计方法,同时进行了应用.

13.3 MCMC 中的有关算法

20 世纪 70 年代以来,统计计算技术发展极为迅速. 贝叶斯方法的计算是非常大的一类计算问题,目前计算方法很多. 这些方法大致可分为两大类,一类是直接应用于后验分布得到后验均值的估计值,主要包括直接抽样、重要抽样、筛选抽样等;它们只能用于比较简单、维数较低的后验分布. 第二大类为 MCMC 方法,近年发展很快,应用非常广泛. 若后验分布为高维、复杂的非常见分布,很难直接从后验分布中抽取样本,但 MCMC 方法突破了这一原本极为困难的计算问题,为贝叶斯方法的大量应用开辟了道路. 算法的基本思想是把一个复杂的抽样问题转化为一系列简单的抽样问题,而不是直接从复杂的后验分布抽取样本(实际上无法直接抽样). 构造一个平稳分布恰好为后验分布 $\pi(\theta\mid x)$ 的马尔科夫链,当马尔科夫链收敛后,取该链上的样本点序列 $\theta_{m+1},\cdots,\theta_n$,由遍历性定理得 θ 任一函数的后验期望的估计值为

$$\hat{E}[g(\theta)\mid x] = \frac{1}{n-m}\sum_{i=m+1}^{n}g(\theta_i).$$

建立上述马尔科夫链的关键是设法构造合适的转移核,不同的转移核就对应不同的 MCMC 方法. 根据转移核的不同,MCMC 方法主要有两种:Gibbs 抽样和 Metropolis-Hastings 算法.

13.3.1 Gibbs 抽样

它是最简单、最直观、应用最广泛的 MCMC 方法,这种算法结合数据添加(data augmentation)技术,已成为贝叶斯计算的强有力工具. 若 x 是数据,θ 是未知参数,且 $\theta = (\theta_{(1)},\cdots,\theta_{(k)})$. 选取参数 θ 的一个初始值 $\theta^{(0)}$,若第 i 次迭代开始时参数 θ 的值是 $\theta^{(i-1)}$,则第 i 次迭代如下:

Step 1:从满条件分布 $\pi(\theta_{(1)}\mid x,\theta_{(2)}^{(i-1)},\theta_{(3)}^{(i-1)},\cdots,\theta_{(k)}^{(i-1)})$ 中抽取一个样本 $\theta_{(1)}^{(i)}$;

Step 2:从满条件分布 $\pi(\theta_{(2)}\mid x,\theta_{(1)}^{(i-1)},\theta_{(3)}^{(i-1)},\cdots,\theta_{(k)}^{(i-1)})$ 中抽取一个样本 $\theta_{(2)}^{(i)}$;

……

Step k:从满条件分布 $\pi(\theta_{(k)}\mid x,\theta_{(1)}^{(i-1)},\theta_{(2)}^{(i-1)},\cdots,\theta_{(k-1)}^{(i-1)})$ 中抽取一个样本 $\theta_{(k)}^{(i)}$;

对 $i=1,2,\cdots,n$ 重复以上各步,从而得到样本 $\theta^{(1)},\theta^{(2)},\cdots,\theta^{(n)}$. 有了后验样本,就可以计算后验分布的各阶矩,进行统计推断了. 值得注意的是不同的初始值对 Gibbs 抽样几乎没有影响,可以先对 Gibbs 抽样器进行预热,当收敛以后再取后验样本进行计算. 由以上过程可以看出,Gibbs 抽样要求参数的条件分布容易求出或是熟悉的分布,这样才可以从这

些条件分布中进行抽样. 条件后验未知或不是常见分布时, 无法使用 Gibbs 抽样, 可以考虑用下面的复杂算法.

13.3.2 Metropolis-Hastings 算法

这类算法比 Gibbs 抽样出现得更早, 也更一般化, 由 Metropolis 等人于 1953 年提出, 黑斯廷斯 (Hastings) 于 1970 年加以推广. 其基本方法如下: 设法寻求一个和后验分布近似的简单分布, 称为待选生成密度 (candidate generating density), 记为 $q(\theta;\theta^{(i-1)})$; 选取一个初始值 $\theta^{(0)}$; 设第 i 次迭代开始时参数 θ 的值是 $\theta^{(i-1)}$; 则第 i 次迭代如下:

Step 1: 从待选产生密度 $q(\theta;\theta^{(i-1)})$ 抽取一个待选样本 θ^*;

Step 2: 计算接受概率

$$\alpha(\theta;\theta^{(i-1)},\theta^*) = \min\left\{\frac{p(\theta=\theta^*|x)q(\theta=\theta^{(i-1)};\theta^*)}{p(\theta=\theta^{(i-1)}|x)q(\theta=\theta^*;\theta^{(i-1)})}, 1\right\};$$

Step 3: 以概率 $\alpha(\theta;\theta^{(i-1)},\theta^*)$ 接受 $\theta(i)=\theta^*$, 以概率 $1-\alpha(\theta;\theta^{(i-1)},\theta^*)$ 接受 $\theta^{(i)}=\theta^{(i-1)}(i-1)$;

Step 4: 重复 Step 1—Step 3 n 次, 则得到后验样本 $\theta^{(1)}, \theta^{(2)}, \cdots, \theta^{(n)}$;

Step 5: 求均值即得

$$\hat{E}[g(\theta)|x] = \frac{1}{n-m}\sum_{i=m+1}^{n} g(\theta^{(i)}).$$

初看上去, M-H 算法很完美, 任何后验模拟问题都可以解决, 表面看来只要从任一简便的分布中随机抽样, 然后按照接受概率接受待选样本就可以了, 但事情并没有这么简单. 待选产生密度要精心挑选和设计才能保证算法收敛, 有许多策略, 这里介绍三个最常用的.

(1) 独立链 M-H 算法. 这种算法的待选产生密度独立于以前的样本, 不依赖于 $\theta^{(i-1)}$, 即 $q(\theta;\theta^{(i-1)}) = q^*(\theta)$, 接受概率为

$$\alpha(\theta;\theta^{(i-1)},\theta^*) = \min\left\{\frac{p(\theta=\theta^*|x)q^*(\theta=\theta^{(i-1)})}{p(\theta=\theta^{(i-1)}|x)q^*(\theta=\theta^*)}, 1\right\}.$$

(2) 随机步链 M-H 算法. 若无法找到后验分布的一个好的近似, 则可以根据 $\theta^* = \theta^{(i-1)} + z$ 抽取待选样本, 此时 $q(\theta=\theta^{(i-1)};\theta^*) = q(\theta=\theta^*;\theta^{(i-1)})$, 接受概率为

$$\alpha(\theta;\theta^{(i-1)},\theta^*) = \min\left\{\frac{p(\theta=\theta^*|x)}{p(\theta=\theta^{(i-1)}|x)}, 1\right\},$$

随机变量 z 的密度决定待选抽样密度, 一个简单而常用的选择是多元正态分布.

(3) 综合应用 Gibbs 方法和 M-H 算法. Gibbs 抽样中大多数满条件后验易求或是常见分布, 但少数或极个别满条件后验很难或无法求出, 对前者使用 Gibbs 抽样器, 对后者使用 M-H 算法进行抽样, 这样既可以简化计算, 又解决了后验模拟中的难题.

13.3.3 收敛性的监控

MCMC 方法构造的马尔科夫链是否收敛到后验分布是贝叶斯计算中一个非常重要的问题,也是许多学者近年来才研究的难题. 这里介绍两种最常用的判断算法是否收敛的方法.

方法一是选取多个不同的初值,同时产生多条马尔科夫链,在同一个图中画出它们产生的参数的后验样本值对迭代次数的散点折线图;如若干次迭代后,这些散点折线图基本稳定、重合在一起,则说明算法收敛了.

方法二是计算 EPSR(Estimated Potential Scale Reduction). 这种方法也要用多个不同的初值,同时产生多条马尔科夫链,设 $\theta^{(0,j)}$ 表示第 j 个不同的初始值,$j=1,2,\cdots,T$;假设要计算 $E[g(\theta)x]$. 第 j 条链的方差的估计为

$$s_j^2 = \frac{1}{S-1} \sum_{i=m+1}^{n} [g(\theta^{(i,j)}) - \hat{g}^{(j)}]^2,$$

链内方差的均值为 $W = \frac{1}{T} \sum_{j=1}^{T} s_j^2$,链间方差为 $B = \frac{1}{T} \sum_{j=1}^{T} (\hat{g}^{(j)} - \hat{g})^2$,这里 $\hat{g} = \frac{1}{T} \sum_{j=1}^{T} \hat{g}^{(j)}$,$S = n - m$,则 MCMC 方法收敛性监测的一个常用统计量为 $\hat{R} = \sqrt{\dfrac{\mathrm{Var}[g(\theta) \mid x]}{W}}$,其中 $\mathrm{Var}[g(\theta) \mid x] = \dfrac{m-1}{m} W + \dfrac{1}{m} B$.

$\hat{R}$ 称为 EPSR,它一般大于 1,其值接近于 1,说明 Gibbs 抽样器收敛. 一个常用的标准是:$\hat{R} < 1.2$ 表明收敛性较好,可以绘制 $\hat{R}$ 对迭代次数的散点折线图,通过观察图判断收敛性.

13.4 在 R 中 MCMC 的实现

以下给出两个例子,来分别说明 R 中 MCMC 的实现和使用 R 包解决 MCMC 计算问题.

13.4.1 R 中 MCMC 的实现

假设在多元分布中所有的一元条件分布(每个分量对所有其他分量的条件分布,这个分布也叫做满条件分布)都是可以确定的. 记 m 维随机向量 $X = (X_1, X_2, \cdots, X_m)'$,$X_{-i}$ 表示 X 中去掉分量 X_i 后剩余的 $m-1$ 维向量. 那么一元条件分布就是 $f(X_i \mid X_{-i})$.

Gibbs 抽样就是在这 m 个条件分布中迭代产生样本. 算法步骤如下:

(1) 给出初值 $X_{(0)}$;

(2) 对 $t = 1, 2, \cdots, T$,进行迭代:

① 令 $x_1 = X_1(t-1)$;

② 依次更新每一个分量,即对 $i = 1, 2, \cdots, m$,从 $f(X_i \mid X_{-i}(t-1))$ 中产生抽样

$X_i(t)$;

③ 更新 $x_i(t) = X_i(t)$；令 $X(t) = (X_1(T), X_2(T), \cdots, X_m(T))'$（每个抽取的样本都被接受了）；

④ 更新 t.

在这个算法里，对每一个状态 t，$X(t)$ 的分量是依次更新的. 这个分量更新的过程是在一元分布 $f(X_i \mid X_{-i})$ 中进行的，所以抽样是比较容易的.

关于马氏链的收敛，图形方法是简单直观的方法. 我们可以利用这样一些图形：

(1) 迹图(trace plot)：将所产生的样本对迭代次数作图，生成马氏链的一条样本路径. 如果当 t 足够大时，路径表现出稳定性没有明显的周期和趋势，就可以认为马氏链是收敛了.

(2) 自相关图(autocorrelation plot)：如果产生的样本序列自相关程度很高，用迹图检验的效果会比较差. 一般自相关随迭代步长的增加而减小，如果没有表现出这种现象，说明马氏链的收敛性有问题.

(3) 遍历均值图(ergodic mean plot)：MCMC 的理论基础是马尔科夫链的遍历定理. 因此可以用累积均值对迭代步骤作图，观察遍历均值是否收敛.

以下通过一个例子来看在 R 中 MCMC 的实现.

使用 Gibbs 抽样抽取二元正态分布 $N(\mu_1, \mu_2, \sigma_1^2, \sigma_2^2, \rho)$ 的随机数在二元正态分布的条件下，两个分量的一元条件分布依然是正态分布：

$$x_1 \mid x_2 \sim N(\mu_1 + \rho\sigma_1\sigma_2(x_2 - \mu_2), (1-\rho^2)\sigma_1^2),$$
$$x_2 \mid x_1 \sim N(\mu_2 + \rho\sigma_2\sigma_1(x_1 - \mu_1), (1-\rho^2)\sigma_2^2).$$

采用上面所述的 Gibbs 抽样方法，对给定参数值的一个二元正态分布进行抽样. R 代码如下：

```
n <- 5000
burn.in <- 2500
X <- matrix(0, n, 2)
mu1 <- 1
mu2 <- -1
sigma1 <- 1
sigma2 <- 2
rho <- 0.5
s1.c <- sqrt(1 - rho^2) * sigma1
s2.c <- sqrt(1 - rho^2) * sigma2
X[1, ] <- c(mu1, mu2)
for (i in 2:n) {
    x2 <- X[i - 1, 2]
    m1.c <- mu1 + rho * (x2 - mu2) * sigma1/sigma2
    X[i, 1] <- rnorm(1, m1.c, s1.c)
    x1 <- X[i, 1]
    m2.c <- mu2 + rho * (x1 - mu1) * sigma2/sigma1
```

```
        X[i, 2] <- rnorm(1, m2.c, s2.c)
}
b <- burn.in + 1
x.mcmc <- X[b:n, ]

library(MASS)
MVN.kdensity <- kde2d(x.mcmc[, 1], x.mcmc[, 2], h = 5)
plot(x.mcmc, col = "blue", xlab = "X1", ylab = "X2")
contour(MVN.kdensity, add = TRUE)
```

运行结果如图 13-1 所示.

图 13-1　二元正态分布等高线

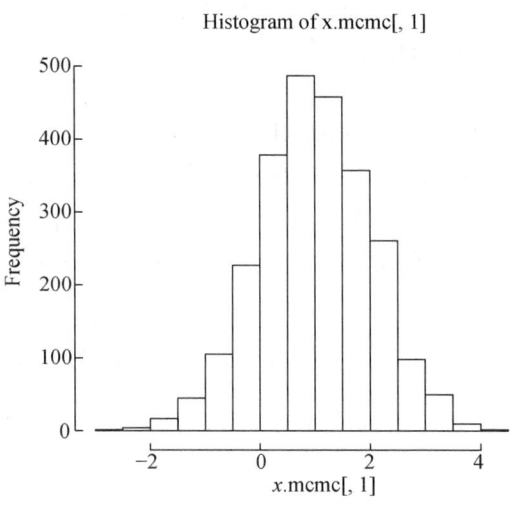

图 13-2　直方图

图形的诊断,对第一个分量：
(1) 直方图

```
hist(x.mcmc[, 1])
```

运行结果如图 13-2 所示.
(2) 自相关图

```
library(stats)
acf(x.mcmc[, 1])
```

运行结果如图 13-3 所示.
(3) 迹图

```
index <- 1:n
plot(index, X[, 1], type = "l")
```

图 13-3 自相关图

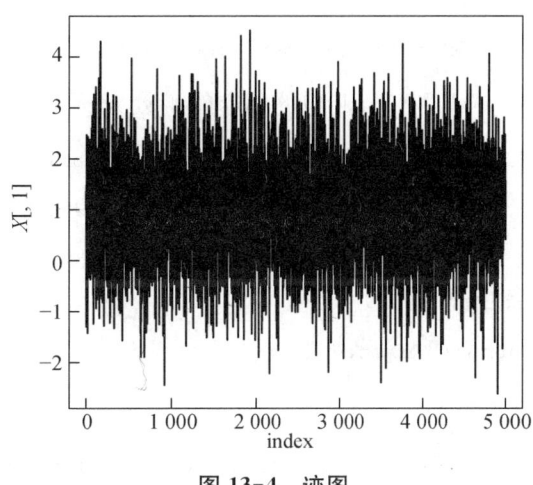

图 13-4 迹图

运行结果如图 13-4 所示.

通过以上的迹图、自相关图可得,上述马尔科夫链是收敛的.

13.4.2 使用 R 包解决 MCMC 计算问题

我们介绍了 MCMC 常用的两种抽样方法,无论是 M-H 算法还是 Gibbs 抽样,都有一些扩展的算法,以便更好的解决问题. 但是在使用这两种方法的时候,需要对于统计知识有比较深入的了解. 那么为了方便快捷地解决应用问题,与其每一次按照算法进行抽样的设计,不如采用 R 语言的一些集成了这些抽样方法的贡献包. 在 R 语言中,可以解决 MCMC 计算问题的贡献包是比较多的. 下面的例子我们采用 MCMCpack 和 coda 这两个包,用 MCMCpack 包的函数进行建模,用 coda 包的函数进行链的诊断.

MCMCpack 包提供了进行贝叶斯推断和贝叶斯计算的工具(特别是 MCMC). MCMCpack 包的设计思想是针对特定的模型运用 MCMC 方法. MCMCpack 当前包括 18 种统计模型:线性回归模型(linear regression with Gaussian errors, a singular value decomposition regression, and regression for a censored dependent variable),离散选择模型(logistic regression, multinomial logistic regression, ordinal probit regression, and probit regression),测量模型(a one-dimensional IRT mo-del, a k-dimensional IRT model, a k-dimensional ordinal factor model, a k-dimensional linear factor model, a k-dimensionl mixed factor model, and a k-dimensional robust IRT model),计数数据模型(a poisson regression model),生态推断模型(a hierarchical ecological inference model and a dynamic ecological inference model),变点问题的时间序列模型(a binary change-pointmodel, a probit change-point model, an ordinal probit change-point model, and a poisson change-point model). 其中特别是测量模型尤其适合采用 MCMC 处理. 这个包同时还包括了下列分布 Dirichlet, inverse Gamma, inverse Wishart, noncentral Hypergeometric, Wishart 的概率密度和伪随机数生成器.

MCMCpack 包在函数设计上和相应问题的其他 R 函数在语法上时一致的. 例如,对线性回归问题：

lm(y~ x1 + x2 + x3, data = mydata).

MCMCpack 包的相应的函数为

MCMCregress(y~ x1 + x2 + x3, data = mydata).

下面讨论一个例子——贝叶斯线性回归.

来自 R 包 dataset 的数据集 swiss(这个数据集是 1888 年对瑞士的 47 个法语地区的社会经济指标的调查).

library(MCMCpack)

data(swiss)
swiss.posterior1 <- MCMCregress(Fertility~ Agriculture + Examination + Education +
    Catholic + Infant.Mortality, data = swiss)
summary(swiss.posterior1)

运行结果如下：

Iterations = 1001:11000
Thinning interval = 1
Number of chains = 1
Sample size per chain = 10000

1. Empirical mean and standard deviation for each variable,
plus standard error of the mean：

	Mean	SD	Naive SE	Time-series SE
(Intercept)	67.0208	11.08133	0.1108133	0.1117344
Agriculture	-0.1724	0.07306	0.0007306	0.0007306
Examination	-0.2586	0.26057	0.0026057	0.0026057
Education	-0.8721	0.18921	0.0018921	0.0018921
Catholic	0.1040	0.03602	0.0003602	0.0003602
Infant.Mortality	1.0737	0.39580	0.0039580	0.0038190
sigma2	54.0498	12.68601	0.1268601	0.1459495

2. Quantiles for each variable：

	2.5%	25%	50%	75%	97.5%
(Intercept)	45.53200	59.56526	67.0600	74.31604	88.87071
Agriculture	-0.31792	-0.22116	-0.1715	-0.12363	-0.02705
Examination	-0.76589	-0.43056	-0.2579	-0.08616	0.24923
Education	-1.24277	-0.99828	-0.8709	-0.74544	-0.49851
Catholic	0.03154	0.08008	0.1037	0.12763	0.17482
Infant.Mortality	0.28590	0.81671	1.0725	1.33767	1.85495
sigma2	34.57714	45.06332	52.3507	61.03743	83.85127

MCMCregresss 默认的参数值是无信息先验[采取这样的先验,参数估计的结果(在贝

叶斯回归里就是我们所求的参数均值)和最小二乘法求得的回归系数是一致的]. MCMC 包的模型函数返回由 coda 包所定义的 mcmc 对象[见 str(swiss.posterior1)]. MCMCpack 要依赖 coda 来实现后验分布的摘要和模拟数据的收敛诊断.

摘要包括后验均值,标准差,均值标准误以及分位数.

作为对比,用经典方法——"最小二乘法"的普通线性回归:

```
swiss.lm <- lm(Fertility~ Agriculture + Examination + Education + Catholic +
    Infant.Mortality, data = swiss)
summary(swiss.lm)
```

运行结果如下:

```
Call:
lm(formula = Fertility~ Agriculture + Examination + Education +
    Catholic + Infant.Mortality, data = swiss)
    Residuals:
     Min       1Q    Median      3Q       Max
 -15.2743  -5.2617   0.5032   4.1198   15.3213
Coefficients:
                   Estimate  Std. Error  t value  Pr(>|t|)
(Intercept)        66.91518   10.70604    6.250   1.91e-07 ***
Agriculture        -0.17211    0.07030   -2.448   0.01873  *
Examination        -0.25801    0.25388   -1.016   0.31546
Education          -0.87094    0.18303   -4.758   2.43e-05 ***
Catholic            0.10412    0.03526    2.953   0.00519  **
Infant.Mortality    1.07705    0.38172    2.822   0.00734  **
---
Signif. codes: 0 '***' 0.001 '**' 0.01 '*' 0.05 '.' 0.1 ' ' 1
Residual standard error: 7.165 on 41 degrees of freedom
Multiple R-squared: 0.7067, Adjusted R-squared: 0.671
F-statistic: 19.76 on 5 and 41 DF, p-value: 5.594e-10
```

用 coda 包的 plot 命令,可以表现模拟迹图和后验密度函数图.

```
plot(swiss.posterior1[,1:2], col = 4)
```

运行结果如图 13-5 所示.

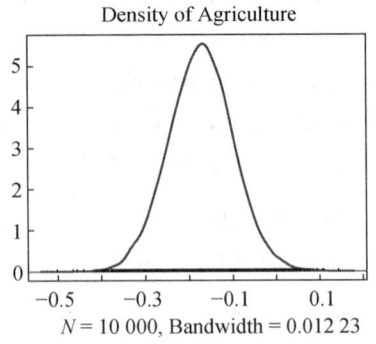

图 13-5　迹图和后验密度函数图

13.5　有关软件

在通常情况下,贝叶斯统计的算法实现起来并不是一件轻松的事情.计算量比较大,若未知参数的维数较高,更是如此.如果有速度快,效率高的贝叶斯计算软件,则可以让研究者免于花费大量的时间和精力编写程序,极大地方便运用贝叶斯方法去研究问题.

13.5.1　WinBUGS 和 OpenBUGS

关于 MCMC 方法最重要的软件包是 BUGS. BUGS 是 Bayesian Inference Using Gibbs Sampling 的缩写,它是一种通过贝叶斯分析利用 MCMC 方法解决复杂统计模型的软件.该软件 1989 年开始由剑桥大学的生物统计医学研究所(MRC：Biostatistics the Medical Research Council, Cambridge, United Kingdom)开发研制,现在由 MRC 和伦敦 St. Mary's 的皇家医学院(Imperial College School of Medicine at St Mary's, London)共同开发.BUGS 的运行以 MCMC 方法为基础,它将所有未知参数都看作随机变量,然后对此种类型的模型进行求解.它所使用的编程语言非常容易理解,允许使用者直接对研究的模型作出说明.

WinBUGS 和 OpenBUGS 都是在 BUGS 基础上开发的面向对象交互式的软件.WinBUGS 是在 BUGS 基础上开发面向对象交互式的 Windows 版本,它可以在 Windows 95/98/NT/XP 等中使用,WinBUGS 提供了图形界面,允许通过鼠标的点击直接建立研究模型.

目前,关于 WinBUGS 最权威、资源最丰富的是"The BUGS Project"(http://www.mrc-bsu.cam.ac.uk/bugs/winbugs/contents.shtml).

WinBUGS1.4 软件现在免费提供下载,WinBUGS 软件非常小(压缩后只有 2.86MB),安装的方法非常简单,先将软件包(zipped version of the whole file structure)下载到你的机器中,解压缩,然后双击 WinBUGS14.exe 安装即可.

关于 BUGS 和 WinBUGS 方面的书:

(1) *Bayesian Analysis Made Simple：An Excel GUI for WinBUGS*．Series：Chapman & Hall/CRC Biostatistics Series，Published：August 26，2011 by Chapman and Hall/CRC，Content：364 Pages—222 Illustrations，Author(s)：Phil Woodward.

(2) This is the supporting website for The BUGS Book：*A Practical Introduction to Bayesian Analysis* by David Lunn，Christopher Jackson，Nicky Best，Andrew Thomas and David Spiegelhalter，published by CRC Press / Chapman and Hall (2012).

另外，在 Albert(2009)中，专门有一章"Using R to Interface with WinBUGS".

可以通过 R 调用 WinBUGS 和 OpenBUGS. 通常情况下，在通过 R 调用 WinBUGS 和 OpenBUGS 之前，请做好如下准备：

(1) 安装 WinBUGS 到 C：/Program Files/WINBUGS14；

(2) 安装 OpenBUGS 到 C：/Program Files/OpenBUGS/；

(3) 安装最近版本的 R；

(4) 通常情况下，每次用 R 调用 WinBUGS 之前都请调用如下的 R package：arm，Brugs，R2WinBUGS.

一个应用例子，见李欣海(2013)，用 R 和 WinBUGS 实现贝叶斯分级模型[第六届中国 R 语言会议，2013(北京)，http://cos.name/wp-content/uploads/2013/05/Hierarchical-modeling-with-R.pdf].

另一个应用例子，R 软件 R2WinBUGS 程序包在网状 Meta 分析中的应用，见曾宪涛，张超，郭毅(2013).

也可以通过 MATLAB 调用 WinBUGS，应用例子见袁敏(2013).

关于 WinBUGS 软件，在本书的第 9—11 章中的应用案例都有应用. 关于 WinBUGS 软件及其基本使用介绍，见本书的附录 B.

关于 WinBUGS 软件，更多的内容，见：

(1) Introduction to WinBUGS：

http://wenku.it168.com/d_001456499.shtml

(2) R and WinBUGS：

http://wenku.it168.com/d_001241068.shtml

目前，关于 OpenBUGS 最权威、资源最丰富的网站是 http://www.openbugs.net/w/Downloads.

OpenBUGS 现在最新版本是 OpenBUGS3.2.3，该软件现在免费提供下载(对 Windows 版本，在 http://www.openbugs.net/w/Downloads 中选择 OpenBUGS323setup.exe 即可).

OpenBUGS 和 WinBUGS 都是在 BUGS 的基础上开发的面向对象交互式软件，二者在很多方面非常接近. 关于 OpenBUGS 软件，在本书的第 1、3、4、5、6、7、12 章等中的应用案例都有应用. 关于 OpenBUGS 软件及其基本使用介绍，见本书的附录 C.

13.5.2 通过 R 调用 JAGS

MCMC 方法最早的实现是 Linux 下的 BUGS，主要是用于 Bayesian models 涉及的统计计算,后来移植到 Windows 下发展成为 WinBUGS,并终止了在 Linux 下的研发. 它并不是开源的,于是芬兰的 Helsinki 大学开发了一个开源的 OpenBUGS,法国人马丁·普拉默(Martyn Plummer)研发了个开源的 JAGS.

JAGS,全称是 Just Another Gibbs Sampler,是基于 BUGS 语言开发的利用 MCMC 来进行贝叶斯建模的软件包. 它没有提供建模所用的 GUI 以及 MCMC 抽样的后处理,这些要在其他的程序软件上来处理,比如说利用 R 包(rjags)来调用 JAGS 并后处理 MCMC 的输出. JAGS 相对于 WinBUGS/OpenBUGS 的主要优点在于平台的独立性,可以应用于各种操作系统,而 WinBUGS 只能应用于 windows 系统;JAGS 也可以在 64-bit 平台上以 64-bit 应用来进行编译.

JAGS 和 R 的交互非常好. 运行一个 JAGS 模型是指在参数的后验分布中生成抽样,需要这样 5 个步骤:定义模型,初始化,编译,适应,监测. 后续的 MCMC 收敛诊断、模型评价等工作是要由 R 来完成的. 当然,在使用 rjags 之前,要保证 JAGS 已经安装在你的电脑上(JAGS 下载:http://sourceforge.net/projects/mcmc-jags/files/). 一个例子应用:R 软件调用 JAGS 软件实现网状 Meta 分析,见张超,孙凤,曾宪涛(2014).

13.6 R 中 MCMC 相关程序包

在近年颇为流行的统计分析软件 R 中,基于 MCMC 采样的现代贝叶斯分析越来越方便,许多可以实现 MCMC 的 R 程序包如雨后春笋般出现. 在 R 主站上搜索关于 MCMC 的程序包,目前共有 103 个,而相对于传统的贝叶斯计算软件包(如 BUGS、WinBUGS、OpenBUGS 等),这些程序包功能更加强大与灵活. R 中 MCMC 相关程序包大致可以分为五类(刘乐平,高磊,杨娜,2014):

(1) 用于一般统计模型拟合. 比较核心的包有:mcmc 包,可以自定义后验分布函数,并从中进行 M-H 采样;MCMCpack 包,包含了许多经典统计模型的贝叶斯分析工具;bayesSurv 包,提供了进行贝叶斯生存回归分析的函数;DPpackage 包,所包含的函数可以完成贝叶斯非参数、半参数分析;bayesm 包,可以用于微观经济研究中的各种贝叶斯分析,如线性回归模型、多项 logit 模型、多项 probit 模型、密度估计等.

(2) 用于特殊统计模型的贝叶斯分析. 例如 MCMCglmm 包,专门求解贝叶斯广义线性混合模型;lmm 包,拟合贝叶斯线性混合模型;BayesTree 包,完成贝叶斯回归树分析.

(3) 将 R 与其他采样器连接起来的程序包. R 的优势在于方便灵活的统计分析,进行超大规模的模拟运算可能逊色于专业的采样器(如 WinBUGS,BUGS). R 提供了与各种专业采样器连接起来的接口,并封装在程序包中,可自由加载使用. 在 R 中定义贝叶斯分析模型,然后利用接口传递给采样器并在采样器中进行 MCMC 模拟,模拟结束后,再利用接口将结果传递到 R 中,在 R 中对模拟结果进行分析. 这类包有:R2winBUGS(与 WinBUGS 的接口);BRUGS(与 OpenBUGS 的接口);rjags、R2jags 与 runjags(与 JAGS 的接口).

(4) 处理 MCMC 样本的包. coda 包是核心的处理 MCMC 样本的包,可以用于收敛诊断与输出分析,几乎所有关于 MCMC 的包都会依赖于 coda 包,足见此包的重要性.

(5) 辅助学习贝叶斯分析课程的包. 这是 R 最人性化的一面,不仅提供了分析问题的工具,还是学习贝叶斯分析方法的良师益友. 在有关贝叶斯分析的参考书目里,经典的当属 *Bayesian Data Analysis*(Gelman,2003),为了方便学习,该书对应的包 BayesDA 可以从 CRAN 加载使用,该包涵盖了书中所涉及的数据集和函数,对于贝叶斯爱好者来说,这无异于一学习利器. 类似的包还有 LearnBayes(*Bayesian Computation with R*,Albert,2009),此包由浅入深,其中编写的 rwmetrop()和 rgibbs()两个函数对于理解 M-H 算法和 Gibbs 采样很有帮助.

关于 MCMC 相关程序包的其他介绍,见:

http://mcmcpack.berkeley.edu/.

http://site.douban.com/182577/widget/notes/10567181/note/280112466/.

13.7 本章附录:贝叶斯统计计算中的 R 包

作为本章附录,这里简要介绍贝叶斯统计计算中的 R 包(http://cran.r-project.org/web/views/Bayesian.html).

13.7.1 一般模型贝叶斯包(Bayesian packages for general model fitting)

arm 包:包括使用 lm,glm,mer,polr 等对象进行贝叶斯推断的 R 函数.

BACCO:随机函数的贝叶斯分析,包含 3 个子包:emulator,calibrator,approximator,进行贝叶斯估计和评价计算机程序.

bayesm:市场与微经济分析模型的许多贝叶斯推断函数. 模型包括线性回归,多项式 logit,多项式 probit,多元 probit,多元混合 normals(包括聚类),密度估计-使用有限混合正态模型与 Dirichlet 先验过程,层次线性模型,层次多元 logit,层次负二项回归模型,线性工具变量模型(linear instrumental variable models).

bayesSurv:生存回归模型的贝叶斯推断.

DPpackage:贝叶斯非参数和半参数模型. 现在还包括密度估计,ROC 曲线分析,区间一致数据,二项回归模型,广义线性模型和 IRT 类型模型的半参数方法.

MCMCpack:特定模型的 MCMC 模拟算法,广泛用于社会和行为科学. 拟合很多回归模型的 R 函数. 生态学模型推断. 还包括一个广义 Metropolis 采样器,适合任何模型.

mcmc:随机行走 Metropolis 算法,适用于连续随机向量.

13.7.2 特殊模型或方法贝叶斯包(Bayesian packages for specific models or methods)

AdMit:拟合适应性混合 t 分布拟合目标密度使用核函数.

bark:实现(Bayesian Additive Regression Kernels).

BayHaz:贝叶斯估计 smooth hazard rates,通过 Compound Poisson Process(CPP)先验概率.

bayesGARCH:贝叶斯估计 GARCH(1,1)模型,使用 t 分布.

BAYSTAR：贝叶斯估计 threshold autoregressive modelsBayesTree：implements BART（Bayesian Additive Regression Trees）by Chipman，George，and McCulloch（2006）.

BCE：从生物注释数据中估计分类信息.

bcp：a Bayesian analysis of changepoint problem using the Barry and Hartigan product partition model.

BMA：BPHO：贝叶斯预测高阶相互作用，使用 slice 采样技术.

bqtl：拟合 quantitative trait loci（QTL）模型. 可以估计多基因模型，使用拉普拉斯近似. 基因座内部映射（interval mapping of genetic loci）.

bim：贝叶斯内部映射，使用 MCMC 方法.

bspec：时间序列的离散功率谱贝叶斯分析.

cslogistic：条件特定的 logistic 回归模型（conditionally specified logistic regression model）的贝叶斯分析.

deal：逆运算网络分析：当前版本覆盖离散和连续的变量，在正态分布下.

dlm：贝叶斯与似然分析动态信息模型. 包括卡尔曼滤波器和平滑器的计算，前向滤波后向采样算法.

Ebayes Thresh：thresholding methods 的贝叶斯估计. 尽管最初的模型是在小波下开发的，当参数集是稀疏的，用户也可以受益.

eco：使用 MCMC 方法拟合贝叶斯生态学推断 in two by two tablesevdbayes 极值模型的贝叶斯分析.

exactLoglinTest：log-linear models 优度拟合检验的条件 p 值的 MCMC 估计.

HI：transdimensional MCMC 方法几何途径和随机多元 Adaptive Rejection Metropolis Sampling.

G1DBN：动态贝叶斯网络推断. Hmisc 内的 gbayes()函数，当先验和似然都是正态分布，导出后验（且最优）分布，且当统计量来自 2-样本问题. geoR 包的 krige.bayes()函数地理统计数据的贝叶斯推断时，允许不同层次的模型参数的不确定性. geoRglm 包的 binom.krige.bayes()函数进行贝叶斯后验模拟及二项空间模型的空间预测.

MasterBayes：MCMC 方法整合家谱数据（由分子和形态数据得来的）lme4 包的 mcmcsamp()函数信息混合模型和广义信息混合模型采样.

lmm：拟合信息混合模型，使用 MCMC 方法.

MNP：多项式 probit 模型，使用 MCMC 方法.

MSBVAR：估计贝叶斯向量自回归模型和贝叶斯结构向量自回归模型.

pscl：拟合 item-response theory 模型，使用 MCMC 方法，且计算 Beta 分布和逆 Gamma 分布的最高密度区域.

RJaCGH：CGH 微芯片的贝叶斯分析，使用 hidden Markov chain models. 正态数目的选择根据后验概率，使用 reversible jump Markov chain Monte Carlo Methods 计算.

sna：社会网络分析，包含函数用于从 Butt's 贝叶斯网络精确模型，使用 MCMC 方法产生后验样本.

tgp：实现贝叶斯 treed 高斯过程模型. 一个空间模型和回归包提供完全的贝叶斯

MCMC 后验推断,对于从简单线性模型到非平稳 treed 高斯过程等都适合.

Umacs:Gibbs 采样和 Metropolis algorithm 的贝叶斯推断.

vabayelMix:高斯混合模型的贝叶斯推断,使用多种方法.

13.7.3 后验估计工具(Post-estimation tools)

BayesValidate:实现了对贝叶斯软件评估的方法.

boa:MCMC 序列的诊断,描述分析与可视化.导入 BUGS 格式的绘图,并提供 Gelman and Rubin,Geweke,Heidelberger and Welch,and Raftery and Lewis 诊断.Brooks and Gelman 多元收缩因子.

coda:(Convergence Diagnosis and Output Analysis)MCMC 的收敛性分析,绘图等.可以轻松导入 WinBUGS,OpenBUGS,and JAGS 软件的 MCMC 输出.亦包括 Gelman and Rubin,Geweke,Heidelberger and Welch,and Raftery and Lewis 诊断.

mcgibbsit:提供 Warnes and Raftery MCGibbsit MCMC 诊断.作用于 mcmc 对象上面.

ramps:高斯过程的贝叶斯几何分析,使用重新参数化和边际化的后验采样算法.

rv:基于模拟的随机变量类,后验模拟对象可以方便地作为随机变量来处理.

scapeMCMC:处理年龄和时间结构的人群模型贝叶斯工具.提供多种 MCMC 诊断图形,可以方便地修改参数.

13.7.4 学习贝叶斯统计包(Packages for learning Bayesian statistics)

BaM:Jeff Gill's book,"Bayesian Methods:A Social and Behavioral Sciences Approach(Second Edition)"(CRC Press,2007).

Bolstad:此书的包.Introduction to Bayesian Statistics,by Bolstad,W. M. (2007).

LearnBayes:学习贝叶斯推断的很多的函数.包括 1 个、2 个参数后验分布和预测分布,MCMC 算法来描述分析用户定义的后验分布.亦包括回归模型,层次模型.贝叶斯检验,Gibbs 采样的实例.

13.7.5 链接 R 的其他抽样引擎(Packages that link R to other sampling engines)

bayesmix:JAGS 软件,贝叶斯混合模型.

BRugs:Windows 系统下的 OpenBUGS 接口.R2WinBUGS 提供 Windows 和 Linux 的 WinBUGS 的接口.

rbugs:支持 OpenBUGS 的 Linux 接口(LinBUGS)rjags,R2jags,and runjags:都提供 Just Another Gibbs Sampler (JAGS)接口 gR:BUGS 引擎的图形接口部分.

思考与练习题 13

13.1 简要叙述 MCMC 方法的发展对贝叶斯统计的意义.

13.2 外科手术直接关系到公众的身心健康和生命安全,因此所有医生必须尽职尽责,每家医院都要严格控制事故的发生率,医疗管理部门也需要严格监管.下表给出了9家医院的医疗事故数据,哪家医院的手术更安全、事故的发生率更低呢?最简单的办法就是按照事故情况对医院进行排序.但是观测数据有随机误差,简单的排序不能反映真实的情况.为此,应用Beta-二项分布模型及MCMC算法分析数据,要求考虑数据的观测误差,并对医院的医疗事故作出评估(高敏雪,蒋妍,2013).

9家医院的医疗事故数据

医院	医疗事故次数	外科病例数	医院	医疗事故次数	外科病例数
1	1	10	6	10	320
2	0	10	7	30	152
3	1	12	8	50	510
4	5	60	9	27	320
5	1	5	—	—	—

13.3 请收集自己感兴趣的问题,应用MCMC方法进行计算和分析.

附　录

附录 A　贝叶斯学派开山鼻祖——托马斯·贝叶斯小传

说明：本部分选自孙建州(2011).

托马斯·贝叶斯的文章《机遇理论中一个问题的求解》，必定是科学史上最著名的论文之一. 此文发表后，很长一个时期在学术界并没有引起什么反响，但到 20 世纪以来突然受到人们的重视，成为贝叶斯学派的奠基石. 贝叶斯的思想，经过其支持者的发展和其在应用中的良好表现，如今已成长为数理统计学中的两个主要学派之一，贝叶斯学派，占据了数理统计学这块领地的半壁江山. 一个人所处的时代，他的社会背景、生活环境等，必将对其产生重要影响. 在此对托马斯·贝叶斯的生平略作介绍，冀望能对人们理解和认识其学术成果和研究方法有所帮助.

托马斯·贝叶斯的父亲，乔舒亚·贝叶斯，是英格兰任命的第一批六名新教牧师之一. 1694 年他获得任命，来到博文顿的博克斯巷教堂工作，此处距离伦敦有 25 英里远. 托马斯·贝叶斯的母亲叫安妮·卡彭特. 托马斯·贝叶斯出生于 1702 年，地点是在赫特福德郡. 对于他确切的出生或者接受洗礼的日期，由于历史资料遗失，我们无法得知. 也有人猜测，由于父亲是新教徒，托马斯·贝叶斯是在非国教徒的礼拜堂受洗，因此英格兰的天主教教堂没有他的出生记录. 在托马斯·贝叶斯还很年幼时，他们家搬到了伦敦的绍斯瓦克(southwark)，在那时他父亲乔舒亚成为圣托马斯教堂的一名助手，同时也在霍尔本的皮巷教堂工作. 贝叶斯夫妇有七个孩子(四个男孩和三个女孩)，托马斯·贝叶斯是长子.

哈金声称，托马斯·贝叶斯接受的是家庭教育. 在那个时候，身为一个长老会牧师的儿子，这是必然的选择. 在当时的英国，经过伊丽莎白一世的宗教改革，新教徒的境遇有所改善，所以乔舒亚·贝叶斯能在英格兰公开成为牧师. 但是天主教仍很强势. 英格兰对新教徒的权利作了限制，新教徒及其子女不准进入大学就是其中一条. 如果是这样的话，那么我们对他的导师一无所知，但巴纳德(Barnard)提出了一个有趣的可能性，托马斯·贝叶斯接受过棣莫弗(de Moivre)的指导，因为刚好在那个时候棣莫弗在伦敦做家庭教师. 但是其他历史学家认为，托马斯·贝叶斯接受的是成为一个牧师的通才教育. 在这种情况下，托马斯·贝叶斯很可能是在滕特巷的一所学校就读，这是唯一一所离家不远又与长老会有联系的学校.

1719 年，托马斯·贝叶斯被爱丁堡大学录取，在那里他研究逻辑学和神学. 爱丁堡大学有关于贝叶斯的两次布道的记录，这些记录现在还保存着. 后来托马斯·贝叶斯成为一名实习牧师,离开了大学,但他并未被正式任命. 在一段时间内贝叶斯必定学习了数学方面的知识,但没有证据表明他在爱丁堡大学学习过.

托马斯·贝叶斯像他父亲一样,成为了一名新教牧师,一开始是在霍尔本做父亲的助手. 大约在 1733 年,坦布里奇韦尔斯(Tunbridge Wells)长老会教堂的牧师约翰·阿彻去世,托马斯·贝叶斯成为继任者. 这所教堂位于伦敦东南方向 35 英里. 然而,有证据表明在 1733 年以前,托马斯·贝叶斯和坦布里奇韦尔斯长老会教堂就有联系. 一份报告指出:"约翰·阿彻于 1733 年去世,在 1730 年由托马斯·贝叶斯继任,他是一个非常适合的人. 看来,托马斯·贝叶斯在 1728 年离开坦布里奇韦尔斯,并于 1731 年返回. 在此期间,他在伦敦的皮巷长老会教堂. 他的父亲乔舒亚·贝叶斯是那里的牧师."

对于托马斯·贝叶斯在坦布里奇韦尔斯担任牧师的生活经历,我们知之甚少. 当时的坦布里奇韦尔斯是作为时尚和高雅的中心而出名的. 它是伦敦市民度假的最佳地点,并且这里的环境十分受人们喜爱. 笛福的小说中对这个优美的地方有过介绍. 当时的贵族、上流社会经常举办宴会等一些社交活动,一些人的回忆录和遗留下来的信件告诉我们,这里曾经来过很多名人,还有他们参加各种活动时的情形. 托马斯·贝叶斯是一个富有的牧师,肯定经常有机会参加这类聚会. 但是有关他的记录少之又少. 这让我们无法更多地了解这个"生性孤僻、哲学气味重于数学气味的学术怪杰".

威廉·惠斯顿(继牛顿之后成为剑桥大学卢卡斯教授,后来由于宗教原因离开),在回忆录中介绍了 1746 年 8 月 24 日与贝叶斯共进早餐的情形,并对贝叶斯做出评价:"……一个在坦布里奇韦尔斯任职的长老会牧师. 一个继任者,……是一个很好的数学家." 1749 年,托马斯·贝叶斯似乎试图从牧师职位上退下来,却直到 1752 才正式退休,但他仍然继续生活在坦布里奇韦尔斯. 1761 年 4 月 7 日,贝叶斯离开了人世.

托马斯·贝叶斯在《机遇理论中一个问题的解》中陈述了他的概率理论,这篇著名的论文发表在 1764 年伦敦的皇家学会哲学会刊上. 论文由他的朋友理查德·普莱斯送到皇家学会,普莱斯在信中写道:"我现在寄给你们一篇论文,这是我从我们已故的朋友贝叶斯先生的遗稿中找到的. 这篇文章,在我看来,具有很大的价值……在他写给这篇文章的引言中,他说,他的主要思想是,找到一个方法判断,在给定情况下某一事件发生的概率. 假设我们除了知道在同样情况下此事件发生和没发生的次数以外,别的一无所知."

托马斯·贝叶斯对统计推理的主要贡献是使用了"逆概率"这个概念,并把它作为一种普遍的推理方法提出来. 贝叶斯公式

$$P(B\mid A)=\frac{P(A\mid B)P(B)}{P(A)},$$

从形式上看它不过是条件概率定义的一个简单推论,但却包含了归纳推理的一种新思想. $P(B)$ 是 B 的先验概率,$P(A\mid B)$ 是 A 的条件概率,称 $P(B\mid A)$ 为后验概率. 即: 后验概率 = 标准相似度 × 先验概率. 贝叶斯用一个别出心裁的"台球模型"给出了参数的先验分布. 后来的学者把它发展为一种关于统计推断的系统的理论和方法,即成为贝叶斯学派.

贝叶斯学派的基本观点: 把未知量 θ 看作一个随机变量,用一个概率分布去描述对 θ 的未知状况. 这个概率分布称为先验分布. 贝叶斯统计推断的原则是,对参数 θ 所做的任何推断(估计、检验等)必须基于且只能基于 θ 的后验分布. 这些也是与频率学派最根本的区别之处.

代尔(Dale)对托马斯·贝叶斯这篇文章的学术价值做出了客观评价,他认为"文章主要是因为其中贝叶斯提出的问题解法受到人们关注,当然其中对纯数学的贡献也是不容忽视的".拉普拉斯在1774年的文章中对托马斯·贝叶斯的思想进行了全面而通俗的阐述,使得托马斯·贝叶斯的逆概率思想在学术界得以流行,并促进了贝叶斯方法在实际中的应用.拉普拉斯指出是孔多塞(Condorcet)重新发现了贝叶斯的理论.后来贝叶斯思想一直未受到过多关注,直到布尔在《思维法则》(*law of thought*)中对它提出质疑.从那时起,人们对贝叶斯方法的争议从未间断.

托马斯·贝叶斯还写了一篇文章——《流数论引论,以及针对"分析者"作者的异议的一个数学家的辩护》(1736),文中是他针对伯克利对微积分的攻击进行辩护.当时,牛顿发明微积分,受到了多方的猛烈攻击和恶意侮辱.伯克利主教,是一个出名的哲学家和神学家.1734年他发表文章 *The Analyst* 批判牛顿的微积分,这引发了18世纪关于新数学思想的哲学争论.牛顿的支持者们进行了回击,这其中最有力的就是托马斯·贝叶斯发表的这篇文章.他在序言中给出了写作此文的理由:

"……(流数论)不会对 Analyst 的聪明作者所提出的、热切的反对意见感到不快.……但是伯克利在文章中提出(牛顿的文章)对宗教利益的影响,这一点是诽谤.我认为(他的观点)是不合理的,而且太轻率."

"……伯克利认识到数学家之间的争执和争论,并把它作为反驳数学家的方法的证据……他认为逻辑学和哲学是认识世界的方法,并且能解决遇到的任何难题.……如果因为某个学科中,教授之间的争论而贬损学科本身,那么(我认为)逻辑学和哲学比数学更容易受到贬低."

托马斯·贝叶斯在1742年当选英国皇家学会会员,尽管当时他没有发表数学方面的文章.事实上是在他有生之年没有用自己的名字发表过,上面提及的关于流数论的文章是匿名发表的.另一篇关于渐近级数的文章是在他死后发表的,在文中他讨论了斯特林和棣莫弗提出的 logz! 的发散性.

如今,另外一些托马斯·贝叶斯写的数学方面的东西重见天日.现在我们看看其中的一部分.首先,值得一提的是他写给约翰·康顿(英国物理学家)的一封信.信中他们讨论了辛普森对天文观测数据误差处理的问题.另外还有一本小册子,这里面包含了大量数学方面的内容,包括对概率、三角、几何的讨论,方程求解,级数,微分学.也有部分内容是自然哲学方面的,包括电学,光学,天体力学.

附录B WinBUGS软件及其基本使用介绍

WinBUGS是在BUGS基础上开发的面向对象交互式的Windows版本,它提供了图形界面,允许通过鼠标的点击直接建立研究模型.BUGS是对Bayesian Inference Using Gibbs Sampling只取首字母的缩写,最初由剑桥大学的生物统计研究所研制的.可用简单的Directed graphical model(有向图模型)进行直观的描述.它是一款通过MCMC方法来分析复杂统计模型的软件,其基本原理就是通过Gibbs抽样和Metropolis-Hastings算法,从完全条件概率分布中抽样,从而生成马尔科夫链,通过迭代,最终估计出模型参数.

该软件可方便地对许多常用或复杂模型(如分层模型、交叉设计模型、空间和时间作为随机效应的一般线性混合模型、潜变量模型、脆弱模型、协变量、截尾数据、限制性估计、缺失值问题等)和分布进行Gibbs抽样,还可用简单的有向图模型进行直观的描述,并给出参数的Gibbs抽样动态图.抽样收敛后,用Smoothing方法得到后验分布的核密度估计图、抽样值的自相关图及均值、标准差、95%置信区间和中位数等信息的变化图等,使抽样结果更直观、可靠.引入Gibbs抽样与MCMC的好处是不言而喻的,由此可避免计算一个具有高维积分形式的完全联合后验概率公布,而代之以计算每个估计参数的单变量条件概率分布.

WinBUGS可以在Windows 95/98/NT/XP等中使用,它提供了图形界面,允许通过鼠标的点击直接建立模型.关于WinBUGS软件的介绍,见:Sturtz等(2005),孟海英,刘桂芬,罗天娥(2006),刘乐平,张美英,李姣娇(2007),Ntzoufras(2009),Woodward(2011),Lunn等(2012)等.关于WinBUGS在统计分析中的应用,见http://cos.name/tag/winbugs/.

B.1 下载安装

目前,关于WinBUGS最权威、资源最丰富的是"The BUGS Project"网站:http://www.mrc-bsu.cam.ac.uk/bugs/winbugs/contents.shtml

WinBUGS1.4软件现在免费提供下载,WinBUGS软件非常小(压缩后只有2.86M),安装的方法非常简单,先将软件包(zipped version of the whole file structure)下载到电脑中,解压缩,然后双击WinBUGS14.exe即可(为了使用方便,可用鼠标右键点击WinBUGS图标在桌面上创建快捷方式).安装成功后,点击图标,打开WinBUGS,其图形界面如图B1所示.

图B1 WinBUGS图形界面

B.2 应用实例

以下通过一个例子,来说明通过贝叶斯统计计算软件WinBUGS来模拟后验密度的具体操作步骤.

引自 WinBUGS 软件帮助手册中的 Volum I：George et al (1993)讨论了分层模型的贝叶斯分析(Bayesian analysis of hierarchical models),其中,第一层采用了共轭先验分布.

该例考虑了 10 个发电站的水泵,假设发生故障的水泵个数 x_i 服从泊松分布,即 $x_i \sim \text{Poisson}(\theta_i t_i)$，$i=1,2,\cdots,10$. 其中，$\theta_i$ 表示水泵 i 的发生故障率，t_i 表示水泵运行时间的长度(单位:kh),数据见下表.

i	1	2	3	4	5	6	7	8	9	10
t_i	94.3	15.7	62.9	126	5.24	31.4	1.05	1.05	2.1	10.5
x_i	5	1	5	14	3	19	1	1	4	22

故障率的先验分布取共轭分布 Gamma 分布,即为 $\theta_i \sim Ga(\alpha,\beta)$，$i=1,2,\cdots,10$.

对上述 Gamma 分布中的参数——超参数 α 和 β,假设 α 服从指数分布,即 $\alpha \sim \text{Exp}(1.0)$，$\beta$ 服从 Gamma 分布,即 $\beta \sim Ga(0.1,1.0)$. 可以给出 β 的后验分布,但 α 的标准后验分布无法给出. 因而,可使用 Gibbs sampler 模拟得到 α 的后验密度.

以上表达式可用贝叶斯图建模方法表示成如下有向关系图(图 B2),在 WinBUGS 中称作 Doodle 模型. 说明: α 用 alpha 表示，x_i 用 x[i] 表示，λ_i 用 lambda[i]表示,其余类似.

启动 WinBUGS14,会出现两个窗口,关闭其中一个(Licence Agreement 窗口),会看到 WinBUGS 主窗口(图 B3):窗口简单明了,WinBUGS 主窗口和 Windows 常用窗口结构类似,关闭、最小化等基本操作相同. WinBUGS 主窗口最上面一行为标题栏(heading line),下一行是菜单栏(menu heading line),有 File, Tools, Edit, Attributes, Info, Model, Inference, Options, Doodle, Map, Window, Help 共 12 个菜单,最下面一行是状态栏(status line).

下面分四个步骤解释怎样通过 WinBUGS 软件解决以上问题.

步骤 1　Doodle 模型的建立和检验

(1) 建立 Doodle 模型(图 B4)

在 WinBUGS 的使用中,Doodle 模型非常特别,它以节点(nodes)、箭头(edges)和平板(plates)等图形方式出现(对应图 B1:包含 alpha 的小椭圆形和包含 t[i] 的小矩形都为节点;箭头分实线箭头和双线空心箭头;右侧和下侧边线较粗的大矩形称为"平板"),可以用图形的方式来构建模型. 模型的每个节点,都含有特定的属性,如名称、类型、分布或逻辑函数的定义等(name, type, distribution, or logical function definition). 以下我们按照图 B2 的形状,以从上到下、从左至右的顺序,利用 Doodle 菜单构建 Doodle 模型.

图 B2　Doodle 模型

图 B3　WinBUGS 主窗口

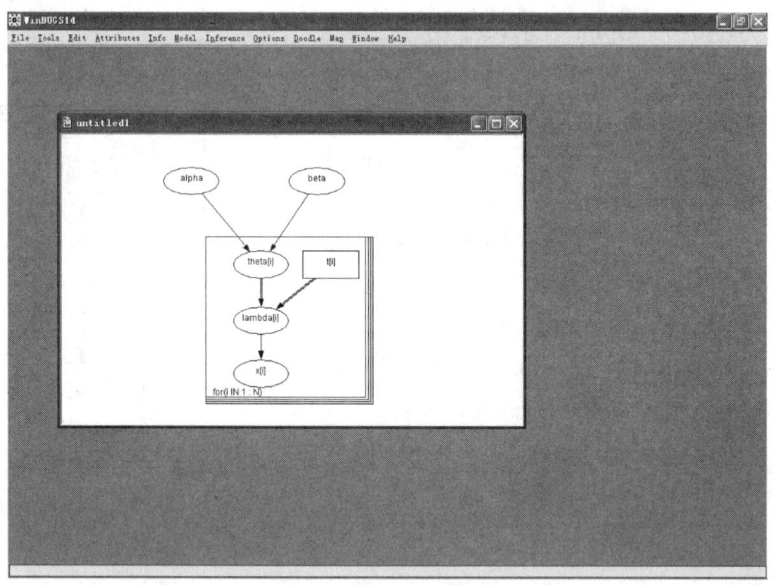

图 B4　Doodle 模型的建立

① 打开 Doodle 菜单,选择 New(新建)命令,可以打开一个名为"New Doodle"的对话框. 键入 200、150 和 20,作为编辑窗口的显示宽度、显示高度和节点的宽度. 这三个选项控制编辑窗口和节点的大小,输入数值的大小应与模型相适合. 点击 OK,一个无标题名(untitled1)的 DoodleBUGS 编辑窗口就产生了(注:可以按默认值打开,窗口大小可以按调节 windows 窗口的一般方法调节).

② 在此 DoodleBUGS 编辑窗口(untitled1)中的空白处单击(左键,下同)鼠标,会自动产生一个椭圆形节点(node)(注:在此窗口中,不能按习惯任意点击,因为一点就会出现一

个节点. 多余节点删除与一般删除不同, 先用鼠标将需删除的节点点击选中, 然后按住 Ctrl 键不放, 再按下 Delete 键或 Backspace 键删除), 窗口左上方也会同时出现七个蓝色的标题, 分别为 name(名称), type(类型), density(密度), mean(均值), precision(精度), lower bound(下界), upper bound(上界), 光标在第一个名称栏(name)内闪烁, 节点可以用鼠标点中后随意拖动. 在名称栏(name)内, 输入 "alpha"(表示 α) 作为此节点的名称. 然后, name 右侧的是类型栏(type), 单击(type)不放它会自动出现下拉菜单, 菜单中有三个选项: 随机、逻辑和常量(stochastic, logical, and constant), 第一项是默认值. 由于 alpha 是随机变量, 故选择默认值; 再往右是密度栏(density), 单击此栏会出现 16 种分布的下拉菜单栏(默认值是正态分布 dnorm). 因为假设 alpha 服从 Exponential 指数分布, 所以选择 dexp(表示 Exponential 分布)密度. 接下来, 在 scale 框中输入数值 $1.0(\alpha \sim \exp(1.0))$. 对于下界和上界(lower bound and upper bound)栏, 不用输入数值, 因为不需要对此节点的数值范围加以限制. 这样, 就完成了对模型中参数 α 的节点属性定义.

在窗口中的其他位置重新再点击鼠标, 生成一个新的节点, 命名为 beta(表示 β). 这个新的节点的颜色相比会显得 "高亮"(highlighted), 称之为选中状态. (注: 节点只有处于选中状态时, 才能对节点的属性进行修改和编辑). 参照以上方法对此节点按假设条件 $[\beta \sim Ga(0.1, 1.0)]$ 进行属性设置. 类型栏(type)中默认 stochastic, 在密度(density)类型中按要求选择 dgamma 分布, 在形状参数框(shape)中输入 0.1, 在尺度参数框(scale)中输入 1.0.

创建一个新的节点 theta[i], name 后输入 theta[i], type 中默认 stochastic, density 中按要求选择 dgamma 分布. 注意, 对于此节点, shape 和 scale 中不用输入值, 因为按假设它们分别为 alpha 和 beta ($\theta_i \sim Ga(\alpha, \beta)$), 通过下面箭头关系的操作, 程序会自动生成 shape 和 scale 中的值.

保持节点 theta[i] 处于选中状态, 按住 Ctrl 键不放, 点击 alpha 节点(内部), 这时会在两个节点之间产生一个实线箭头(表示随机节点到随机节点), 箭头的方向从 alpha 节点指向 theta[i] 节点——即将父节点与子节点进行连接——这时, 在形状框(shape)中就会自动出现 alpha. 同样操作, 建立从 beta 节点指向 theta[i] 节点的实线箭头, 这时, 在尺度框(scale)中就会自动出现 beta. [为了以后的应用, 先将怎样进行箭头移动和删除的方法进行说明, 想移动箭头, 不要去点击箭头, 通过移动节点, 箭头会随着自动调整. 要想删除箭头, 先选中子节点(箭头所指), 然后按住 Ctrl 键不放, 再次点击父节点(箭尾), 箭头删除要注意次序, 否则会加上一个新箭头].

按照以上方式继续进行下去, 创建节点 t[i]. 对这个节点, 选择它的类型(type)为常数(constant), 这时, 你会发现节点 t[i] 的形状会变成矩形. (注意: 属性栏也随之发生变化).

接着创建并定义一个新的节点, 命名为 lambda[i], 选择它的类型(type)为逻辑 logical, 在 value 栏中, 输入逻辑表达式 theta[i] * t[i].

按前述方法创建从父节点 theta[i] 到子节点 lambda[i] 的箭头, 注意, 这次显示的箭头与以前有区别, 呈双线空心箭头, 这种箭头表示随机变量到逻辑变量之间的联系, 区别于两个随机变量之间联系的实线箭头. 同理, 也可建立从父节点 t[i] 到子节点 lambda[i] 的双线空心箭头.

最后, 根据条件 $x_i \sim P(\theta_i t_i)$, 创建节点 x[i], density 中选择密度为 dpois(表示

poisson 分布),创建从父节点 lambda[i]到它的箭头,父节点的名称 lambda[i]会自动出现在 mean 栏中.

③ 建立矩形"平板"(plates).按下 Ctrl 键不放,在 Doodle 窗口内的空白处点击鼠标,就可创建一个矩形"平板".用鼠标点击"平板"右侧或下侧较粗的边线,就可选中激活它,并且可以对它进行移动.想对"平板"的大小进行调整,将鼠标点击"平板"的右下角顶点进行拖动(如同对一般窗口调整大小).想删除"平板",选中(点击"平板"右侧或下侧较粗的边线),按住 Ctrl 键不放,再按下 delete 键或 backspace 键删除.此例中,将创建的"平板"的大小调整到如图 B2 所示,包含下半部分的四个节点.

当一个"平板"被选中后(点击"平板"右侧或下侧较粗的边线),窗口的左上方会出现三个蓝色的标题:指标、起始和结束(index,from,up to).首先在指标文本框(index)中输入指标名称,它表示一列整数序列数值,从 from 中的数值到 up to 中的数值,在此例中,index 中输入 i,from 中输入 1,up to 中输入 N.

这样就完成了例子的全部 Doodle 模型的构建(图 B4).这时比较明智的选择应该是把刚才辛苦的工作保存下来,在 File 菜单中,选择 Save as 命令,然后在对话框中,输入便于记忆的文件名(用英文),WinBUGS 会自动在文件名之后加上后缀名.odc,选择合适的目录保存,便于以后使用.(使用 WinBUGS 经常将做过的内容保存下来,如同用 word 编辑文档时需要经常点击保存一样,是以免"白做一晚上"的"首要法则".)

(2) 对 Doodle 模型进行检验(check)

构建完 Doodle 模型后,下一步是对此模型进行检验,检验 WinBUGS 对它是否识别,检验模型在程序语法上是否正确.在 Modle 菜单中选择 Specification 命令,会出现一个标题为"Specification Tool"的对话窗口(图 B5)(用完后不要关闭,以下步骤还需使用).在窗口中点击"check model"按钮,如果建立的 Doodle 模型正确,在 WinBUGS 主窗口的左下角的状态栏(status line)上就会出现一条信息"model is syntactically correct"(图 B6).否则,就必须对 Doodle 模型的每一个节点、每一个箭头和每一块平板进行检查,耐心检查它们的名称和属性,

图 B5 "Specification Tool"对话窗口

改正错误的地方.然后,重新对模型进行检验……,直到 WinBUGS 宣布"model is syntactically correct".

注:Doodle help 例子中的 Doodle 模型,可以"复制"和"粘贴"到窗口中,如果以上操作多次通不过.不妨将软件帮助中的例子(Examples Volume I-例2)中现成的 Doodle 模型通过 Edit(编辑)菜单中的 copy 和 paste to window 直接复制过来,然后进行比较,找出错误.

步骤 2 数据输入、模型编译和初始值设定(图 B7)

(1) 输入数据(data loaded)

模型检验合格后,需要对数据进行定义和输入.例中的数据可以按以下方式进行定义

```
list(t = c(94.3, 15.7, 62.9, 126, 5.24, 31.4, 1.05, 1.05, 2.1, 10.5),
     x = c( 5, 1, 5, 14, 3, 19, 1, 1, 4, 22), N = 10)
```

这种数据的表示格式被称为 S-PLUS 格式.观测值 t 和 x 被定义成数组(如有缺失数据,用 NA 表示).

图 B6　Doodle 模型的检验

图 B7　数据输入、模型编译和初始值设定

在 File 菜单中选择 New 命令,出现的窗口可以对文本进行编辑.将数据在英文输入状态下按以上形式分两行输入.输入完毕,检查确定无误后,选中输入内容(将光标点中以上输入内容中任意位置即可),然后在"Specification Tool"对话窗口中点击"load data"按钮.信息"data loaded"将会在状态栏显示.

(2) 对模型进行编译(compile)

继续在"Specification Tool"的对话窗口中通过"compile"按钮完成.在对模型进行编译

之前,注意在"compile"按钮右边上的文本框中的正整数应大于或等于默认值1(这个数字表示使用者希望同时模拟互相独立的链的个数).模型的编译需要运行 Gibbs samping,模型需要对数据的完整性和一致性进行检验.当模型编译成功后,信息"model compiled"会出现在状态栏中[如果输入数据有误,需要从模型检验(check)步骤开始重做].

(3) 对模型进行初始值设定(load inits)

在编译好的模型真正运行之前,还需要对模型进行初始值设定(load inits).以下的语句可以执行这项任务.

```
list(alpha = 1, beta = 1)
```

注意,这只是模拟的初始值,并不需要一定要与我们实际期望的参数值很接近.将这条命令继续输入到数据窗口中(可换行,在刚才输入的两行数据下输入),选中这个语句,按"Specification Tool"的对话窗口中的"load inits"按钮,状态栏中会出现信息"this initial value does not correspond to a stochastic node".这时,"Specification Tool"的对话窗口中的"gen inits"按钮将被激活,按下"gen inits"按钮,状态栏上会出现信息"initial values generated, model initialized"(图 B7).

步骤3 变量监控和模型迭代

(1) 对变量进行监控设置(Monitor)

打开 Inference 菜单,选择 Samples 命令.会产生一个名为"Sample Monitor Tool"的对话窗口(图 B8),在 node 框中输入 alpha,然后按下"set";输入 beta,按下"set";输入 theta[1],按下"set",再输入 theta[2],……,WinBUGS 可以同时控制多个变量,但必须分别输入变量名和依次进行"set"操作.进行以上操作后,WinBUGS 会在运行时,对输入的控制变量的运行过程及结果进行存储.

(2) 模型迭代运行(iterations, or updates)

当以上步骤完成之后,就可以对模型进行迭代运行了.在 Model 菜单中选择 Update 命令,会出现一个"Update Tool"的对话窗口(图 B9),输入需要迭代(iterations/updates)的次数,按"update"按钮开始执行.迭代的速度非常的快,对此模型进行 10 000 次迭代运算,在 150 MHz Pentium laptop 的 PC 上需要 5 秒,而在 a dual 200 MHz Pentium Pro 的机器上只需 2 秒.

图 B8 "Sample Monitor Tool"对话窗口

图 B9 "Update Tool"对话窗口

步骤4 模拟结果输出和收敛性判别

再次选中"Sample Monitor Tool"的对话窗口(图 B8),在 node 框中,可以按需要输入你想观测的变量(节点)的名称(步骤3中已输入的控制变量),也可以输入万能替代符"*"来表示"输入的所有需要控制的变量",然后,点击"stats",会同时产生所有控制的变量的统计量模拟估计结果,如图 B10 所示;"density"按钮可以对连续变量画出光滑的核密度估计

（kernel density estimate），对离散变量画出直方图（histogram）；按"trace"按钮，被选择作为控制的变量的样本路径会由动态轨迹图（a dynamic trace plot）显示出来.（注：WinBUGS 的图形功能非常强大，且都是彩色图形，由于篇幅的关系，许多图形只好省略，读者可亲自操作软件体会.）

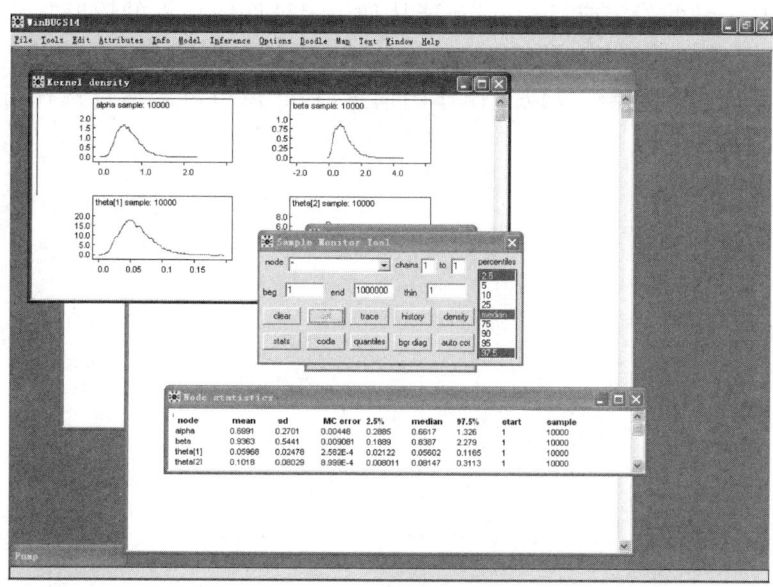

图 B10　模拟结果的输出

注：(1)单击"coda"按钮可以打开两个输出窗口. 一个窗口称为"ind"窗口，它包含了控制变量的名称和列数的范围（a range of row numbers）. 这些列数相应的输入行出现在另一个窗口——"out"窗口中，这个窗口包含控制变量的模拟值. 这两个窗口给出了模拟数据的 ASCII 表示方式，这种表示方式可以复制到其他应用软件中使用，例如 Excel 或 S-PLUS.

另外，软件会自动产生模型的源程序（在 Doodle 窗口激活的条件下，在 Doodle 菜单中，点击 Write Code 命令）：

```
model;
{
  for( i in 1 : N ){
      x[i] ~ dpois(lambda[i])
  }
  for( i in 1 : N ){
      lambda[i] <- theta[i] * t[i]
  }
  for( i in 1 : N ){
      theta[i] ~ dgamma(alpha, beta)
  }
  alpha ~ dexp( 1.0)
```

```
beta ~ dgamma( 0.1, 1.0)
}
```

(2) 收敛性的判别:对于任何以 MCMC 为基础的完全概率模型分析,关于 MCMC 模拟的监测和收敛性的判断都是非常重要的一步. 一个 MCMC 模拟称为收敛的,是指模拟结果来自真的马尔科夫链的稳定或目标分布. 能从理论上证明收敛性的情形非常少,大多数情况,我们只能满足于有效收敛(effective convergence).

(3) Log(日志)窗口会记录以上操作的信息,Log 窗口可以通过选择 Info 菜单中的 Open Log 命令打开).

附录 C OpenBUGS 软件及其基本使用介绍

BUGS 是 Bayesian inference Using Gibbs Sampling 的缩写,于 1989 年研制,适用于 DOS 操作系统.WinBUGS 软件是 BUGS 软件在 Windows 操作系统下的版本,最新版本为 1.4.3,已于 2007 年停止更新.2004 年,安德鲁·托马斯(Andrew Thomas)在赫尔辛基大学开始研制 OpenBUGS 软件,经过十余年的开发,目前这一软件已越来越显示出其独特的优势.虽然该软件基于的理论方法与 WinBUGS 软件基本相同,但用户能够根据自己的需求进行二次开发,也无需考虑操作系统问题(OpenBUGS 软件可以在 Windows、Unix、Linux 操作系统下使用).

OpenBUGS 和 WinBUGS 都是在 BUGS 的基础上开发的面向对象交互式软件,二者在功能、使用方法等很多方面非常接近.OpenBUGS 软件是在 WinBUGS 软件基础上研制的一款实现贝叶斯统计推断的工具软件.OpenBUGS 目前已经更新到 OpenBUGS3.2.3 版本,可以从 http://www.openbugs.net/w/Downloads 上免费下载使用(不需要注册即可使用软件的全部功能).目前国内外关于 OpenBUGS 软件的基本操作介绍比较少(与 WinBUGS 软件的基本操作介绍比较),但还是可以找到一些,如:Kelly 和 Smith(2011),杨维维等(2016),张继巍等(2017)等(下面的内容是根据前面提到的几篇文献综合整理的,并加上了作者自己的使用经验).

本附录以下简要介绍如下几个问题:OpenBUGS 软件基本操作步骤,OpenBUGS 软件的特点,OpenBUGS 软件与 WinBUGS 软件区别,OpenBUGS 中的资源简介.

C.1 OpenBUGS 软件基本操作步骤

在采用 OpenBUGS 软件构建贝叶斯模型时,其操作流程与 WinBUGS 软件基本一致(后面将介绍它们的区别),主要分为六个步骤:

步骤 1:模型的构建与数据的输入

在文件窗口中编写模型程序,完成数据的输入并赋予初始值,File 菜单中选择"Save AS"将编写好的程序保存到文档中(后缀名为.odc).

步骤 2:模型的定义

选择菜单 Model\Specification,光标移动到模型框架内或者选中"model",单击对话框中的"check model"按钮,若无语法错误,窗口底部将显示"model is syntactically correct",然后依次进行加载数据(loda data)、给定模拟链数、编译程序(compile)、加载初始值(lodainits)或者由系统自动产生初始值(gen inits),窗口底部将显示"model is initialized".

步骤 3:考察参数的选定

选择菜单 Inference/Samples,在 Sample MonitorTool 对话框中的 node 处输入需要考察的参数,每输入一个参数名均单击 set,在 node 中输入"*"即指定所有需考察的未知参数,trace、history 等按钮点击后不能打开相应的窗口,需在迭代更新后打开.

步骤 4：迭代运算

选择菜单 Model/Update，在 updates 中输入 MCMC 预迭代次数，单击"update"按钮开始模拟运算，若要中途停止更新，再次单击"update"按钮即可.

步骤 5：收敛性诊断

点击 Sample Monitor Tool 对话框中"history"按钮观察迭代历史图，"trace"按钮给出 Gibbs 动态抽样踪迹图，如果迭代历史图和踪迹图趋于稳定，说明收敛性较好，不收敛则重复步骤 4，增加迭代次数，若迭代很多次后仍不收敛，则需考虑对模型进行相应的修改.

步骤 6：后验分析

在 beg 中输入丢弃初始迭代结果的次数，减少初始值的影响，单击"Sample Monitor Tool"对话框中"stats"按钮输出后验参数的描述性统计量，包括均值、中位数、标准差、MC 误差等."coda"按钮可将模拟结果保存到外部文件，供 R 等软件进一步分析和作图使用.

C.2 OpenBUGS 软件的特点

基本原理：通过 Gibbs 抽样和 Metropolis 算法，从完全条件概率分布中抽样，从而生成马尔科夫链，通过迭代，最终估计出模型的参数.

作用及过程：OpenBUGS 软件是通过 Gibbs 抽样和 MCMC 方法从任意复杂模型的后验分布中产生样本，提供了一个有效的方法估计贝叶斯统计模型，极大地推进了贝叶斯的应用. 因为它将所有的未知参数都视为随机变量，故可以方便的对许多缺失数据、异常数值、小样本资料和非参数模型及分布进行 Gibbs 抽样，实现 Gibbs 抽样的建模，并对其进行拟合和分析，最终得到模型参数的估计，并给出参数的 Gibbs 抽样动态图、核密度图、均值及其可信区间的变化图等，使抽样结果更直观、可靠. Gibbs 抽样收敛后，还可以方便地得到参数后验分布的均值、标准差、95％置信区间和中位数等信息.

分布类型：OpenBUGS 中提供了 29 种常用的分布（用于指定似然函数和先验分布），主要有离散型单变量分布（discrete univariate distribution）、连续型单变量分布（continuous univariate distribution）、离散型多变量分布（discrete multivariate distribution）、连续型多变量分布（continuous multivariate distribution）四种. 在本附录的最后（在 C.4 中将具体介绍最常见的有几种分布）.

C.3 OpenBUGS 软件与 WinBUGS 软件区别

OpenBUGS 软件的开发主要以操作系统运行环境的扩充、其他软件的调用和开放源代码为主要目的，同时，OpenBUGS 软件的开发应用并不会对已安装 WinBUGS 软件的用户产生任何危害. 二者之间其他方面的区别如下：

（1）二者间最主要的不同在于模型更新算法方面，OpenBUGS 软件的 Updater Options 包含"updaters"和"parameters"两个标签（图 C1），updaters 标签下的列表框给出大量可用的更新算法系统名称，可以改变当前 node 的更新方法（在模型编译后），并且可通过菜单 Info/Updaters (by name) 来查看各 node 算法更新的相关信息；parameters 标签下对话框给出为解决当前问题所采用的更新方法的系统名称，可改变算法的默认参数值（如 iterations 等），而 WinBUGS 软件的更新选项界面如图 C2 所示，其只有"parameter"对话框的作用,可见 OpenBUGS 软件拥有更好的灵活性和可扩展性.

图 C1   OpenBUGS 软件中 Updater options 界面

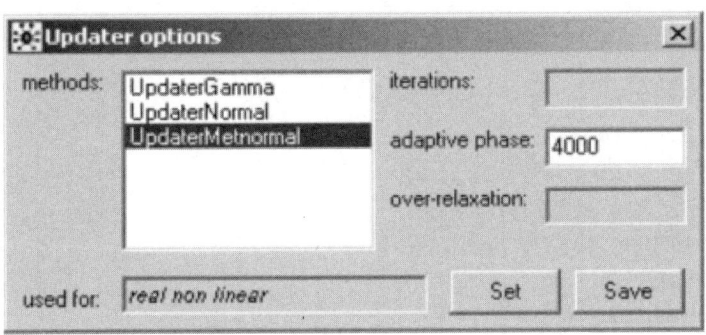

图 C2   WinBUGS 软件中 Updater options 界面

(2) OpenBUGS 软件的 Model 菜单除了增加"Updater Options"外,还增加了 Externalize 和 Internalize 两个选项,Externalize 可以将编译好模型的所有内部数据结构信息以 bug 文件形式保存在 OpenBUGS 软件安装目录下的"Restar"文件夹中,Internalize 选项可以从"Restar"文件夹读入编译好的模型数据结构信息,这两个选项为保存和调用模型提供了便捷,不需要再对模型从头进行模型验证、数据加载、编译等步骤,直接可以进行迭代和观测后验参数的描述性统计量,当然,Externalize 和 Internalize 选项也会产生很大的文件.Model 菜单中的 Latex 选项将给出 Latex 代码来描述当前的模型.

(3) OpenBUGS 软件中 Script 命令的语法与 WinBUGS 软件的 Script 有很大差别,与其在 R 中调用 OpenBUGS 所产生的脚本命令相似,通过 Script 命令可以自动进行一些常规分析和建立可重复的分析,通过 R 软件可以将 WinBUGS 软件中的脚本转化为 OpenBUGS 软件的脚本.为了更好地展现不同 nodes 迭代的信息,OpenBUGS 软件的 Info 菜单中增加了很多选项,例如:Updaters by name 和 Updaters by depth,将 nodes 分别按名称和更新深度列出.选择 Info 菜单中的 Show data 选项,将打开一个窗口显示模型中的数据部分.

(4) OpenBUGS 软件新增了一些函数功能和分布,例如 eigen. vals,integral, gammap, ode, prod, p. valueM, solution 等,同时也对一些分布进行重命名使其符合 R 中

的相应分布规范命名,例如把狄里雷特分布从 ddirch 为 ddirich 等.除此之外,OpenBUGS 软件在处理删失 C(lower, upper) 和截尾分布 T(lower, upper) 采用的函数不一样,而 WinBUGS 软件则均通过 I(lower, upper) 来处理删失和截尾分布,通常不赞成这种做法.

(5) OpenBUGS 软件 Help 菜单中增加了索引选项,可以输入关键词在指南和案例中快速检索,将函数功能和分布单独作为选项,并且增加了 Examples 菜单,提供更多的使用例子,这些改变都更方便用户的使用和学习.

C.4 OpenBUGS 中的资源简介

在 OpenBUGS 中有丰富的资源,以下对部分内容 Appendix I Distributions, Appendix II Functions and Functionals, Examples 进行简要介绍.

(1) 在 OpenBUGS 的下拉菜单 Help 中,Appendix I Distributions 包括很多**概率分布**,最常见的有(在以下部分中,前面是分布的名称,后面是在 OpenBUGS 中的函数,( )里的是分布参数):

Binomial,dbin(p, n)
Poisson,dpois(lambda)
Beta,dbeta(a, b)
Gamma,dgamma(r, mu)
Uniform,dunif(a, b)
Exponential,dexp(lambda)
Normal,dnorm(mu, tau)
Log-normal,dlnorm(mu, tau)
Pareto,dpar(alpha, c)
Weibull,dweib(v, lambda)

以上仅举几个常见分布为例,关于其他分布,需要时可以到 OpenBUGS 的下拉菜单 Help 中 Appendix I Distributions 去查.

(2) 在 OpenBUGS 的下拉菜单 Help 中,Appendix II Functions and Functionals 包括**很多函数**,例如(在以下部分中,前面是在 OpenBUGS 中函数的表示,后面是该函数通常的意义):

1. abs(a), $|a|$
2. exp(a), $\exp(a)$
3. sqrt(b), $b^{1/2}$
4. pow(c, d), c^d

以上仅举几个最常见函数为例,关于其他函数,需要时可以到 OpenBUGS 的下拉菜单 Help 中 Appendix II Functions and Functionals 查找.

(3) 在 OpenBUGS 的下拉菜单 Examples 中包括很多例子,例如在 Examples vol II 中有 Asia:expert system

Evidence propagation
Lauritzen and Spiegelhalter (1988) introduce a fictitious "expert system" representing the

diagnosis of a patient presenting to a chest clinic, having just come back from a trip to Asia and showing dyspnoea (shortness-of-breath). The BUGS code is shown below and the conditional probabilities used are given in Lauritzen and Spiegelhalter (1988). Note the use of max to do the logical-or. The dcat distribution is used to sample values with domain (1, 2) with probability distribution given by the relevant entries in the conditional probability tables.

```
model
    {
        smoking ~ dcat(p.smoking[1:2])
        tuberculosis ~ dcat(p.tuberculosis[asia,1:2])
        lung.cancer ~ dcat(p.lung.cancer[smoking,1:2])
        bronchitis ~ dcat(p.bronchitis[smoking,1:2])
        either <- max(tuberculosis,lung.cancer)
        xray ~ dcat(p.xray[either,1:2])
        dyspnoea ~ dcat(p.dyspnoea[either,bronchitis,1:2])
    }
```

Data(click to open):
list(asia = 2, dyspnoea = 2,
    p.tuberculosis = structure(.Data = c(0.99,0.01,0.95,0.05), .Dim = c(2,2)),
    p.bronchitis = structure(.Data = c(0.70,0.30,0.40,0.60), .Dim = c(2,2)),
    p.smoking = c(0.50,0.50),
    p.lung.cancer = structure(.Data = c(0.99,0.01,0.90,0.10), .Dim = c(2,2)),
    p.xray = structure(.Data = c(0.95,0.05,0.02,0.98), .Dim = c(2,2)),
    p.dyspnoea = structure(.Data = c(0.9,0.1,
                    0.2,0.8,
                    0.3,0.7,
                    0.1,0.9), .Dim = c(2,2,2)))

Inits for chain 1 Inits for chain 2 (click to open):
list(smoking = 2, tuberculosis = 2, lung.cancer = 2, bronchitis = 2, xray = 2)

Results:

	mean	sd	MC_error	val2.5pc	median	val97.5pc	starts	ample
bronchitis	1.815	0.3881	0.001938	1.0	2.0	2.0	5001	100000
either	1.181	0.3847	0.002014	1.0	1.0	2.0	5001	100000
lung.cancer	1.1	0.2995	0.001643	1.0	1.0	2.0	5001	100000
smoking	1.626	0.4839	0.002182	1.0	2.0	2.0	5001	100000
tuberculosis	1.08	60.2798	0.001451	1.0	1.0	2.0	5001	100000
xray	1.218	0.4129	0.00191	1.0	1.0	2.0	5001	100000

在 OpenBUGS 中还有很多资源，这里不再赘述，需要者可以自行查找.

参 考 文 献

[1] Albert J. Bayesian computation with R[M]. 2nd ed. New York：Springer,2009.

[2] Ando T. Bayesian model selection and statistical modeling[M]. London/Boca Raton：Chapman and Hall/CRC,2010.

[3] Arnold B C. Pareto distributions. [M]. 2nd ed. London/Boca Raton：Chapman and Hall/CRC, 2015.

[4] Baio G. Bayesian methods in health economics[M]. London/Boca Raton：Chapman and Hall/CRC, 2012.

[5] Berger J O. Statistical decision theory[M]. New York：Springer-Verlag, 1980.

[6] Berger J O. Statistical decision theory and bayesian analysis[M]. 2nd ed. New York：Springer-Verlag, 1985.（中译本：统计决策论及贝叶斯分析[M]. 贾乃光,译. 吴喜之,校. 北京：中国统计出版社,1998.）

[7] Berger J O. Bayesian analysis：a look at today and thoughts of tomorrow[J]. Journal of the American Statistical Association, 2000, 95：1269-1276.

[8] Broemeling L D. Bayesian biostatistics and diagnostic medicine[M]. London/Boca Raton：Chapman and Hall/CRC, 2007.

[9] Broemeling L D. Advanced bayesian methods for medical test accuracy[M]. Boca Raton：CRC Press, 2011.

[10] Box G E P, Tiao G C. Bayesian inference in statistical analysis [M]. Boston：Addison-Wesley, 1973.

[11] Box G E P, Jenkins G. M. Time series analysis, forecasting and control[M]. San Francisco：Holden-Day, 1970.

[12] Box G E P. Sampling and Bayes inference in scientific modelling and robustness（with discussion）[J]. Journal of Royal Statistical Society (Series A), 1980, 143：383-430.

[13] Buhlmann H. Experience rating and probability[J]. ASTIN Bulletin, 1967, 4：199-207.

[14] Buhlmann H. Experience rating and probability[J]. ASTIN Bulletin, 1969, 5：157-165.

[15] Buhlmann H, Stranb E. Glaubwurdigkeit fur schadensatze［J］. Mitteilungender Vereinigung Schweizerischer Versicherungsmathematiker. 1970, 70：111-13.

[16] Carlin B P, Louis T A. Bayesian methods for data analysis[M]. 3rd ed. London/Boca Raton：Chapman and Hall/CRC, 2008.

[17] Cai G L, Xu W Q. Application of E-Bayes method in stock forecast[C]. International Conference on Information and Computing, 2011, 504-506.

[18] Clark J S. Models for ecological data：an introduction：statistical computation for environmental sciences in R：lab manual for models for ecological data[M]. Princeton：Princeton University Press, 2007.（中译本：面向生态学数据的贝叶斯统计——层次模型、算法和 R 编程[M]. 沈泽昊等,译. 北

京:科学出版社,2013.)

[19] Clayton D, Kaldor J. Empirical Bayes estimates of age-standardized relative risks use in disease mapping[J]. Biometrics. 1987, 43:671-681.

[20] Cornfield J. The Bayesian outlook and iis applications[J]. Biometrics. 1965, 28:617-657.

[21] Cox D P. Some simple approximate tests for Poisson variates[J]. Biometrika. 1953, 40:354-360.

[22] Cramer H. Mathematical methods in statistics[M]. Princeton: Princeton University Press, 1946.

[23] De Finetti B. Theory of probability[M]. Vols. 1 and 2. New York: Wiley, 1974, 1975.

[24] Dey D K, Ghosh S K, Mallick B K. Bayesian modeling in bioinformatics[M]. London/Boca Raton: Chapman and Hall/CRC, 2010.

[25] Efron B. Bayes' Theorem in the 21st century[J]. Science, 2013, 340, 1177-1178.

[26] Given H G, Hoeting J A. Computational statistics[M]. Hoboken,John Wiley & Sons, Inc, 2005.

[27] Geweke J. Contem porary bayesian econometrics and statistics[M]. Hoboken, N. J: John Wiley, 2005

[28] Good I J. The probabilistic explication of evidence, surprise, causality, explication, and utilit[C]. In Foundations of Statistical Inference. V. P. Godambe and D. A. Sprott(Eds.). Holt, Rinebert, and Winston, Toronto, 1973.

[29] Han M. E-Bayesian estimation of failure probability and its application[J]. Mathematical and Computer Modelling, 2007, 45, 1272-1279.

[30] Han M. E-Bayesian estimation and hierarchical Bayesian estimation of failure rate[J]. Applied Mathematical Modelling, 2009, 33(4): 1915-1922.

[31] Han M. E-Bayesian estimation of the reliability derived from binomial distribution[J]. Applied Mathematical Modelling. 2011, 35: 2419-2424

[32] Han M. The E-Bayesian and hierarchical Bayesian estimations of Pareto distribution parameter under different loss functions[J]. Journal of Statistical Computation and Simulation. 2017, 87:577-593.

[33] Han M. A note on the posterior risk of the entropy loss function[J]. Applied Mathematical Modelling. 2023a, 117:705-713.

[34] Han M. Take a look at the hierarchical Bayesian estimation of parameters from several different angles[J]. Communications in Statistics-Theory and Methods. 2023b, 52(21):7718-7730.

[35] Herzog T N. Credibility: the Bayesian model versus buhlmann Model[J]. Transaction of Society of Actuaries, 1990, 41: 43-88.

[36] Huang S, Yu J. Bayesian analysis of structural credit risk models with microstru cture noises[R]. Working paper, Singapore Management University, 2008.

[37] Ioannis Ntzoufras. Petros dellaportas bayesian modeling of outstanding liabilities incorporating claim count uncertainty[J]. North American Actuarial Journal, 2002, 6(1): 113-136.

[38] Jeffveys H. Theory of probability[M]. Oxford: Clarendon Press, 1939.

[39] Jeffveys H. Scientific inference[M]. London: Cambridge University Press,1957.

[40] Jeffveys H. Theory of probability[M]. 3rd ed. Oxford: Clarendon Press, 1961.

[41] Katsis A, Ntzoufras I. Bayesian hypothesis testing for the distribution of insurance claim counts using the gibbs sampler[J]. Journal of Computational Methods in Sciences and Engineering,2005,5: 201-214.

[42] Kelly D, Smith C. Bayesian inference for probabilistic risk assessment[M]. London: Springer Science+Business Media, 2011. (中译本:贝叶斯概率风险评估[M]. 郝志棚,译. 北京:国防工业出版社,2014.)

[43] Klugman S A, Panjer H H, Willmot G E. Loss models：from data to decisions[M]. 2nd ed. New York．John Wiley and Sons, In c.,2004.（中译本：损失模型：从数据到决策[M].吴岚,译,北京：人民邮电出版社,2009.）

[44] Koop G. Bayesian econometrics[M]. Chichester：John Wiley & Sons Ltd,2003.

[45] King R, Morgan B, Gimenez O, et al. Bayesian analysis for population ecolog[M]. London/Boca Raton：Chapman and Hall/CRC, 2009.

[46] Kruschke J K. Doing Bayesian data analysis：a tutorial with R and BUGS[M]. Elsevier (Singapore)：Pte Ltd,2011.（英文影印版：贝叶斯统计方法——R和BUGS软件数据分析示例[M].北京：机械工业出版社,2015.）

[47] Laird N M, Ware J H. Random effects models for longitudinal data[J]. Biometrics, 1982,38：963-974.

[48] Lawson A B. Bayesian Disease Mapping：Hierarchical Modeling in Spatial Epidemiology[M]. London/Boca Raton：Chapman and Hall/CRC, 2008.

[49] Lindley D V, Smith A F. Bayes estimates for the linear model[J]. Journal of the Royal Statistical Society．Series B．1972,34：1-41.

[50] Lancaster T. An introduction to modern bayesian econometrics[M]. Malden, MA：Blackwell Publishing Lt, 2004.

[51] Liu X H. Bayesian inference of credit risk model[R]. New Brunswick：Rutgers University, 2008.

[52] Lehmann E L, Casella G. Theory of point estimation[M]. 2nd ed. New York：Springer-Verlag, 1998.（中译本：点估计理论[M].郑忠国,蒋建成,童行伟,译.北京：中国统计出版社,2005.）

[53] Lee S Y. Structural equation modeling：a Bayesian approach[M]. Hoboken, New Jersey：John Wiley & Sons Limited,2007.（中译本：结构方程模型：贝叶斯方法[M].蔡敬衡等,译.北京：高等教育出版社,2011.）

[54] Lunn D, Jackson C, Best N, et al. The BUGS book：a practical introduction to bayesian analysis [M]. London/Boca Raton：Chapman and Hall/CRC, 2012.

[55] Martz H F, Waller R A. Bayesian reliability analysis[M]. New York：John Wiley, 1982.

[56] Makov U E, Smith A F M, Liu Y H. Bayesian methods in actuarial science[J]. The Statistician, 1996,45：503-515.

[57] Makov U E. Principal spplications of Bayesian methods in actuarial science：a perspective,（with discus sion）[J]. North American Actuarial Journal, 2001,5(4)：53-73.

[58] Moye L A. Elementary bayesian biostatistics[M]. London/Boca Raton：Chapman and Hall/CRC, 2007.

[59] Michael S, Hamada A G, Wilson C, et al. Bayesian reliability[M]. New York：Springer Science＋Business Media, 2008.（中译本：贝叶斯可靠性[M].曾志国,译.北京：国防工业出版社,2014.）

[60] Ntzoufras I. Beyesian modeling using WinBUGS[M]. Hoboken, New Jersey：John Wiley & Sons, 2009.

[61] Novick M R, Hall W J. A Bayesian indifference procedure[J]. Journal of American Statistical Association, 1965,60：1104-1117.

[62] Poirier D J. The growth of bayesian methods in statistics and economics since 1970[J]. Bayesian Analysis, 2006,1(4)：969-980.

[63] Press S J. Bayesian statistics：principles, models, and applications[M]. New York：John Wiley & Sons, In c, 1989.（中译本：贝叶斯统计学：原理、模型及应用[M].廖文等,译.北京：中国统计出版社,1992.）

[64] Qin D. Bayesian econometrics：the first twenty years[J]. Econometric Theory．1996,12(3)：500-516.

[65] Raiffa H, Schlaifer R. Applied statistical decision theory[R]. Harvard University, Boston, 1961.

[66] Rosner G L, Laud P. An introduction to bayesian biostatistics[M]. London/Boca Raton: Chapman and Hall/CRC, 2015.

[67] Savage L J. The foundations of statistics[M]. New York: Wiley, 1954.

[68] Savage L J. The subjective basis of statistical practice[R]. Technical Report, Development of Statistics, University of Michigan, Ann Arbor, 1961.

[69] Scollnik D P M. Actuarial modeling with MCMC and BUGS[J]. North American Actuarial Journal, 2001, 5(2): 96-124.

[70] Smith A F M, Skene A M, Shaw J E H, et al. The implementation of the Bayesian paradigm[J]. Communications in Statistics, 1985, A14: 1079-1102.

[71] Smith A F M, Skene A M, Shaw J E H, et al. Progress with numerical and graphical methods for practical bayesian statistics[J]. The Statistician. 1987, 36: 75-82.

[72] Singpurwalla N D. (Eds.) Case studies in bayesian statistics[M]. New York: Springer-Verlag, 1991.

[73] Singpurwalla N D. (Eds.) Case studies in bayesian statistics[M]. Volume Ⅱ. New York: Springer-Verlag, 1995.

[74] Scollnik D P M. Actuarial modeling with MCMC and BUGS[J]. North American Actuarial Journal, 2001, 5(2): 96-124.

[75] Sturtz S, Ligges U, Gelman A. R2WinBUGS: a package for running WinBUGS from R[J]. Journal of Statistical Software, 2005, 12(3): 1-16.

[76] Tsutakawa R K. Mixed model for analyzing geographic variability in mortality rates[J]. Journal of American Statistical Association, 1988, 83: 37-42.

[77] Vassalou M, Xing Y. Default risk in equity returns: working paper[R]. New York: Columbia University, 2002.

[78] Verrall R. A bayesian generalised linear model for the Bornhuetter-Ferguson method of claims reserving[J]. North American Actuarial Journal, 2004, 8: 67-89.

[79] Wald A. Statistical decision functions[M]. New York: Wiley, 1950. (中译本: 统计决策函数[M]. 张福保, 译. 上海: 上海科学技术出版社, 1963.)

[80] Woodward P. Bayesian analysis made simple: an excel GUI for WinBUGS[M]. London/Boca Raton: Chapman and Hall/CRC, 2011.

[81] Zellner A. An introduction to bayesian inference in econometrics[M]. Chichester: John & Wiley, 1971. (中译本: 计量经济学贝叶斯推断引论[M]. 张尧庭, 译. 上海: 上海财经大学出版社, 2005.)

[82] Zellner A. eayesian econometrics[J]. Econometrica, 1985, 53(2): 253-270.

[83] Zellner A. An introduction to Bayesian inference in econometrics[M]. 2nd ed. New York: Wiley, 1987.

[84] Zellner A. Min C. Gibbs sampler convergence criteria[J]. Journal of American Statistical Association, 1995, 90: 921-927.

[85] Zellner A. Bayesian estimation in econometrics and statistics: the Zellner's view and papers[M]. Cheltenham: Edward Elgar, 1997.

[86] 蔡洪, 张士峰, 张金槐. Bayes 试验分析与评估[M]. 长沙: 国防科技大学出版社, 2004.

[87] 成平. 对贝叶斯统计的几点看法[J]. 数理统计与应用概率, 1990, 5(4): 383-388.

[88] 陈希孺. 数理统计学简史[M]. 长沙: 湖南教育出版社, 2002.

[89] 陈正, 汪飞飞. 贝叶斯方法在调整保险费率中的应用[J]. 西安财经学院学报, 2012, 25(5): 51-55.

[90] 陈明镜.准备金发展年相关的贝叶斯估计[J].四川理工学院学报(自然科学版),2011,24(3):296-298.

[91] 陈宜辉,姜礼平,吴树和.无信息先验下几种不同Bayes估计的比较[J].海军工程大学学报,2001,13(5):97-99.

[92] 丁东洋,周丽莉,刘乐平.贝叶斯方法在信用风险度量中的应用研究进行了综述[J].数理统计与管理,2013,32(1):42-56.

[93] 樊重俊,张尧庭.多元自回归模型的Bayes分析方法[J].工程数学学报,1991,8(2):143-148.

[94] 樊重俊,吴可法.关于Bayes公式的一些极限性质[J].西安统计学院学报,1995,10(1):43-45.

[95] 樊重俊,姚莎.贝叶斯时间序列方法研究与应用评述[J].统计与决策,2009,6:158:161.

[96] 高敏雪,蒋妍.统计学专业课程教学案例选编[M].北京:中国人民大学出版社,2013.

[97] 高海清.贝叶斯方法在金融保证保险模型中的应用[J].重庆工商大学学报(自然科学版),2012,29(10):37-44.

[98] 郭涛.基于贝叶斯统计的未决赔款准备金预测研究[D].天津:天津财经大学,2008.

[99] 韩猛,王晓军.Lee-Carter模型在中国城市人口死亡率预测中的应用与改进[J].保险研究,2010,10:6-12.

[100] 韩明.Bayes统计的兴起、发展及应用[J].宁波大学学报,1995,8(4):12-17.

[101] 韩明,徐波.Bayes方法在股市预测中的应用[J].统计与决策,1995,12:22-23.

[102] 朝明.多层先验分布的构造及其应用[J].运筹与管理,6(3):31-40.

[103] 韩明.证券投资预测中的多层Bayes方法[J].预测,2001,20(2):42-44.

[104] 韩明.证券投资预测的E-Bayes方法[J].运筹与管理,2005a,14(5):98-102.

[105] 韩明.从诺贝尔经济学奖看计量经济学的发展[J].统计与信息论坛,2005b,20(6):100-104.

[106] 韩明.证券投资预测的马氏链法和E-Bayes法[J].运筹与管理,2004,16(3):119-123.

[107] 韩明.可靠性参数的修正Bayes估计法及其应用[M].上海:同济大学出版社,2010.

[108] 韩明.应用多元统计分析[M].2版.上海:同济大学出版社,2017.

[109] 韩明.关于贝叶斯[J].中国统计,2014,9:32-33.

[110] 韩明.概率论与数理统计教程[M].3版.上海:同济大学出版社,2023.

[111] 韩明.贝叶斯统计学及其应用[M].2版.上海:同济大学出版社,2023.

[112] 韩明.参数的E-Bayes估计法和M-Bayes可信限法及其应用[M].上海:上海交通大学出版社,2017.

[113] 韩明,张积林,李林,等.数学建模案例[M].2版.上海:同济大学出版社,2020.

[114] 韩平,韩明.诺贝尔奖与数学中的大奖[J].数学通报,2003,3:39-40.

[115] 郝立亚,朱慧明.贝叶斯金融随机波动模型及应用[M].北京:经济管理出版社,2015.

[116] KotzS,吴喜之.现代贝叶斯统计学[M].北京:中国统计出版社,2000.

[117] 李小胜,夏玉华.当代贝叶斯计量经济学分析框架与展望[J].财贸研究,2007,6:29-33.

[118] 李小胜.贝叶斯计量经济学及面板数据中的贝叶斯推断[J].统计与决策,2010,10:11-12.

[119] 李聪,朱复康,赖民.对称熵损失下成功概率P的E-Bayes估计[J].大学数学,2013,29(1):25-30.

[120] 林静.基于MCMC的贝叶斯生存分析理论及其在可靠性评估中的应用[D].南京:南京理工大学,2008.

[121] 林叔荣.实用统计决策与Bayes分析[M].厦门:厦门大学出版社,1991.

[122] 鈴木雪夫,國友直人.ヘ"イス"統計學とその應用[M].東京:东京大学出版会,1989.

[123] 刘乐平,袁卫.现代Bayes方法在精算学中的应用及展望[J].统计研究,2002a,8:45-49.

[124] 刘乐平,袁卫.未决赔款准备金估计方法的最新进展[J].保险研究,2002b,11:47-49.

[125] 刘乐平,袁卫.现代贝叶斯分析与现代统计推断[J].经济理论与经济管理,2004,24(6):64-69.

[126] 刘乐平,袁卫,张琅.保险公司未决赔款准备金的稳健贝叶斯估计[J].数量经济技术经济研究,2006,7:82-89.

[127] 刘乐平,张美英,李姣娇.基于WinBUGS软件的贝叶斯计量经济学[J].东华理工学院学报(社会科学版),2007,26(2):101-107.

[128] 刘乐平,高磊,卢志义.贝叶斯身世之谜——写在贝叶斯定理发表250周年之际[J].统计研究,2013,30(12):3-9.

[129] 刘乐平,高磊,杨娜.MCMC方法的发展与现代贝叶斯的复兴——纪念贝叶斯定理发现250周年[J].统计与信息论坛,2014,29(2):3-11.

[130] 刘淳,刘庆,张晗.使用Bayes方法识别股市变结构模型[J].清华大学学报(自然科学版),2011,2:245-249.

[131] 刘金山,夏强.基于MCMC算法的贝叶斯统计方法[M].北京:科学出版社,2016.

[132] 吕定海,王晔.贝叶斯方法及WinBUGS在非寿险费率分析中的应用[J].保险职业学院学报,2013,27(1):77-82.

[133] 茆诗松,王静龙,濮晓龙.高等数理统计[M].北京:高等教育出版社,1998.

[134] 茆诗松.贝叶斯统计[M].北京:中国统计出版社,1999.

[135] 茆诗松,汤银才,王玲玲.可靠性统计[M].北京:高等教育出版社,2008.

[136] 茆诗松,汤银才.贝叶斯统计[M].2版.北京:中国统计出版社,2012.

[137] 明志茂,陶俊勇,陈盾,等.动态分布参数的贝叶斯可靠性分析[M].北京:国防工业出版社,2011.

[138] 孟海英,刘桂芬,罗天娥.WinBUGS软件应用[J].中国卫生统计,2006,23(4):375-377.

[139] 欧阳光中,李敬湖.证券组合与投资分析[M].北京:高等教育出版社,1997.

[140] 欧阳资生,谢赤,谢小良.Paretian型超出损失再保险纯保费的贝叶斯极值估计[J].系统工程,2005,23(2):78-81.

[141] 平新乔,蒋国荣."三角债"的博弈理论分析[J].经济研究,1994,1:65-76.

[142] 钱正培,贺学强.公司信用风险研究的贝叶斯方法[J].兰州学刊,2010,9:204-207.

[143] 孙瑞博.计量经济学的贝叶斯统计方法[J].南京财经大学学报,2007,6:17-21.

[144] 孙建州.贝叶斯统计学派开山鼻祖——托马斯·贝叶斯小传[J].中国统计,2011,7:24-25.

[145] 施久玉,胡程鹏.股票投资中一种新的技术分析方法[J].哈尔滨工程大学学报,2004,5:680-684.

[146] 史树中.诺贝尔经济学奖与数学[M].北京:清华大学出版社,2002.

[147] 汤银才.R语言与统计分析[M].北京:高等教育出版社,2008.

[148] 田志伟.贝叶斯神经网络在股票预测中的应用[D].无锡:江南大学,2011.

[149] 王春峰,万海辉,李刚.基于MCMC的金融市场风险VaR的估计[J].管理科学学报,2000,3(2):54-61.

[150] 王晓军,黄顺林.中国人口死亡率随机预测模型的比较与选择[J].人口与经济,2010,1:82-86.

[151] 王连连.医疗保险参保人数的贝叶斯预测分析[J].中国证券期货,2011,1:22.

[152] 王佐仁,杨琳.贝叶斯统计推断及其主要进展[J].统计与信息论坛,2012,27(12):3-8.

[153] 王宏炜.瓦伦西亚往事——著名的国际贝叶斯统计会议的历史回顾[J].中国统计,2008a,8:37-38.

[154] 王宏炜.关于三个重要国际贝叶斯组织——SBIES、ASA-SBSS、ISBA简介[J].统计研究,2008b,25(5):107-112.

[155] 王珊珊,刘龙.证券投资风险预测的E-Bayes估计[J].技术经济与管理研究,2007,6:12-14.

[156] 王晓园.贝叶斯方法在保险精算中的应用[D].重庆:重庆理工大学,2011.

[157] 韦博成.漫谈统计学的应用与发展(1)[J].数理统计与管理,2011,30(1):85-97.

[158] 韦来生.贝叶斯分析[M].合肥:中国科学技术大学出版社,2013.

[159] 吴喜之.复杂数据统计方法——基于R的应用[M].3版.北京:中国人民大学出版社,2015.

[160] 吴喜之.贝叶斯数据分析——基于R和Python的实现[M].北京:中国人民大学出版社,2020.

[161] 吴永,王晓园.贝叶斯方法估计极端损失再保险纯保费[J].重庆理工大学学报(自然科学),2011,25(40):106-111.

[162] 徐伟卿.改进的E-Bayes分析方法及其在股票预测中的应用[D].镇江:江苏大学,2012.

[163] 岳金凤.贝叶斯方法在保险精算中的应用综述[D].长春:吉林大学,2009.

[164] 于忠义,王宏炜.第一个国际贝叶斯组织——"经济计量学与统计学贝叶斯推断研究会"简介[J].中国统计,2009,8:45-47.

[165] 杨维维,刘沛,巢健茜,等.贝叶斯统计分析的有力工具——OpenBUGS软件[J].中国卫生统计,2016,33(3):510-513.

[166] 袁敏.MATLAB与WinBUGS在贝叶斯方法测量不确定度评定中的应用[J].机电工程技术,2013,42(7):147-150,1993.

[167] 张金槐,唐雪梅.Bayes方法[M].长沙:国防科学技术大学出版社,1993.

[168] 张金槐,刘琦,冯静.Bayes试验分析方法[M].长沙:国防科学技术大学出版社,2007.

[169] 张思齐.中国贝叶斯向量自回归(BVAR)预测模型,数量经济与技术经济研究所经济模型集[M].北京:社会科学文献出版社,2001.

[170] 张尧庭,陈汉锋.贝叶斯统计推断[M].北京:科学出版社,1991.

[171] 张志华.可靠性理论及其工程应用[M].北京:科学出版社,2012.

[172] 张继巍,高文龙,秦天燕,等.OpenBUGS软件介绍及应用[J].中国卫生统计,2017,34(1)1:170-172.

[173] 张超,孙凤,曾宪涛.R软件调用JAGS软件实现网状Meta分析[J].中国循证医学杂志,2014,14(2):241-248.

[174] 周源泉,翁朝曦.可靠性评定[M].北京:科学出版社,1990.

[175] 赵岩,李宏伟,彭石坚.基于贝叶斯MCMC方法的VaR估计[J].统计与决策,2010,7:25-27.

[176] 郑进城,朱雪明.基于MCMC方法的贝叶斯AR(p)模型分析[J].统计与决策,2005,20:4-6.

[177] 曾宪涛,张超,郭毅.R软件R2WinBUGS程序包在网状Meta分析中的应用[J].中国循证医学杂志,2013,13(9):1137-1144.

[178] 祝伟,陈秉正.中国城市人口死亡率的预测[J].数理统计与管理,2009,28(4):736-744.

[179] 朱慧明.现代贝叶斯统计理论的基本点与研究现状[J].江苏统计,2003,1:12-13.

[180] 朱慧明,刘智伟.时间序列向量自回归模型的贝叶斯推断理论[J].统计与决策,2004,1:11-12.

[181] 朱慧明,韩玉启.贝叶斯多元统计推断理论[M].北京:科学出版社,2006.

[182] 朱慧明,郝立亚.非寿险精算中的贝叶斯信用模型分析[J].数量经济技术经济研究,2007,1:109-117.

[183] 朱慧明,林静.贝叶斯计量经济模型[M].北京:科学出版社,2009.

[184] 朱喜安,陈巧玉.我国贝叶斯研究进展的计量分析[J].统计与决策,2012,13:35-38.

[185] 朱新玲.假设检验:从p值到贝叶斯因子[J].统计教育,2008,5:17-18.

[186] 朱新玲.马尔科夫链蒙特卡罗方法研究综述[J].统计与决策,2009,21:151-153.